入門 Haskell プログラミング

関数型プログラミングの理解とHaskell実活用読本

Will Kurt =著　株式会社クイープ=監訳

本書内容に関するお問い合わせについて

このたびは翔泳社の書籍をお買い上げいただき、誠にありがとうございます。弊社では、読者の皆様からのお問い合わせに適切に対応させていただくため、以下のガイドラインへのご協力をお願いいたしております。下記項目をお読みいただき、手順に従ってお問い合わせください。

●ご質問される前に

弊社 Web サイトの「正誤表」をご参照ください。これまでに判明した正誤や追加情報を掲載しています。

正誤表　　　　　　https://www.shoeisha.co.jp/book/errata/

●ご質問方法

弊社 Web サイトの「刊行物 Q & A」をご利用ください。

刊行物 Q & A　　　https://www.shoeisha.co.jp/book/qa/

インターネットをご利用でない場合は、FAX または郵便にて、下記"翔泳社 愛読者サービスセンター"までお問い合わせください。

電話でのご質問は、お受けしておりません。

●回答について

回答は、ご質問いただいた手段によってご返事申し上げます。ご質問の内容によっては、回答に数日ないしはそれ以上の期間を要する場合があります。

●ご質問に際してのご注意

本書の対象を越えるもの、記述個所を特定されないもの、また読者固有の環境に起因するご質問等にはお答えできませんので、あらかじめご了承ください。

●郵便物送付先および FAX 番号

送付先住所 〒 160-0006 東京都新宿区舟町 5

FAX 番号 03-5362-3818

宛先 　（株）翔泳社 愛読者サービスセンター

※本書に記載された URL 等は予告なく変更される場合があります。

※本書の出版にあたっては正確な記述につとめましたが、著者や出版社などのいずれも、本書の内容に対してなんらかの保証をするものではなく、内容やサンプルに基づくいかなる運用結果に関してもいっさいの責任を負いません。

※本書に掲載されているサンプルプログラムやスクリプト、および実行結果を記した画面イメージなどは、特定の設定に基づいた環境にて再現される一例です。

※本書に記載されている会社名、製品名はそれぞれ各社の商標および登録商標です。

※本書では TM、®、©は割愛させていただいております。

Original English language edition published by Manning Publications.
Copyright © 2018 by Manning Publications.
Japanese-language edition copyright © 2019 by SHOEISHA Co., Ltd. All rights reserved.
Japanese translation rights arranged with WATERSIDE PRODUCTIONS, INC. through Japan UNI Agency, Inc., Tokyo

目　次

まえがき ・・・・・・・・・・・・・・・・・・・・・・・・・・・ xv

謝辞 ・・・・・・・・・・・・・・・・・・・・・・・・・・・・ xvi

本書について ・・・・・・・・・・・・・・・・・・・・・・ xvii

著者紹介 ・・・・・・・・・・・・・・・・・・・・・・・・・ xx

LESSON 1　Haskell を使用するための準備　1

1.1　Haskell へようこそ ・・・・・・・・・・・・・・・・・・・ 1

1.2　Glasgow Haskell Compiler ・・・・・・・・・・・・・・・ 2

1.3　Haskell とのやり取り：GHCi ・・・・・・・・・・・・・ 4

1.4　Haskell コードの記述と操作 ・・・・・・・・・・・・・ 6

1.5　まとめ ・・・・・・・・・・・・・・・・・・・・・・・・・ 10

1.6　練習問題 ・・・・・・・・・・・・・・・・・・・・・・・ 10

1.7　クイックチェックの解答 ・・・・・・・・・・・・・・・ 10

UNIT 1　関数型プログラミングの基礎　13

LESSON 2　関数と関数型プログラミング　15

2.1　関数 ・・・・・・・・・・・・・・・・・・・・・・・・・・ 16

2.2　関数型プログラミング ・・・・・・・・・・・・・・・・ 17

2.3　関数型プログラミングの実用的価値 ・・・・・・・・・ 18

2.4　まとめ ・・・・・・・・・・・・・・・・・・・・・・・・・ 22

2.5　練習問題 ・・・・・・・・・・・・・・・・・・・・・・・ 23

2.6　クイックチェックの解答 ・・・・・・・・・・・・・・・ 23

LESSON 3　ラムダ関数とレキシカルスコープ　25

3.1　ラムダ関数 ・・・・・・・・・・・・・・・・・・・・・・ 26

3.2　独自の where 句を記述する ・・・・・・・・・・・・・ 27

3.3　ラムダから let へ：カスタム変数を変更可能にする ・・・ 29

3.4　ラムダ関数とレキシカルスコープ ・・・・・・・・・・ 30

3.5　まとめ ・・・・・・・・・・・・・・・・・・・・・・・・・ 32

iv 目次

3.6	練習問題	33
3.7	クイックチェックの解答	33

LESSON 4 ファーストクラス関数 35

4.1	引数としての関数	36
4.2	戻り値としての関数	40
4.3	まとめ	42
4.4	練習問題	42
4.5	クイックチェックの解答	43

LESSON 5 クロージャと部分適用 45

5.1	クロージャ：関数を使って関数を作成する	46
5.2	例：API で使用する URL の生成	47
5.3	すべてを 1 つにまとめる	52
5.4	まとめ	53
5.5	練習問題	54
5.6	クイックチェックの解答	54

LESSON 6 リスト 55

6.1	リストの構造	56
6.2	リストと遅延評価	58
6.3	リストの一般的な関数	60
6.4	まとめ	65
6.5	練習問題	65
6.6	クイックチェックの解答	65

LESSON 7 再帰のルールとパターンマッチング 67

7.1	再帰	68
7.2	再帰のルール	68
7.3	最初の再帰関数：最大公約数	70
7.4	まとめ	74
7.5	練習問題	74

目次 v

7.6 クイックチェックの解答 · · · · · · · · · · · · · · · · · · 74

LESSON 8 再帰関数の記述 77

8.1 復習：再帰のルール · · · · · · · · · · · · · · · · · · 78

8.2 リストでの再帰 · 78

8.3 再帰の問題点：アッカーマン関数とコラッツ予想 · · · · · · · 81

8.4 まとめ · 84

8.5 練習問題 · 84

8.6 クイックチェックの解答 · · · · · · · · · · · · · · · · · · 85

LESSON 9 高階関数 87

9.1 map を使用する · 88

9.2 map を使って再帰を抽象化する · · · · · · · · · · · · · · 89

9.3 リストのフィルタリング · · · · · · · · · · · · · · · · · 91

9.4 リストの畳み込み · 91

9.5 まとめ · 95

9.6 練習問題 · 95

9.7 クイックチェックの解答 · · · · · · · · · · · · · · · · · · 96

LESSON 10 演習：関数型オブジェクト指向プログラミング 97

10.1 プロパティが 1 つのオブジェクト：1 杯のコーヒー · · · · · · 98

10.2 より複雑なオブジェクト：戦闘ロボットの構築 · · · · · · · · 101

10.3 ステートレスプログラミングはなぜ重要か · · · · · · · · · 105

10.4 型：オブジェクトだけじゃない · · · · · · · · · · · · · · 108

10.5 まとめ · 108

UNIT 2 型の紹介 111

LESSON 11 型の基礎 113

11.1 Haskell の型 · 113

11.2 関数の型 · 117

11.3 型変数 · 121

vi　目　次

11.4	まとめ	123
11.5	練習問題	124
11.6	クイックチェックの解答	124

LESSON 12　カスタム型の作成　127

12.1	型シノニムを使用する	127
12.2	新しい型を作成する	130
12.3	レコード構文を使用する	134
12.4	まとめ	136
12.5	練習問題	137
12.6	クイックチェックの解答	137

LESSON 13　型クラス　139

13.1	型をさらに調べる	140
13.2	型クラス	141
13.3	型クラスの利点	141
13.4	型クラスを定義する	142
13.5	よく使用する型クラス	143
13.6	型クラスの派生	146
13.7	まとめ	147
13.8	練習問題	147
13.9	クイックチェックの解答	148

LESSON 14　型クラスを使用する　151

14.1	クラスを必要とする型	151
14.2	Show を実装する	152
14.3	型クラスとポリモーフィズム	153
14.4	デフォルト実装とミニマムコンプリート定義	155
14.5	Ord を実装する	157
14.6	よい派生・悪い派生	158
14.7	より複雑な型のための型クラス	160
14.8	型クラスのロードマップ	162

目　次　vii

14.9　まとめ・・・・・・・・・・・・・・・・・・・・・・・・・・・・・・・・・・163

14.10　練習問題・・・・・・・・・・・・・・・・・・・・・・・・・・・・・・・・163

14.11　クイックチェックの解答・・・・・・・・・・・・・・・・・・・・163

LESSON 15　演習：秘密のメッセージ　　165

15.1　初心者のための暗号：ROT13・・・・・・・・・・・・・・・・・165

15.2　暗号の魔法：XOR・・・・・・・・・・・・・・・・・・・・・・・・・172

15.3　値をビットとして表す・・・・・・・・・・・・・・・・・・・・・・174

15.4　ワンタイムパッド・・・・・・・・・・・・・・・・・・・・・・・・・177

15.5　Cipher クラス・・・・・・・・・・・・・・・・・・・・・・・・・・・179

15.6　まとめ・・・・・・・・・・・・・・・・・・・・・・・・・・・・・・・・・181

UNIT　3　型によるプログラミング　　183

LESSON 16　直積型と直和型　　185

16.1　直積型・・・・・・・・・・・・・・・・・・・・・・・・・・・・・・・・・185

16.2　直和型・・・・・・・・・・・・・・・・・・・・・・・・・・・・・・・・・189

16.3　ブックストアプログラムを作成する・・・・・・・・・・・・192

16.4　まとめ・・・・・・・・・・・・・・・・・・・・・・・・・・・・・・・・・194

16.5　練習問題・・・・・・・・・・・・・・・・・・・・・・・・・・・・・・・195

16.6　クイックチェックの解答・・・・・・・・・・・・・・・・・・・195

LESSON 17　合成によるデザイン：Semigroup と Monoid　　197

17.1　合成可能性：関数を組み合わせる・・・・・・・・・・・・・198

17.2　Semigroup：似ている型を組み合わせる・・・・・・・・198

17.3　Monoid：単位元による合成・・・・・・・・・・・・・・・・・202

17.4　まとめ・・・・・・・・・・・・・・・・・・・・・・・・・・・・・・・・・208

17.5　練習問題・・・・・・・・・・・・・・・・・・・・・・・・・・・・・・・208

17.6　クイックチェックの解答・・・・・・・・・・・・・・・・・・・209

LESSON 18　パラメータ化された型　　211

18.1　引数をとる型・・・・・・・・・・・・・・・・・・・・・・・・・・・211

viii 目次

18.2 複数のパラメータを持つ型 · 216

18.3 まとめ · 221

18.4 練習問題 · 221

18.5 クイックチェックの解答 · 222

LESSON 19　Maybe 型：欠損値に対処する　223

19.1 Maybe：型を使って欠損値に対処する · · · · · · · · · · · · · 224

19.2 null の問題 · 225

19.3 Maybe を使った計算 · 227

19.4 Maybe を使ったより複雑な計算 · · · · · · · · · · · · · · · · 229

19.5 まとめ · 232

19.6 練習問題 · 233

19.7 クイックチェックの解答 · 233

LESSON 20　演習：時系列　235

20.1 時系列データと TS データ型 · · · · · · · · · · · · · · · · · · 236

20.2 Semigroup と Monoid で TS 型のデータを組み合わせる · · · · · · · · 239

20.3 時系列で計算を行う · 243

20.4 時系列の変換 · 245

20.5 まとめ · 250

UNIT　4　Haskell の I/O　251

LESSON 21　Hello World!：IO 型の紹介　255

21.1 IO 型：不純な世界とやり取りする · · · · · · · · · · · · · · · 256

21.2 do 表記 · 260

21.3 例：ピザ単価計算プログラム · · · · · · · · · · · · · · · · · · 261

21.4 まとめ · 265

21.5 練習問題 · 265

21.6 クイックチェックの解答 · 266

目 次　ix

LESSON 22　コマンドラインの操作と遅延 I/O　267

22.1　コマンドラインの操作：遅延評価を使用しない方法 ・・・・・・・・ 268

22.2　コマンドラインの操作：遅延評価を使用する方法 ・・・・・・・・ 272

22.3　まとめ ・・・・・・・・・・・・・・・・・・・・・・・・・・・・・・・・ 275

22.4　練習問題 ・・・・・・・・・・・・・・・・・・・・・・・・・・・・・・・・ 276

22.5　クイックチェックの解答 ・・・・・・・・・・・・・・・・・・・・・・・・ 276

LESSON 23　テキストと Unicode の操作　277

23.1　Text 型 ・・・・・・・・・・・・・・・・・・・・・・・・・・・・・・・・・ 278

23.2　Data.Text を使用する ・・・・・・・・・・・・・・・・・・・・・・・・ 278

23.3　Text と Unicode ・・・・・・・・・・・・・・・・・・・・・・・・・・・ 284

23.4　Text の I/O ・・・・・・・・・・・・・・・・・・・・・・・・・・・・・・ 285

23.5　まとめ ・・・・・・・・・・・・・・・・・・・・・・・・・・・・・・・・ 286

23.6　練習問題 ・・・・・・・・・・・・・・・・・・・・・・・・・・・・・・・・ 287

23.7　クイックチェックの解答 ・・・・・・・・・・・・・・・・・・・・・・・・ 287

LESSON 24　ファイルの操作　289

24.1　ファイルを開いて閉じる ・・・・・・・・・・・・・・・・・・・・・・・・ 290

24.2　単純な I/O ツール ・・・・・・・・・・・・・・・・・・・・・・・・・・ 292

24.3　遅延 I/O の問題 ・・・・・・・・・・・・・・・・・・・・・・・・・・・ 294

24.4　正格な I/O ・・・・・・・・・・・・・・・・・・・・・・・・・・・・・・ 297

24.5　まとめ ・・・・・・・・・・・・・・・・・・・・・・・・・・・・・・・・ 298

24.6　練習問題 ・・・・・・・・・・・・・・・・・・・・・・・・・・・・・・・・ 298

24.7　クイックチェックの解答 ・・・・・・・・・・・・・・・・・・・・・・・・ 299

LESSON 25　バイナリデータの操作　301

25.1　ByteString を使ってバイナリデータを操作する ・・・・・・・・・・ 302

25.2　JPEG のグリッチング ・・・・・・・・・・・・・・・・・・・・・・・・ 303

25.3　ByteString、Char8、Unicode ・・・・・・・・・・・・・・・・・・ 310

25.4　まとめ ・・・・・・・・・・・・・・・・・・・・・・・・・・・・・・・・ 312

25.5　練習問題 ・・・・・・・・・・・・・・・・・・・・・・・・・・・・・・・・ 312

25.6　クイックチェックの解答 ・・・・・・・・・・・・・・・・・・・・・・・・ 313

LESSON 26　演習：バイナリファイルと書籍データの処理　　315

26.1　書籍データの操作 ・・・・・・・・・・・・・・・・・・・・・・・・・316

26.2　MARC レコードの解析 ・・・・・・・・・・・・・・・・・・・・319

26.3　すべてを 1 つにまとめる ・・・・・・・・・・・・・・・・・・329

26.4　まとめ ・・・・・・・・・・・・・・・・・・・・・・・・・・・・・・・330

UNIT　5　　コンテキストでの型の操作　　333

LESSON 27　Functor 型クラス　　337

27.1　例：Maybe での計算 ・・・・・・・・・・・・・・・・・・・・・338

27.2　Functor 型クラスのコンテキストで関数を使用する ・・・・・・・・339

27.3　Functor はいつもそばにいる ・・・・・・・・・・・・・・・・・341

27.4　まとめ ・・・・・・・・・・・・・・・・・・・・・・・・・・・・・・・346

27.5　練習問題 ・・・・・・・・・・・・・・・・・・・・・・・・・・・・・346

27.6　クイックチェックの解答 ・・・・・・・・・・・・・・・・・・・347

LESSON 28　Applicative 型クラス：
関数をコンテキスト内で使用する　　349

28.1　2 つの都市の距離を計算するコマンドラインアプリケーション ・・・350

28.2　コンテキストでの部分適用に<*>を使用する ・・・・・・・・・354

28.3　<*>を使ってデータをコンテキスト内で作成する ・・・・・・・・359

28.4　まとめ ・・・・・・・・・・・・・・・・・・・・・・・・・・・・・・・360

28.5　練習問題 ・・・・・・・・・・・・・・・・・・・・・・・・・・・・・360

28.6　クイックチェックの解答 ・・・・・・・・・・・・・・・・・・・361

LESSON 29　コンテキストとしてのリスト：
Applicative 型クラスをさらに掘り下げる　　363

29.1　Applicative 型クラス ・・・・・・・・・・・・・・・・・・・・・364

29.2　コンテナとコンテキスト ・・・・・・・・・・・・・・・・・・・366

29.3　コンテキストとしてのリスト ・・・・・・・・・・・・・・・・368

29.4　まとめ ・・・・・・・・・・・・・・・・・・・・・・・・・・・・・・・374

29.5　練習問題 ・・・・・・・・・・・・・・・・・・・・・・・・・・・・・374

目　次　xi

29.6　クイックチェックの解答 ・・・・・・・・・・・・・・・・・・・・・・375

LESSON 30　Monad 型クラス　　377

30.1　Applicative と Functor の制限 ・・・・・・・・・・・・・378

30.2　bind 演算子：>>= ・・・・・・・・・・・・・・・・・・・・・・383

30.3　Monad 型クラス ・・・・・・・・・・・・・・・・・・・・・・385

30.4　まとめ ・・・・・・・・・・・・・・・・・・・・・・・・・・389

30.5　練習問題 ・・・・・・・・・・・・・・・・・・・・・・・・・390

30.6　クイックチェックの解答 ・・・・・・・・・・・・・・・・・・390

LESSON 31　do 表記を使って Monad を扱いやすくする　　393

31.1　do 表記の再考 ・・・・・・・・・・・・・・・・・・・・・・・394

31.2　do 表記を使って同じコードを異なるコンテキストで再利用する ・・・・396

31.3　まとめ ・・・・・・・・・・・・・・・・・・・・・・・・・・404

31.4　練習問題 ・・・・・・・・・・・・・・・・・・・・・・・・・404

31.5　クイックチェックの解答 ・・・・・・・・・・・・・・・・・・405

LESSON 32　リストモナドとリスト内包　　407

32.1　リストモナドを使ってリストを生成する ・・・・・・・・・・・408

32.2　リスト内包 ・・・・・・・・・・・・・・・・・・・・・・・・410

32.3　Monad は単なるリストではない ・・・・・・・・・・・・・・413

32.4　まとめ ・・・・・・・・・・・・・・・・・・・・・・・・・・414

32.5　練習問題 ・・・・・・・・・・・・・・・・・・・・・・・・・414

32.6　クイックチェックの解答 ・・・・・・・・・・・・・・・・・・414

LESSON 33　演習：Haskell での SQL 形式のクエリ　　417

33.1　作業を始めるための準備 ・・・・・・・・・・・・・・・・・・418

33.2　リストに対する基本的なクエリ：SELECT と WHERE ・・・・・・・・・420

33.3　Course データ型と Teacher データ型の結合 ・・・・・・・・・422

33.4　HINQ のインターフェイスとサンプルクエリの構築 ・・・・・・・424

33.5　クエリを表す HINQ 型を作成する ・・・・・・・・・・・・・426

33.6　HINQ クエリを実行する ・・・・・・・・・・・・・・・・・427

xii 目 次

33.7 まとめ · 432

UNIT 6 コードの整理とプロジェクトのビルド 433

LESSON 34 Haskell コードをモジュールにまとめる 435

34.1 Prelude の関数と同じ名前の関数を記述したらどうなるか · · · · · · · 436

34.2 モジュールを使ってプログラムを複数のファイルに分割する · · · · · · 439

34.3 まとめ · 444

34.4 練習問題 · 444

34.5 クイックチェックの解答 · · · · · · · · · · · · · · · · · · · 445

LESSON 35 stack を使ってプロジェクトをビルドする 447

35.1 新しい stack プロジェクトを開始する · · · · · · · · · · · · · 448

35.2 プロジェクトの構造を理解する · · · · · · · · · · · · · · · · 449

35.3 コードを記述する · 452

35.4 プロジェクトのビルドと実行 · · · · · · · · · · · · · · · · · 454

35.5 まとめ · 456

35.6 練習問題 · 456

35.7 クイックチェックの解答 · · · · · · · · · · · · · · · · · · · 457

LESSON 36 QuickCheck を使ったプロパティテスト 459

36.1 新しいプロジェクトを開始する · · · · · · · · · · · · · · · · 460

36.2 さまざまな種類のテスト · · · · · · · · · · · · · · · · · · · 461

36.3 QuickCheck によるプロパティテスト · · · · · · · · · · · · · 465

36.4 まとめ · 470

36.5 練習問題 · 471

36.6 クイックチェックの解答 · · · · · · · · · · · · · · · · · · · 471

LESSON 37 演習：素数ライブラリの作成 473

37.1 新しいプロジェクトを開始する · · · · · · · · · · · · · · · · 474

37.2 デフォルトのファイルを変更する · · · · · · · · · · · · · · · 476

37.3 基本的なライブラリ関数を作成する · · · · · · · · · · · · · · 477

目次 xiii

37.4	コードのテストを記述する	480
37.5	数字を素因数分解するコードを追加する	484
37.6	まとめ	486

UNIT 7　実践 Haskell　487

LESSON 38　Haskell のエラーと Either 型　489

38.1	head 関数、部分関数、エラー	490
38.2	Maybe を使って部分関数に対処する	494
38.3	Either 型	495
38.4	まとめ	500
38.5	練習問題	500
38.6	クイックチェックの解答	501

LESSON 39　Haskell での HTTP リクエストの作成　503

39.1	プロジェクトを準備する	503
39.2	HTTP.Simple モジュールを使用する	506
39.3	HTTP リクエストを作成する	509
39.4	すべてを 1 つにまとめる	511
39.5	まとめ	512
39.6	練習問題	512
39.7	クイックチェックの解答	512

LESSON 40　Aeson を使った JSON データの処理　515

40.1	プロジェクトを準備する	516
40.2	Aeson ライブラリを使用する	518
40.3	データ型を FromJSON と ToJSON のインスタンスにする	519
40.4	NOAA データを読み取る	525
40.5	まとめ	529
40.6	練習問題	529
40.7	クイックチェックの解答	529

xiv 目 次

LESSON 41 Haskell でのデータベースの使用 **531**

41.1 プロジェクトを準備する · · · · · · · · · · · · · · 532

41.2 SQLite とデータベースを準備する · · · · · · · · · · · 533

41.3 データの作成：ユーザーの挿入とツールの貸し出し · · · · · · · 536

41.4 データベースからのデータの読み込みと FromRow 型クラス · · · · · 538

41.5 既存のデータを更新する · · · · · · · · · · · · · · 541

41.6 データベースからデータを削除する · · · · · · · · · · · 543

41.7 すべてを 1 つにまとめる · · · · · · · · · · · · · · 544

41.8 まとめ · 547

41.9 練習問題 · · · · · · · · · · · · · · · · · · · 547

41.10 クイックチェックの解答 · · · · · · · · · · · · · · 547

LESSON 42 Haskell での効率的でステートフルな配列 **549**

42.1 UArray 型を使って効率のよい配列を作成する · · · · · · · · 550

42.2 STUArray を使って状態を変化させる · · · · · · · · · · 556

42.3 ST のコンテキストから値を取り出す · · · · · · · · · · · 559

42.4 バブルソートを実装する · · · · · · · · · · · · · · 561

42.5 まとめ · 563

42.6 練習問題 · · · · · · · · · · · · · · · · · · · 564

42.7 クイックチェックの解答 · · · · · · · · · · · · · · 564

APPENDIX A あとがき：次のステップ **567**

A.1 Haskell をさらに詳しく調べる · · · · · · · · · · · · 567

A.2 Haskell よりも強力な型システム · · · · · · · · · · · 568

A.3 他の関数型プログラミング言語 · · · · · · · · · · · · 569

APPENDIX B 練習問題の解答 **573**

索 引 · 595

まえがき

　本書の執筆を最初に持ちかけられたとき、受けるべきかどうか迷いました。当時、筆者の関心はもっぱら自分のブログ Count Bayesie で確率の話を書くことに向いていました。Haskell と関数型プログラミング全般についてはどちらも教えた経験がありましたが、しばらくブランクがあり、率直に言って少し腕が鈍っていました。データサイエンス、確率論、機械学習に積極的に関わっていたのは、Haskell への個人的な不満の裏返しでもありました。Haskel はたしかに美しく力強い言語でしたが、美しくなかろうとほんの数行の R と線形代数をもってすれば、高度な分析を実施し、未来を予測するモデルを構築することができました。Haskell の I/O は一筋縄ではいきません。筆者は到底 Haskell 本を執筆するようなエバンジェリストではありませんでした。

　そのとき、『Seymour』[1] で J.D. Salinger が執筆のコツについて書いていたことを思い出したのです。

> 読者になったつもりで考えてみろ。心に決めたものがあるとしたら……（自分が）一番読みたい文章はどんなものだろうか。次のステップはつらいものだが、こうして書いているときもほとんど信じられないほど単純だ。厚かましくも、腰をおろして、自分の力で書くだけなのだ。

　これこそ、筆者が本書を執筆すべき理由であると気づきました。Haskell に関する良書はいくらでもありますが、Haskell を習得するにあたってかゆいところに手が届くような本は 1 冊もありませんでした。Haskell では苦痛を伴うことが多い、現実的な問題の解決方法を示す本を読みたいといつも思っていました。大規模な業務用のプログラムが特に見たいわけではなく、むしろ興味があったのは、この魅力的なプログラミング言語を使って世界を探検する楽しい冒険のほうでした。また、読み終えたときに週末は Haskell でいろいろ遊んでみようという気分になるような、読みやすい長さの Haskell 本があればよいのにといつも思っていました。読みたかった Haskell 本がまだ存在していないことに気づいた筆者は、本書を執筆するのは悪くない考えだ、と腹を決めました。

　本書を書き終えた（そして読み終えた）今、どれだけ楽しかったことか。Haskell 言語への興味は尽きることがなく、教えるべきことは常にあります。習得するのは難しい言語ですが、それも楽しみの 1 つです。本書のトピックはどれも（読者が経験豊富な Haskell ユーザーではない限り）同じ切り口で説明されたことがないものばかりでしょう。Haskell の楽しみは、豊かな学習体験への道が開かれることです。Haskell を大急ぎでマスターしようとすると、きっと後悔することになります。しかし、初心に返り、時間をかけて調べれば、それだけの甲斐があったことをずっと実感することになるでしょう。

---

[1] 『大工よ、屋根の梁を高く上げよ／シーモアー序章』（1970 年、新潮文庫）

謝辞

本の執筆は大仕事であり、著者はこのプロジェクトを成功させるために欠かせない大勢の 1 人にすぎません。最初に、この大冒険を通して感情的にも理知的にも私を支えてくれた人々に感謝しなければなりません。妻の Lisa と息子の Archer は、長時間におよぶ作業にとても寛大で、私をずっと励ましてくれました。また、意見や励ましを絶やさず、知的な刺激を与えて続けてくれた大切な友人である Dr. Richard Kelley と Xavier Bengoechea にも感謝しなければなりません。私の指導教官だった Dr. Fred Harris が、期待に胸を躍らせている学部生たちに Haskell を教えるというすばらしい機会を与えてくれていなかったら、本書は決して実現しなかったでしょう。さらに、この 1 年間 Haskell について延々としゃべっている私に我慢してくれた Quick Sprout の同僚 Steve Cox、Ian Main、Hiten Shah にも感謝したいと思います。

Manning のすばらしいチームは、言葉で言い尽くせないほど本書に貢献してくれました。ここには書き切れないほど大勢の人々が協力してくれました。編集者の Dan Maharry の励ましがなければ、本書は今とは程遠いものになっていたでしょう。私のアイデアをずっとよいものにまとめるために Dan はなくてはならない存在でした。Erin Twohey は、Haskell の本を書くべきだという突拍子もないアイデアを最初に思いついた人です。テクニカルエディターの Palak Mathur は、本書の技術的な内容を理解しやすくするために尽力してくれました。また、本書のコードを改善するために貴重な意見を聞かせてくれた Vitaly Bragilevski と、丹念に校正を行ってくれた Sharon Wilkey にも感謝しています。最後になりましたが、本書のレビューに時間を割いてくれたレビュー担当者にも感謝しています。Alexander A. Myltsev、Arnaud Bailly、Carlos Aya、Claudio Rodriguez、German Gonzalez-Morris、Hemanth Kapila、James Anaipakos、Kai Gellien、Makarand Deshpande、Mikkel Arentoft、Nikita Dyumin、Peter Hampton、Richard Tobias、Sergio Martinez、Victor Tatai、Vitaly Bragilevsky、Yuri Klayman。

本書について

　本書の目的は、Haskell プログラミング言語をじっくりと紹介し、本書を読み終えた読者が本格的かつ実用的なプログラムを記述できるようにすることにあります。Haskell に関する他の多くの書籍は Haskell の理論的な部分に重点を置いていますが、他の言語で当たり前のように行われているタスクを実現することに関しては、読者を少しまごつかせることが多いようです。本書を最後まで読めば、プログラミング言語としての Haskell のおもしろさをしっかり理解できるはずです。また、I/O の操作、乱数の生成、データベースの操作など、他のプログラミング言語で実行できるのと同じことのほとんどを実行する、より大規模なアプリケーションを問題なく作成できるようになるはずです。

本書の対象読者

　本書は、プログラミングの経験があり、プログラミングスキルとプログラミング言語の知識を向上させたいと考えている人を対象としています。Haskell の実用性に関する見解は人それぞれですが、Haskell を習得すべき重要かつ実践的な理由が 2 つあります。

　何よりもまず、この先二度と Haskell に関わらないとしても、有能な Haskell プログラマになるための学習は、広い意味で、優秀なプログラマになるのに役立ちます。Haskell では、安全で関数的なコードを記述せざるを得ず、問題を注意深くモデル化することが要求されます。Haskell での考え方を身につければ、どの言語のコードでも、抽象化をうまく推測できるようになり、バグが未然に防がれます。Haskell に堪能なソフトウェア開発者で、平均以下のプログラマにはまだ会ったことがありません。

　Haskell を学ぶもう 1 つの利点は、プログラミング言語の理論を理解するための短期集中講座になることです。関数型プログラミング、遅延評価、高度な型システムについてよく知らなければ、複雑なプログラムを書けるほど Haskell を十分に理解したとは言えません。このプログラミング言語の基礎知識は、学術的な好奇心を満たすだけでなく、実践的な目的に対しても有益です。Haskell の言語機能は、新しいプログラミング言語に向かって、そして既存の言語の新しい機能として絶えず前進しています。Haskell とその機能をよく理解すれば、今後数年間にプログラミングの世界に起こりそうなことを理解するのに役立つでしょう。

本書の構成

　本書の構成は、これまでに読んだ他の多くのプログラミング本とは異なっているかもしれません。本書はいくつかの長い章ではなく、短く理解しやすいレッスンに分割されています。これらのレッスンは、共通のテーマを掲げる 7 つのユニットにまとめられています。最後のユニットを除くすべてのユニットには、そのユニットを締めくくる演習があります。これらの演習は、そのユニットで取り上げたものをすべて組み合わせ、1 つの大きなサンプルコードにまとめたものです。すべての

レッスンには、「クイックチェック」練習問題が含まれています。クイックチェックは、そのレッスンで学んだことを理解できたかどうか確認するための、簡単に答えられる問題です。各レッスンの最後には、もう少し長い練習問題も用意してあります（解答は巻末の付録にあります）。次に、各ユニットで取り上げる内容をまとめておきます。

- **ユニット1**：関数型プログラミング全般の基礎を取り上げ、Haskell の特徴的な機能の多くを簡単に紹介します。このユニットを最後まで読めば、関数型プログラミングの基礎を十分に理解できるため、他の関数型プログラミング言語の学習を開始したときにその内容がすんなり理解できるはずです。

- **ユニット2**：Haskell の強力な型システムの学習を開始します。このユニットでは、Int、Char、Boolean などの基本的な型を取り上げ、これらの型を使って Haskell でカスタムデータ型を作成する方法を示します。ここからは、さまざまな型に同じ関数を使用できるようにする Haskell の型クラスシステムにも着目します。

- **ユニット3**：Haskell の型の基礎を取り上げた後は、より抽象的な型と Haskell の強力な型クラスに取り組みます。Haskell では、他のほとんどのプログラミング言語では不可能な方法で型を組み合わせることができます。ここでは、その仕組みを見ていきます。Monoid 型クラスと Semigroup 型クラスに加えて、Maybe 型を使ってプログラムからエラーを完全になくしてしまう方法も紹介します。

- **ユニット4**：Haskell を十分に理解したところで、I/O の説明に入ります。このユニットでは、Haskell で I/O を実行するための基礎を取り上げ、その独特さ（場合によっては難しさ）の理由を明らかにします。このユニットを最後まで読めば、コマンドラインツールの記述、テキストファイルの読み書き、Unicode データの操作、バイナリデータの操作を問題なく行えるようになるでしょう。

- **ユニット5**：この時点で、他の型に対して**コンテキスト**を作成する型がいくつかあることがわかっています。Maybe 型は存在しない可能性がある値のためのコンテキストであり、IO 型は I/O で使用されているコンテキストを持つ値です。このユニットでは、コンテキストでの値の操作に不可欠な型クラスファミリ（Functor、Applicative、Monad）を詳しく見ていきます。威圧的な名前が付いていますが、それぞれの役割は比較的単純で、頻繁に使用するさまざまなコンテキストで任意の関数を使用できるようにします。これらの概念は抽象的ですが、Maybe 型、IO 型、さらにはリストまでも単一の方法で操作できるようになります。

- **ユニット6**：本書においてもっとも難しいテーマの1つを切り抜けたところで、現実のコードの記述について考え始めるときです。最初に必要なのは、コードを整理された状態に保つことです。最初のレッスンでは、Haskell のモジュールシステムを取り上げます。その後は、stack について説明します。stack は Haskell プロジェクトの作成と管理を行うための強力なツールです。

- **ユニット7**：最後に、実際に Haskell を使用する上で足りない部分をいくつか取り上げます。まず、他の多くの言語とは異なる Haskell のエラー処理をざっと紹介します。その後は、Haskell での実戦的なタスクとして、HTTP を使って REST API にリクエストを送信する方法、Aeson ライブラリを使って JSON データを解析する方法、データベースアプリケーションを作成する方法の 3 つを取り上げます。最後に、通常は Haskell を使用することを考えない問題である、効率的で、ステートフルな、配列ベースのアルゴリズムを取り上げます。

　Haskell を習得するにあたってもっとも難しいのは、基本的な I/O でさえ、快適に実行するには相当な数のトピックをカバーしなければならないことです。Haskell を理解して使用することが目的である場合は、本書を最初のユニットから順番に読んでいくことをお勧めします。ただし、本書は途中で読むのをやめても何らかの価値が得られるように構成されています。ユニット 1 は、あらゆる関数型プログラミング言語の基礎固めを目的としています。Clojure、Scala、F#、Racket、Common Lisp はどれも、ユニット 1 で説明する基本的な特徴を共有しています。関数型プログラミングの経験がすでにある場合は、ユニット 1 についてはざっと目を通すだけでもかまいませんが、部分適用と遅延評価に関するレッスンはじっくり読んでみてください。ユニット 4 を読み終える頃には、週末に Haskell を使って遊べる程度に Haskell を理解しているはずです。ユニット 5 まで読めば、より高度なテーマに自分の力で無理なく取り組めるようになるはずです。ユニット 6 とユニット 7 では、実践的なプロジェクトでの Haskell の使い方を重点的に見ていきます。

サンプルコードについて

　本書にはサンプルコードが多数掲載されています。本書では、コードと本文を区別するために等幅フォントを使用しています。多くのサンプルコードでは、コードの各部分を説明するためにコメントを使用しています。Haskell を記述するときには、コードとのやり取りにもっぱら REPL を使用することになるでしょう。これらの部分では、コードを入力する場所を示すために `Prelude>` や `*Main>` などのプロンプトを使用しています。コマンドライン入力では、コマンドを入力する場所を示すために `$` などのプロンプトを使用しています。

　本書ではあちこちに練習問題が含まれています。練習問題には、すぐに答えることができるクイックチェックと、より時間をかけて取り組むレッスンごとの練習問題があります。クイックチェックの解答は各レッスンの最後に掲載されています。練習問題の解答は巻末の付録にまとめてあります。

著者紹介

● **Will Kurt**(ウィル・カート)

データサイエンティストとしてBomboraに勤務している。コンピュータサイエンスの修士号と英文学の文学士号を取得しており、技術に関する複雑な話題をできるだけ噛み砕いて説明することをモットーとしている。ネバダ州立大学リノ校でHaskellの講義を担当しており、関数型プログラミングに関するセミナーを主催している。また、確率論に関するブログ**CountBayesie.com**も運営している。

LESSON 1

Haskellを使用するための準備

レッスン1では、次の内容を取り上げます。

- Haskellの開発ツールのインストール
- GHCとGHCiの使用
- Haskellプログラムの記述に関するヒント

1.1　Haskellへようこそ

　Haskellの世界に飛び込む前に、この旅の途中で使用することになる基本ツールを理解しておく必要があります。レッスン1では、Haskellを使用するための準備を整えます。まず、Haskellプログラムの記述、コンパイル、実行に必要な基本ツールをダウンロードします。次に、サンプルコードを見ながら、Haskellではコードをどのように記述するのかを理解します。レッスン1を読み終えれば、作業を始める準備は万全です。

● Haskell Platform

　新しいプログラミング言語を学ぶときにもっとも面倒なのは、開発環境の最初のセットアップです。幸いなことに（そしてやや意外なことに）、開発環境のセットアップは、Haskellではまったく問題になりません。Haskellのコミュニティにより、便利なツールが **Haskell Platform** というパッケージにまとめられ、簡単にインストールできるようになっているからです。Haskell Platformは、プログラミング言語をパッケージする「バッテリー同梱」モデルです。

　Haskell Platformには、次のアイテムが含まれています。

- Glasgow Haskell Compiler（GHC）
- 対話型インタープリタ（GHCi）

- Haskell プロジェクトを管理するための stack ツール
- 多くの便利な Haskell パッケージ

Haskell Platform は Haskell のダウンロードサイト[1]から入手できます。このサイトの手順にしたがって、各自が使用している OS にインストールしてください。本書では、Haskell 8.0.1 以降のバージョン[2]を使用します。

● テキストエディタ

Haskell Platform をインストールしたところで、どのエディタを使用すればよいのかが気になっていることでしょう。Haskell は「ハックする前に考える」ことを強く奨励する言語です。このため、Haskell プログラムはかなりそっけないものになる傾向にあります。エディタにできることは、インデントの管理と、頼りになるシンタックスハイライト機能を提供することくらいです。多くの Haskell 開発者は Emacs を `haskell-mode` で使用しています。しかし、Emacs に慣れていない、あるいは Emacs を使用したくない場合、Haskell の他に Emacs の使い方まで学ぶ価値はまったくありません。そこでお勧めするのは、もっともよく使っているエディタの Haskell プラグインを調べてみることです。本書を読むだけなら、Pico や Notepad++ といった単純なテキストエディタで十分です。また、ほとんどの本格的な IDE には、Haskell プラグインが含まれています。

1.2 Glasgow Haskell Compiler

Haskell はコンパイル言語です。Haskell がかくも強力な理由は、GHC にあります。コンパイラの役目は、人が読める状態のソースコードを機械が理解できるバイナリに変換することです。コンパイルが完了すると、実行可能なバイナリファイルが生成されます。これはたとえば Ruby を実行するときとは異なります。Ruby の場合は、別の**インタープリタ**というプログラムがソースコードを読み取り、その場で解釈します。インタープリタに対するコンパイラの最大の強みは、コードを事前に変換するため、プログラマが書いたコードの解析と最適化ができることです。Haskell の設計上のもう 1 つの特徴は、強力な型システムです。「コンパイルされたものは動作する」という格言が存在するのは、強力な型システムがあればこそです。ここからは GHC を頻繁に使用することになりますが、このことを当たり前のように受け止めないでください。GHC 自体、驚くべきソフトウェアなのです。

GHC を呼び出すには、ターミナルを開いて、`ghc` と入力します。

---

[1] https://www.haskell.org/downloads#platform
[2] **訳注**：検証には、Haskell 8.6.3/8.6.5 を使用した。

```
$ ghc
```

ドル記号（**$**）は常にコマンドプロンプトへの入力を意味します。もちろん、コンパイルするファイルを指定していないため、エラーメッセージが表示されます。手始めに、**hello.hs** という名前の単純なファイルを作成してみましょう。普段使用しているテキストエディタで **hello.hs** という名前のファイルを新たに作成し、リスト 1-1 のコードを記述します。

リスト1-1：Hello World プログラム（hello.hs）

```
-- hello.hs my first Haskell file! (ファイルの名前を示すコメント行)
main = do                       -- main 関数を開始
  print "Hello World!"          -- main 関数が「Hello World」を出力
```

この時点では、本節のコードが何をするのかについてそれほど気にかける必要はありません。必要なツールの使い方を覚えて、Haskell の学習の妨げにならないようにすることが、ここでの目的となります。

サンプルファイルを作成したところで、GHC をもう一度実行してみましょう。今度は、**hello.hs** ファイルを引数として指定します。

```
$ ghc hello.hs
[1 of 1] Compiling Main
Linking hello ...
```

コンパイルが正常終了すると、GHC によって次の 3 つのファイルが作成されます。

- **hello**（Windows では **hello.exe**）
- **hello.hi**
- **hello.o**

まず、もっとも重要なファイルは **hello** です。このファイルは実行可能バイナリであるため、そのまま実行できます。

```
$ ./hello
"Hello World!"
```

コンパイルされたファイルのデフォルトの振る舞いは、**main** のロジックを実行することです。デフォルトでは、コンパイルの対象となる Haskell プログラムには必ず **main** が含まれていなければなりません。**main** は、Java/C++/C#の **Main** メソッドや、Python の**__main__**と同じような役割を果たします。

ほとんどのコマンドラインツールと同様に、GHCもさまざまなオプションフラグをサポートしています。たとえば、`hello.hs`を`helloworld`という名前の実行可能ファイルにコンパイルしたい場合は、`-o`フラグを使用します。

```
$ ghc hello.hs -o helloworld
[1 of 1] Compiling Main
Linking helloworld ....
```

コンパイラオプションを一覧表示するには、`ghc --help`を使用します（ファイル名引数は必要ありません）。

▷ **クイックチェック 1-1**

`hello.hs`のコードをコピーし、`testprogram`という名前の実行可能ファイルにコンパイルしてみましょう。

 ## 1.3 Haskellとのやり取り：GHCi

Haskellプログラムを記述するためのもっとも便利なツールの1つはGHCiです。GHCiはGHCの対話型インターフェイスであり、GHCと同様に、`ghci`というシンプルなコマンドを使って起動します。GHCiが起動すると、新しいプロンプトが表示されます。

```
$ ghci
Prelude>
```

コマンドラインから開始するプログラムについて最初に覚えなければならないことは、プログラムを終了する方法です。GHCiでは、`:q`コマンドを使ってプログラムを終了します。

```
$ ghci
Prelude> :q
Leaving GHCi.
```

GHCiでの操作は、PythonやRubyといったほとんどのインタープリタ言語での操作とよく似ています。次に示すように、単純な電卓として使用することもできます。

```
Prelude> 1 + 1
2
```

GHCiでコードを直接記述することもできます。

```
Prelude> x = 2 + 2
Prelude> x
4
```

バージョン 8 よりも前の GHCi では、関数や変数の定義の先頭に let キーワードを指定する必要がありました。このキーワードは不要になりましたが、Web や古い書籍で示されている Haskell の例には、このキーワードが含まれていることがよくあります。

```
Prelude> let f x = x + x
Prelude> f 2
4
```

GHCi のもっとも重要な用途は、記述中のプログラムとのやり取りです。既存のファイルを GHCi にロードする方法は 2 つあります。1 つは、ファイル名を引数として ghci に渡すことです。

```
$ ghci hello.hs
[1 of 1] Compiling Main
Ok, modules loaded.
Prelude>
```

もう 1 つは、対話型セッションで:l (:load) コマンドを使用する方法です。

```
$ ghci
Prelude> :l hello.hs
[1 of 1] Compiling Main
Ok, modules loaded.
*Main>
```

どちらの方法でも、記述した関数を呼び出せるようになります。

```
Prelude> :l hello.hs
*Main> main
"Hello World!"
```

GHC でファイルをコンパイルする場合とは異なり、GHCi にロードするファイルには、main が含まれていなくてもかまいません。ファイルをロードするたびに、関数と変数の既存の定義は上書きされることになります。ファイルに変更を加えるたびに、ファイルを再びロードすることができます。Haskell は、コンパイラの強力なサポートに加えて、使い勝手のよい自然な対話型環境を備えている点で独特です。Python、Ruby、JavaScript といったインタープリタ言語の経験がある場合は、GHCi をすぐに使いこなせるようになるでしょう。Java、C#、C++ といったコンパイル言語に慣れている場合は、Haskell の記述にコンパイル言語を使用することにきっと驚くでしょう。

▷ クイックチェック 1-2

Hello World プログラムを編集して"Hello <あなたの名前>"が表示されるようにし、このファイルを GHCi にロードしてテストしてみましょう。

1.4 Haskell コードの記述と操作

　Haskell の初心者がもどかしい思いをするのは、Haskell の基本的な I/O がかなり高度なトピックであることです。初めての言語では、プログラムの仕組みを理解するためにコードを書きながら出力してみる、というのが一般的なパターンです。Haskell では、この種のアドホックなデバッグが通常は不可能となります。Haskell プログラムにかなり複雑なエラーを伴うバグがあり、どうすればよいかわからずに途方に暮れてしまう、というのはよくあることです。

　この問題に追い打ちをかけるかのように、Haskell のすばらしいコンパイラはコードの正確さに関してまったく譲歩しません。プログラムを記述し、実行し、すぐにエラーを修正するというパターンに慣れていると、Haskell に苛立ちを覚えるでしょう。Haskell では、時間をかけて問題をじっくり考えてからプログラムを実行することに大きな見返りがあります。Haskell での経験を重ねていくうちに、そうした不満がこの言語ならではの特徴に思えてくるはずです。コンパイル時にコードの正確さに取り組むことは、裏を返せば、プログラムが正常に、期待どおりに動作する確率がこれまでよりもずっと高くなるということです。

　Haskell コードをできるだけイライラせずに記述するコツは、コードを小さなブロックごとに記述し、それぞれのブロックを書きながら対話形式で試してみることです。このことを具体的に示すために、煩雑な Haskell プログラムをブロックごとに理解できるように整理してみましょう。この例では、読者へのお礼メールの下書きを作成するコマンドラインアプリケーションを作成します。まず、うまく書かれていないバージョンから見てみましょう（リスト 1–2）。

リスト1–2：first_prog.hs の煩雑なバージョン

```
messyMain :: IO()
messyMain = do
  print "Who is the email for?"
  recipient <- getLine
  print "What is the Title?"
  title <- getLine
  print "Who is the Author?"
  author <- getLine
  print ("Dear " ++ recipient ++ ",\n" ++
         "Thanks for buying " ++ title ++ "\nthanks,\n" ++ author )
```

　問題は、このコードが messyMain という 1 つの大きな関数に含まれていることです。「モジュール型のコードを記述するのがよい作法である」というアドバイスはほぼすべてのソフトウェアに共通するものですが、Haskell では、プログラマが理解してトラブルシューティングすることが可能

なコードを記述することが肝心です。煩雑であるとはいえ、このプログラムは正常に動作します。messyMain という名前を main に変更すれば、このプログラムをコンパイルして実行することができます。ただし、このコードをそのまま GHCi にロードすることも可能です（first_prog.hs と同じディレクトリで行うことが前提となります）。

```
$ ghci
Prelude> :l first_prog.hs
[1 of 1] Compiling Main              (first_prog.hs, interpreted)
Ok, modules loaded.
```

GHCi が Ok を出力すれば、コードがコンパイルされ、問題なく動作することがわかります。GHCi は main 関数の有無に注意を払いません。main を含んでいないファイルでも操作できるため、これは願ってもないことです。この時点で、コードをテストしてみることができます。

```
*Main> messyMain
"Who is the email for?"
Happy Reader
"What is the Title?"
Learn Haskell
"Who is the Author?"
Will Kurt
"Dear Happy Reader,\nThanks for buying Learn Haskell\nthanks,\nWill Kurt"
```

何の問題もなくうまくいきますが、このコードが少し分割されていれば、ずっと扱いやすくなるはずです。ここでの主な目的はメールを作成することですが、このメールが3つの部分（宛先、本文、署名）で構成されていることはすぐにわかります。そこで、これらの部分を別々の関数に抜き出すことから始めます。first_prog.hs ファイルに書き込むのは次のコードです。本書で定義する関数や値のほとんどは、現在扱っているファイルに書き込まれると想定してかまいません。最初は toPart 関数があるだけです。

```
toPart recipient = "Dear" ++ recipient ++ ",\n"
```

この例では、3つの関数をまとめて記述するのも簡単ですが、多くの場合は、作業をゆっくり進めながら各関数をテストするほうが効果的です。この関数をテストするために、GHCi にファイルを再びロードします。

```
Prelude> :l "first_prog.hs"
[1 of 1] Compiling Main                 ( first_prog.hs, interpreted )
Ok, modules loaded.
*Main> toPart "Happy Reader"
"DearHappy Reader,\n"
```

8 | LESSON 1 Haskell を使用するための準備

```
*Main> toPart "Bob Smith"
"DearBob Smith,\n"
```

このように、コードをエディタで記述しては GHCi にロードし、再びロードするというパターンが本書全体のコードの主な操作方法になります。繰り返しを避けるために、これ以降は:l first_prog.hs の部分を省略しますが、このコマンドが存在するものとします。

GHCi にコードをロードしたところで、ちょっとした誤りがあることに気づきます。Dear と宛名の間にスペースがありません。これを修正する方法はリスト 1–3 のようになります。

リスト1–3：修正後の toPart 関数

```
toPart recipient = "Dear " ++ recipient ++ ",\n"
```

そして GHCi に戻ります。

```
*Main> toPart "Jane Doe"
"Dear Jane Doe,\n"
```

問題はなさそうです。次に、残りの 2 つの関数を定義します。今回は 2 つの関数を同時に記述してみましょう（リスト 1–4）。なお、本書を読み進めるときには、関数のコードを 1 つずつ記述しながら GHCi にロードし、問題がないことを確認してから次の作業に進むようにしてください。

リスト1–4：bodyPart 関数と fromPart 関数の定義

```
bodyPart bookTitle = "Thanks for buying " ++ bookTitle ++ ".\n"
fromPart author = "Thanks,\n"++author
```

これらの関数も同じようにテストできます。

```
*Main> bodyPart "Learn Haskell"
"Thanks for buying Learn Haskell.\n"
*Main> fromPart "Will Kurt"
"Thanks,\nWill Kurt"
```

ここまでは順調です。次に、それぞれの関数をつなぎ合わせる必要があります（リスト 1–5）。

リスト1–5：createEmail 関数の定義

```
createEmail recipient bookTitle author = toPart recipient ++
                                          bodyPart bookTitle ++
                                          fromPart author
```

3 つの関数呼び出しが一列に並んでいることに注目してください。Haskell では、有意なホワイトスペースの使用が制限されます（といっても、Python の足元にもおよびませんが）。本書のコー

ドの体裁はすべて意図的なものであると考えてください。つまり、コードの一部が整列していると
したら、それには理由があります。ほとんどのエディタでは、Haskell プラグインを使って自動的
に対処できます。

すべての関数を記述したら、createEmail をテストできます。

```
*Main> createEmail "Happy Reader" "Learn Haskell" "Will Kurt"
"Dear Happy Reader,\nThanks for buying Learn Haskell.\nThanks,\nWill Kurt"
```

関数はそれぞれ期待どおりに動作しています。あとは、すべてのコードを main にまとめるだけ
です（リスト 1-6）。

リスト1-6：main が簡潔になった first_prog.hs

```
main = do
  print "Who is the email for?"
  recipient <- getLine
  print "What is the Title?"
  title <- getLine
  print "Who is the Author?"
  author <- getLine
  print (createEmail recipient title author)
```

コンパイルの準備はすっかり整ったはずですが、その前に、常に GHCi でテストするのがよい考
えです。

```
*Main> main
"Who is the email for?"
Happy Reader
"What is the Title?"
Learn Haskell
"Who is the Author?"
Will Kurt
"Dear Happy Reader,\nThanks for buying Learn Haskell.\nThanks,\nWill Kurt"
```

すべての部分がうまく連動しているようです。また、各部分を個別に試して、正常に動作するこ
とも確認できました。これでようやくプログラムをコンパイルできます。

```
$ ghc first_prog.hs
[1 of 1] Compiling Main         ( first_prog.hs, first_prog.o )
Linking first_prog ...
$ ./first_prog
"Who is the email for?"
Happy Reader
"What is the Title?"
Learn Haskell
```

```
"Who is the Author?"
Will Kurt
"Dear Happy Reader,\nThanks for buying Learn Haskell.\nThanks,\nWill Kurt"
```

最初の Haskell プログラムはこれで完成です。基本的なワークフローを理解したところで、Haskell の世界にさっそく飛び込んでみましょう。

1.5　まとめ

このレッスンの目的は、Haskell を使用するための準備を整えることでした。まず、Haskell Platform をインストールしました。Haskell Platform には、本書全体で使用することになるさまざまなツールが含まれています。たとえば、Haskell のコンパイラである GHC、Haskell の対話型インタープリタである GHCi、そして後ほど使用するビルドツールである stack などが含まれています。続いて、Haskell プログラムの記述、リファクタリング、対話形式での操作、コンパイルの基礎を取り上げました。

1.6　練習問題

このレッスンの内容を理解できたかどうか確認してみましょう。

Q1.1：GHCi で 2^{123} を計算してみましょう。

Q1.2：`first_prog.hs` の各関数のコードを変更しながら GHCi でテストします。最後に、メールテンプレート作成プログラムの新しいバージョンをコンパイルし、実行可能ファイルの名前が `email` になるようにしてみましょう。

1.7　クイックチェックの解答

▶ クイックチェック 1-1

コードをファイルにコピーし、そのファイルと同じディレクトリで次のコマンドを実行します。

```
$ ghc hello.hs -o testprogram
```

▶ クイックチェック 1-2

あなたの名前が表示されるようにファイルを編集します。

```
main = do
  print "Hello Will!"
```

GHCi にファイルをロードします。

```
Prelude> :l hello.hs
*Main> main
Hello Will!
```

UNIT

1 関数型プログラミングの基礎

　プログラミングという行為を理解する方法は主に2つあります。1つは昔ながらの方法で、プログラマがコンピュータの振る舞いを制御するために一連の命令を提供するというものです。このプログラミングモデルでは、プログラマはプログラミングのためのツール（コンピュータ）の設計に縛り付けられます。この種のプログラミングでは、コンピュータは入力を受け取り、メモリにアクセスし、CPUに命令を送り、最後に出力をユーザーに提供するデバイスです。このコンピュータモデルは、有名な数学者であり物理学者であるジョン・フォン・ノイマンの名をとって、**ノイマン型アーキテクチャ**と呼ばれます。

　プログラムをこのように捉える代表的なプログラミング言語と言えば、C言語です。C言語のプログラムは、標準入力からデータを取り出し、必要な値を物理メモリで出し入れし、特定のメモリブロックに対するポインタの処理を要求し、最後に標準出力を通じてすべての出力を返します（標準入力と標準出力はオペレーティングシステムによって制御されます。物理メモリでは、手動による管理が頻繁に必要になります）。プログラムをC言語で記述する際には、目の前にある問題と同じくらい、目の前にあるコンピュータの物理的なアーキテクチャを理解していなければなりません。

　しかし、ノイマン型アーキテクチャで構築されたコンピュータが計算を行う唯一の方法ではありません。人間は、本棚の本を並べたり、微積分学で導関数を求めたり、友だちに道順を教えたりするなど、メモリ割り当てや命令セットという発想とは無関係な幅広い計算を行います。C言語のコードを記述するときには、計算の具体的な実装をプログラムします。Fortranの開発チームを率いていたジョン・バッカスは、チューリング賞の講演で「プログラミングはノイマン型から自由になれるか」と問いかけました。

　この問いは、プログラミングを理解するもう1つの方法につながりました。それが本書のユニット1のテーマです。**関数型プログラミング**は、プログラミングをノイマン型から解放するものです。関数型プログラミングの土台となるのは、具体的な実装に捉われない抽象的かつ数学的な計算の概念です。このことは、多くの場合は問題を定義するだけで解決に導くプログラミングの手法につながります。関数型プログラミングでは、コンピュータではなく計算に焦点を合わせます。それによ

り、多くの難題をはるかに簡単に解決できるようにする高度な抽象表現にプログラマがアクセスできるようになります。

　その代償として考えられるのは、作業に取りかかるためのハードルが上がることです。関数型プログラミングの概念は抽象的なものであることが多く、プログラミングのあり方を基本原理から築いていかなければなりません。有益なプログラムを構築するには、多くの概念を習得する必要があります。ユニット 1 で習得するのは、コンピュータのプログラミングから脱却するプログラミング手法であることを覚えておいてください。

　C 言語がノイマン型のプログラミングをほぼ完全に具現化したものであるとすれば、あなたが学ぶことができるもっとも純粋な関数型プログラミング言語は Haskell です。言語としての Haskell は、バッカスの夢の実現に向け、より親しみやすいプログラミングスタイルへの逸脱を決して許しません。その点では、Haskell の習得は他の言語よりも難しいのですが、Haskell をマスターすれば必然的に関数型プログラミングを深く理解することになります。ユニット 1 を読み終える頃には、関数型プログラミングの基礎がしっかり身についているはずです。Haskell を学ぶ旅の準備ができていることはもちろん、他のすべての関数型プログラミング言語の基礎を理解することになるでしょう。

LESSON 2

関数と関数型プログラミング

レッスン 2 では、次の内容を取り上げます。

- 関数型プログラミングの概要
- Haskell での単純な関数の定義
- Haskell での変数の宣言
- 関数型プログラミングの利点

　Haskell を学ぶときに最初に理解しなければならないのは、「関数型プログラミングとは何か」です。関数型プログラミングはマスターするのが難しいことでよく知られています。これが真実であることは間違いありませんが、関数型プログラミングの基礎は驚くほど単純です。最初に理解しなければならないのは、関数型プログラミング言語において**関数**が何を意味するかです。関数を使用することの意味はすでに知っているはずです。このレッスンでは、Haskell において関数がしたがわなければならない単純なルールを確認します。それらのルールにしたがえば、コードが検証しやすくなるだけでなく、まったく新たな視点からプログラミングを捉えるようになるでしょう。

 あなたは友人とピザを買いに行くことにしました。メニューにはそれぞれ値段の異なる 3 種類のピザがあります。

1　18 インチ（20 ドル）
2　16 インチ（15 ドル）
3　12 インチ（10 ドル）

もっともお買い得なピザを選ぶために、1 平方インチあたりの値段を求める関数を作成してください。

2.1　関数

　関数とはそもそも何でしょうか。関数型プログラミングを調べるときには、この問いを投げかけて理解することが重要となります。Haskellでの関数の振る舞いは、数学から直接受け継がれたものです。数学では、よく $f(x) = y$ のような式を使用します。この式は、変数 x を値 y に対応付ける関数 f が存在することを意味します。数学では、x と y は1対1の関係にあります。特定の関数 f に対して $f(2) = 2,000,000$ が成り立つとしたら、$f(2) = 2,000,001$ になることは決してありません。

　思慮深い読者は、「平方根関数はどうなるのか」と考えるかもしれません。4の平方根は2と-2の2つであり、明らかに2つの y を指している $\sqrt{x}$ をどうして真の関数と呼べるのでしょうか。ここで重要となるのは、x と y が同じものである必要がないことです。$\sqrt{x}$ は正の根であると言えるため、x と y はどちらも正の実数であり、この問題は解決されます。しかし、$\sqrt{x}$ を正の実数から2つの実数への関数にすることもできます。この場合、それぞれの x は1つのペアにのみ対応します。

　Haskellの関数は数学の関数とまったく同じように動作します。図2-1は、`simple`という名前の関数を示しています。

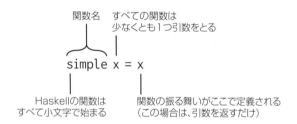

図2-1：単純な関数の定義

　`simple`関数の引数は`x`だけであり、この引数をそのまま返します。他の多くのプログラミング言語とは異なり、Haskellでは値を返すことを指定する必要はありません。Haskellの関数は値を返さなければならないため、そのことを明示的に指定する必要はないからです。`simple`関数をGHCiにロードし、その振る舞いを確認してみましょう。関数をロードするために必要なのは、関数をファイルに保存し、GHCiで`:load <ファイル名>`コマンドを使用することだけです。

```
*Main> simple 2
2
*Main> simple "dog"
"dog"
```

ユニット 1 では、コマンドの実行と結果の取得に GHCi を使用します。GHCi は、Haskell の対話形式の REPL です。

Haskell の関数はすべて次の 3 つのルールにしたがいます。これらのルールにしたがうことで、Haskell の関数は数学の関数のように動作します。

- すべての関数が引数を受け取らなければならない。
- すべての関数が値を返さなければならない。
- 関数が同じ引数で呼び出されたときは常に同じ値を返さなければならない。

3 つ目のルールは数学における関数の基本定義の一部です。同じ引数が常に同じ結果を生成するというルールをプログラミング言語の関数に適用することを**参照透過性**と呼びます。

2.2 関数型プログラミング

関数が一連の x から一連の y への単なる写像であるとすれば、それらはプログラミングとどのような関係にあるのでしょうか。1930 年代、数学者アロンゾ・チャーチが関数と変数（x、y）のみを使用する論理システムの作成を試みました。この論理システムは**ラムダ計算**と呼ばれます。ラムダ計算では、すべてのものが関数として表されます。真と偽は関数であり、すべての整数さえも関数として表すことができます。

チャーチの当初の目的は、数学の集合論の問題を解くことでした。残念ながら、ラムダ計算ではそれらの問題は解決しませんでしたが、チャーチの取り組みははるかに興味深い結果につながりました。ラムダ計算はチューリングマシンに匹敵する普遍的な計算モデルを可能にしたのです。

チューリングマシンとは何か

チューリングマシンは、コンピュータ科学者として名高いアラン・チューリングによって開発されたコンピュータの抽象モデルです。理論的に考えた場合、チューリングマシンが有益であるのは、デジタルコンピュータだけでなく、考えられるすべてのコンピュータで、計算できるものとできないものを判断できるためです。また、このモデルにより、コンピュータ科学者はチューリングマシンをシミュレートできるコンピュータシステムの間に等価性があることを証明できます。たとえば、Java で計算できるもので、アセンブリ言語で計算できないものは存在しないことを証明できます。

このラムダ計算とコンピューティングとの関係に関する発見は、**チャーチ＝チューリングのテー**

ゼ[1] と呼ばれます。このすばらしい発見のおかげで、プログラミングに対して数学的に正しいモデルが提供されています。

　プログラマが使用するほとんどのプログラミング言語は工学の粋を集めたものですが、プログラムの振る舞いはほとんど保証されません。数学的な基礎を持つ Haskell は、プログラマが記述するコードからバグやエラーの類いを一掃することができます。プログラミング言語における最先端の研究では、プログラムが期待どおりに動作することを数学的に証明する実験が進められています。さらに、ほとんどのプログラミング言語では、その設計の非数学的な性質が原因で、プログラマが利用できる抽象化がその言語の工学的な決定によって制限されることになります。数学をプログラムすることが可能であるとしたら、コードについていろいろなことを証明できるようになり、数学で許可されている抽象化をほぼ無制限に利用できるようになります。それが関数型プログラミングの目的です。つまり、数学の威力をプログラマが利用できる形で提供することが、関数型プログラミングの目的なのです。

 ## 2.3　関数型プログラミングの実用的価値

　このプログラミングの数学モデルは、実用に際してさまざまな影響をもたらします。Haskell には、すべての関数に引数と戻り値がなければならず、同じ引数に対して常に同じ値を返さなければならないという単純なルールがあります。このため、Haskell は**安全**なプログラミング言語です。プログラムが安全であるとは、プログラムの振る舞いが常に期待どおりで、それらの振る舞いを簡単に論証できることを意味します。安全なプログラミング言語とは、プログラムを期待どおりに動作させる言語のことです。

　関数の単純なルールに違反する「安全ではない」コードの例を見てみましょう。たとえば、新しいコードを調べていて、リスト 2–1 のようなコードに出くわしたとしましょう。

リスト2-1：関数呼び出しの隠れた状態

```
tick()
if(timeToReset){
  reset()
}
```

　このコードはどう見ても Haskell ではありません。というのも、`tick` と `reset` が前述のルールに違反するからです。どちらの関数も引数をとらず、値を返しません。そこで問題となるのは、これらの関数が何を行うのか、そして Haskell の関数とどう違うのかです。`tick` がカウンタをインクリメントし、`reset` がそのカウンタを初期値に戻すと推測したとしてもあながち間違いではない

---

[1] http://www.alanturing.net/turing_archive/pages/reference%20articles/The%20Turing-Church%20Thesis.html

でしょう。完全にそのとおりではないとしても、この推測から先の問いかけへの答えが明らかになります。関数に引数を渡さないとしたら、環境内の値にアクセスしているはずです。関数から値を返さないとしたら、やはり環境内の値を変更しているはずです。プログラミング環境の値を変更すれば、プログラムの**状態**を変化させることになります。状態が変化すればコードに**副作用**が生じ、それらの副作用によってコードの論証が難しくなります。結果として、コードが安全ではなくなる可能性があります。

　考えられるのは、`tick` と `reset` が**グローバル変数**にアクセスしていることです。グローバル変数は、プログラムのどこからでもアクセスできる変数です。グローバル変数へのアクセスは、どのプログラミング言語でもまずい設計と見なされます。しかも、副作用のせいで、どれだけ単純でうまく書かれたコードであっても、論証が難しくなります。このことを確認するために、`myList` という値のコレクションを調べ、組み込み機能を使って値を反転させてみましょう。リスト 2–2 のコードは、Python、Ruby、JavaScript において有効なコードです。このコードが何をするのか見てみましょう。

リスト2–2：標準ライブラリの紛らわしい振る舞い

```
myList = [1,2,3]
myList.reverse()
newList = myList.reverse()
```

　さて、`newList` の値は何になるでしょうか。リスト 2–2 は Ruby、Python、JavaScript において有効なプログラムであるため、`newList` の値が同じになるはずだと考えるのはもっともなことに思えます。これら 3 つの言語の答えは次のようになります。

```
Ruby -> [3,2,1]
Python -> None
JavaScript -> [1,2,3]
```

　まったく同じコードの答えが 3 つの言語でまったく異なっています。Python と JavaScript では、`reverse` の呼び出し時に副作用が発生します。これらの言語の答えが異なっているのは、`reverse` 呼び出しの副作用がそれぞれ異なっていて、プログラマからは見えないためです。Ruby の振る舞いは Haskell に似ており、副作用は発生しません。ここで、参照透過性の価値が明らかになります。Haskell では、各関数の働きが常にわかるようになっています。少し前に `reset` と `tick` を呼び出したとき、それらの関数が何を変更したのかはわかりませんでした。ソースコードを調べない限り、それらの関数が使用している値や変更している値、あるいはその数さえも突き止めることはできません。Haskell では、関数の副作用は許可されません。Haskell のすべての関数に引数と戻り値が必要なのは、そのためです。Haskell の関数が常に値を返すわけではなかったとしたら、プログラムで隠れた状態を変更しない限り、その関数は使いものになりません。関数が引数をとらないとしたら、隠れた状態にアクセスしなければならず、そうすると透過的ではなくなってしまいます。

20 | LESSON 2 関数と関数型プログラミング

この Haskell の関数が持つ小さな特性が、はるかに予測しやすいコードをもたらします。Ruby でさえ、副作用を利用することをプログラマに認めています。他のプログラマが書いたコードを使っているときは、関数やメソッドを呼び出したときに何が起きるかはまったく予測できません。Haskell では、そのようなことは認められないため、誰か書いたコードを見てもその振る舞いを推測することができます。

▷ **クイックチェック 2-1**

多くの言語は値のインクリメントに++演算子を使用します。たとえば、x++は x をインクリメントします。このような働きをする演算子や関数が Haskell に存在するでしょうか。

● **変数**

Haskell の変数は単純です。変数 x に 2 を代入してみましょう（リスト 2-3）。

リスト2-3：最初の変数の定義

```
x = 2
```

Haskell の変数に難点があるとしたら、実際にはこれっぽっちも変数ではないことです。リスト 2-4 の Haskell コードをコンパイルしようとした場合はエラーになります。

リスト2-4：変数は変数ではない

```
x = 2
x = 3     -- x の値を変更するため、コンパイルされない
```

Haskell の変数については、定義として考えたほうがよいでしょう。この場合も、数学的に考えてみれば、コードに対する一般的な見方が変わります。問題は、ほとんどのプログラミング言語では、さまざまな問題を解決するために変数の再代入が不可欠であることです。変数を変更できないことは、参照透過性にも関連しています。変数を変更できないのは厳しいルールに思えるかもしれませんが、関数を呼び出した後も同じ状態のままであることが常にわかるという見返りがあります。

▷ **クイックチェック 2-2**

++演算子を持たない言語でも、+=演算子は定義されており、やはり値のインクリメントに使用されます。たとえば、x += 2 は x の値を 2 増やします。+=演算子については、先のルールにしたがう関数として考えることができます。つまり、値を受け取って値を返す関数です。では、+=は Haskell に存在し得るでしょうか。

プログラミングにおける変数の主な利点は、コードが明確になり、繰り返しが回避されることです。たとえば、calcChange という関数が必要であるとしましょう。この関数には、支払われるべき金額（owed）と支払われた金額（given）を表す 2 つの引数があります。十分な金額が支払われた場合は差額を返しますが、支払い金額が十分ではない場合は、マイナスの金額ではなく 0 を返します。リスト 2-5 は、この関数を実装する 1 つの方法を示しています。

リスト2-5：calcChange のバージョン 1

```
calcChange owed given = if given - owed > 0
                        then given - owed
                        else 0
```

この関数には、問題点が 2 つあります。

- とても小さな関数にしては読みにくい。given - owed という式を見るたびに、何が起きているのかを推測しなければならない。これが減算よりも複雑なものになった場合は煩わしいものになるだろう。
- 計算を繰り返している。減算は安価な演算だが、これがもっとコストのかかる演算だったとしたら、リソースを無駄にすることになる。

Haskell は、where という特別な句を使用することで、こうした問題を解決します。where 句を使ってリスト 2–5 の関数を書き換えると、リスト 2–6 のようになります。

リスト2-6：calcChange のバージョン 2

```
calcChange owed given = if change > 0
                        then change
                        else 0
  where                        -- given - owed は一度だけ計算され、
    change = given - owed      -- change に代入される
```

最初に気づくのは、where 句により、変数を記述するときの通常の順序とは逆になっていることです。ほとんどのプログラミング言語では、変数を宣言するのはそれらを使用する前です。この慣例は状態を変更できることによる副産物でもあります。変数に値を代入した後はいつでも他の値を再代入できるため、変数の順序は重要です。Haskell では、参照透過性のおかげで、このことは問題になりません。Haskell のアプローチは、コードの読みやすさも改善します。つまり、アルゴリズムを読めば、その意図がすぐに明らかになります。

▷ **クイックチェック 2-3**

次の where 句の欠けている部分を埋めてみましょう。

```
doublePlusTwo x = doubleX + 2
  where doubleX = _____
```

● **変更可能な変数**

人生に変化はつきものであり、再代入可能な変数を使用することが理にかなっているときもあります。そうしたケースの 1 つは、Haskell の REPL である GHCi で作業を行っているときに発生します。GHCi を使用しているときは、変数の再代入が認められるのです。例を見てみましょう。

```
Prelude> x = 7
Prelude> x
7
Prelude> x = [1,2,3]
Prelude> x
[1,2,3]
```

バージョン 8 より前の GHC では、GHCi で変数の前に `let` キーワードを付けることで、Haskell の他の変数とは異なるものであることを示す必要がありました。現在でも、必要であれば、GHCi で `let` を使って変数を定義することができます。

```
Prelude> let x = 7
Prelude> x
7
```

なお、1 行の関数も同じ方法で定義できます。

```
Prelude> let f x = x^2
Prelude> f 8
64
```

Haskell では、いくつかの特別な状況で `let` がこのように使用されるのを目にすることになるでしょう。ややこしいかもしれませんが、このように区別されているのは、主に現実の作業で腹立たしい思いをしないようにするためです。

ここで理解しておかなければならないのは、GHCi で変数の定義を変更できるのは特例である、ということです。Haskell は厳格かもしれませんが、別の変数を試したいがために、そのつど GHCi を再起動するのはさすがに億劫です。

▷ **クイックチェック 2-4**
次のコードにおいて変数 x の最終的な値は何になるでしょう。

```
Prelude> let x = "simple"
Prelude> let x = 6
```

 ## 2.4　まとめ

このレッスンの目的は、関数型プログラミングを紹介し、Haskell で基本的な関数を記述することでした。関数型プログラミングでは、関数の振る舞いに制限が課されることがわかりました。そ

れらの制限は次のとおりです。

- 関数は常に引数を受け取らなければならない。
- 関数は常に値を返さなければならない。
- 同じ関数を同じ引数で呼び出した場合は常に同じ結果が返されなければならない。

これら 3 つのルールは、Haskell でプログラムを記述する方法に重大な影響をおよぼします。これらのルールにしたがってコードを記述するときの最大の利点は、プログラムがはるかに推測しやすいものになり、予想どおりの振る舞いをするようになることです。

2.5 練習問題

このレッスンの内容を理解できたかどうか確認してみましょう。

Q2-1：calcChange を記述するときには、Haskell の `if then else` 式を使用しました。Haskell では、すべての `if` 文に `else` 要素が含まれていなければなりません。先の 3 つのルールを考えると、`if` 文を単体で使用できないのはなぜでしょうか。

Q2-2：引数 n をインクリメントする inc 関数、n を 2 倍にする double、n を 2 乗する square 関数を記述してみましょう。

Q2-3：引数 n が偶数の場合は $n-2$ を返し、奇数の場合は $3 \times n + 1$ を返す関数を記述してください。引数が偶数かどうかを確認するには、Haskell の even 関数か mod（Haskell の剰余関数）を使用できます。

2.6 クイックチェックの解答

▶ **クイックチェック 2-1**

　C++ などの言語で使用されている++演算子は、関数の数学的なルールに違反するため、Haskell には存在しません。もっとも明白な違反は、変数で++を呼び出すたびに結果が異なることです。

▶ **クイックチェック 2-2**

　+=演算子は引数を受け取って返しますが、++演算子と同じように、呼び出されるたびに異なる値を返します。

▶ **クイックチェック 2-3**

```
doublePlusTwo x = doubleX + 2
  where doubleX = x*2
```

24 | LESSON 2　関数と関数型プログラミング

▶ **クイックチェック 2-4**

値の再代入が可能なので、x の最終的な値は 6 になります。

LESSON 3

ラムダ関数とレキシカルスコープ

レッスン 3 では、次の内容を取り上げます。

- Haskell でのラムダ関数の記述
- ラムダ式を使った特別な関数の定義
- レキシカルスコープ
- ラムダ関数によるスコープの作成

このレッスンでは、**ラムダ関数**を理解することで、関数型プログラミングと Haskell への理解をさらに深めることにします。ラムダ関数は、関数型プログラミング全体においてもっとも基本的な概念の 1 つです。ラムダ関数は名前を持たない関数であり、一見すると単純すぎておもしろみがないほどです。しかし、ラムダ関数は理論的に途轍もない利点をもたらすだけでなく、実際に驚くほど有益です。

 4、10、22 の 3 つの値の和の平方と、それらの値の平方の和との差を GHCi ですばやく計算したいとします。次のように記述しようと思えばできないことはありません。

```
Prelude> (4 + 10 + 22)^2 - (4^2 + 10^2 + 22^2)
```

しかし、この方法では入力ミスをしやすく、間違った式を入力しかねません。さらに、GHCi のコマンド履歴[1] を使って編集したい場合に値を変更するのが難しくなります。関数を明示的に定義せずにもう少し簡潔にする方法はないでしょうか。

---

[1] GHCi で上向き矢印キーを押すと、以前に入力した内容が表示される。

3.1 ラムダ関数

ラムダ関数と呼ばれる名前のない関数は、関数型プログラミングにおいてもっとも基本的な概念の1つです（ラムダ計算はラムダ関数に由来します）。ラムダ関数はよく小文字のギリシャ文字 λ で表されるもので、**匿名関数**や**無名関数**とも呼ばれます。レッスン2で取り上げた simple 関数は、ラムダ関数を使って名前なしで再定義できます。これには、Haskell のラムダ構文を使用します（図3-1）。

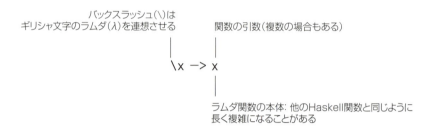

図3-1：simple 関数をラムダ関数として書き換える

ラムダ関数は必要最低限の関数です。つまり、値を受け取って返すだけの関数です。この無名関数は、単体では何もしない単なる式であるため、GHCi や Haskell プログラムに貼り付けることはできません。ラムダ関数を動作させるには、目的を持って使用しなければなりません。もっとも簡単なのは、引数を渡すことです。

```
Prelude> (\x -> x) 4
4
Prelude> (\x -> x) "hi"
"hi"
Prelude> (\x -> x) [1,2,3]
[1,2,3]
```

ラムダ関数は使用するたびに再定義しなければならないことに注意してください。名前で呼び出す方法がないのですから当然のことです。ラムダ関数は便利ですが、ほんの短い間だけ存在することを前提としています。一般的には、名前付きの関数で用が足りるのであれば、そちらを使用したほうがよいでしょう。

▷ **クイックチェック 3-1**

引数を2倍にするラムダ関数を記述し、引数として数字をいくつか渡してみましょう。

3.2　独自のwhere句を記述する

　関数型プログラミングにとって永遠のテーマは、「1から構築してみたければ、できないことはほとんどない」ことです。このため、関数型プログラミングを経験すると、通常はプログラムの仕組みを深く理解することになります。ラムダ関数の威力を具体的に理解するために、Haskellから`where`句を取り除き、1から再構築できるかどうかたしかめてみましょう。これが何を意味するのかを知っておいて損はありません。これまでのところ、`where`は関数内で変数を格納するためのあなたが知っている唯一の手段です。

　実際には、ラムダ関数は何もないところから変数を作り出せるほど強力です。まず、`where`文を使用する関数を見てみましょう。この関数は、値の平方の和（x^2 + y^2）と和の平方（(x + y)^2）の2つの数字を受け取り、大きいほうを返します。`where`を使ったバージョンから見てみましょう（リスト3–1）。

リスト3–1：sumSquareOrSquareSum のバージョン1

```haskell
sumSquareOrSquareSum x y = if sumSquare > squareSum
                           then sumSquare
                           else squareSum
  where sumSquare = x^2 + y^2
        squareSum = (x+y)^2
```

 本書ではコードをファイルに入力してテストすることを前提としていますが、リスト3–1のような複数行のコードをGHCiに直接入力する場合は、次のようにします。

```
Prelude> :{
Prelude| sumSquareOrSquareSum x y = if sumSquare > squareSum
...
Prelude|         squareSum = (x+y)^2
Prelude| :}
```

　`sumSquareOrSquareSum`は`where`を使用しています。これには、コードを読みやすくし、計算量を減らすという2つの効果があります（ですが厳密に言えば、Haskellでは変数がなくても、重複する関数呼び出しの多くが取り除かれます）。`where`を使用せずに、単に変数を置き換えることもできますが、そうすると計算量が2倍になり、コードが読みにくくなってしまいます。

```haskell
sumSquareOrSquareSum x y = if (x^2 + y^2) > ((x+y)^2)
                           then (x^2 + y^2)
                           else (x+y)^2
```

この関数は比較的単純ですが、where や何らかの変数がないとおそろしいことになります。変数を使用しない解決策の 1 つは、関数を 2 つのステップに分割することです。最初に body という名前の関数を使って sumSquareOrSquareSum の主な比較部分を処理します。続いて、新しい sumSquareOrSquareSum で sumSquare と squareSum を計算し、body に渡すことができます。body のコードは次のようになります。

```
body sumSquare squareSum = if sumSquare > squareSum
                          then sumSquare
                          else squareSum
```

続いて sumSquareOrSquareSum で sumSquare と squareSum を計算し、body に渡します。

```
sumSquareOrSquareSum x y = body (x^2 + y^2) ((x+y)^2)
```

これで問題は解決されますが、作業量が増えており、新しい中間関数 body の定義が必要になります。この関数自体は非常に単純であり、中間ステップが必要なければそれに越したことはありません。名前付きの関数 body はなくしてしまいたいので、ラムダ関数を使用するのが得策です。まず、body のラムダ関数を見てみましょう。

```
body = (\sumSquare squareSum ->
        if sumSquare > squareSum
        then sumSquare
        else squareSum)
```

sumSquareOrSquareSum の定義において、このラムダ関数を body の代わりに使用すると、図 3-2 のようになります。

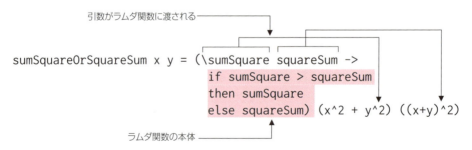

図3-2：ラムダ関数を使用した場合の sumSquareOrSquareSum の仕組み

これでもまだ where 句ほど簡潔ではありません（そもそも Haskell に where 句が含まれている

のは、そのためです）が、以前よりもずっとよくなっています。さらに重要なのは、変数の概念を1から実装していることです。

▷ **クイックチェック 3-2**

次の関数を書き換えて、`where` の代わりにラムダ関数を使用してみましょう。

```
doubleDouble x = dubs*2
  where dubs = x*2
```

 ## 3.3　ラムダから let へ：カスタム変数を変更可能にする

ラムダ関数は元の `where` 句ほど簡潔ではありませんが、能力的には `where` 句を上回っています。`where` 句を使用するほうが何もかもずっと理解しやすくなりますが、構文的に関数にまとめられるため、`where` 部分だけを抜き出しても意味がありません。ラムダ関数の場合はそうしたことはなく、特定の場所に貼り付けたものを抜き出すのも簡単です。ラムダ関数はそれ自体が**式**です。つまり、自己完結型のコードブロックです。

Haskell には、`where` 句の代わりに使用できる `let` 式と呼ばれるものがあります。`let` 式を利用すれば、`where` 句の読みやすさとラムダ関数の威力を組み合わせることができます。`let` 式を使った `sumSquareOrSquareSum` 関数を見てみましょう（図 3-3）。

```
sumSquareOrSquareSum x y = let sumSquare = (x^2 + y^2)     ┐
                               squareSum = (x + y)^2        ┘ 変数を先に定義
本体の始まり ─────────────→ in                              ┐
半角スペース1つのインデント ─→ if sumSquare > squareSum     │
                               then sumSquare               ├ let式の本体
                               else squareSum               ┘
```

図3-3：let 式を使って書き換えた sumSquareOrSquareSum 関数

ほとんどの場合、`let` と `where` のどちらを使用するかは、スタイルの問題です。

この時点で、ラムダ式そのものが非常に大きな力を秘めていることは明らかです。このことを証明するために、本来なら不可能な「変数の上書き」を試してみることもできます。この例では、ラムダ式をそのまま使用する代わりに、`let` 式を使ってコードを読みやすくしています。関数型プログラミングでは、変数を意図的に上書きしてもあまり意味はありませんが、実際に可能であることをたしかめるために、リスト 3-2 の `overwrite` 関数のコードを見てみましょう。この関数は、変数 x を受け取り、その値を 3 回上書きします。

リスト3-2：overwrite 関数

```
overwrite x = let x = 2
              in
                let x = 3
                in
                  let x = 4
                  in
                    x
```

この関数自体は無益ですが、GHCi で変数を再定義する方法を思い起こさせます。

```
*Main> let x = 2
*Main> x
2
*Main> let x = 3
*Main> x
3
```

overwrite 関数は、関数型プログラミングのルールに違反することなく GHCi で変数を再定義するにはどうすればよいかを示唆しています。

▷ **クイックチェック 3-3**
ラムダ式だけを使って overwrite を再定義してみましょう。

以上のように、お望みとあらば、他のプログラミング言語と同様に、名前のない関数を使って変数を再定義することが可能です。

3.4 ラムダ関数とレキシカルスコープ

ラムダ関数を使った let と where の例は、最初は不自然なものに思えるかもしれません。しかし、JavaScript においてもっとも重要なデザインパターンの 1 つは、それらに基づいています。JavaScript では、ラムダ関数が強力にサポートされています。JavaScript では、\x -> x は次のようになります。

```
function(x){
  return x;
}
```

JavaScript はもともと、Web サイトにちょっとした趣向を加えるためのものにすぎませんでした。このため、設計上の不備により、大きく複雑なコードベースの管理は難しくなっています。最大の欠陥の 1 つは、名前空間やモジュールが実装されていないことです。このため、コードで length

関数を定義する必要がある場合、注意していないと、使用中の外部ライブラリの1つに含まれている別の `length` 関数を上書きしてしまうおそれがあります。それに加えて、JavaScript では、グローバル変数をうっかり宣言してしまいがちです。このことを具体的に示すために、`libraryAdd` という関数を見てみましょう。この関数はサードパーティのライブラリに含まれているものとします。

```
var libraryAdd = function(a,b){
  c = a + b;      // JavaScript の var キーワードを忘れて、
  return c;       // うっかりグローバル変数を作成してしまう
}
```

この単純な関数には、大きな問題があります。変数 c が誤ってグローバル変数として宣言されていることです。これが問題に発展する例を見てみましょう。

```
var a = 2;
var b = 3;
var c = a + b;

// この関数は内部でグローバル変数 c にアクセスするが、そのことを知るすべはない
var d = libraryAdd(10,20);

// この値は 5 ではなく 30
console.log(c);
```

コード自体はまったく問題はありませんが、`libraryAdd` を呼び出した後、変数 c の値は 30 になります。というのも、JavaScript には名前空間がないため、`libraryAdd` が c に値を代入するときには、c が見つかるまで探し続けるか、新しいグローバル変数を作成することになるからです。そして不運にも `var c` が見つかってしまいます。他人の JavaScript コードを詳しく調べない限り、このバグは決して見つからないでしょう。

この問題を解決するために JavaScript 開発者が使用したのはラムダ関数でした。コードをラムダ関数にまとめてすぐに呼び出せば、コードを安全な状態に保つことができます。このパターンは **IIFE** [2] と呼ばれます。IIFE を使用した場合、先のコードは次のようになります。

```
(function(){                  // ラムダ関数を定義
  var a = 2;
  var b = 3;
  var c = a + b;
  var d = libraryAdd(10,20);  // この危険な関数は有害ではなくなる
  console.log(c);             // 正しい 5 の値
})()
```

---

[2] Immediately Invoked Function Expression

解決策があるのは願ってもないことです。IIFE は、`where` 文を置き換える先の例とまったく同じ原理に基づいています。新しい関数（名前の有無を問わず）を作成するたびに新しい**スコープ**が作成され、そのスコープ内で変数が定義されます。変数が使用されると、プログラムはもっとも近いスコープを調べます。変数の定義がそのスコープになければ、1 つ外側のスコープを調べます。この種の変数参照は**レキシカルスコープ**と呼ばれます。Haskell と JavaScript はどちらもレキシカルスコープを使用します。IIFE とラムダ関数の変数が同じような振る舞いをするのはそのためです。図 3-4 は、変数の定義と、レキシカルスコープを使って変数の値を変更する 3 つの関数定義の例を示しています。

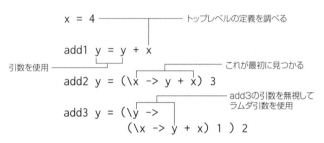

図3-4：add1、add2、add3 のレキシカルスコープ

これら 3 つの関数を同じ引数で呼び出したときの結果の違いを見てみましょう。

```
*Main> add1 1
5
*Main> add2 1
4
*Main> add3 1
3
```

　名前のない関数を使ってスコープをその場で作成できる機能は、ラムダ関数を使ってはるかに強力なことを行うために欠かせないものです。この点については、レッスン 5 で改めて取り上げることにします。

3.5　まとめ

　このレッスンの目的は、ラムダ関数を理解することにありました。発想は単純で、ラムダ関数は名前のない関数です。しかし、ラムダ関数は関数型プログラミングの土台をなすものです。ラムダ関数は、関数型プログラミングの理論的な基軸としての役割を果たすことに加えて、実践的な利益をもたらします。もっとも明らかな利点は、関数をその場で簡単に記述できるようになることです。ラムダ関数には、必要に応じてスコープを作成できるというさらに強力な特徴もあります。

3.6　練習問題

このレッスンの内容を理解できたかどうか確認してみましょう。

Q3-1：ラムダ関数を記述する練習として、レッスン 3 で取り上げた各関数をラムダ式として書き換えてみましょう。

Q3-2：`let` 式を使用することとラムダ関数を使用することは、内部ではまったく同じことではありません。たとえば、次のコードを実行しようとするとエラーになります。

```
counter x = let x = x + 1
            in
               let x = x + 1
               in
                  x
```

`let` とラムダが同じものではないことを証明するために、`counter` 関数を書き換えてみましょう。内容は同じままで、`let` の代わりに入れ子のラムダを使用します。**ヒント**：終わりから始める。

3.7　クイックチェックの解答

▶ **クイックチェック 3-1**

```
Prelude> (\x -> x*2) 2
4
Prelude> (\x -> x*2) 4
8
```

▶ **クイックチェック 3-2**

```
doubleDouble x = (\dubs -> dubs*2) (x*2)
```

▶ **クイックチェック 3-3**

```
overwrite x = (\x ->
  (\x ->
    (\x -> x) 4
   )3
  )2
```

LESSON 4

ファーストクラス関数

レッスン 4 では、次の内容を取り上げます。

- ファーストクラス関数の定義
- 関数を他の関数への引数として使用する方法
- 関数の計算を抽象化する方法
- 関数を値として返す方法

　関数型プログラミングはアカデミックすぎるきらいがあると揶揄されてきましたが、関数型プログラミング言語の主要な機能のうち、より主流に近いプログラミング言語への導入が始まっていないものはないと言ってもよいくらいです。そのうちもっとも勢力を拡大しているのは、**ファーストクラス関数**です。ファーストクラス関数は、他の値と同じように渡すことができる関数であり、**第一級関数**とも呼ばれます。10 年前、この概念は多くのプログラマに衝撃を与えましたが、現在では、プログラミング言語の大半がこの概念をサポートし、頻繁に使用するようになっています。JavaScript でイベントハンドラを割り当てたことや、Python などの言語で `sort` メソッドにカスタムソートロジックを渡したことがあれば、すでにファーストクラス関数を使用しています。

 商品の価格を Amazon や eBay などのサイトと比較する Web サイトを作成したいとします。必要な商品の URL を返す関数はすでに定義されていますが、そのページから価格を抜き出す方法を決定するコードはサイトごとに記述しなければなりません。解決策の 1 つは、サイトごとにカスタム関数を作成することです。

```
getAmazonPrice url
getEbayPrice url
getWalmartPrice url
```

このこと自体はよいのですが、これらすべての関数が多くのロジックを共有しています（たとえば、$1,999.99 などの価格文字列を 1999.99 などの数値型に変換するなど）。HTML から価格を抜き出し、共通の `getPrice` 関数に渡すロジックを分割する方法はあるでしょうか。

4.1　引数としての関数

　ファーストクラス関数の概念では、関数はプログラムで使用される他のデータと何ら違いはありません。つまり、関数を他の関数への引数や他の関数からの戻り値として使用することができます。プログラミング言語にとって、これは見かけ以上に強力な機能です。コードの繰り返し計算される部分を抽象化できるだけでなく、最終的には、他の関数を記述する関数を作成できるからです。

　`ifEvenInc` という関数があるとしましょう。この関数は、n が偶数の場合は値に 1 を足し、そうでない場合はその値をそのまま返します（リスト 4-1）。

リスト4-1：ifEvenInc 関数

```
ifEvenInc n = if even n
              then n + 1
              else n
```

　あとになって、さらに `ifEvenDouble` と `ifEvenSquare` の 2 つの関数が必要であることが判明します。`ifEvenDouble` は、n が偶数の場合は値を 2 倍にし、`ifEvenSquare` は値を 2 乗します。`ifEvenInc` を記述する方法がわかっているとすれば、これらの関数を記述するのは簡単です（リスト 4-2）。

リスト4-2：ifEvenDouble 関数と ifEvenSquare 関数

```
ifEvenDouble n = if even n
                 then n * 2
                 else n
ifEvenSquare n = if even n
                 then n^2
                 else n
```

　これらの関数を記述するのは簡単ですが、これら 3 つの関数はほぼ同じです。唯一の違いは、「インクリメント」、「2 倍」、「2 乗」という振る舞いです。これらの関数の計算には共通するパターンがあり、抽象化してしまうことができます。ここで重要となるのは、望ましい振る舞いを実行するために関数を引数として渡せることです。

　`ifEven` という関数を使って、このことを具体的に確認してみましょう。この関数は、引数として関数と数値を受け取ります。その数値が偶数である場合、`ifEven` はその数値に関数を適用します（リスト 4-3）。

リスト4-3：ifEven 関数

```
ifEven myFunction x = if even x
                      then myFunction x
                      else x
```

また、「インクリメント」、「2 倍」、「2 乗」の振る舞いを 3 つの関数に抜き出すこともできます。

```
inc n = n + 1
double n = n*2
square n = n^2
```

ファーストクラス関数を使って先の定義を作り直すと、次のようになります。

```
ifEvenInc n = ifEven inc n
ifEvenDouble n = ifEven double n
ifEvenSquare n = ifEven square n
```

このようにすると、`ifEvenCube` や `ifEvenNegate` といった新しい関数を簡単に追加できるようになります。

Column 関数と演算子の優先順位

このレッスンでは、関数と演算子の例がすでに登場しています。たとえば、`inc` は関数であり、`+`は演算子です。Haskell コードを記述するにあたって重要となるのは、関数が常に演算子よりも先に評価されることです。このことは何を意味するのでしょうか。GHCi の例を見てみましょう。

```
*Main> 1 + 2 * 3
7
```

ほとんどのプログラミング言語と同様に、`*`は`+`よりも優先されるため、2 と 3 の乗算に続いて 1 が加算され、7 の値が得られます。1 +を `inc` に置き換えたらどうなるでしょうか。

```
*Main> inc 2 * 3
9
```

結果が異なるのは、関数が常に演算子よりも優先されるためです。つまり、`inc 2` が先に評価され、その結果に 3 を掛けることになります。このことは複数の引数を持つ関数にも当てはまります。

```
*Main> add x y = x + y
*Main> add 1 2 * 3
9
```

最大の利点は、コードで無駄な丸かっこをいくつも使用する必要がなくなることです。

38 | LESSON 4 ファーストクラス関数

● 引数としてのラムダ式

名前付きの関数は一般によい考えですが、関数に渡すコードをすばやく追加するためにラムダ関数を利用することもできます。引数の値を2倍にしたい場合は、そのためのラムダ関数をすばやくまとめることができます。

```
*Main> ifEven (\x -> x*2) 6
12
```

名前付きの関数のほうが望ましいことはたしかですが、単純な方法で渡せるならそれに越したことはありません。

▷ **クイックチェック4-1**

x を3乗して ifEven に渡すラムダ関数を作成してみましょう。

● 例：カスタムソート

関数を他の関数に渡す実際の用途の1つはソートです。たとえば、ファーストネームとラストネームからなるリストがあるとしましょう。この例では、名前はそれぞれタプルとして表されています。**タプル**はリストのような型ですが、複数の型を含むことができ、サイズは固定です。タプルとして表された名前は、たとえば次のようになります。

```
author = ("Will","Kurt")
```

2つのアイテム（ペア）からなるタプルには、fst と snd という2つの有益な関数があります。fst はタプルの1つ目の要素にアクセスし、snd はタプルの2つ目の要素にアクセスします。

```
Prelude> fst author
"Will"
Prelude> snd author
"Kurt"
```

ここで、名前のリストを並べ替えたいとしましょう。タプルのリストとして表された名前はリスト4–4のようになります。

リスト4–4：names タプル

```
names = [("Ian", "Curtis"),
         ("Bernard", "Sumner"),
         ("Peter", "Hook"),
         ("Stephen", "Morris")]
```

ありがたいことに、Haskell には組み込みの sort 関数があります。この関数を使用するには、ま

4.1　引数としての関数 | 39

ず、Data.List モジュールをインポートする必要があります。モジュールのインポートは簡単です。作業しているファイルの先頭に次の宣言を追加するだけです。

```
import Data.List
```

あるいは、GHCi にインポートすることもできます。names が含まれたファイルをロードし、このモジュールをインポートすると、これらのタプルのソート方法を Haskell の sort 関数がみごとに推測することがわかります。

```
*Main Data.List> sort names
[("Bernard","Sumner"),("Ian", "Curtis"),("Peter", "Hook"),("Stephen","Morris")]
```

あなたが何をしようしているとしているのかを Haskell を知らないことを考えれば、悪くない結果です。残念ながら、通常は名前のリストを並べ替えるなら、ラストネームで並べ替えたいところです。この問題を解決するには、Haskell の sortBy 関数を使用します。この関数も Data.List モジュールに含まれています。sortBy 関数には、タプルの 2 つの名前を比較する別の関数を渡す必要があります。2 つの要素を比較する方法さえ説明すれば、あとは自動的に処理してくれます。そこで、compareLastNames という関数を作成します（リスト 4–5）。この関数は name1 と name2 の 2 つの引数を受け取り、GT（より大きい）、LT（より小さい）、EQ（等しい）のいずれかの値を返します。多くのプログラミング言語では、True（1）、False（-1）、または 0 を返すことになるでしょう。

リスト4–5：compareLastNames 関数

```
compareLastNames name1 name2 = if lastName1 > lastName2
                               then GT
                               else if lastName1 < lastName2
                                    then LT
                                    else EQ
  where lastName1 = snd name1
        lastName2 = snd name2
```

GHCi に戻って、sortBy でカスタムソートを試してみましょう。

```
*Main> sortBy compareLastNames names
[("Ian","Curtis"),("Peter","Hook"),("Stephen","Morris"),("Bernard","Sumner")]
```

ずっとよくなりましたね。JavaScript、Ruby、Python でも、カスタムソートにファーストクラス関数を同じように使用できます。このため、多くのプログラマにとっておなじみの手法でしょう。

▷ **クイックチェック 4-2**

compareLastNames 関数では、ラストネームが同じでファーストネームが異なるというケースに

は対処していません。compareLastNames 関数を書き換えて、ファーストネームを比較するようにしてみましょう。

4.2　戻り値としての関数

　関数を引数として渡す方法について説明してきましたが、これはファーストクラス関数を値として使用する意味の半分にすぎません。関数は値も返すため、真のファーストクラス関数という意味では、関数から他の関数を返さなければならないことも考えられます。いつものように、関数を返したいと考えるのはなぜかが問題となります。もっともな理由の 1 つは、他のパラメータに基づいて特定の関数へディスパッチすることです。

　現代の錬金術師の秘密結社を結成し、メンバーへのニュースレターをさまざまな地域の私書箱に送付する必要があるとしましょう。私書箱はサンフランシスコ、レノ、ニューヨークの 3 つの都市にあり、住所は次のとおりです。

- PO Box 1234, San Francisco, CA, 94111
- PO Box 789, New York, NY, 10013
- PO Box 456, Reno, NV, 89523

　（ソートの例で使用したものと同じような）名前が含まれたタプルと私書箱の住所を受け取り、宛て先の住所を作成する関数を定義する必要があります。この関数の最初の定義はリスト 4–6 のようになります。まだ取り上げていなかったのは、文字列（およびリスト）の連結に使用する++演算だけです。

リスト4–6：addressLetter 関数のバージョン 1

```
addressLetter name location = nameText ++ " - " ++ location
  where nameText = (fst name) ++ " " ++ (snd name)
```

　この関数を使用するには、名前が含まれたタプルと完全な住所を渡す必要があります。

```
*Main> addressLetter ("Bob","Smith") "PO Box 1234 - San Francisco, CA, 94111"
"Bob Smith - PO Box 1234 - San Francisco, CA, 94111"
```

　これは申し分のない解決策です。また、変数を使って住所を管理すれば、ミスも少なくなるはずです（入力も少なくなります）。ニュースレターを送付する準備は万全です。

　最初のニュースレターを送付した後、各郵便局からいくつかの苦情と要望が寄せられます。

- サンフランシスコでは、ラストネームがアルファベットの L 以降の文字で始まるメンバー

に対して新しい住所「PO Box 1010, San Francisco, CA, 94109」が追加されている。

- ニューヨークからは、名前の後をハイフンではなくコロンにしてほしいという要望がきている。理由は教えてくれない。

- レノからは、個人情報を保護するためにラストネームだけを使用してほしいという要望がきている。

となると、当然ながら、郵便局ごとに異なる関数が必要になります（リスト 4–7）。

リスト4–7：sfOffice 関数、nyOffice 関数、renoOffice 関数

```
sfOffice name = if lastName < "L"
                then nameText
                      ++ " - PO Box 1234 - San Francisco, CA, 94111"
                else nameText
                      ++ " - PO Box 1010 - San Francisco, CA, 94109"

  where lastName = snd name
        nameText = (fst name) ++ " " ++ lastName

nyOffice name = nameText ++ ": PO Box 789 - New York, NY, 10013"
  where nameText = (fst name) ++ " " ++ (snd name)

renoOffice name = nameText ++ " - PO Box 456 - Reno, NV 89523"
  where nameText = snd name
```

そこで問題となるのは、これら 3 つの関数を addressLetter でどのように使用すればよいかです。addressLetter を書き換えて、引数として住所ではなく関数を受け取るようにしようと思えばできないことはありません。しかし、addressLetter 関数は大規模な Web アプリケーションの一部になる予定であり、その際には住所を文字列パラメータとして渡したいと考えています。実際に必要なのは、住所を文字列で受け取り、正しい関数へディスパッチする新しい関数でしょう。そこで、getLocationFunction という新しい関数を定義します。この関数は、文字列を 1 つだけ受け取り、正しい関数へディスパッチします。if then else 式をいくつも入れ子にするのではなく、Haskell の case 式を使用することにしましょう（リスト 4–8）。

リスト4–8：getLocationFunction 関数

```
getLocationFunction location = case location of   -- location の値を調べる case
  -- location が ny の場合は nyOffice を返す
  "ny" -> nyOffice
  -- location が sf の場合は sfOffice を返す
  "sf" -> sfOffice
  -- location が reno の場合は renoOffice を返す
  "reno" -> renoOffice
  -- その他の場合（_はワイルドカード）は汎用的な解を返す
  _ -> (\name -> (fst name) ++ " " ++ (snd name))
```

この case 式は、最後のアンダースコア（_）を除けば、単純そうに見えます。この例では、郵便局の住所ではない文字列が渡されるという状況を捕捉する必要があります。Haskell では、アンダースコア（_）はワイルドカードとしてよく使用されます。この点については、次のレシピでさらに詳しく見ていきます。このコードのユーザーが無効な住所を渡した場合は、name タプルを文字列にまとめる簡単なラムダ関数を使用します。必要なときに必要な関数を返す関数はこれで完成です。最後に、addressLetter 関数をリスト 4-9 のように書き換えることができます。

リスト4-9：addressLetter 関数のバージョン 2

```
addressLetter name location = locationFunction name
  where locationFunction = getLocationFunction location
```

この関数が期待どおりに動作することを GHCi でテストしてみましょう。

```
*Main> addressLetter ("Bob","Smith") "ny"
"Bob Smith: PO Box 789 - New York, NY, 10013"

*Main> addressLetter ("Bob","Jones") "ny"
"Bob Jones: PO Box 789 - New York, NY, 10013"

*Main> addressLetter ("Samantha","Smith") "sf"
"Samantha Smith - PO Box 1010 - San Francisco, CA, 94109"

*Main> addressLetter ("Bob","Smith") "reno"
"Smith - PO Box 456 - Reno, NV 89523"

*Main> addressLetter ("Bob","Smith") "la"
"Bob Smith"
```

住所を生成するために必要な関数がそれぞれ分割され、各郵便局からの要請に応じて新しいルールを簡単に追加できるようになりました。この例では、関数を値として返すことが、コードのわかりやすさや拡張の容易さに大きく貢献しています。これは関数を値として返す単純な例であり、関数から関数へ移動する方法を自動化しただけです。

 4.3 まとめ

このレッスンの目的は、ファーストクラス関数について説明することでした。ファーストクラス関数を利用すれば、関数を引数として渡したり、値として返したりすることが可能になります。関数での計算を抽象化できる点で、ファーストクラス関数は非常に強力なツールです。現代のほとんどのプログラミング言語で採用されている点でも、ファーストクラス関数の威力がうかがえます。

4.4 練習問題

このレッスンの内容を理解できたかどうか確認してみましょう。

Q4-1：Haskell で比較できるもの（`name` タプルの名前で使用した `[Char]` など）はすべて、`compare` という関数で比較できます。この関数は `GT`、`LT`、`EQ` のいずれかを返します。`compare` を使って `compareLastNames` 関数を書き換えてみましょう。

Q4-2：Washington, DC 用の新しい住所関数を定義し、`getLocationFunction` に追加してみましょう。この DC 関数では、メンバーの名前の最後に `Esq` を追加しなければなりません。

4.5 クイックチェックの解答

▶ クイックチェック 4-1

```
*Main> ifEven (\x -> x^3) 4
64
```

▶ クイックチェック 4-2

```
compareLastNames name1 name2 = if lastName1 > lastName2
                                  then GT
                                  else if lastName1 < lastName2
                                       then LT
                                       else if firstName1 > firstName2
                                            then GT
                                            else if firstName1 < firstName2
                                                 then LT
                                                 else EQ
   where lastName1 = snd name1
         lastName2 = snd name2
         firstName1 = fst name1
         firstName2 = fst name2
```

LESSON 5

クロージャと部分適用

レッスン5では、次の内容を取り上げます。

- ラムダ式での値の捕捉
- クロージャを使って新しい関数を作成する方法
- 部分適用を使ってクロージャを単純化する方法

　このレッスンでは、関数型プログラミングの主要な要素の締めくくりとして**クロージャ**を取り上げます。ラムダ関数やファーストクラス関数があるとなれば、クロージャがあるのは当然の結果です。ラムダ関数とファーストクラス関数を組み合わせてクロージャを作成すれば、関数を動的に作成することができます。クロージャは非常に強力な抽象化ですが、慣れるのにとても苦労するものでもあります。Haskellでは、**部分適用**を可能にすることで、クロージャをはるかに簡単に扱えるようにしています。このレッスンを最後まで読めば、部分適用により、本来ならばややこしいクロージャをずっと簡単に操作できることがわかるでしょう。

レッスン4で説明したように、ファーストクラス関数を使用すれば、プログラミングロジックを他の関数に渡すことができます。たとえば、`getPrice`という関数があるとしましょう。この関数の引数は、URLと、Webサイトから商品の価格を抜き出す関数の2つです。

```
getPrice amazonExtractor url
```

この関数は便利ですが、商品の価格を抜き出さなければならないURLが1,000個あり、そのつど`amazonExtractor`を使用するとしたらどうでしょう。この引数をその場で捕捉する方法があり、将来の呼び出しでは`url`パラメータだけを渡せばよいとしたらどうでしょうか。

5.1　クロージャ：関数を使って関数を作成する

　レッスン 4 では、`ifEven` という関数を定義しました（リスト 4-3）。`ifEven` への引数として関数を使用することで、計算パターンを抽象化することができました。続いて、`ifEvenInc`、`ifEvenDouble`、`ifEvenSquare` の 3 つの関数を作成しました。

リスト5-1：ifEvenInc 関数、ifEvenDouble 関数、ifEvenSquare 関数

```
ifEvenInc n = ifEven inc n
ifEvenDouble n = ifEven double n
ifEvenSquare n = ifEven square n
```

　関数を引数として使用すると、コードを整理するのに役立ちます。しかし、プログラミングパターンの繰り返しが完全になくなったわけではありません。`ifEven` に渡す関数を除けば、これらの定義はどれも同じだからです。ここで必要なのは、`ifEvenXxxx` 関数を構築する関数です。この問題を解決するには、`genIfEven` という新しい関数を定義します。`genIfEven` は関数を返す関数です（図 5-1）。

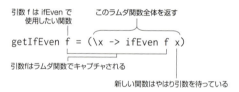

図5-1：genIfEven 関数を利用すれば、ifEvenX 関数を簡単に構築できる

　したがって、関数を渡すと、ラムダ関数が返されます。引数として渡される関数 f は、ラムダ関数の中でキャプチャされます。ラムダ関数の中で値をキャプチャすると、**クロージャ**と呼ばれるものになります。

　この小さな例でも、何が起きているのかを理解するのは難しいかもしれません。`genIfEven` を使って `ifEvenInc` 関数を作成する仕組みを図解すると、図 5-2 のようになります。

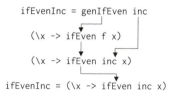

図5-2：ifEvenInc とクロージャ

　さっそく、クロージャを使用する実際の例を見てみましょう。

▷ **クイックチェック 5-1**

`genIfXEven` 関数を作成してみましょう。この関数は、`x` を使ってクロージャを作成し、新しい関数を返します。返された関数は、`x` が偶数の場合に `x` に適用する関数として渡すことができます。

5.2　例：APIで使用するURLの生成

データを取得するもっとも一般的な方法の 1 つは、HTTP リクエストを使って RESTful API を呼び出すことです。もっとも単純なリクエストは GET リクエストであり、サーバーに送信しなければならないパラメータはすべて URL にエンコードされます。この例では、リクエストごとに次のデータが必要となります。

- ホスト名
- リクエストするリソースの名前
- リソースの ID
- API キー

図 5-3 は、URL の例を示しています。

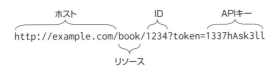

図5-3：URL の各部分

これらのデータから URL を構築するのは簡単です。基本的な `getRequestURL` ビルダーはリスト 5-2 のようになります。

リスト5-2：getRequestUrl 関数

```
getRequestUrl host apikey resource id = host ++
                                        "/" ++
                                        resource ++
                                        "/" ++
                                        id ++
                                        "?token=" ++
                                        apikey
```

この関数を見て違和感を覚えたかもしれません。というのも、引数の順序がそれらを使用する順序や URL に出現する順序と同じではないからです。クロージャを使用したい（Haskell では非常によくある）場合は、常に、**引数をもっとも汎用的なものから順に並べる必要があります**。この場合、ホストはそれぞれ複数の API キーを使用する可能性があり、API キーごとに使用するリソースは異なるはずであり、各リソースにはさまざまな ID が関連付けられることになります。`ifEven` を定義するときにも同じことが当てはまります。プログラマから渡される関数は幅広い入力に対応するという点でより汎用的であり、よって引数リストの最初に登場すべきです。

基本的なリクエスト生成関数が定義されたところで、その仕組みを確認してみましょう。

```
*Main> getRequestUrl "http://example.com" "1337hAsk3ll" "book" "1234"
"http://example.com/book/1234?token=1337hAsk3ll"
```

上出来です。これはうまく定義された汎用的な解決策です。あなたのチームはさまざまなホストにクエリを送信するため、あまり具体的になりすぎないことが重要となります。チームのプログラマはほぼ例外なく、ほんのいくつかのホストからデータを取得しようとするはずです。このため、リクエストを送信するたびに `http://example.com` を入力させるのはばかげており、間違いのもとです。そこで必要となるのは、プログラム全員が各自のリクエスト URL ビルダーの生成に使用できる関数です。その答えがクロージャです。この関数は図 5–4 のようになるでしょう。

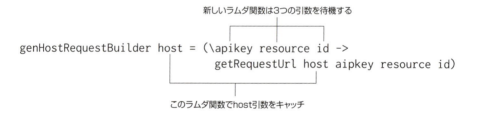

図5–4：クロージャでの host 値のキャプチャ

この関数のコードはリスト 5–3 のようになります。

リスト5–3：exampleUrlBuilder 関数のバージョン 1

```
exampleUrlBuilder = genHostRequestBuilder "http://example.com"
```

example.com という値を渡すと、新しい無名関数が作成されます。この関数は指定されたホストをキャプチャするため、必要なのは残りの 3 つの引数だけです。`exampleUrlBuilder` を定義すると、この無名関数に名前が与えられます。リクエストを送信したい新しい URL が登場するたびに、そのためのカスタム関数を簡単に作成することができます。この関数を GHCi にロードし、コードがどれくらい単純になるか見てみましょう。

```
*Main> exampleUrlBuilder "1337hAsk3ll" "book" "1234"
"http://example.com/book/1234?token=1337hAsk3ll"
```

apikey を調べるときも同じ問題にぶつかることは明らかです。使用する API キーが 1 つか 2 つの可能性が高いことを考えると、exampleUrlBuilder を呼び出すたびに API キーを渡すのはやはり面倒です。もちろん、この問題も別のクロージャを使って解決できます。今回は、exampleUrlBuilder 関数と API キーの両方を生成関数に渡す必要があります（リスト 5-4）。

リスト5-4：genApiRequestBuilder 関数

```
genApiRequestBuilder hostBuilder apiKey = (\resource id ->
                                            hostBuilder apiKey resource id)
```

ここで興味深いのは、引数としての関数と戻り値としての関数を組み合わせていることです。クロージャの内部は、あなたが必要とする特定の関数のコピーと、捕捉する必要がある API キーで構成されます。最後に、リクエスト URL の作成がはるかに簡単になる関数を構築することができます（リスト 5-5）。

リスト5-5：myExampleUrlBuilder 関数のバージョン 1

```
myExampleUrlBuilder = genApiRequestBuilder exampleUrlBuilder "1337hAsk3ll"
```

この関数を使用すれば、さまざまなリソースと ID の組み合わせに対して URL をすばやく作成できます。

```
*Main> myExampleUrlBuilder "book" "1234"
"http://example.com/book/1234?token=1337hAsk3ll"
```

▷ **クイックチェック 5-2**

genApiRequestBuilder を書き換え、引数としてリソースも受け取るバージョンを作成してみましょう。

● 部分適用：クロージャの単純化

クロージャは強力にして有益です。しかし、クロージャの作成にはラムダ関数を使用するため、クロージャの読みやすさや検証が必要以上に難しくなります。それに加えて、ここまで作成してきたクロージャはどれも「関数に必要な引数の一部を提供し、残りの引数を待機する新しい関数を作成する」という同じパターンにしたがっています。add4 という関数があるとしましょう。この関数は、引数を 4 つ受け取り、それらを足し合わせます。

```
add4 a b c d = a + b + c + d
```

50 LESSON 5 クロージャと部分適用

　次に、addXto3 という関数を作成したいとしましょう。この関数は、引数 x を受け取り、残りの 3 つの引数を待機するクロージャを返します。

```
addXto3 x = (\b c d ->
              add4 x b c d)
```

　明示的に定義されたラムダ関数では、何が起きているのかを推測するのがあまり簡単ではありません。addXYto2 を作成したい場合はどうなるでしょうか。

```
addXYto2 x y = (\c d ->
                add4 x y c d)
```

　対処しなければならない引数が 4 つあるだけで、この取るに足らない関数ですら理解しやすいとは言えなくなります。ラムダ関数は強力で有益ですが、きれいに書かれたはずの関数定義をぐちゃぐちゃにしてしまうことがあります。
　Haskell には、この問題に対処する興味深い機能があります。add4 に渡される引数の数が 3 つ以下の場合はどうなるでしょうか。答えが「エラーをスローする」であることは明白に思えます。ですが、Haskell の答えは違います。add4 と 1 つの引数を使って、GHCi で mystery 値を定義できるのです。

```
Prelude> mystery = add4 3
```

　このコードを実行すると、エラーにならないことがわかるでしょう。Haskell によってまったく新しい関数が作成されたからです。

```
Prelude> mystery 2 3 4
12
Prelude> mystery 5 6 7
21
```

　この mystery 関数は、渡された 3 つの引数に 3 を足します。Haskell では、必要なパラメータの数よりも少ない引数を使って関数を呼び出すと、残りの引数を待機する新しい関数が作成されます。この機能は**部分適用**と呼ばれます。mystery 関数は、addXto3 を定義して引数 3 を渡すのと同じです。部分適用により、ラムダ関数を使用する必要がなくなるだけでなく、addXto3 というおかしな名前の関数を定義する必要もなくなります。また、addXYto2 の振る舞いを再現するのも簡単です。

```
Prelude> anotherMystery = add4 2 3
Prelude> anotherMystery 1 2
8
Prelude> anotherMystery 4 5
14
```

ここまでのクロージャの使い方がよくわからなかったとしても、心配はいりません。部分適用のおかげで、Haskellでクロージャを明示的に記述または検討しければならないことは滅多にないからです。`genHostRequestBuilder`や`genApiRequestBuilder`で行ったことはすべて組み込まれており、必要のない引数を省略することで置き換えることができます（リスト5-6）。

リスト5-6：exampleUrlBuilder 関数と myExampleUrlBuilder 関数のバージョン2

```
exampleUrlBuilder = getRequestUrl "http://example.com"
myExampleUrlBuilder = exampleUrlBuilder "1337hAsk3ll"
```

場合によっては、クロージャを作成するためにラムダ関数を使用したいこともありますが、部分適用を利用するほうがはるかに汎用的です。部分適用のプロセスを図解すると、図5-5のようになります。

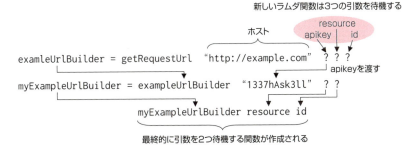

図5-5：部分適用

▷ **クイックチェック 5-3**

　URLが`http://example.com`、APIキーが`1337hAsk3ll`、リソースが`book`のビルダー関数を作成してみましょう。この関数に必要なのは特定の本のIDだけであり、それをもとに完全なURLが生成されます。

5.3 すべてを1つにまとめる

部分適用は、「引数はもっとも一般的なものから順に並べなければならない」というルールを作成した理由でもあります。部分適用を使用する際には、引数が最初から順番に適用されるからです。レッスン4で addressLetter 関数（リスト4-9）を定義したときには、このルールに違反していました。

```
addressLetter name location = locationFunction name
  where locationFunction = getLocationFunction location
```

addressLetter 関数では、name 引数が location 引数よりも前に指定されています。世界中のBob Smith 宛てにニュースレターを作成する addressLetterBobSmith よりも、宛名を待機する addressLetterNY という関数を作成するほうがはるかに合理的です。外部ライブラリの関数を使用しているとしたら、関数を書き換えることは必ずしも可能ではないかもしれません。そこで、部分適用バージョンを作成することで、この問題を修正してみましょう（リスト5-7）。

リスト5-7：addressLetterV2 関数
```
addressLetterV2 location name = addressLetter name location
```

addressLetter 関数の1回限りの修正としてはまずまずです。別のコードベースを継承している場合はどうなるでしょうか。このコードベースには、引数が2つの場合に同じ問題が発生する多くのライブラリ関数が含まれています。この問題に個別に対処するよりも、汎用的な解決策を見つけ出すほうがよさそうです。ここまで学習してきた内容をすべて組み合わせれば、この問題を単純な関数で解決することができます。この flipBinaryArgs という関数は、引数として関数を受け取り、その引数の順序を逆にし、それ以外は何も変更せずに返します。この作業には、ラムダ関数、ファーストクラス関数、クロージャが必要です。図5-6に示すように、これらすべてを1行の単純な Haskell コードにまとめることができます。

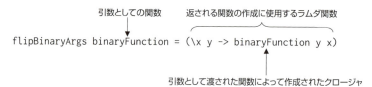

図5-6：flipBinaryArgs 関数

あとは、flipBinaryArgs を使って addressLetterV2 を書き換え、addressLetterNY を作成するだけです。

```
addressLetterV2 = flipBinaryArgs addressLetter
addressLetterNY = addressLetterV2 "ny"
```

さっそく GHCi でテストしてみましょう。

```
*Main> addressLetterNY ("Bob","Smith")
Bob Smith: PO Box 789 - New York, NY, 10013
```

`flipBinaryArgs` 関数は、一般化のガイドラインにしたがっていないコードを修正すること以外にも使い道があります。除算のように、自然な順序を持つ二項関数は山ほどあります。Haskell の有益なトリックの 1 つは、中置演算子（+、/、-、*など）を丸かっこで囲むことで、前置関数として使用できることです。

```
Prelude> 2 + 3
5
Prelude> (+) 2 3
5
Prelude> 10 / 2
5.0
Prelude> (/) 10 2
5.0
```

除算と減算では、引数の順序は重要です。引数には自然な順序がありますが、2 つ目の引数に基づいてクロージャを作成したいと考えることもあるでしょう。そのような場合は、`flipBinaryArgs` が助けになるかもしれません。`flipBinaryArgs` がこのように有益な関数であることから、同じように動作する `flip` という関数がすでに定義されています。

▷ **クイックチェック 5-4**

`flip` と部分適用を使って `subtract2` という関数を作成してみましょう。この関数は渡された数値から 2 を引くものとします。

 ## 5.4 まとめ

このレッスンの目的は、関数型プログラミングにおいてクロージャが重要な概念であることを理解することにありました。ラムダ関数、ファーストクラス関数、クロージャがあれば、関数型プログラミングを実行する上で必要なすべてのものはすべて揃います。ラムダ関数とファーストクラス関数を組み合わせるクロージャは、驚くべき能力を秘めています。クロージャを利用すれば、新しい関数をその場で簡単に作成できます。また、部分適用により、クロージャの操作がはるかに簡単になることもわかりました。部分適用を使いこなすようになれば、クロージャを扱っていることを忘

れてしまうことでしょう。

5.5 練習問題

このレッスンの内容を理解できたかどうか確認してみましょう。

Q5-1：部分適用を理解したので、`genIfEvenX` を使用する必要はなくなりました。`ifEven` と部分適用を使って `ifEvenInc`、`ifEvenDouble`、`ifEvenSquare` を再び定義してみましょう。

Q5-2：Haskell に部分適用がなかったとしても、何らかの概算を行うことが可能です。`flipBinaryArgs`（図 5-6）のシンプルなパターンにしたがって、`binaryPartialApplication` という関数を作成してみましょう。この関数は二項関数と引数を 1 つ受け取り、不明な引数を待機する新しい関数を返します。

5.6 クイックチェックの解答

▶ クイックチェック 5-1

```
ifEven f x = if even x
             then f x
             else x

genIfXEven x = (\f -> ifEven f x)
```

▶ クイックチェック 5-2

```
genApiRequestBuilder hostBuilder apiKey resource = (\id ->
                                                    hostBuilder apiKey
                                                    resource id)
```

▶ クイックチェック 5-3

```
exampleBuilder = getRequestUrl "http://example.com" "1337hAsk3ll" "books"
```

▶ クイックチェック 5-4

```
subtract2 = flip (-) 2
```

LESSON 6

リスト

レッスン 6 では、次の内容を取り上げます。

- リストを構成するパーツの識別
- リストを構築する方法
- 関数型プログラミングでのリストの役割
- リストでの一般的な関数の使用
- 遅延評価の基礎

いろいろな意味で、配列は C プログラミングの基本的なデータ構造です。C の配列を正しく理解していれば、メモリが確保される仕組みや、データがコンピュータに格納される仕組み、そしてポインタとポインタ演算の基礎を理解しているはずです。Haskell（および関数型プログラミング全般）の基本的なデータ構造はリストです。本書ではファンクタやモナドといったより高度な話題を取り上げますが、もっとも参考になるのはやはり単純なリストでしょう。

このレッスンでは、この驚くほど重要なデータ構造をきちんと紹介し、リストを分解して元どおりにする方法と、Haskell が提供するリストの基本的な機能について説明します。最後に、Haskell のユニークな特徴の 1 つである遅延評価を簡単に取り上げます。遅延評価は非常に強力な機能です。どれくらい強力かというと、無限の長さを持つリストを表現して操作できるほどです。Haskell を勉強していて行き詰まった場合は、ほぼ必ずと言ってよいほど、リストから何らかのヒントが得られるどうかを確認してみることが助けになります。

LESSON 6 リスト

Tips あなたが働く従業員数 10,000 人の会社では、従業員の一部は就業後のソフトボールを楽しみにしているとしましょう。この会社には、色の名前が付いた 5 つのチームがあります。

```
teams = ["red","yellow","orange","blue","purple"]
```

あなたは従業員のリストを持っており、従業員を正しいチームにできるだけ均等に割り当てたいと考えています。Haskell のリスト関数を使ってこのタスクを実行するとしたら、もっとも簡単な方法は何でしょうか。

6.1 リストの構造

リストは関数型プログラミングにおいてもっとも重要なデータ構造です。その主な理由の 1 つは、リストがそもそも再帰的であることです。リストの構造は、空のリストか、要素とそれに続く別のリストのどちらかになります。リストの分解と構築は、関数型プログラミングのさまざまな手法にとって基本的な手段となります。

リストを分解するときの主な要素は、head、tail、終端（[]）の 3 つです。head は単にリストの最初の要素を表します。

```
Prelude> head [1,2,3]
1
Prelude> head [[1,2],[3,4],[5,6]]
[1,2]
```

tail は、head の後にある残りの部分を表します。

```
Prelude> tail [1,2,3]
[2,3]
Prelude> tail [3]
[]
```

要素が 1 つだけのリストの tail は [] です。[] はリストの終端を表します。リストの終端は単に空のリストです。しかし、head や tail を持たない点で、空のリストは他のリストとは異なっています。[] で head または tail を呼び出した場合はエラーになります。head や tail を調べてみると、リストの操作に再帰的な性質があることが見えてきます。head は 1 つの要素であり、tail は別のリストです。このことを具体的に理解するために、買い物リストから最初の項目をちぎりとる場面を思い浮かべてください（図 6–1）。

図6-1：リストは head 要素と tail リストで構成される

　リストはばらばらにできますが、元に戻せないとしたらあまり意味がありません。関数型プログラミングでは、リストの構築はリストの分解と同じくらい重要です。リストを構築するために必要なのは、1 つの関数と、**コンス**と呼ばれる中置演算子（:）だけです。コンスは「construct」の省略であり、その起源は Lisp にあります。本書では、この演算を**コンシング**と呼ぶことにします。

　リストを作成するには、値を取得し、その値を別のリストとコンスする必要があります。リストを作成するもっとも単純な方法は、値を空のリストとコンスすることです。

```
Prelude> 1:[]
[1]
```

　Haskell のすべてのリストは、内部では一連のコンシング演算として表されます。[...] という表記は糖衣構文です。糖衣構文は、コードを読みやすくすることを唯一の目的とするプログラミング言語の構文機能です。

```
Prelude> 1:2:3:4:[]
[1,2,3,4]
Prelude> (1,2):(3,4):(5,6):[]
[(1,2),(3,4),(5,6)]
```

　これらのリストがどれも空のリスト（[]）で終わっていることに注目してください。定義上、リストは常に別のリストとコンスされる値です（別のリストも空のリストのことがあります）。なお、値を既存のリストの先頭に追加することも可能です。

```
Prelude> 1:[2,3,4]
[1,2,3,4]
```

　ここで注目すべきは、ここまで見てきた文字列自体が、（二重引用符ではなく単一引用符で表された）文字からなるリストの糖衣構文であることです。

```
Prelude> ['h','e','l','l','o']
"hello"
Prelude> 'h':'e':'l':'l':'o':[]
"hello"
```

Haskell では、リストの要素はすべて同じ型でなければならないことを覚えておいてください。たとえば、文字'h' は文字列"ello"にコンスできますが、これは"ello"が文字のリストで、'h'（単一引用符）が文字だからです。

```
Prelude> 'h':"ello"
"hello"
```

しかし、"h"（二重引用符）を"ello"にコンスすることはできません。なぜなら、"h"は1つの文字からなるリストであり、"ello"に含まれている個々の値は文字だからです。糖衣構文を取り除いてみると、このことがより明確になります（リスト6-1）。

リスト6-1：文字と文字列のコンシング

```
Prelude> "h":"ello"                   -- エラー
Prelude> ['h']:['e','l','l','o']      -- 糖衣構文の層を1つ取り除いた状態
Prelude> 'h':[]:'e':'l':'l':'o':[]    -- 糖衣構文を完全に取り除いた状態
```

2つのリストをどうしても結合したい場合は、++を使って連結する必要があります。レッスン4ではテキストの連結を取り上げましたが、文字列が単なるリストであるとすれば、すべてのリストでうまくいくはずです。

```
Prelude> "h" ++ "ello"
"hello"
Prelude> [1] ++ [2,3,4]
[1,2,3,4]
```

コンシングを理解することは重要です。リストで再帰関数を作成するにあたってコンシングは不可欠な部分だからです。関数型プログラミングでは、ほぼすべての逐次的な演算で、リストの構築、リストの分解、またはこれら2つの組み合わせが必要となります。

6.2　リストと遅延評価

このように、リストはHaskellにおいて重要であるため、さまざまな範囲のデータをすばやく生成する手段が用意されています。例をいくつか見てみましょう。

6.2 リストと遅延評価　59

```
Prelude> [1 .. 10]                      -- 1 から 10 までの数字のリストを生成
[1,2,3,4,5,6,7,8,9,10]

Prelude> [1,3 .. 10]                    -- ステップ値を足して奇数を生成
[1,3,5,7,9]

Prelude> [1,1.5 .. 5]                   -- 0.5 ずつ増えていくリストを生成
[1.0,1.5,2.0,2.5,3.0,3.5,4.0,4.5,5.0]

Prelude> [1,0 .. -10]                   -- 1 ずつ減っていくリストを生成
[1,0,-1,-2,-3,-4,-5,-6,-7,-8,-9,-10]
```

　これらは便利ですが、特に興味深いものではありません。多くのプログラミング言語には、同じように機能する range 関数があります。範囲の上限を指定し忘れた場合はどうなるでしょうか。

```
Prelude> [1 .. ]
[1,2,3,4,5,6,7,8,9,10,11,12 ..
```

　決して終わらないリストが生成されてしまいます。楽しいのは最初のうちだけで、すぐにターミナルがフリーズしてしまうため、特に便利なものには思えません。興味深いのは、このリストを変数に代入すると、関数でも使用できるようになることです。

```
simple x = x
longList = [1 .. ]
stillLongList = simple longList
```

　衝撃的なのは、このコードが問題なくコンパイルされることです。無限の長さのリストが定義され、関数で使用されます。無限の長さのリストを評価しようとして Haskell が立ち往生しないのはなぜでしょうか。Haskell が**遅延評価**と呼ばれる特別な評価を使用するからです。遅延評価では、どのコードも必要になるまで評価されません。longList の場合は、リストの値を計算する必要はまったくありませんでした。

　遅延評価には、長所と短所があります。いくつかの長所があることはすぐにわかります。まず、どのコードも絶対に必要にならない限り計算されないため、計算上の利点があります。もう 1 つの利点は、無限の長さのリストといった興味深い構造を定義して使用できることです。この機能は現実の多くの問題で役立つことが考えられます。遅延評価の欠点は、明白さに欠けることです。もっとも重大なのは、コードのパフォーマンスを推測するのがはるかに難しくなることです。この単純な例では、simple に渡された引数が評価されないことはすぐにわかりますが、コードがほんの少しでも複雑になれば、そのことは明白ではなくなってしまいます。さらに問題なのは、評価されない関数を大量に構築できてしまうことです。そのような関数は値として格納するほうがずっとコストがかかりません。

▷ クイックチェック 6-1

変数 backwardsInfinity = reverse [1..] を使用するプログラムをコンパイルして実行することは可能でしょうか。

 ## 6.3 リストの一般的な関数

リストはこのように重要であるため、Haskell の標準ライブラリモジュールである Prelude には、有益な関数が幅広く組み込まれています。ここまでは、head、tail、:、++ を見てきました。これらの関数を利用すれば、リストを分解することと元どおりにすることが可能です。リストには有益な関数が他にもたくさんあり、Haskell のコーディングではそれらの関数を頻繁に使用することになります。このため、それらの関数を理解しておいて損はありません。

● !!演算子

リストの特定の要素にインデックスを使ってアクセスしたい場合は、!! 演算子を使用します。この演算子は、引数としてリストと位置を表す数値を受け取り、リストの指定された位置にある要素を返します。Haskell のリストは 0 始まりのインデックスを使用します。リストの終端を超える値にアクセスしようとした場合はエラーになります。

```
Prelude> [1,2,3] !! 0
1
Prelude> "puppies" !! 4
'i'
Prelude> [1..10] !! 11
*** Exception: Prelude.!!: index too large
```

レッスン 5 で言及したように、中置演算子（+ のように 2 つのオペランドの間に置かれる演算子）は前置演算子のように使用することもできます。その場合は、演算子を丸かっこ（()）で囲みます。

```
Prelude> (!!) [1,2,3] 0
1
```

前置表記を使用すると、部分適用などが容易になることがよくあります。前置表記は、他の関数への引数として演算子を使用する場合にも役立ちます。部分適用を中置演算子で使用することも可能であり、式を丸かっこで囲めばよいだけです。

```
Prelude> paExample1 = (!!) "dog"
Prelude> paExample1 2
'g'
Prelude> paExample2 = ("dog" !!)
Prelude> paExample2 2
'g'
```

paExample2 では、部分適用が中置の二項演算子でどのように機能するのかがわかります。二項演算子で部分適用を実行するには、式を丸かっこで囲む必要があります。これを**セクション**と呼びます。右オペランドだけが含まれている場合、関数は左オペランドを待機します。左オペランドだけが含まれている場合は、右オペランドを待機します。次に示す paExample3 では、右オペランドの部分適用が作成されます。

```
Prelude> paExample3 = (!! 2)
Prelude> paExample3 "dog"
'g'
```

セクションについて覚えておかなければならないのは、丸かっこがオプションではないことです。

● length 関数

length 関数は、その名のとおり、リストの長さを返します。

```
Prelude> length [1..20]
20
Prelude> length [(10,20),(1,2),(15,16)]
3
Prelude> length "quicksand"
9
```

● reverse 関数

reverse 関数は、リストの要素の順序を逆にします。

```
Prelude> reverse [1,2,3]
[3,2,1]
Prelude> reverse "cheese"
"eseehc"
```

reverse 関数を使用すれば、リスト 6–2 のような基本的な回文チェッカーを作成することができます。

リスト6–2：isPalindrome 関数

```
isPalindrome word = word == reverse word
```

さっそく試してみましょう。

62 | LESSON 6 リスト

```
*Main> isPalindrome "cheese"
False
*Main> isPalindrome "racecar"
True
*Main> isPalindrome [1,2,3]
False
*Main> isPalindrome [1,2,1]
True
```

● elem 関数

elem 関数は、引数として値とリストを受け取り、その値がリストに含まれているかどうかをチェックします。

```
Prelude> elem 13 [0,13 .. 100]
True
Prelude> elem 'p' "cheese"
False
```

elem は可読性を向上させるために中置演算子として扱いたくなるような関数です。二項関数をバッククオート（`）で囲むと、中置演算子として扱うことができます。たとえば、リスト6-3 の respond 関数は、文字列に感嘆符（!）が含まれているかどうかに応じて異なるレスポンスを返します。

リスト6-3：respond 関数

```
respond phrase = if '!' `elem` phrase
                 then "wow!"
                 else "uh.. okay"
```

さっそく試してみましょう。

```
*Main> respond "hello"
"uh.. okay"
*Main> respond "hello!"
"wow!"
```

中置の elem によって読みやすさが向上するかどうかについては議論の余地がありますが、実際には、中置形式の二項関数を頻繁に目にすることになるでしょう。

● take 関数と drop 関数

take 関数は、引数として数値とリストを受け取り、リストの先頭から指定された数の要素を取り出して返します。

```
Prelude> take 5 [2,4..100]
[2,4,6,8,10]
Prelude> take 3 "wonderful"
"won"
```

リストに含まれている要素の数よりも大きい数値を指定した場合、take 関数は（エラーを返すのではなく）できることをします。

```
Prelude> take 1000000 [1]
[1]
```

take 関数がもっともうまく働くのは、他のリスト関数と組み合わせた場合です。たとえば、take と reverse を組み合わせることで、リストの末尾から指定された個数の要素を取り出すことができます（リスト 6–4）。

リスト6–4：takeLast 関数

```
takeLast n aList = reverse (take n (reverse aList))
```

さっそく試してみましょう。

```
*Main> takeLast 10 [1..100]
[91,92,93,94,95,96,97,98,99,100]
```

drop 関数は take 関数と似ていますが、リストの先頭から指定された個数の要素を削除します。

```
Prelude> drop 2 [1,2,3,4,5]
[3,4,5]
Prelude> drop 5 "very awesome"
"awesome"
```

● zip 関数

zip 関数を使用するのは、2 つのリストを組み合わせてタプルのペアを作成したい場合です。この関数は引数として 2 つのリストを受け取ります。それらのリストの長さが異なる場合、zip 関数はどちらかのリストが空になった時点で終了します。

```
Prelude> zip [1,2,3] [2,4,6]
[(1,2),(2,4),(3,6)]
Prelude> zip "dog" "rabbit"
[('d','r'),('o','a'),('g','b')]
Prelude> zip ['a' .. 'f'] [1 .. ]
[('a',1),('b',2),('c',3),('d',4),('e',5),('f',6)]
```

64 | LESSON 6　リスト

● cycle 関数

　特に興味深いのは cycle 関数です。なぜなら、この関数は遅延評価を使って無限の長さのリストを作成するからです。リストが与えられると、cycle 関数はそのリストを永遠に繰り返します。それほど役立つようには思えないかもしれませんが、驚くほどたくさんの状況で助けになります。たとえば数値計算では、n 個の 1 からなるリストが必要になることがよくあります。cycle を利用すれば、そうした関数を作成するのは簡単です（リスト 6–5）。

リスト6–5：ones 関数

```
ones n = take n (cycle [1])
```

　さっそく試してみましょう。

```
*Main> ones 2
[1,1]
*Main> ones 4
[1,1,1,1]
```

　cycle 関数はリストの要素をグループに分割するのに非常に役立つことがあります。ファイルのリストを分割して n 個のサーバーに配置する、あるいは従業員を n 個のチームに分割したいとしましょう。一般的な解決策は、assignToGroups という新しい関数を作成することです。この関数は、引数としてグループの個数と 1 つのリストを受け取り、それらのグループを順番に処理しながらメンバを割り当てていきます（リスト 6–6）。

リスト6–6：assignToGroups 関数

```
assignToGroups n aList = zip groups aList
  where groups = cycle [1..n]
```

　さっそく試してみましょう。

```
*Main> assignToGroups 3 ["file1.txt","file2.txt","file3.txt","file4.txt",
                         "file5.txt","file6.txt","file7.txt","file8.txt"]
[(1,"file1.txt"),(2,"file2.txt"),(3,"file3.txt"),(1,"file4.txt"),(2,"file5.txt"),
(3,"file6.txt"),(1,"file7.txt"),(2,"file8.txt")]

*Main> assignToGroups 2 ["Bob","Kathy","Sue","Joan","Jim","Mike"]
[(1,"Bob"),(2,"Kathy"),(1,"Sue"),(2,"Joan"),(1,"Jim"),(2,"Mike")]
```

　ここでは、Haskell が提供する幅広いリスト関数のうち、よく使用されるものをほんのいくつか紹介しました。リストの関数はすべて標準モジュール Prelude に含まれているわけではなく、Prelude に自動的にインクルードされるものを含め、すべて Data.List モジュールに含まれてい

ます。`Data.List` モジュールに含まれている関数の詳細については、Haskell のドキュメント[1] を参照してください。

6.4　まとめ

このレッスンの目的は、リストの基本構造を調べることでした。リストが `head` と `tail` で構成され、それらがコンスされることがわかりました。また、もっともよく使用されるリスト関数の多くを取り上げました。

6.5　練習問題

このレッスンの内容を理解できたかどうか確認してみましょう。

Q6-1：Haskell には、指定された値を永遠に繰り返す `repeat` という関数があります。このレッスンで取り上げた関数を使って、`repeat` を独自に実装してみましょう。

Q6-2：`subseq` という関数を作成してみましょう。次に示すように、この関数は開始位置、終了位置、リストの 3 つの引数を受け取り、開始位置と終了位置の間にあるサブシーケンスを返します。

```
*Main> subseq 2 5 [1 .. 10]
[3,4,5]
*Main> subseq 2 7 "a puppy"
"puppy"
```

Q6-3：`inFirstHalf` という関数を作成してみましょう。この関数は、要素がリストの前半分に含まれている場合は `True` を返し、そうでない場合は `False` を返します。

6.6　クイックチェックの解答

▶ **クイックチェック 6-1**

　可能です。無限の長さのリストを反転させることになりますが、このコードは呼び出されないため、無限の長さのリストは決して評価されません。このコードを GHCi にロードして次のように入力したとしましょう。

---

[1] http://hackage.haskell.org/package/base-4.12.0.0/docs/Data-List.html

```
*Main> backwardsInfinity
```

プログラムはこの引数を評価して出力する必要が生じるため、問題が起きます。

LESSON 7

再帰のルールとパターンマッチング

レッスン 7 では、次の内容を取り上げます。

- 再帰関数の定義
- 再帰関数を記述するためのルール
- ウォークスルー：再帰関数の定義
- 基本的なパターンマッチングを使った再帰問題の解決

　関数型プログラミング言語で実際のコードを記述するときの最初の難関の 1 つは、状態を変化させることができないことと、`for`、`while`、`until` といった状態の変化に依存する一般的なループ関数を使用できないことです。イテレーション問題はどれも再帰を使って解決しなければなりません。多くのプログラマにとって、これはおそろしい考えです。というのも、再帰を使って問題を解決しようとしてたいてい痛い目を見ているからです。ありがたいことに、いくつかの単純なルールにしたがうようにすれば、再帰はずっと扱いやすいものになります。また、クロージャを扱いやすいものにするために部分適用が提供されているのと同じように、再帰をはるかに推測しやすいものにする**パターンマッチング**という機能が提供されています。

　レッスン 6 では、`take` 関数を取り上げました。この関数を利用すれば、リストから n 個の要素を取り出すことができます。

```
Prelude> take 3 [1,2,3,4]
[1,2,3]
```

Haskell で `take` を独自に実装するにはどうすればよいでしょうか。

7.1 再帰

　一般に、何かが**再帰的**であるのは、それ自体に基づいて定義されている場合です。プログラマは「再帰」と聞くとよく無限ループを連想するため、たいてい頭を抱えます。ですが、再帰は必ずしも頭の痛い問題ではありません。それどころか、多くの場合はプログラミングにおける他の形式のイテレーションよりもはるかに自然なものになります。リストは空のリストとして、あるいは要素と別のリストとして定義された再帰的なデータ構造です。リストを操作するのは造作もないことであり、頭を抱えることも、知恵を絞る必要もまったくありません。再帰関数はその定義の中から自身を呼び出す関数にすぎません。

　ですが、再帰関数を再帰プロセスの定義として考えると、再帰がずっと身近なものになります。人間の活動のほとんどは再帰プロセスです。ダンボールのどこかに鍵が入っているとしましょう。ダンボールにはいくつかの箱が含まれていて、それらの箱にはさらに箱が含まれています。ダンボールの中をすべて調べて、箱を見つけた場合はその箱をさらに調べます。鍵を見つけた場合は、そこで終了です。このようにして、すべての箱を調べるまで作業を繰り返します。

▷ **クイックチェック 7-1**
　日常的に行っていることを再帰プロセスとして書き出してみましょう。

 ## 7.2 再帰のルール

　再帰が問題となるのは、再帰プロセスを書き出しているときです。リストや箱のアルゴリズムのようなものでさえ、1 から記述するのはそう簡単ではなさそうです。再帰関数を記述する秘訣は、「再帰について考えないこと」です。再帰について考えると頭が痛くなること請け合いです。再帰関数を解く鍵は、次の単純なルールにしたがうことにあります。

1. （1 つ以上の）最終目標を特定する。
2. 最終目標が達成されたらどうなるかを決める。
3. 他の可能性をすべて洗い出す。
4. 「繰り返し」のプロセスを決める。
5. 繰り返しのたびに最終目標に近づくようにする。

● **ルール 1：最終目標を特定する**

　一般に、再帰プロセスには終わりがあります。再帰プロセスはどのように終わるのでしょうか。リストの場合、このプロセスの終わりは空のリストです。箱の場合は、鍵を見つけたときです。何か

が再帰プロセスであることに気づいたら、そのプロセスが終わったことを突き止めることが最初の課題となります。場合によっては、ゴールが1つではないことがあります。コールセンターのオペレーターの1日のノルマが、100人に電話をかけるか、5件の売り上げを達成することであるとしましょう。この場合の目標は、100人に電話をかけることか、5件の売り上げを達成することです。

● ルール2：最終目標が達成されたらどうなるかを決める

ルール1で設定した目標ごとに、その結果が何であるかを突き止める必要があります。箱の場合、結果は鍵を見つけることです。関数の場合は戻り値が必要であるため、最後にどのような値を返せばよいかを判断しなければなりません。プログラマにありがちな間違いは、終了条件を長い再帰プロセスの終わりという観点から考えようとすることです。通常、これは必要のないことであり、かえって複雑になります。多くの場合、「関数を終了条件で呼び出した場合はどうなるか」という質問への答えは明白です。たとえば、フィボナッチ数列の終了条件は1になることです。定義では、`fib 1 = 1`です。もう少し一般的な例は、各本棚で本の数を数えることで、本が何冊あるかを特定することです。終了条件はそれ以上本を数える本棚がないことです。本棚が0のときの本の冊数は0です。

● ルール3：他の可能性をすべて洗い出す

終了条件に達していない場合はどうすればよいでしょうか。大がかりな作業になるように思えますが、目標を達成するための選択肢はたいてい1つか2つです。リストが空でなければ、リストに何かが含まれています。ダンボールが空でなければ、箱が残っています。コールセンターのオペレーターがまだ100人に電話をかけていないか、売り上げが5件に達していない場合、選択肢は2つです。電話をかけて売り上げを達成するか、電話をかけたが売り上げにつながらないかです。

● ルール4：「繰り返し」のプロセスを決定する

このルールはルール2とほぼ同じですが、プロセスを繰り返さなければならないという違いがあります。再帰の禁手は、深く考えすぎたり、再帰を展開しようとしたりすることです。そうではなく、リストの場合は要素を取り出し、`tail`を調べることが考えられます。箱の場合は、箱を取り出して鍵を探し、ダンボールを再び確認します。コールセンターのオペレーターの場合は、電話をかけて売り上げを達成したことを記録するか、電話をかけたこと（売り上げにはつながらなかった）を記録するという作業を繰り返します。

● ルール5：繰り返しのたびに最終目標に近づくようにする

このルールは重要です。ルール4で列挙したプロセスごとに、「このようにすると目標に近づくか」を自分に問いかけてみる必要があります。リストの`tail`を取得し続ければ、リストはやがて空になります。箱を取り出して鍵を探す作業を繰り返せば、ダンボールはやがて空になります。売り上げを記録するか、電話をかけたことを記録すれば、最終的にどちらかの数が目標に達します。ここで、表が出るまでコイン投げをするとしましょう。目標は表が出ることなので、表が出たところで終了となります。もう1つの選択肢はコインの裏が出ることです。裏が出た場合は、もう一度

コインを投げます。しかし、コインをもう一度投げたからといって、表が出るとは限りません。統計学的には、いつかは表が出るはずなので、実際にはそれでよいのですが、危険な関数を実行することになる可能性があります（コインの代わりに、成功する見込みがほとんどない何かを使用したらどうなるか想像してみてください）。

7.3　最初の再帰関数：最大公約数

　再帰の最初の例として、最古の数値アルゴリズムの1つであるユークリッドの互除法を調べてみましょう。このアルゴリズムは、2つの自然数の最大公約数（GCD）を求めるための非常に単純な手法です。2つの自然数の最大公約数とは、2つの自然数に共通する約数（公約数）のうちもっとも大きい自然数のことです。たとえば、20と16の最大公約数は4です。なぜなら、4は20と16の公約数の中でもっとも大きいからです。10と100の最大公約数は10です。このアルゴリズムはユークリッドの『原論』（紀元前3世紀頃）に記されています。基本的な手順は次のようになります。

1. 2つの自然数 a、b がある。
2. a を b で割る。その余りが0である場合、b が最大公約数であることは明らか。
3. それ以外の場合、a に b の値を代入し、手順2で得られた余りを b に代入する。つまり、b は新しい a になり、新しい b の値は元の a を元の b で割った余りになる。
4. a を b で割った余りが0になるまで手順2〜3を繰り返す。

実際に試してみましょう。

1. $a = 20$、$b = 16$
2. $a/b = 20/16 = 1$、余りは4
3. $a = 16$、$b = 4$
4. $a/b = 4$、余りは0
5. $GCD = b = 4$

　このアルゴリズムを実装するには、まず、終了条件（ルール1）を定義する必要があります。終了条件は、a を b で割った余りが0であることです。この概念をコードで表現するには、剰余関数を使用します。この終了条件を Haskell で表すと、次のようになります。

```
a `mod` b == 0
```

7.3 最初の再帰関数：最大公約数　71

　次の質問は、終了条件に達したときに何を返すかです（ルール2）。a を b で割った余りが0であるとしたら、b は a の公約数に違いないので、b は最大公約数です。したがって、終了条件での全体的な振る舞いは次のようになります。

```
if a `mod` b == 0
then b ...
```

　次に、終了条件に達していない場合は、終了条件に近づくことができる方法をすべて洗い出す必要があります（ルール3）。この場合、選択肢は1つ（余りが0ではない）です。余りが0ではない場合は、b を新しい a にし、新しい b の値を余りにした上で、アルゴリズムを繰り返します（ルール4）。

```
else gcd b (a `mod` b)
```

　ここまでのコードをユークリッドの互除法の再帰実装にまとめると、リスト7-1のようになります。

リスト7-1：myGCD 関数

```
myGCD a b = if remainder == 0
            then b
            else myGCD b remainder
  where remainder = a `mod` b
```

　最後に、終了条件に近づいていることを確認します（ルール5）。新しい b の値は余りになるため、常に小さくなります。最悪の（2つの自然数がどちらも素数である）場合、a と b の最大公約数は1になります。これにより、このアルゴリズムが確実に終了することが裏付けられます。再帰関数を作成するためのルールにしたがえば、無限に繰り返される再帰について考えずに済みます。

▷ **クイックチェック 7-2**

　myGCD 関数において、$a > b$ なのか、$a < b$ なのかは問題になるでしょうか。

　myGCD 関数の例で起こり得ることは2つだけです。すなわち、目標が達成されるか、プロセスが繰り返されるかです。このため、`if then else` 式にうまく適合します。すぐに思い浮かぶのは、関数がより複雑な場合は、`if then else` 文がどんどん大きくなるか、`case` を使用することになるかもしれないことです。Haskell には、**パターンマッチング**と呼ばれるすばらしい機能があります。この機能を利用すれば、引数として渡された値を照合し、その結果に応じて動作を変えることができます。例として、sayAmount という関数を定義してみましょう。この関数は、1に対して"one"、2に対して"two"、それ以外の値に対して"a bunch"を返します。まず、関数定義でパターンマッチングではなく `case` を使って実装する方法から見てみましょう（リスト7-2）。

72 | LESSON 7　再帰のルールとパターンマッチング

リスト7-2：sayAmount 関数のバージョン 1

```
sayAmount n = case n of
  1 -> "one"
  2 -> "two"
  n -> "a bunch"
```

　この関数のパターンマッチングバージョンは、それぞれ 3 種類の引数の 1 つに対応する 3 つの定義に分かれているように見えます（リスト 7-3）。

リスト7-3：sayAmount 関数のバージョン 2

```
sayAmount 1 = "one"
sayAmount 2 = "two"
sayAmount n = "a bunch"
```

　パターンマッチングは、case と同様に、選択肢を順番に調べていきます。このため、sayAmount n を最初に指定すると、sayAmount 関数は常に"a bunch"を返すようになります[1]。

　パターンマッチングについて理解するときの重要なポイントは、パターンマッチングは引数を調べるだけであり、マッチしたときにそれらの引数を使って何らかの計算を行うというわけにはいかないことです。たとえば、n が 0 未満かどうかを調べることはできません。このような制限があるとはいえ、パターンマッチングは強力です。パターンマッチングを利用すれば、リストを [] と照合することで、リストが空かどうかをチェックすることができます。

```
isEmpty [] = True
isEmpty aList = False
```

　Haskell では、使用しない値を表すワイルドカードとしてアンダースコア（_）を使用します。isEmpty 関数では、パラメータ aList は使用されないため、標準的な作法は次のように記述することです。

```
isEmpty [] = True
isEmpty _ = False
```

　リストに対してさらに高度なパターンマッチングを行うことも可能です。Haskell において慣例となっているのは、単一の値を表すために変数 x を使用し、値のリストを表すために変数 xs を使用することです（ただし、この慣例は読みやすさを優先してたびたび無視されます）。たとえば、head のカスタムバージョンを次のように定義することも可能です。

---

[1] **訳注**：Haskell 8.6.3 では、sayAmount n を最初に指定すると Pattern match is redundant エラーになる。

```
myHead (x:xs) = x
```

パターンマッチングに関して Haskell が何をするのかをよく理解するために、図 7–1 を見てみましょう。Haskell では、リスト引数がパターンとして認識されます。

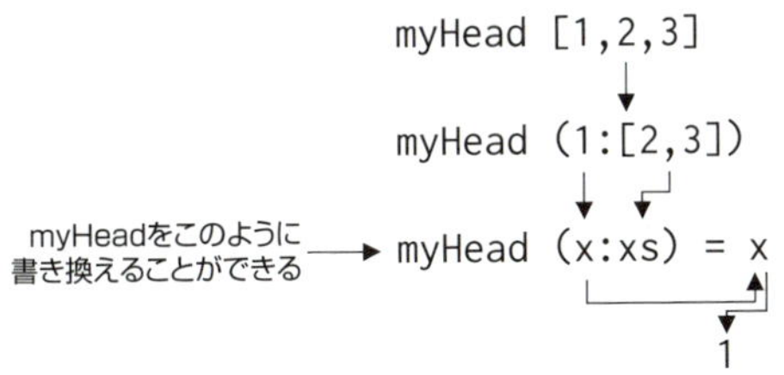

図7-1：myHead のパターンマッチングの詳細

Haskell の本物の **head** 関数と同様に、リストが空の（**head** がない）場合に対処する方法はありません。この場合は、Haskell の **error** 関数を使ってエラーをスローするとよいでしょう（リスト 7–4）。

リスト7-4：myHead 関数

```
myHead (x:xs) = x
myHead [] = error "No head for empty list"
```

再帰を単なる終了条件と選択肢の集まりとして考えるとすれば、再帰コードを難なく記述するにあたってパターンマッチングはかけがえのないものとなります。ポイントはパターンで考えることです。再帰関数を記述するときには、常に、再帰の定義を分割することができます。常に終了条件から定義し、続いてすべての選択肢を 1 つずつ定義していきます。このようにすると、関数の定義が短くなることがよくありますが、それよりも重要なのは、1 つ 1 つの手順を追いやすくなることです。パターンマッチングは再帰の痛みや症状を緩和するすばらしい処方なのです。

▷ **クイックチェック 7-3**

パターンマッチングを使って **myTail** の定義を埋めてみましょう。値が不要な場所では必ず_を使用してください。

```
myTail (<ここを埋める>) = xs
```

7.4 まとめ

このレッスンの目標は、再帰関数の記述をどのように考えればよいかを理解することにありました。再帰関数を記述した経験がないと、必要以上に難しく思えることがよくあります。行き詰まったときに助けになる再帰の一般的なルールを再掲しておきます。

1. （1つ以上の）最終目標を特定する。
2. 最終目標が達成されたらどうなるかを決める。
3. 他の可能性をすべて洗い出す。
4. 「繰り返し」のプロセスを決める。
5. 繰り返しのたびに最終目標に近づくようにする。

7.5 練習問題

このレッスンの内容を理解できたかどうか確認してみましょう。

Q7-1：Haskell の `tail` 関数は、空のリストが渡されたときにエラーを返します。`myTail` を書き換え、空のリストが渡された場合は空のリストを返すようにしてみましょう。

Q7-2：パターンマッチングを使って `myGCD` を書き換えてみましょう。

7.6 クイックチェックの解答

▶ **クイックチェック 7-1**

本書を執筆する際、筆者はレッスンの脱稿後、次のことを行います。

1. 編集者からゲラを受け取る。
2. 変更内容を受理または拒否し、自分でも編集する。
3. レッスンのゲラを編集者に送る。
4. 編集者が満足すれば、完了。

そうでなければ、1 に戻る。

▶ **クイックチェック 7-2**

問題になりません。$a < b$ の場合に手順が 1 つ多くなるだけです。たとえば、20 `mod` 50 は

20 なので、次の呼び出しは myGCD 50 20 になります。最初から myGCD 50 20 を呼び出す場合よりも手順が 1 つ増えるだけです。

▶ **クイックチェック 7-3**

```
myTail (_:xs) = xs
```

LESSON 8

再帰関数の記述

レッスン 8 では、次の内容を取り上げます。

- 再帰のルールを適用するときの共通パターン
- 再帰をリストで使用する方法
- GHCi で関数の実行にかかった時間を計る方法
- 再帰の 5 つのルールに対するエッジケース

再帰の腕を上げるには、練習あるのみです。このレッスンでは、レッスン 7 で紹介した再帰のルールを適用するのに役立つさまざまな再帰関数を紹介します。まず、再帰問題の解決に共通するパターンがあることを確認します。Haskell では、ステートフルなイテレーションを使って「不正を働くこと」は許されないため、Haskell で記述するすべてのコードで何らかの再帰が必要になると言っても過言ではありません（ただし、多くの場合は抽象化されます）。このため、すぐに再帰関数を難なく記述できるようになり、再帰スタイルで問題を解決するようになるはずです。

Tips　レッスン 7 では、`take` 関数を独自に実装しました。今回は、`drop` 関数について検討します。

```
Prelude> drop 3 [1,2,3,4]
[4]
```

`drop` 関数を独自に実装し、`take` 関数との類似点や相違点について考えてみましょう。

8.1　復習：再帰のルール

レッスン 7 では、再帰関数を記述するためのルールを紹介しました。それらのルールをもう一度確認しておきましょう。

1　（1 つ以上の）最終目標を特定する。
2　最終目標が達成されたらどうなるかを決める。
3　他の可能性をすべて洗い出す。
4　「繰り返し」のプロセスを決める。
5　繰り返しのたびに最終目標に近づくようにする。

このレッスンでは、これらのルールを覚えるためにさまざまな例に取り組みます。また、問題をできるだけ再帰的に解決するために、パターンマッチングを使いまくることにします。

8.2　リストでの再帰

レッスン 6 では、関数型プログラミングにとってリストがいかに重要であるかについて説明し、Haskell の `Prelude` モジュールに含まれている関数の中でリストを操作するのに役立つものを紹介しました。このレッスンでは、それらの関数をもう一度取り上げますが、今回はそれらを最初から記述することにします。そうすれば、実際の問題を解くときに再帰的に考える方法が具体的に示されます。また、そうした基本的な関数の動作の仕組みもよく理解できるはずです。

● length を実装する

リストでの再帰関数に関する例のうち、もっとも単純でわかりやすいのはリストの長さの計算です。パターンマッチングを利用すれば、この問題を分割するのは簡単です。

この場合、終了条件は空のリストです（ルール 1）。リストでの再帰関数の大半は、終了条件として空のリストを使用します。終了条件が満たされた場合はどうすればよいでしょうか（ルール 2）。空のリストには何も含まれていないため、長さは 0 です。このため、終了条件を次のように定義できます。

```
myLength [] = 0
```

次に、他のケースについて検討する必要があります（ルール 3）。選択肢は「リストが空ではない」の 1 つだけです。リストが空ではないということは、1 つの要素が含まれていることがわかっているということです。このリストの長さを取得するには、リストの `tail` の長さに 1 を足します

8.2 リストでの再帰 | 79

(ルール4)。

```
myLength xs = 1 + myLength (tail xs)
```

　これで完了と言いたいところですが、この手順によって目標に近づいたかどうかについて検討し
なければなりません（ルール5）。当然ながら、（有限の）リストの tail を取得し続ければ、最終
的にリストは [] になります。他に選択肢は残っておらず、終了条件ではない選択肢はそれぞれあ
なたを目標に近づけます。よって、作業は完了です（リスト8–1）。

リスト8–1：myLength 関数

```
myLength [] = 0
myLength xs = 1 + myLength (tail xs)
```

▷ **クイックチェック 8-1**
　パターンマッチングを使用することで、tail を明示的に呼び出さずに myLength 関数を書き換
えてみましょう。

● take を実装する

　take 関数は、次の2つの理由で興味深い関数です。1つは、この関数が引数として n とリスト
の2つを受け取ることであり、もう1つは、終了条件が2つあることです。case がほぼ必ずそう
であるように、take は空のリスト（[]）で終了します。先に述べたように、tail や head とは異
なり、take は空のリストに問題なく対処し、できるだけ多くの要素を返します。take が終了する
もう1つの条件は、n = 0 の場合です。どちらの場合も、最終的には同じことを行います。空のリ
ストから n 個の要素を取得しても、何らかのリストから0個の要素を取得しても、結果は [] です。

```
myTake _ [] = []
myTake 0 _ = []
```

　take が終了しない唯一のケースは、n が0よりも大きく、かつリストが空ではない場合です。
length 関数では、リストを分割することだけ考えれば十分でした。しかし、myTake 関数ではリス
トを返すことになるため、新しいリストを構築しなければなりません。新しいリストは何に基づい
て構築するのでしょうか。take 3 [1,2,3,4,5] を例に考えてみましょう。

1　1つ目の要素である1を取得し、続いて take 2 [2,3,4,5] とコンスする。
2　次の要素である2を take 1 [3,4,5] とコンスする。
3　次の要素である3を take 0 [4,5] とコンスする。
4　0の時点で終了条件が満たされるため、[] を返す。

5 これにより、1:2:3:[] = [1,2,3] が得られる。

これをコードで表すと、次のようになります。

```
myTake n (x:xs) = x:rest
  where rest = myTake (n - 1) xs
```

　最後の質問は、「再帰呼び出しによって終了条件に近づくかどうか」です。この場合は、どちらの
ケースでも終了条件に近づきます。n の値を減らしていけば最終的に 0 になり、リストの tail を
取得すれば最終的に [] になります（リスト 8-2）。

リスト8-2：myTake 関数

```
myTake _ [] = []
myTake 0 _ = []
myTake n (x:xs) = x:rest
  where rest = myTake (n - 1) xs
```

● cycle を実装する

　cycle 関数は、実装するリスト関数の中でもっとも興味深いものです。また、この関数を記述で
きる Haskell 以外の言語は数えるほどしかありません。cycle は引数として渡されたリストを無限
リストにします。これが可能となるのは、ひとえに、Haskell 以外の言語ではほとんどサポートさ
れていない遅延評価のおかげです。再帰のルールに照らしてさらに興味深いのは、cycle に終了条
件がないことです。ありがたいことに、終了条件のない再帰は Haskell でもかなり希少です。とは
いえ、この例を理解すれば、再帰と遅延評価の両方をしっかり理解することができます。
　この例でも、リストを構築することになります。まず、有限バージョンのリストを構築します。
基本的な振る舞いは元のリストを返すことですが、最初の要素が最後に含まれているという違いが
あります。

```
finiteCycle (first:rest) = first:rest ++ [first]
```

　finiteCycle 関数は、本物の cycle とは異なり、元のリストの最後に最初の要素が含まれてい
るものを返します。この操作を繰り返すには、rest:[first] セクションで cycle の振る舞いを
再現する必要があります（リスト 8-3）。

リスト8-3：myCycle 関数

```
myCycle (first:rest) = first:myCycle (rest++[first])
```

再帰のルールというガイドラインがあるとはいえ、再帰は頭を抱える原因になりがちです。再帰問題を解く鍵は、終了条件やプロセスにじっくり取り組むために時間を割くことです。再帰問題の利点は、ほんの数行のコードで解決できる場合が多いことです。実践を積むうちに、再帰がほんのいくつかのパターンに限られることもわかるでしょう。

8.3　再帰の問題点：アッカーマン関数とコラッツ予想

ここでは、興味深い数学関数を 2 つ取り上げます。これらの関数により、再帰の 5 つのルールに限界があることが具体的に示されます。

● アッカーマン関数

アッカーマン関数は、m と n の 2 つの引数をとります。数学的な定義によれば、アッカーマン関数は $A(m, n)$ を使って空間を節約します。アッカーマン関数は次の 3 つのルールにしたがいます。

- $m = 0$ の場合は、$n + 1$ を返す。
- $n = 0$ の場合は、$A(m - 1, 1)$ を返す。
- $m! = 0$ かつ $n! = 0$ の場合は、$A(m - 1, A(m, n - 1))$ を返す。

この関数を再帰のルールを使って Haskell で実装する方法を見てみましょう。まず、m が 0 のときは終了条件が満たされるため、$n + 1$ を返します。パターンマッチングを利用すれば、これを実装するのは簡単です（ルール 1 およびルール 2）。

```
ackermann 0 n = n + 1
```

次に、他の選択肢は 2 つだけであり、n が 0 であるケースと、m と n の両方が 0 ではないケースです。この関数の定義によれば、これらのケースは次のように実装されます（ルール 3 およびルール 4）。

```
ackermann m 0 = ackermann (m-1) 1
ackermann m n = ackermann (m-1) (ackermann m (n-1))
```

最後の質問は、これら 2 つのケースで終了条件に近づいているかどうかです（ルール 5）。$n = 0$ のケースでは、m を減らしていくと最終的に $m = 0$ になるため、終了条件に近づいています。m と n の両方が 0 ではないケースも同じです。`ackermann` を 2 回呼び出すことになりますが、1 つ目の呼び出しでは m が最終的に 0 になり、2 つ目の呼び出しでも n が最終的に 0 になるため、終了条件が満たされます。

82 LESSON 8 再帰関数の記述

何もかも申し分ありませんが、それはコードを実行するまでの話です。この関数を GHCi にロードし、:set +s を使って関数呼び出しにかかった時間を計ってみましょう。

```
*Main> :set +s
*Main> ackermann 3 3
61
(0.01 secs, 877,104 bytes)
*Main> ackermann 3 8
2045
(3.71 secs, 974,017,792 bytes)
*Main> ackermann 3 9
4093
(14.76 secs, 3,905,984,720 bytes)
```

　再帰呼び出しは自身に対する入れ子の呼び出しになるため、実行時のコストはすぐに爆発的に跳ね上がります。再帰のルールにしたがっているにもかかわらず、アッカーマン関数では深刻な問題にぶつかっています。

● コラッツ予想

　コラッツ予想は非常に興味をそそる数学問題の 1 つです。コラッツ予想では、最初の数値を n とおいて再帰プロセスを定義します。

- n が 1 の場合は、終了する。
- n が偶数の場合は、$n/2$ を繰り返す。
- n が奇数の場合は、$n \times 3 + 1$ を繰り返す。

　このプロセスを実装する collatz という関数を作成してみましょう。唯一の問題は、前述のように、collatz が常に 1 を返すことです。せっかくなので、1 が返されるまでにどれくらいかかったかを記録してみましょう。たとえば、collatz 5 の場合は、次のパスを通過することになります。

```
5 -> 16 -> 8 -> 4 -> 2 -> 1
```

　この場合、collatz 5 は 6 になるはずです。
　さっそくコードを書いてみましょう。まず、終了条件を設定します（ルール 1）。この場合の終了条件は単に n が 1 であることです。終了条件が満たされたときはどうすればよいでしょうか（ルール 2）。ここでは 1 を返すことを 1 つの手順と見なすため、1 を返します。パターンマッチングを利用すれば、この手順を定義するのは簡単です。

```
collatz 1 = 1
```

8.3　再帰の問題点：アッカーマン関数とコラッツ予想　　83

　次に、他の選択肢を洗い出す必要があります（ルール 3）。この場合、他の選択肢は 2 つであり、
n が 1 ではないケースと、n が 1 ではなく奇数であるケースです。この場合は（計算を必要とする）
比較を行うため、どちらのケースでもパターンマッチングを使用するわけにはいきません。

```
collatz n = if even n
            then ...
            else ...
```

　完成まであと一歩です。次の手順は、これらのケースで何が起きるかです（ルール 4）。これらの
ケースはコラッツ予想で明確に定義されているため、簡単です。ただし、パスの長さも追跡するこ
とを忘れないでください。つまり、collatz の次の呼び出しに 1 を足さなければなりません（リス
ト 8–4）。

リスト8–4：collatz 関数

```
collatz 1 = 1
collatz n = if even n
            then 1 + collatz (n `div` 2)
            else 1 + collatz (n*3 + 1)
```

　関数はこれで完成です。さっそく試してみましょう。

```
*Main> collatz 9
20
*Main> collatz 999
50
*Main> collatz 92
18
*Main> collatz 91
93
*Main> map collatz [100 .. 120]
[26,26,26,88,13,39,13,101,114,114,114,70,21,13,34,34,21,21,34,34,21]
```

　ところで、他の選択肢ごとに終了条件に近づいているかどうかを確認するのを忘れていました
（ルール 5）。1 つ目の選択肢である「n が偶数である」は問題ありません。n が偶数のときは、n
を半分に割るからです。このプロセスを繰り返すと、n は最終的に 1 になります。一方で、n が奇
数である場合の $n \times 3 + 1$ では、終了条件に近づいているようには見えません。そうは見えなくて
も、その可能性は十分にあります。奇数をこのようにして増やすプロセスと、偶数を半分に減らす
プロセスを組み合わせると、常に 1 に向かうからです。残念なのは、それがわからないことです。
誰にもわからないのです。コラッツ予想では、collatz 関数は常に終了するものと推定されていま
すが、まだ証明されていません。GHCi が動かなくなるような数値を見つけたら、メモしておいて
ください。世に知られる数学論文のきっかけになるかもしれませんよ！

この collatz 関数は、再帰のルールに興味深い方法で違反しています。だからといって、この関数を捨ててしまえというわけではありません。この関数は長い範囲の値でテストできます（図8-1）。このため、この関数をソフトウェアで使用する必要がある場合は、きっとうまくいくはずです。とはいえ、ルール5に違反しているかどうかを確認することは重要です。関数が決して終了しなくなるため、非常に危険かもしれないからです。

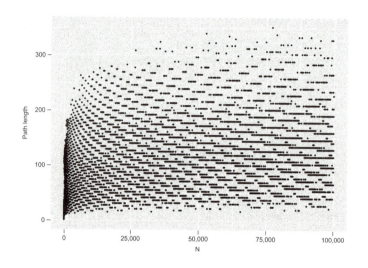

図8-1：collatz 関数のパスの長さ

 ## 8.4　まとめ

　このレッスンの目標は、レッスン7で説明した再帰のルールをしっかり理解することにありました。再帰のルールを頭に入れた上で再帰を実践すれば、再帰コードの記述がはるかに自然なものになります。また、再帰のルールに限界があることもわかりました。再帰のルールにしたがっていてもコードを実行するのは危険かもしれませんし、再帰のルールにしたがっていなくても実用的にはまったく問題がないかもしれません。

 ## 8.5　練習問題

　このレッスンの内容を理解できたかどうか確認してみましょう。

Q8-1：リストの要素を逆順にする `reverse` を独自に実装してみましょう。
Q8-2：再帰関数のもっとも一般的な例はおそらくフィボナッチ数の計算でしょう。もっとも単純

な定義は次のようになります。

```
fib 0 = 0
fib 1 = 1
fib n = fib (n-1) + fib (n-2)
```

　アッカーマン関数と同様に、入れ子の再帰呼び出しのせいで、この実装の計算量はすぐさま爆発的に増えるはずです。しかし、アッカーマン関数とは異なり、n 番目のフィボナッチ数をはるかに効率よく計算する方法があります。`fastFib` という関数を記述してみましょう。この関数は、1,000 番目のフィボナッチ数をほぼ瞬時に計算することができます。**ヒント**：`fastFib` の引数は `n1`、`n2`、`counter` の 3 つです。1,000 番目のフィボナッチ数を計算するには、`fastFib 1 1 1000` を呼び出します。5 番目のフィボナッチ数を計算するには、`fastFib 1 1 5` を呼び出します。

 ## 8.6　クイックチェックの解答

▶ クイックチェック 8-1

```
myLength [] = 0
myLength (x:xs) = 1 + myLength xs
```

LESSON 9

高階関数

レッスン 9 では、次の内容を取り上げます。

- 高階関数を理解する
- map、filter、foldl を使って明示的な再帰関数の記述を回避する
- 多くの高階関数を独自に実装する

　レッスン 8 では、さまざまな再帰関数を取り上げました。実践を積めば再帰コードをすらすら書けるようになりますが、多くの関数はまったく同じ再帰パターンを共有しています。このため、そうした再帰を抽象化していくつかのよく使用される関数にまとめれば、再帰について明示的に考える必要がなくなります。実際のところ、再帰コードの記述の難しさに対する答えは、通常はそうした既存の関数を使用することです。このような関数は**高階関数**と呼ばれる関数グループに分類されます。

　高階関数とは、厳密に言えば、「別の関数を引数として受け取る関数」のことです。一般に、高階関数と聞くと、具体的なグループが思い浮かびます。そうしたグループのほとんどは、再帰の共通パターンを抽象化するために使用されます。このレッスンでは、再帰関数の記述がはるかに容易になる高階関数を紹介します。再帰という頭痛に本当に効くのは抽象化です。

LESSON 9 高階関数

Tips add3ToAll と mul3byAll の 2 つの関数があります。add3ToAll はリストの各要素に 3 を足し、mul3byAll はリストの各要素に 3 を掛けます。

```
add3ToAll [] = []
add3ToAll (x:xs) = (3 + x):add3ToAll xs
mul3ByAll [] = []
mul3ByAll (x:xs) = (3 * x):mul3ByAll xs
```

どちらの関数も、ほぼ同じ構造を共有しているので、記述するのも理解するのも容易でしょう。ここで、squareAll という関数を思い浮かべてみましょう。この関数はリストの各要素を 2 乗します。squareAll 関数も基本的な構造は同じです。この同じパターンを共有する関数はいくらでも思いつけるはずです。では、ファーストクラス関数を使ってこれらの関数を書き換える方法を思いつけるでしょうか。要するに、引数として別の関数とリストを受け取り、add3ByAll と mul3ByAll の定義に使用できる新しい関数を定義するのです。

9.1 map を使用する

関数型プログラミングと Haskell にとって map 関数がどれほど重要であるかはいくら強調しても足りないくらいです。map 関数は、引数として別の関数とリストを受け取り、その関数をリストの各要素に適用します。

```
Prelude> map reverse ["dog","cat","moose"]
["god","tac","esoom"]
Prelude> map head ["dog","cat","moose"]
"dcm"
Prelude> map (take 4) ["pumpkin","pie","peanut butter"]
["pump","pie","pean"]
```

ほとんどのプログラマの map に対する第一印象は、for ループから無駄を省いたものです。JavaScript は map と for ループを両方ともサポートしています。そこで、リストに含まれている動物の名前に冠詞 a を追加する 2 つのアプローチを JavaScript で比較してみましょう（リスト 9-1）。

リスト9-1：JavaScript の map の例

```
var animals = ["dog","cat","moose"]

// for ループを使用する場合
for(i = 0; i < animals.length; i++){
    animals[i] = "a " + animals[i]
}
```

```
// map を使用する場合
var addAnA = function(s){return "a "+s}
animals = animals.map(addAnA)
```

　関数型プログラミングの掟に関して Haskell ほど厳格ではない言語であっても、map にはいくつかの利点があります。まず、名前付きの関数を渡すため、何が起きるのかが正確にわかります。このような単純な例ではそれほど重大なことではありませんが、for ループの本体が複雑なものになることも考えられます。関数に適切な名前が付いていれば、コードで何が起きるのかが見ただけでわかります。また、map の振る舞いをあとから変更する（たとえば addAThe 関数を使用する）ことにしたとしても、引数を変更するだけで済みます。

　map はイテレーションの一種であるため、コードの読みやすさも改善されます。map に指定したものとまったく同じ大きさの新しいリストが返されることがわかっているからです。map や他の高階関数をリストで使用したことがない場合、この利点は明白ではないかもしれません。関数型プログラミングのイディオムを流暢に操るようになれば、for ループによって表される一般的な形式の値のイテレーションではなく、リストをどのように変換するかという観点から考えるようになるでしょう。

 ## 9.2　map を使って再帰を抽象化する

　ファーストクラス関数、つまり高階関数を使用する最大の理由は、プログラミングパターンを抽象化できることです。このことを明確にするために、map の仕組みについて考えてみましょう。map の for ループに対する類似性は表面的なものにすぎず、その内部はまるで違っています。map の仕組みを明らかにするために、map を使って解決できる 2 つの単純なタスクを取り上げ、map（さらに言うならファーストクラス関数）が存在しないものとしてそれらのタスクを記述してみることにします。ここでは、JavaScript の例で使用した addAnA 関数と、リストの各要素を 2 乗する squareAll という関数を記述します。参考までに、ここで再現しようとしている map の振る舞いを先に見ておきましょう。

```
Prelude> map ("a "++) ["train","plane","boat"]
["a train","a plane","a boat"]
Prelude> map (^2) [1,2,3]
[1,4,9]
```

　addAnA から見ていきましょう。この場合も、「終了条件は何か」が最初の質問となります。リストを最初から最後まで処理するため、[] になった時点で終了となります。次の質問は、「終了時に何をするか」です。この場合は、リストに含まれている各単語に a を追加しようとしており、単語がないとなれば、空のリストを返すのが賢明です。空のリストを返したいもう 1 つの理由は、リス

トを構築していることです。再帰関数がリストを返す場合は、どうにかして空のリストで終了しなければなりません。この終了条件の定義は単純です。

```
addAnA [] = []
```

他の選択肢は、空ではないリストが存在することだけです。その場合は、リストの head を取得し、残りの部分に addAnA を適用します。

```
addAnA (x:xs) = ("a " ++ x):addAnA xs
```

終了条件に近づくというルールは守られているでしょうか。もちろんです。リストの tail を取得すれば、最終的には空のリストになります。

squareAll 関数も同じパターンにしたがいます。終了条件は空のリストであり、他の選択肢は引数が空ではないリストになることだけです。リストが空でなければ、head を取得して 2 乗するという作業を繰り返します。

```
squareAll [] = []
squareAll (x:xs) = x^2:squareAll xs
```

さらに一歩踏み込み、連結と 2 乗関数を削除してそれらを（任意の関数を表す）f に置き換えると、map の定義と同じになります（リスト 9–2）

リスト9–2：myMap 関数

```
myMap f [] = []
myMap f (x:xs) = (f x):myMap f xs
```

map がなかったとしたら、このパターンの再帰関数の記述を永遠に繰り返すことになります。リテラルの再帰は特に難しいわけではありませんが、あまり頻繁に読み書きしたいものではありません。再帰に手こずっている人にとってよい知らせは、再帰のパターンのうち嫌になるほど使用されてきたものはすでに抽象化されていることです。実際、再帰関数を明示的に記述しなければならないケースはそれほど多くありません。再帰の共通パターンはすでに高階関数として定義されているため、実際に再帰問題に取り組むときには、たいてい慎重に検討することが要求されます。

9.3 リストのフィルタリング

リストを操作するにあたって重要となるもう1つの高階関数は `filter` です。この関数の見た目や振る舞いは `map` に似ており、引数として関数とリストを受け取り、リストを返します。`map` との違いは、`filter` に渡される関数が `True` または `False` を返す関数でなければならないことです。`filter` 関数は、テストにパスした要素だけをリストに残すという仕組みになっています。

```
Prelude> filter even [1,2,3,4]
[2,4]
Prelude> filter (\(x:xs) -> x == 'a') ["apple","banana","avocado"]
["apple","avocado"]
```

`filter` は使い方が簡単で、あると便利なツールです。もっとも興味深いのは、`filter` によって抽象化される再帰のパターンです。`map` と同様に、`filter` の終了条件は空のリストです。`filter` の違いは、他の選択肢が2つあることです。1つは、最初の要素がテストにパスする空ではないリストであり、もう1つは、最初の要素がテストにパスしない空ではないリストです。唯一の違いは、テストにパスしなかった要素がリストに再帰的にコンスされないことです（リスト9–3）。

リスト9–3：myFilter 関数

```
myFilter test [] = []
myFilter test (x:xs) = if test x
                       then x:myFilter test xs
                       else myFilter test xs
```

リスト9–3 では、リストの `head` がテストにパスするかどうかを確認し、テストにパスした場合はリストの残りの部分をフィルタリングしたものとコンスし、テストにパスしなかった場合はリストの残りの部分をフィルタリングします。

▷ **クイックチェック 9-1**
　`remove` という関数を実装してみましょう。この関数はテストにパスした要素を削除します。

9.4 リストの畳み込み

`foldl` 関数は、引数として受け取ったリストを単一の値に畳み込みます（後ほど説明しますが、`foldl` の「l」は「left」を表します）。この関数の引数は、二項関数、初期値、リストの3つです。`foldl` 関数のもっとも一般的な用途は、リストの総和を求めることです。

```
Prelude> foldl (+) 0 [1,2,3,4]
10
```

foldl 関数は、ここまで取り上げてきた高階関数の中でおそらくもっともわかりにくい関数です。この関数は、二項関数を初期値とリストの head に適用します。そして、その結果が新しい初期値になります。このプロセスを図解すると、図 9–1 のようになります。

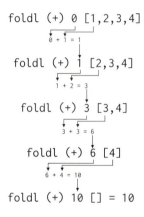

図9-1：foldl（+）の概要図

▷ **クイックチェック 9-2**

myProduct という関数を実装してみましょう。この関数は数値のリストの総乗を計算します。

foldl は便利ですが、当然ながら、使いこなすには実践あるのみです。concatAll という関数を実装してみましょう。この関数はリストに含まれている文字列をすべて連結します。

```
concatAll xs = foldl (++) "" xs
```

foldl と map はよく組み合わせて使用されます。たとえば、sumOfSquares という関数を作成するとしましょう。この関数は、リストの各要素を 2 乗した上で、その総和を求めます。

```
sumOfSquares xs = foldl (+) 0 (map (^2) xs)
```

foldl のもっとも注目すべき用途はおそらくリストの要素の順序を逆にすることでしょう。その場合は、rcons というヘルパー関数が必要です。この関数は、リストの各要素を逆の順序でコンスします（リスト 9–4）。

9.4 リストの畳み込み | 93

リスト9–4：myReverse 関数

```
rcons x y = y:x
myReverse xs = foldl rcons [] xs
```

この関数も図解してみる価値があります（図9–2）。

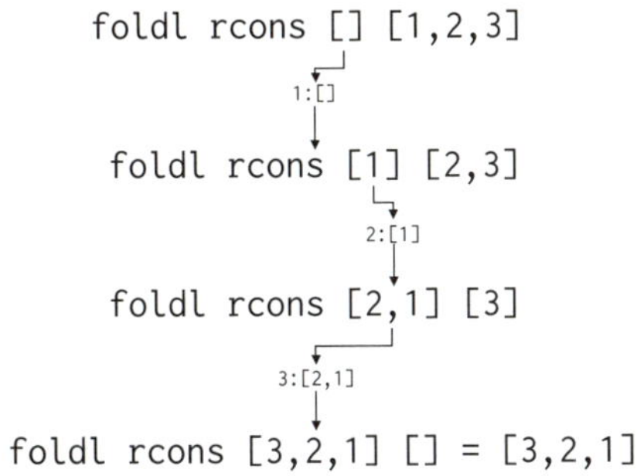

```
foldl rcons [] [1,2,3]
              1:[]
       foldl rcons [1] [2,3]
                  2:[1]
       foldl rcons [2,1] [3]
                  3:[2,1]
       foldl rcons [3,2,1] [] = [3,2,1]
```

図9–2：foldl と rcons の概要図

この場合、`foldl` から返される「単一の値」は新しいリストです。

`foldl` の実装は、ここまで見てきた他の関数よりも少し複雑です。この関数の終了条件も空のリスト（`[]`）ですが、何を返せばよいのでしょうか。初期値（`init`）は二項関数の呼び出しごとに更新されるため、この変数には計算された最後の値が含まれることになります。リストの終端に達したら、`init` の現在の値を返します。

```
myFoldl f init [] = init
```

他の選択肢は1つだけであり、空ではないリストです。その場合は、初期値とリストの **head** を二項関数に渡します。それにより、新しい初期値が作成されます。続いて、この新しい初期値を使ってリストの残りの部分で `myFoldl` を呼び出します（リスト9–5）。

リスト9–5：myFoldl 関数

```
myFoldl f init [] = init
myFoldl f init (x:xs) = myFoldl f newInit xs
  where newInit = f init x
```

▷ **クイックチェック 9-3**

`myFoldl` は終了条件ではない手順で終了するでしょうか。

残っている質問は、なぜ「左畳み込み」なのかです。この「値からなるリストを単一の値に畳み込む」という一般的な問題を解決する方法はもう1つあります。`foldl` に代わる関数は `foldr` で

94 | LESSON 9 高階関数

す（foldr の「r」は「right」を表します）。リスト 9-6 に示す myFoldr の定義を見れば、どのように異なるのかがわかります。

リスト9-6：myFoldr 関数

```
myFoldr f init [] = init
myFoldr f init (x:xs) = f x rightResult
  where rightResult = myFoldr f init xs
```

　この関数が「右畳み込み」と呼ばれるのは、二項関数に左オペランドと右オペランドの 2 つの引数があるためです。左畳み込みでは、リストが左オペランドに畳み込まれ、右畳み込みでは、右オペランドに畳み込まれます。

　foldl と foldr の間には、パフォーマンスと計算量の違いがあります。この段階で知っておく必要があるのは、適用の順序が重要である場合、これらの関数から得られる答えが異なることです。加算の場合、順序は重要ではないため、これらの関数の振る舞いは同じです。

```
Prelude> foldl (+) 0 [1,2,3,4]
10
Prelude> foldr (+) 0 [1,2,3,4]
10
```

　これに対し、減算では順序が重要です。

```
Prelude> foldl (-) 0 [1,2,3,4]
-10
Prelude> foldr (-) 0 [1,2,3,4]
-2
```

　Haskell を学んでいるときは、リストの畳み込みに foldl を使用してください。なぜなら、foldl のほうが振る舞いが直観的だからです。foldl と foldr の違いを理解すれば、再帰をマスターしたと言えるでしょう。

Column　さまざまな畳み込み

このレッスンで紹介した高階関数の中で畳み込み関数がもっともややこしいものであることは間違いありません。もう1つの便利な畳み込み関数は、`Data.List` モジュールに含まれている `foldl'`（アポストロフィに注意）です。次に、これらの畳み込み関数を使用するときのアドバイスをまとめておきます。

- `foldl` による畳み込みはもっとも直観的だが、通常はパフォーマンスが悪く、無限の長さを持つリストでは使用できない。
- `foldl'` は `foldl` の非遅延バージョンであり、たいていはるかに効率的である。
- `foldr` は `foldl` よりも効率がよい場合が多く、無限の長さを持つリストでうまくいく唯一の畳み込みである。

Haskell を学んでいるときは、さまざまな種類の畳み込みをすぐにマスターする必要はありません。`foldl` の問題にぶつかるのは、より高度な Haskell コードを書くようになったときでしょう。

9.5　まとめ

このレッスンの目的は、再帰をずっと簡単に操作できる関数を紹介することでした。多くの再帰問題は、`map`、`filter`、`foldl` を使って解決することができます。再帰問題にぶつかったときの最初の質問は、「これら3つの関数のいずれかを使って解決できるかどうか」です。

9.6　練習問題

このレッスンの内容を理解できたかどうか確認してみましょう。

Q9-1：`filter` と `length` を使って `elem` 関数を再現してみましょう。

Q9-2：レッスン 6 の `isPalindrome` 関数は、スペースや大文字が含まれた文に対処しません。`map` と `filter` を使って"A man a plan a canal Panama"という文が回文として認識されるようにしてみましょう。

Q9-3：数学では、調和級数は $1/1 + 1/2 + 1/3 + 1/4...$ の総和です。`harmonic` という関数を実装してみましょう。この関数は、引数 n を受け取り、n 項の級数の総和を求めます。必ず遅延評価を使用してください。

9.7 クイックチェックの解答

▶ **クイックチェック 9-1**

```
remove test [] = []
remove test (x:xs) = if test x
                      then remove test xs
                      else x:remove test xs
```

▶ **クイックチェック 9-2**

```
myProduct xs = foldl (*) 1 xs
```

▶ **クイックチェック 9-3**

終了します。常にリストの残りの部分で再帰を実行するため、リストは（有限であれば）空になるまで小さくなっていくはずだからです。

LESSON 10

演習：関数型オブジェクト指向プログラミング

レッスン10では、次の内容を取り上げます。

- 関数型プログラミングを使ってオブジェクトを作成する
- 相互にやり取りするサンプルオブジェクトを作成する
- 状態を関数的に表す

オブジェクト指向プログラミングと関数型プログラミングは対極をなしているとよく誤解されています。実際には、これは事実とまるでかけ離れています。Common Lisp、R、F#、OCaml、Scalaなど、多くの関数型プログラミング言語は何らかの形でオブジェクト指向プログラミングをサポートしています。このユニットでは、関数を使ってすべての計算を行うことができるという概念に取り組んできました。そこで、関数型プログラミングのツールを使って基本的なオブジェクト指向プログラミングシステムを作成するというのはどうでしょうか。

これは最初の演習です。この演習では、関数型プログラミングのツールを使って、オブジェクト指向プログラミング言語の一般的なデザイン機能を再現する方法を確認します。ここでは、単純なcupオブジェクトを作成した後、戦闘ロボットのモデル化に進みます。

> **Column** プログラマのように考える
>
>
> Haskellはオブジェクトを使用しないのに、オブジェクト指向プログラミングシステムを最初から実装することに時間を割くなんていったいどういうことでしょう。一番の理由は、ここまで説明してきた関数型プログラミングのツールの威力を理解できるからです。クロージャ、ラムダ、ファーストクラス関数を使ってオブジェクト指向プログラミングシステムを構築する方法を理解できれば、関数型プログラミングの悟りの境地に達したと言えるでしょう。

10.1 プロパティが1つのオブジェクト：1杯のコーヒー

　単純な1杯のコーヒーをモデル化することから始めましょう。本節のコードはすべて **cup.hs** というファイルに保存してください。1杯のコーヒーのプロパティは、コーヒーカップに入っているコーヒーの量だけです。このプロパティの値を格納し、あとからアクセスできるようにする方法が必要です。これが基本オブジェクトとなります。さいわい、レッスン5の内容から、関数内の値をキャプチャするのに便利なクロージャという機能があることがわかっています。そこで、**cup** という関数を定義します。この関数は、引数としてコーヒーカップに入っている液体の量を受け取り、その値が格納されたクロージャを返します。

```
cup flOz = \_ -> flOz
```

　ファーストクラス関数を利用すれば、クロージャに格納された値をデータのように扱うことができます。これにより、格納された情報をオブジェクトのようにやり取りできるようになります。ただし、これで十分ではないことは明らかです。コーヒーの量を格納しただけでは、おもしろいことは何もできないからです。コーヒーカップの内部の値にメッセージを適用できるようにしたいとしましょう。オブジェクトにメッセージを渡すには、ファーストクラス関数を使用します。そうすると、このメッセージをオブジェクトの内部プロパティに適用できるようになります。オブジェクトにメッセージを送信するために使用しているパターンが、メソッド呼び出しの共通パターンと少し異なることに注意してください。メソッドを呼び出すときのオブジェクト→アクションパターンは図10-1のようになります。

図10-1：オブジェクト指向プログラミングに対するメソッド呼び出し

　この場合は、逆に、メッセージをオブジェクトに送信します（図10-2）。このアプローチは関数型プログラミング言語で一般的に使用されるものです。

図10-2：オブジェクト指向プログラミングに対するメッセージの送信

この見慣れない表記は、CLOS[1]や R の S3 オブジェクトシステムで使用されているものです。

● コンストラクタを作成する

オブジェクトのインスタンスを作成するもっとも一般的な方法は、**コンストラクタ**と呼ばれる特別なメソッドを使用することです。オブジェクトのコンストラクタを作成するために必要なのは、メッセージをオブジェクトに送信できるようにすることだけです。メッセージを渡す方法を追加するには、クロージャに名前付きの引数を 1 つ追加します（リスト 10–1）。

リスト10–1：基本的な cup オブジェクトのコンストラクタ

```
cup flOz = \message -> message flOz
```

これで、オブジェクトのインスタンスを作成する基本的なコンストラクタが定義されました。コンストラクタの追加にラムダ関数、クロージャ、ファーストクラス関数を使ったことに注目してください。cup オブジェクトのインスタンスを GCHi で作成してみましょう。

```
*Main> aCup = cup 6
```

また、12 オンスのコーヒーが入ったコーヒーカップを cup.hs ファイルで定義することもできます（リスト 10–2）。

リスト10–2：coffeeCup 関数

```
coffeeCup = cup 12
```

● オブジェクトにアクセサを追加する

オブジェクトに値を格納したのはよいとして、このオブジェクトに何か意味のあることを実行させる必要があります。そこで、オブジェクト内で値を取得および設定する単純なメッセージを作成します。まず、コーヒーカップに入っているコーヒーの量を取得できるようにするために、getOz というメッセージを作成します。このメッセージは、cup オブジェクトを受け取り、そのオブジェクトに格納されているコーヒーの量（flOz）を返します（リスト 10–3）。

リスト10–3：getOz メッセージ

```
getOz aCup = aCup (\flOz -> flOz)
```

このメッセージをオブジェクトに渡してみましょう。

---

[1]　Common Lisp Object System

100 | LESSON 10　演習：関数型オブジェクト指向プログラミング

```
*Main> getOz coffeeCup
12
```

　次に、少し複雑なことをしてみましょう。コーヒーが入ったコーヒーカップを出されたら、それ
を飲むのが筋というものです。コーヒーカップからコーヒーを飲めば、必然的にオブジェクトの状
態が変化します。しかし、このようなことを Haskell で行うにはいったいどうすればよいのでしょ
うか。簡単です。新しいオブジェクトを自動的に作成すればよいのです。この **drink** メッセージ
では、コーヒーカップと飲むコーヒーの量を引数として受け取り、内部プロパティが適切に変更さ
れた新しいインスタンスを返す必要があります（リスト 10–4）。

リスト10–4：状態を更新する drink メッセージ

```
drink aCup ozDrank = cup (flOz - ozDrank)
  where flOz = getOz aCup
```

　GHCi でコーヒーをすすってみましょう。

```
*Main> afterASip = drink coffeeCup 1
*Main> getOz afterASip
11
*Main> afterTwoSips = drink afterASip 1
*Main> getOz afterTwoSips
10
*Main> afterGulp = drink afterTwoSips 4
*Main> getOz afterGulp
6
```

　この定義にはちょっとしたバグが 1 つあります。コーヒーカップに入りきらない量のコーヒーを
飲めてしまうのです。

　問題は 1 つだけであり、**drink** メッセージでコーヒーカップに負の値を設定できてしまうことで
す。**drink** メッセージを書き換えて、コーヒーカップのコーヒーの量の最小値を 0 にしてみましょ
う（リスト 10–5）。

リスト10–5：drink メッセージの定義を改善

```
drink aCup ozDrank = if ozDiff >= 0
                     then cup ozDiff
                     else cup 0
  where flOz = getOz aCup
        ozDiff = flOz - ozDrank
```

　このようにすれば、カップに入っているコーヒーの量がマイナスになることはありません。

```
*Main> afterBigGulp = drink coffeeCup 20
*Main> getOz afterBigGulp
0
```

コーヒーカップが空かどうかをチェックするヘルパーメッセージも追加してみましょう（リスト10–6）。

リスト10–6：isEmpty メッセージ

```
isEmpty aCup = getOz aCup == 0
```

オブジェクトの状態を絶えず追跡する必要があるため、コーヒーカップからコーヒーをちびちび飲んでいると、コードが少し冗長になってしまうかもしれません。この窮地を救ってくれるのが `foldl` です。レッスン 9 で説明したように、`foldl` は高階関数であり、引数として関数、初期値、リストを受け取り、それらを 1 つの値に畳み込みます。`foldl` を使ってコーヒーカップからコーヒーを 5 回にわたって飲む例を見てみましょう（リスト 10–7）。

リスト10–7：foldl を使ってコーヒーをすするモデルを定義

```
afterManySips = foldl drink coffeeCup [1,1,1,1,1]
```

この方法がうまくいくことを GHCi で確認するのに必要なコードは、たったこれだけです。

```
*Main> getOz afterManySips
7
```

10.2 より複雑なオブジェクト：戦闘ロボットの構築

ここまでは、オブジェクトの基本的な部分をモデル化してきました。まず、コンストラクタを使用することで、オブジェクトに関する情報を捕捉することができました。次に、アクセサを使ってオブジェクトを操作しました。オブジェクトを表現するための基礎を理解したところで、もっとおもしろいものを構築することができます。ここまでの知識を活かして戦闘ロボットを作成してみましょう。

このロボットには、基本的なプロパティがいくつかあります。

- 名前
- 攻撃力
- ヒットポイント（HP）の数

| 102 | LESSON 10　演習：関数型オブジェクト指向プログラミング

　これら3つの属性を処理するには、何かもう少し高度なものが必要です。3つの値をクロージャに渡すという手もありますが、それらの値を操作する方法がわかりにくくなってしまいます。そこで代わりに、ロボットの属性を表す値が含まれたタプルを使用することにします。たとえば、("Bob",10,100) は、名前が Bob、攻撃力が 10、HP が 100 のロボットを表します。

　メッセージは、属性の値ごとに送信するのではなく、このタプルに対して送信することになります。これらの値を読みやすく解釈しやすいものにするために、タプル引数でパターンマッチングを使用する点に注目してください（リスト 10–8）。

リスト10–8：ロボットのコンストラクタ

```
robot (name,attack,hp) = \message -> message (name,attack,hp)
```

　ここではすべてのオブジェクトを、メッセージの送信先となる属性のコレクションと見なすことができます。次のユニットでは、Haskell の型システムを取り上げます。型システムを利用すれば、データをはるかに効果的な方法で抽象化できます。その場合でも、タプルはやはり「実際に有効な最低限のデータ構造」です。

　ロボットのインスタンスを作成する方法は次のようになります。

```
killerRobot = robot ("Kill3r",25,200)
```

　このオブジェクトを有益なものにするには、アクセサをいくつか追加してプロパティの値をより簡単に操作できるようにする必要があります。まず、タプルの各部分に名前でアクセスできるようにするヘルパー関数を定義します。これらの関数はレッスン 4 で使用した 2 つの値からなるタプルの fst、snd と同じような働きをします（リスト 10–9）。

リスト10–9：name 関数、attack 関数、hp 関数

```
name (n,_,_) = n
attack (_,a,_) = a
hp (_,_,hp) = hp
```

　リスト 10–9 のヘルパー関数を利用すれば、ゲッターを実装するのは簡単です（リスト 10–10）。

リスト10–10：getName アクセサ、getAttack アクセサ、getHP アクセサ

```
getName aRobot = aRobot name
getAttack aRobot = aRobot attack
getHP aRobot = aRobot hp
```

　そして、これらのアクセサがあれば、タプルの値の順序を覚えておく必要はもうありません。

```
*Main> getAttack killerRobot
25
*Main> getHP killerRobot
200
```

この例のオブジェクトは少し複雑なので、プロパティを設定するためのセッターも定義してみましょう。各セッターでは、ロボットの新しいインスタンスを返さなければなりません（リスト10–11）。

リスト10–11：setName アクセサ、setAttack アクセサ、setHP アクセサ

```
setName aRobot newName = aRobot (\(n,a,h) -> robot (newName,a,h))
setAttack aRobot newAttack = aRobot (\(n,a,h) -> robot (n,newAttack,h))
setHP aRobot newHP = aRobot (\(n,a,h) -> robot (n,a,newHP))
```

プロパティの値を設定できるだけでなく、状態を決して変化させない点で、プロトタイプベースのオブジェクト指向プログラミングもエミュレートできることに注目してください。

> **Column** プロトタイプベースのオブジェクト指向プログラミング
>
> JavaScript などのプロトタイプベースのオブジェクト指向言語は、プロトタイプベースのオブジェクトを変更することで、オブジェクトのインスタンスを作成します。JavaScript のプロトタイプは大きな誤解の原因になりがちです。次に示すように、新しいオブジェクトを作成するために元のオブジェクトを複製して変更するのは、関数型プログラミングでは自然なことです。Haskell では、既存のオブジェクトのコピーを変更することで、新しいオブジェクトを作成することができます。
>
> ```
> nicerRobot = setName killerRobot "kitty"
> gentlerRobot = setAttack killerRobot 5
> softerRobot = setHP killerRobot 50
> ```

すべてのロボットの状態を出力する関数もあると便利です。そこで、printRobot というメッセージを定義します。このメッセージの機能は、他の言語の toString メソッドとほとんど同じです（リスト 10–12）。

リスト10–12：printRobot メッセージ

```
printRobot aRobot = aRobot (\(n,a,h) -> n ++
                                       " attack:" ++ (show a) ++
                                       " hp:" ++ (show h))
```

これにより、GHCi でオブジェクトを調べるのがずっと簡単になります。

104 LESSON 10 演習：関数型オブジェクト指向プログラミング

```
*Main> printRobot killerRobot
"Kill3r attack:25 hp:200"
*Main> printRobot nicerRobot
"kitty attack:25 hp:200"
*Main> printRobot gentlerRobot
"Kill3r attack:5 hp:200"
*Main> printRobot softerRobot
"Kill3r attack:25 hp:50"
```

● オブジェクト間でメッセージを送信する

戦闘ロボットのもっともおもしろい部分は何と言っても戦闘です。まず、ロボットに damage メッセージを送信する必要があります。このメッセージは、コーヒーカップの例で drink メッセージ（リスト 10–4、10–5）を送信するときと同じような働きをします。この例では、flOz だけでなく、すべてのプロパティを取得する必要があります（リスト 10–13）。

リスト10–13：damage メッセージ

```
damage aRobot attackDamage = aRobot (\(n,a,h) ->
                                     robot (n,a,h-attackDamage))
```

damage メッセージを定義したところで、ロボットにダメージを与えてみましょう。

```
*Main> afterHit = damage killerRobot 90
*Main> getHP afterHit
110
```

次はいよいよ戦闘です。これはオブジェクトを他のオブジェクトとやり取りさせる最初のケースであり、ここからが本当の意味でのオブジェクト指向プログラミングです。戦闘（fight）メッセージは、主要なオブジェクト指向プログラミングの次のコードに相当します。

```
robotOne.fight(robotTwo)
```

fight メッセージでは、攻撃する側が防御する側にダメージを与えます。それに加えて、HP が少なくなっているロボットを攻撃から守る必要もあります（リスト 10–14）。

リスト10–14：fight メッセージ

```
fight aRobot defender = damage defender attack
  where attack = if getHP aRobot > 10
                 then getAttack aRobot
                 else 0
```

次に、`killerRobot` の対戦相手が必要です。

```
gentleGiant = robot ("Mr. Friendly",10,300)
```

3回戦にしてみましょう。

```
gentleGiantRound1 = fight killerRobot gentleGiant
killerRobotRound1 = fight gentleGiant killerRobot
gentleGiantRound2 = fight killerRobotRound1 gentleGiantRound1
killerRobotRound2 = fight gentleGiantRound1 killerRobotRound1
gentleGiantRound3 = fight killerRobotRound2 gentleGiantRound2
killerRobotRound3 = fight gentleGiantRound2 killerRobotRound2
```

この戦いの結果はどうなったでしょうか。

```
*Main> printRobot gentleGiantRound3
"Mr. Friendly attack:10 hp:225"
*Main> printRobot killerRobotRound3
"Kill3r attack:25 hp:170"
```

10.3　ステートレスプログラミングはなぜ重要か

　ここまでは、オブジェクト指向プログラミングシステムを適度に抽象化したものを作成してきました。結局、戦いのたびに状態を明示的に追跡するため、余分な作業を行う必要がありました。この解決策はうまくいきますが、これらの問題を解決するために変更可能（ミュータブル）な状態を使用できるとしたら、もっと簡単になるのではないでしょうか。隠れた状態を使用すればコードから無駄な部分が省かれますが、何を隠そう、この隠れた状態が大きな問題を引き起こすことがあるのです。隠れた状態を使用することが実際にどのようなコストを伴うのかを確認するために、別の戦いを見てみましょう。

```
fastRobot = robot ("speedy",15,40)
slowRobot = robot ("slowpoke",20,30)
```

ここで、もう一度3回戦を行います（リスト10–15）。

106 | LESSON 10　演習：関数型オブジェクト指向プログラミング

リスト10–15：同時攻撃による 3 回戦マッチ

```
fastRobotRound1 = fight slowRobot fastRobot
slowRobotRound1 = fight fastRobot slowRobot
fastRobotRound2 = fight slowRobotRound1 fastRobotRound1
slowRobotRound2 = fight fastRobotRound1 slowRobotRound1
fastRobotRound3 = fight slowRobotRound2 fastRobotRound2
slowRobotRound3 = fight fastRobotRound2 slowRobotRound2
```

　GHCi で結果を確認してみましょう。

```
*Main> printRobot fastRobotRound3
"speedy attack:15 hp:0"
*Main> printRobot slowRobotRound3
"slowpoke attack:20 hp:0"
```

　勝者になるのはどちらのロボットでしょうか。プロパティの値を変更する方法のせいで、各ロ
ボットはまさに同時に戦うことになります。ロボットの名前からして、勝者は fastRobot になる
はずです。fastRobot が slowRobot よりも先に致命的なダメージを与え、slowRobot が戦えなく
なるはずです。

　状態を処理する方法は完全に制御できるため、この状況を変更するのは簡単です（リスト 10–16）。

リスト10–16：攻撃の優先順位を変更

```
slowRobotRound1 = fight fastRobot slowRobot
fastRobotRound1 = fight slowRobotRound1 fastRobot
slowRobotRound2 = fight fastRobotRound1 slowRobotRound1
fastRobotRound2 = fight slowRobotRound2 fastRobotRound1
slowRobotRound3 = fight fastRobotRound2 slowRobotRound2
fastRobotRound3 = fight slowRobotRound3 fastRobotRound2
```

　このようにすると、攻撃する側の slowRobot は、fastRobot が先に攻撃した後に更新されたも
のになります。

```
*Main> printRobot fastRobotRound3
"speedy attack:15 hp:20"
*Main> printRobot slowRobotRound3
"slowpoke attack:20 hp:-15"
```

　期待したとおり、この戦いでは fastRobot が勝っています。

　関数型プログラミングでは状態を使用しないため、計算がどのように行われるのかを完全に制御
できます。これをステートフルなオブジェクト指向プログラミングと比較してみましょう。オブ
ジェクトに格納された状態を使用する場合、1 回戦は次のようになります。

```
fastRobot.fight(slowRobot)
slowRobot.fight(fastRobot)
```

しかし、コードが次のように実行されるとしましょう。

```
slowRobot.fight(fastRobot)
fastRobot.fight(slowRobot)
```

となると、結果はまったく違ったものになります。

　コードが逐次的に実行される場合、問題はまったくありません。しかし、非同期コード、コンカレントコード、または並列コードを使用するとしましょう。これらの演算が実行されるタイミングはまったく制御できないかもしれません。さらに、fastRobot が常に先制攻撃を行うようにしたくても、戦いの優先順位を制御するのはずっと難しくなるでしょう。

　ここで、fastRobot.fight と slowRobot.fight のどちらが先に実行されるのかがわからなくても、fastRobot が slowRobot に先にダメージを与えるようにする仕組みをざっと想像してみてください。

　次に、3回戦のコードが1回戦や2回戦のコードよりも先に実行されることがあり得るとしたら、この3回戦マッチを解決するために追加しなければならないコードの量はどれくらいになるでしょうか。低レベルの並列コードを書いたことがあれば、この環境で状態を管理するのがどれくらい困難であるかもう察しがついているはずです。

　まさかと思うでしょうが、3回戦が2回戦の前に実行される問題は Haskell でも解決済みです。驚くかもしれませんが、Haskell はこれらの関数の順序に注意を払いません。先のコードをどのような順序に変更したとしても、まったく同じ結果が得られます（リスト10–17）。

リスト10–17：Haskell コードの実行において順序は重要ではない

```
fastRobotRound3 = fight slowRobotRound3 fastRobotRound2
fastRobotRound2 = fight slowRobotRound2 fastRobotRound1
fastRobotRound1 = fight slowRobotRound1 fastRobot
slowRobotRound2 = fight fastRobotRound1 slowRobotRound1
slowRobotRound3 = fight fastRobotRound2 slowRobotRound2
slowRobotRound1 = fight fastRobot slowRobot
```

GHCi での結果は同じです。

```
*Main> printRobot fastRobotRound3
"speedy attack:15 hp:20"
*Main> printRobot slowRobotRound3
"slowpoke attack:20 hp:-15"
```

関数が記述された順序が原因で発生するかもしれないバグは、Haskell ではそれほど一般的なも

のではありません。状態がモデル化されるタイミングや方法は厳密に制御できるため、コードが実行される仕組みに関して謎めいた部分はまったくありません。ここではわざとコードを必要以上に冗長なものにしているため、状態をどれくらい制御できるのかがわかりやすくなっています。ロボットの戦闘がどのような順序で発生したとしても、結果は同じです。

10.4　型：オブジェクトだけじゃない

　Haskell はオブジェクト指向の言語ではありません。ここで最初から構築した機能はすべて、Haskell の型システムに基づくはるかに効果的な形式ですでに存在しています。ここで取り上げた概念の多くが再び登場することになりますが、作成するのはカスタムオブジェクトではなく型になります。Haskell の型を利用すれば、ここでモデル化した振る舞いをすべて再現できますが、Haskell のコンパイラによる型推論のほうが（カスタムオブジェクトよりも）はるかに厳密であるというメリットがあります。この型推論の能力のおかげで、強力な型システムを使って作成されたコードははるかに堅牢で予測可能なものになる傾向にあります。関数型プログラミングを使用することによる利点は、Haskell の型システムと組み合わせることによって何倍にも膨れ上がります。

10.5　まとめ

　このレッスンでは、次の内容を確認しました。

- オブジェクト指向プログラミングと関数型プログラミングが本質的に対立するものではないこと。
- このユニットで取り上げた関数型プログラミングのツールを使ってオブジェクト指向プログラミングシステムを表現する方法。
- ラムダ関数を使って作成されたオブジェクトを、クロージャを使って表す方法。
- ファーストクラス関数を使ってオブジェクトにメッセージを送信する方法。
- 関数的な方法で状態を管理することで、プログラムの実行をより厳密に制御できるようになること。

● **ロボットの拡張**

このレッスンで作成したロボットをさらに拡張する方法がいくつかあります。

- `robot` オブジェクトのリストで `map` を使用することで、リストに含まれている各ロボットの HP を取得する。

- `threeRoundFight` という関数を作成する。この関数は、引数として2つのロボットを受け取り、3回戦マッチの勝者を返す。ロボットの状態を管理する変数が多くなるのを避けるために、入れ子のラムダ関数を使用する。そうすれば、robotA と robotB を上書きするだけで済む。

- 3つのロボットからなるリストを作成する。続いて、4つ目のロボットを作成する。部分適用を使って `fight` メッセージのクロージャを作成し、map を使って4つ目のロボットが3つのロボットと一度に対戦できるようにする。さらに、map を使って他のロボットのHP を取得する。

2　型の紹介

プログラミング言語はほぼ例外なく、何らかの型の概念をサポートしています。型が重要なのは、特定のデータで許可される計算の種類を定義するためです。たとえば、「hello」というテキストと「6」という数値があり、それらを足し合わせたいとしましょう。

```
"hello" + 6
```

プログラミングの経験がなくても、これが興味深い問題であることがわかるはずです。なぜなら、どうすればよいかが明白ではないからです。すぐに思い浮かぶのは、次の2つの答えです。

- エラーをスローする
- これらの値をもっとも合理的な方法で結合する：「hello6」

どちらを選択するとしても、あなたのデータの型と、あなたの計算に期待されるデータの型を追跡する手段が必要です。一般に、「hello」の値は文字列（String）、「6」の値は整数（Int）と呼ばれます。どのプログラミング言語を選択するとしても、型が一致しない場合にエラーをスローするか、(型変換の方法がわかっている場合は) 何らかの自動的な型変換を実施するには、扱っている型を知っている必要があります。プログラミング言語の型をあまり意識したことがなかったとしても、型はプログラミングにおいて重要な部分です。

Ruby、Python、JavaScript といった言語は、**動的な型付け**を使用します。動的な型システムでは、hello と 6 で行ったような意思決定がすべて実行時に行われます。プログラマにとって動的な型付けのメリットは、全体的に見てより柔軟であること、そして型を明示的に追跡する必要がないことです。一方で、動的な型付けには、実行時にならないとエラーがわからないという危険があります。例として、Python の式を見てみましょう。

```python
def call_on_xmas():
    "santa gets a " + 10
```

　Python では、10 を文字列リテラルに足す前に文字列に変換しなければならないため、このコードはエラーになります。関数名から察しがついているように、この関数はクリスマスになるまで呼び出されません。この間違いが本番システムに紛れ込んだりすれば、そうそう滅多に発生しない問題をこともあろうにクリスマスにデバッグするはめになるかもしれません。解決策は、包括的なユニットテストを組み込むことで、こうしたバグが紛れ込まないようにすることです。そのようにすると、型アノテーションを追加しないメリットが少し損なわれることになります。

　Java、C++、C#といった言語は、**静的な型付け**を使用します。静的な型システムでは、`"hello"` `+ 6` といった問題はコンパイル時に解決されます。型エラーが発生した場合、プログラムはコンパイルされないことになります。静的な型付けには、実行中のプログラムではいかなるバグも発生し得ないという明らかな利点があります。一方で、静的な型付けを使用する言語には、昔から、プログラマが多くの型アノテーションを追加しなければならないという欠点があります。関数やメソッドごとに型のシグネチャが必要であり、すべての変数宣言にそれらの型が含まれていなければなりません。

　Haskell は静的な型付けを使用するプログラミング言語ですが、ここまでの例で示した静的な型付けを使用する言語とは明らかに異なっています。Haskell の変数や関数はどれも型をまったく参照していません。これは Haskell が**型推論**に大きく依存しているためです。Haskell のスマートなコンパイラは、関数や変数の使い方をもとに使用されている型を特定することができます。

　Haskell の型システムは非常に強力であり、少なくとも、Haskell ならではの純粋な関数型プログラミングへのこだわりを支えるものとなっています。このユニットでは、Haskell の型システムの基礎を紹介し、データをモデル化する方法と、独自の型や型クラスを定義する方法について見ていきます。

LESSON 11

型の基礎

レッスン 11 では、次の内容を取り上げます。

- `Int`、`String`、`Double` といった Haskell の基本型
- 関数の型シグネチャを読み解く方法
- 単純な型変数を使用する方法

このレッスンでは、Haskell のもっとも強力な要素の 1 つである堅牢な型システムを紹介します。ここまでのレッスンで取り上げてきた関数型プログラミングの基礎は、Lisp から Scala までのすべての関数型プログラミング言語に共通するものです。Haskell と他の関数型プログラミング言語との違いは、Haskell の型システムにあります。このレッスンでは、Haskell の型システムの基礎から始めることにします。

Tips　数値のリストで平均を求める単純な関数を作成する必要があります。もっとも明白な解決策は、リストの総和を求め、それをリストの長さで割ることです。

```
myAverage aList = sum aList / length aList
```

しかし、この単純な定義はうまくいきません。数値のリストで平均を求める関数を作成するにはどうすればよいでしょうか。

 11.1　Haskell の型

　Haskell が静的な型付けに基づく言語であると聞いて少し驚いたかもしれません。静的な型付けを使用する主な言語には、C++、C#、Java などがあります。これらの言語では、プログラマは型ア

ノーテーションの追跡に追われます。Haskell のここまでの説明では、値を使用するときに型に関する情報を記述する必要はまったくありませんでした。というのも、Haskell がその作業を肩代わりしてくれたからです。Haskell は**型推論**を使用することで、値がどのように使用されているかに基づいて、すべての値の型をコンパイル時に自動的に判断します。とはいえ、型の決定を Haskell に任せなければならないというわけではありません。図 11-1 を見てみましょう。この変数には Int 型が割り当てられています。

図 11-1：変数の型シグネチャ

　Haskell の型はすべて大文字で始まります。これは関数と型を区別するためです。関数はすべて小文字またはアンダースコア（_）で始まります。Int 型はもっともよく使用される型の 1 つであり、プログラミングではおなじみの型です。この型は、固定数のビット（多くの場合は 32 ビットか 64 ビット）によって表される数値をコンピュータがどのように解釈するのかを表します。数値は固定数のビットによって表されるため、その数値が取り得る最大値と最小値によって範囲が限定されます。たとえば、GHCi で x をロードする場合、この型の上限と下限を確認するために簡単な演算を行うことができます。

```
Prelude> :{
Prelude| x :; Int
Prelude| x = 2
Prelude| :}
Prelude> x*2000
4000
Prelude> x^2000
0
```

　Int の境界を超えると 0 が返されることがわかります。このように最大値と最小値を定義することを**有界化**と呼びます。有界の型については、レッスン 13 で詳しく説明します。
　Int 型は、プログラミングにおいて型を捉えるための従来の仕組みです。Int はコンピュータが物理メモリを読み取って理解する方法を表すラベルです。Haskell の型はそれよりも抽象的であり、値がどのような振る舞いをするのか、データをどのように整理すればよいのかを理解する手がかりとなります。たとえば Integer 型は、型に関する Haskell の一般的な考え方をよく表しています。新しい変数 y を Integer として定義してみましょう（リスト 11-1）。

リスト11-1：Integer 型

```
y :: Integer
y = 2
```

先ほどと同じ計算を繰り返すと、Int と Integer の違いがはっきりとわかります。

```
*Main> y*2000
4000
*Main> y^2000
1148130695274254524232833201177681984022317702088695200477642736825766261392370313856
6594863165062699184459646389874627734471189608630553314259313561666531853912998914531
2280000688779148240044871428926990063486244781615463646388363947317026040466353970904
9965581623988089446296056233116495361642219703326813441689089844585056023794848079140
5890093477650042900271670662583052200813223628129176126788331720659899539641812702177
9858404042159853183251540889433902091920554957783589672039160081957216630582755380425
5837260155283487864194320545089152757838826251754355288008228427708179654537621848511
49029376
```

このように、Integer 型は数学的な意味での「整数」により近いものです。Int 型とは異なり、Integer 型にはメモリ上でのバイト単位の上限と下限はありません。

Haskell では、他の言語でよく知られている型がすべてサポートされています。例をいくつか見てみましょう（リスト 11-2）。

リスト11-2：Char 型、Double 型、Bool 型

```
letter :: Char
letter = 'a'

interestRate :: Double
interestRate = 0.375

isFun :: Bool
isFun = True
```

もう 1 つの重要な型は List です。例をいくつか見てみましょう（リスト 11-3）。

リスト11-3：List 型

```
values :: [Int]
values = [1,2,3]

testScores :: [Double]
testScores = [0.99,0.7,0.8]

letters :: [Char]
letters = ['a','b','c']
```

文字からなるリストは文字列と同じです。

```
*Main> letters == "abc"
True
```

Haskell では、String を [Char] と同じ意味で使用することができます。これらの型シグネチャはどちらも Haskell にとってまったく同じものを意味します。

```
aPet :: [Char]
aPet = "cat"

anotherPet :: String
anotherPet = "dog"
```

もう 1 つの重要な型はタプル（Tuple）です。レッスン 4 では、タプルを簡単に試してみました。型について考えなければ、タプルはリストとそれほど違わないように見えますが、タプルのほうが少し洗練されています。主な違いは 2 つあり、タプルがそれぞれ具体的な長さを持つことと、複数の型を保持できることです。[Char] 型のリストが任意の長さの文字列であるのに対し、[Char] 型のタプルはちょうど 1 文字のタプルです。タプルの例をもう少し見てみましょう（リスト 11–4）。

リスト11-4：タプル型

```
ageAndHeight ::(Int,Int)
ageAndHeight = (34,74)

firstLastMiddle :: (String,String,Char)
firstLastMiddle = ("Oscar","Grouch",'D')

streetAddress :: (Int,String)
streetAddress = (123,"Happy St.")
```

タプルは単純なデータ型をすばやくモデル化するのに役立ちます。

11.2　関数の型

関数にも型シグネチャがあります。Haskell では、引数と戻り値を区切るために->を使用します。doubleの型シグネチャは図 11-2 のようになります。

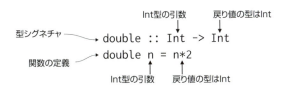

図11-2：型シグネチャを使って double 関数を定義する

引数の型として、Integer、Double、または他の型をどれでも簡単に選択することができます。レッスン 13 では、数値の一般化を可能にする型クラスを紹介します。

Int を受け取って Int を返す方法は、数値を 2 倍にするときにはうまくいきますが、数値を半分にするときにはうまくいきません。half という関数を作成し、引数を Int にしたい場合は、Double を返す必要があります。型シグネチャはリスト 11-5 のようになります。

リスト11-5：half を使ってある値を別の値に変換する

```
half :: Int -> Double
```

そして、関数を定義する必要があります。最初に思いつくのは次のようなものでしょう。

```
half n = n/2     -- 正しくないコード
```

しかし、このコードはエラーになります。問題は、整数 Int を半分に割ろうとしている点にあります。すでに戻り値が Double であることを宣言しているため、これは理屈に合いません。値を Int から Double に変換する必要があります。ほとんどのプログラミング言語には、変数をある型から別の型へキャスト（あるいは型変換）するという概念があります。キャストを行うと、値が強制的に別の型で表現されます。このため、変数をキャストすると、丸い穴に四角い杭を打ち込んでいるような気分になることがあります。Haskell には、型のキャストに関する規約はなく、関数によって値がある型から別の型に正しく変換されるものと想定します。この場合は、Haskell の fromIntegral 関数を使用することができます。

```
half n = (fromIntegral n) / 2
```

| 118 | LESSON 11　型の基礎 |

このようにすると、n が Int からより汎用的な値に変換されます。ここで、「2 では fromIntegral を呼び出さなくてもよいのか」という疑問が浮かんだかもしれません。多くのプログラミング言語では、リテラルの数値を Double として扱いたい場合は、小数点を追加する必要があります。Python と Ruby では、5/2 は 2 であり、5/2.0 は 2.5 です。Haskell は、より厳密であると同時により柔軟です。より厳密であるのは、Python や Ruby のように暗黙的な型変換を行うことがないためです。より柔軟であるのは、リテラルの数値が**ポリモーフィック**であるためです。つまり、それらの値の型は、それらがどのように使用されているかに基づいてコンパイル時に決定されます。たとえば、GHCi を電卓として使用する場合は、数値の型について考える必要がほとんどないことがわかります。

```
Prelude> 5/2
2.5
```

▷ **クイックチェック 11-1**

Haskell には div という関数があります。この関数は整数の除算を実行し、整数部分のみを返します。代わりに div を使用し、型シグネチャを含んでいる halve という関数を作成してみましょう。

● 文字列への変換と文字列からの変換を行う関数

もっとも一般的な型変換の 1 つは、値と文字列の間の変換です。Haskell には、この変換を可能にする便利な関数として、show と read の 2 つがあります。これらの関数の仕組みについてはレッスン 12 とレッスン 13 で詳しく取り上げますが、ひとまず GHCi での例をいくつか見ておきましょう。show 関数は単純です。

```
Prelude> show 6
"6"
Prelude> show 'c'
"'c'"
Prelude> show 6.0
"6.0"
```

read 関数は、文字列を受け取って別の型に変換するという仕組みになっています。ただし、この関数は show 関数よりも複雑です。たとえば、型シグネチャが定義されていない場合、Haskell は次のコードをどのように扱うのでしょうか。

```
z = read "6"
```

Int を使用するのか、Integer を使用するのか、それとも Double を使用するのかさえわかりません。あなたにわからなければ、Haskell は手も足も出せません。この場合、型推論は助けになりません。この問題を修正する方法はいくつかあります。z を値として使用すると、この値をどのように扱うのかに関する十分な情報が Haskell に与えられる可能性があります。

```
q = z / 2
```

このようにすると、String 表現には小数点がないにもかかわらず、z を Double のように扱うのに十分な情報が Haskell に与えられます。もう 1 つの方法は、型シグネチャを明示的に使用することです（リスト 11–6）。

リスト11-6：文字列から値を読み取る anotherNumber 関数

```
anotherNumber :: Int
anotherNumber = read "6"
```

ユニット 1 では型シグネチャをまったく使用しませんでしたが、一般的には、型シグネチャを常に使用するのがよい考えです。なぜなら、型シグネチャは記述しているコードを検証するのに実際に役立つからです。このちょっとしたアノテーションにより、read が何をすると期待されているのかを Haskell が理解できるようになり、プログラマの意図がコードから明確に伝わるようになります。プログラマが意図した型を Haskell に理解させる方法はもう 1 つあります。関数呼び出しのたびに、期待される戻り値の型を呼び出しの最後に追加することができるのです。この方法は GHCi でもっともよく使用されるものですが、戻り値の型があいまいな場合にも役立ちます。

```
Prelude> read "6" :: Int
6
Prelude> read "6" :: Double
6.0
```

▷ **クイックチェック 11-2**

printDouble という関数を作成してみましょう。この関数は Int を受け取り、その値を 2 倍にした上で、文字列として返します。

● **複数の引数を持つ関数**

ここまでの型シグネチャのほとんどは単純なものでした。Haskell が初めての人がよく引っかかるのは、複数の引数を持つ関数の型シグネチャです。たとえば、番地、ストリート名、都市名を受け取り、住所を表すタプルにまとめる関数が必要であるとしましょう。型シグネチャは図 11–3 のようになります。

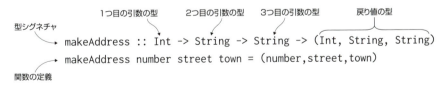

図11-3：複数の引数を持つ関数のシグネチャと makeAddress の定義

ややこしいことに、どれが引数の型で、どれが戻り値の型なのかを明確に区別する手立てはあり

ません。もっとも簡単なのは、「最後の型は常に戻り値の型である」と覚えておくことです。ここで、型シグネチャがこのようになるのはなぜかという疑問が浮かびます。その理由は Haskell の内部にあります。Haskell の内部では、すべての関数が引数を 1 つしか受け取らないのです。図 11-4 に示すように、makeAddress を入れ子のラムダ関数に書き換えてみると、複数の引数を持つ関数を Haskell がどのように扱うのかがわかります。

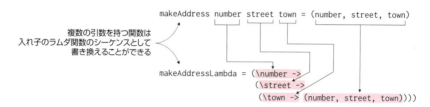

図11-4：複数の引数を持つ関数 makeAddress を単一引数の関数からなるシーケンスに脱糖する

このため、この関数を次のように呼び出すことができます。

```
*Main> (((makeAddressLambda 123) "Happy St") "Haskell Town")
(123,"Happy St","Haskell Town")
```

この形式では、それぞれの関数が、次の関数が待っている関数を返します。これが部分適用の仕組みであることに気づくまでは、ばかげたことに思えるかもしれません。makeAddress でもまったく同じ方法で引数を渡せば、まったく同じ結果が得られるはずです。

```
*Main> (((makeAddress 123) "Happy St") "Haskell Town")
(123,"Happy St","Haskell Town")
```

また、Haskell が引数を評価する方法を利用して、脱糖後のラムダバージョンを通常の関数と同じように呼び出すこともできます。

```
*Main> makeAddressLambda 123 "Happy St" "Haskell Town"
(123,"Happy St","Haskell Town")
```

ここでの説明が、複数の引数を持つ関数の型シグネチャと部分適用の謎を解き明かすのに役立っているとよいのですが。

▷ **クイックチェック 11-3**

makeAddress に各引数が渡されるときに返される関数の型シグネチャを書き出してみましょう。

● ファーストクラス関数の型

　レッスン 4 で説明したように、関数は引数として関数を受け取ることができ、戻り値として関数を返すことができます。それらの型シグネチャを記述するには、個々の関数値を丸かっこ（()）で囲みます。たとえば、型シグネチャを使って ifEven を書き換えると、リスト 11–7 のようになります。

リスト11-7：ファーストクラス関数 ifEven の型シグネチャ

```
ifEven :: (Int -> Int) -> Int -> Int
ifEven f n = if even n
             then f n
             else n
```

 ## 11.3　型変数

　本書では、一般的な型と、関数におけるそれらの仕組みを幅広く取り上げてきました。しかし、渡された値をそのまま返す simple 関数はどうなるのでしょうか。実際、simple はどのような型の引数でも受け取ることができます。ここまでの知識をもとに、あらゆる型に対応する simple 関数をひととおり作成しなければならないとしましょう（リスト 11–8）。

リスト11-8：simpleInt と simpleChar

```
simpleInt :: Int -> Int
simpleInt n = n

simpleChar :: Char -> Char
simpleChar c = c
```

　ですが、このようなことはばかげていますし、型推論が simple を理解できることを考えると、明らかに Haskell の仕組みとも合致しません。Haskell には、この問題を解決する**型変数**があります。型シグネチャに含まれている小文字はすべて、その場所で何らかの型を使用できることを意味します。simple の型定義はリスト 11–9 のようになります。

リスト11-9：simple での型変数の使用

```
simple :: a -> a
simple x = x
```

　型変数は、文字どおり、型に対する変数です。型変数の仕組みは通常の変数とまったく同じですが、値を表す代わりに型を表します。シグネチャに型変数が含まれている関数を使用するときには、Haskell によってその変数が必要に応じて置き換えられるものと考えることができます（図 11–5）。

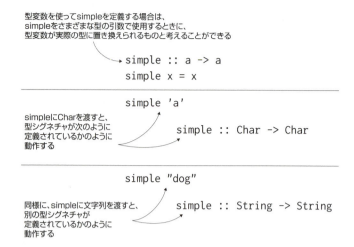

図11-5：型変数が実際の値と置き換えられる仕組み

　型シグネチャでは、複数の型変数を使用できます。それらの型変数はどのような型になってもおかしくありませんが、同じ名前の変数の型はすべて同じでなければなりません。リスト 11-10 は、トリプル（3 つの値からなるタプル）を作成する関数を示しています。

リスト11-10：複数の型変数（makeTriple）

```
makeTriple :: a -> b -> c -> (a,b,c)
makeTriple x y z = (x,y,z)
```

　型変数の名前がそれぞれ異なる理由は、通常の変数に異なる名前を付けるのと同じです。それらの型変数には、異なる値が含まれる可能性があります。makeTriple の場合は、String、Char、String を使用するケースが考えられます。

```
nameTriple = makeTriple "Oscar" 'D' "Grouch"
```

　この例では、Haskell が使用する型シグネチャが次のようになると想像できます。

```
makeTriple :: String -> Char -> String -> (String, Char, String)
```

　makeTriple と makeAddress の定義がほとんど同じであることに注目してください。しかし、それらの型シグネチャは異なっています。makeTriple は型変数を使用するため、makeAddress よりも幅広い問題に使用できます。たとえば、makeAddress を makeTriple に置き換えることも可能です。だからといって、makeAddress が無意味であるというわけではありません。makeAddress

の型シグネチャのほうがより具体的であるため、その分、振る舞いを推測しやすいという利点があります。さらに、Haskell の型チェッカーは、番地に誤って（Int ではなく）String が使用されている住所の作成を許可しません。

通常の変数と同様に、型変数に異なる名前を付けることは、それらの変数によって表される値が違っていなければならないという意味ではなく、違っていることがある、という意味にすぎません。たとえば、2 つの不明な関数 f1 と f2 の型シグネチャを比較してみましょう。

```
f1 :: a -> a
f2 :: a -> b
```

生成される可能性がある値の範囲は f2 関数のほうが広いことがわかります。f1 関数のほうは、値を変更し、値の型を同じに保つだけかもしれません（Int -> Int、Char -> Char など）。対照的に、f2 関数の振る舞いは、Int -> Char、Int -> Int、Int -> Bool、Char -> Int、Char -> Bool など、はるかに広い範囲におよぶ可能性があります。

▷ **クイックチェック 11-4**
map の型シグネチャは次のように定義されています。

```
map :: (a -> b) -> [a] -> [b]
```

次のように定義できないのはなぜでしょう。

```
map :: (a -> a) -> [a] -> [a]?
```

ヒント：myMap show [1,2,3,4] に合わせて型変数を埋めてみてください。

 ## 11.4 まとめ

このレッスンの目的は、Haskell のすばらしい型システムの基礎を理解することにありました。Int、Char、Bool、String など、プログラマがよく知っている標準的な型の多くが Haskell に存在することがわかりました。Haskell の型システムは強力ですが、Haskell には型推論があるため、ここまで読み進めるにあたって型を明示的に使用する必要はありませんでした。つまり、Haskell は値が使用される方法に基づいて、プログラマが意図した型を突き止めることができます。多くの場合、Haskell は型が指定されていないコードを処理できますが、型シグネチャの記述はプログラマにとってはるかに有益であることがわかります。本書では、これ以降の説明の大部分で、「型で考える」ことに立ち返ります。

11.5 練習問題

このレッスンの内容を理解できたかどうか確認してみましょう。

Q11-1：`filter` の型シグネチャはどうなるでしょう。`map` の型シグネチャとどのように異なるでしょうか。

Q11-2：Haskell では、`tail` と `head` を空のリストで呼び出すとエラーになります。一方、空のリストで呼び出されたときにエラーになるのではなく、空のリストをそのまま返す `tail` を作成することは可能です。では空のリストで呼び出されたときに空のリストを返す `head` を作成することは可能でしょうか。まず、`tail` と `head` の型シグネチャを書き出すことから始めてみましょう。

Q11-3：レッスン 9 の myFoldl 関数を思い出してください。

```
myFoldl f init [] = init
myFoldl f init (x:xs) = myFoldl f newInit xs
  where newInit = f init x
```

この関数の型シグネチャはどうなるでしょう。`foldl` とは型シグネチャが異なることに注意してください。

11.6 クイックチェックの解答

▶ **クイックチェック 11-1**

```
halve :: Integer -> Integer
halve value = value `div` 2
```

▶ **クイックチェック 11-2**

```
printDouble :: Int -> String
printDouble value = show (value*2)
```

▶ **クイックチェック 11-3**

最初の型シグネチャは次のとおり。

```
makeAddress :: Int -> String -> String -> (Int,String,String)
```

そして、型シグネチャは次のようになります。

```
String -> String -> (Int,String,String)
```

続いて、最初の `String` が渡されます。

```
((makeAddress 123) "Happy St")
```

型シグネチャは次のようになります。

```
String -> (Int,String,String)
```

最後に、すべての引数が渡された場合、戻り値の型は次のようになります。

```
(((makeAddress 123) "Happy St") "Haskell Town")
(Int,String,String)
```

▶ クイックチェック 11-4

map:: (a -> a) -> [a] -> [a] は、map が常に現在と同じ型を返さなければならないことを意味します。この場合、次のコードを実行することはできません。

```
map show [1,2,3,4]
```

なぜなら、show から返される型である String は、元の型と食い違っているからです。map の真価は（イテレーションではなく）ある型のリストを別の型のリストに変換することにあります。

LESSON 12

カスタム型の作成

レッスン 12 では、次の内容を取り上げます。

- コードを明確にするための型シノニムの定義
- カスタムデータ型の作成
- 他の型を用いた新しい型の作成
- レコード構文を使った複雑な型の操作

レッスン 11 では、Haskell で基本的な型を使用する方法について説明しました。このレッスンでは、独自の型を作成してみることにします。Haskell での型の作成は、（静的な型付けを使用するものを含め）他のほとんどのプログラミング言語よりも重要です。というのも、あなたが解く問題は、あなたが使用している型に帰結するといっても過言ではないからです。既存の型を使用している場合であっても、プログラムを理解しやすくするために型の名前を変更したくなることがよくあります。たとえば、次の型シグネチャを見てください。

```
areaOfCircle :: Double -> Double
```

型シグネチャとしてはまったく問題ありませんが、代わりに次の型シグネチャを見せられたらどうでしょうか。

```
areaOfCircle :: Diameter -> Area
```

型シグネチャを見ただけで、関数に期待される引数（直径）の型が何か、そして結果（面積）が何を意味するのかが正確に伝わります。

また、ここではより複雑な型を作成する方法も紹介します。Haskell においてデータの型を作成することは、オブジェクト指向言語においてクラスを作成することと同じくらい重要です。

LESSON 12 カスタム型の作成

Tips 音楽アルバムを操作する関数を作成したとします。アルバムには、次のプロパティ（および型）が含まれています。

- artist（String）
- album title（String）
- year released（Int）
- track listing（String）

このすべてのデータを格納する方法として思い当たるのは、タプルを使用することくらいです。残念ながら、それでは少し扱いにくく、タプルからデータを取り出すのに手間がかかります（プロパティごとにパターンマッチングが必要になります）。もっとよい方法はあるでしょうか。

12.1 型シノニムを使用する

レッスン 11 で説明したように、Haskell では、[Char] を String に置き換えることが可能です。Haskell にとって、これら 2 つの名前は同じものを指しています。同じ 1 つの型に対して 2 つの名前を使用することを**型シノニム**と呼びます。型シグネチャがはるかに読みやすいものになる点で、型シノニムは非常に有益です。リスト 12-1 に示す patientInfo は患者の簡単なカルテを作成する関数であり、引数はファーストネーム、ラストネーム、年齢、身長の 4 つです。

リスト12-1：patientInfo 関数の定義

```
patientInfo :: String -> String -> Int -> Int -> String
patientInfo fname lname age height = name ++ " " ++ ageHeight
  where name = lname ++ ", " ++ fname
        ageHeight = "(" ++ show age ++ "yrs. " ++ show height ++ "in.)"
```

この関数を GHCi で試してみましょう。

```
*Main> patientInfo "John" "Doe" 43 74
"Doe, John (43yrs. 74in.)"
*Main> patientInfo "Jane" "Smith" 25 62
"Smith, Jane (25yrs. 62in.)"
```

patientInfo 関数がより大きなアプリケーションの一部であるとすれば、引数として渡される値（ファーストネーム、ラストネーム、年齢、身長）は頻繁に使用されることになるでしょう。Haskell の型シグネチャは、コンパイラよりもプログラマのことを考えて作られたものです。これらの値ごとに新しい型を作成する必要はありませんが、コードをざっと眺めてみても String や Int だらけで何だかよくわかりません。String は [Char] の型シノニムなので、患者の一部のプロパティに

対して型シノニムを作成するのがよさそうです。

新しい型シノニムを作成するには、type キーワードを使用します。型シノニムを作成する方法はリスト 12-2 のようになります。

リスト12-2：型シノニム FirstName、LastName、Age、Height

```
type FirstName = String
type LastName = String
type Age = Int
type Height = Int
```

そうすると、元の型シグネチャを次のように書き換えることができます。

```
patientInfo :: FirstName -> LastName -> Age -> Height -> String
```

型シノニムの作成は、型の 1 対 1 の名前変更に限定されるわけではありません。患者の名前は重要な情報なので、タプルとして格納するほうがずっと賢明です。ファーストネームとラストネームのペアがタプルとして表された型を使用する方法はリスト 12-3 のようになります。

リスト12-3：型シノニム PatientName

```
type PatientName = (String,String)
```

これにより、患者のファーストネームとラストネームを取得するヘルパー関数をいくつか作成できるようになります（リスト 12-4）。

リスト12-4：PatientName の値 firstName、lastName にアクセスする

```
firstName :: PatientName -> String
firstName patient = fst patient

lastName :: PatientName -> String
lastName patient = snd patient
```

さっそく GHCi でテストしてみましょう。

```
*Main> testPatient = ("John", "Doe")
*Main> firstName testPatient
"John"
*Main> lastName testPatient
"Doe"
```

▷ **クイックチェック 12-1**

patientInfo を書き換えて patientName 型を使用するように変更し、必要な引数の数を（4 つ

ではなく）3つに減らしてみましょう。

 ## 12.2　新しい型を作成する

　次に、カルテに患者の性別（男性、女性）を追加してみましょう。このタスクには、文字列、リテラル（`male`、`female`）、または `Int` か `Bool` を使用することが可能です。他の多くのプログラミング言語では、このような方法をとることになるでしょう。しかし、これらの型はどれも理想的なものには見えませんし、これらの解決策がバグにつながりかねないものであることはすぐに想像がつきます。Haskell では、可能な限り、強力な型システムを使用すべきです。となれば、新しい型を作成したほうがよさそうです。新しい型を作成するには、`data` キーワードを使用します（図12-1）。

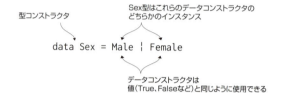

図12-1：Sex 型を定義する

　この新しい型では、重要な要素をいくつか定義します。`data` キーワードは、新しい型を定義していることを Haskell に認識させるキーワードです。`Sex` という文字列は型コンストラクタです。この場合、型コンストラクタは型の名前とまったく同じですが、この後のレッスンで示すように、型コンストラクタには引数を渡すこともできます。`Male` と `Female` はどちらも**データコンストラクタ**であり、型の具体的なインスタンスを作成するために使用されます。これらのデータコンストラクタを垂直バー（|）で区切ると、「`Sex` 型のインスタンスは `Male` または `Female` のどちらかとなる」と宣言することになります。

　Haskell の `Bool` 型は、まさにこのような方法で定義されています。

```
data Bool = True | False
```

　`Bool` を型シノニムとして使用しないのはなぜでしょうか。理由の 1 つは、もっと理解しやすいデータコンストラクタを独自に定義するほうが、パターンマッチングなどが容易になるからです。患者の性別を 1 文字で返す関数はリスト 12-5 のようになります。

リスト12-5：sexInitial 関数の定義

```
sexInitial :: Sex -> Char
sexInitial Male = 'M'
sexInitial Female = 'F'
```

型シノニムを使用していたとしたら、ここで True と False を使用することになるため、読みやすさが損なわれてしまいます。それよりも重要なのは、データコンストラクタを独自に定義すると、常に正しい型を使用しているかどうかをコンパイラでチェックできるようになることです。Sex 型との互換性がない方法で Bool が誤って使用されたとしても、バグはすべて捕捉されることになります。

次にモデル化したいのは、患者の血液型です。血液型は性別よりも複雑です。血液型の話をするときには、「彼は AB プラス」とか、「彼女は O マイナス」のような言い方をします。血液型の「AB」と「O」の部分は **ABO 式血液型**と呼ばれます。

ABO 式血液型には、A、B、AB、O の 4 つの値があります。これらの値は血液の凝集原を表します。「プラス」と「マイナス」の部分は、赤血球の D 抗原の有無を示す Rh 式血液型を表します。凝集原と抗原のミスマッチは、輸血後に致命的な免疫反応を誘発することがあります。

血液型のモデル化では、Sex 型のときと同じ要領で、(APos | ANeg | BPos ...) のようなもっと長いデータコンストラクタを使用するという方法もなくはありません。しかし、ABO 式の血液型ごとに Rh 式の血液型が 2 つあることを考えると、データコンストラクタが 8 つになる可能性があります。それよりも、Rh 式と ABO 式を別々にモデル化することから始めるほうが効果的です。

RhType 型は Sex 型と同じように定義されます（リスト 12–6）。

リスト12–6：RhType 型の定義

```
data RhType = Pos | Neg
```

ABOType 型のデータコンストラクタは 4 つになります（リスト 12–7）。

リスト12–7：ABOType 型の定義

```
data ABOType = A | B | AB | O
```

最後に、BloodType 型を定義します。先ほど述べたように、BloodType 型は ABOType と RhType の組み合わせであるため、図 12–2 のように定義されることになります。

```
                データコンストラクタ        BloodTypeは
                                        ABOTypeとRhTypeの組み合わせ

        data BloodType = BloodType ABOType RhType
```

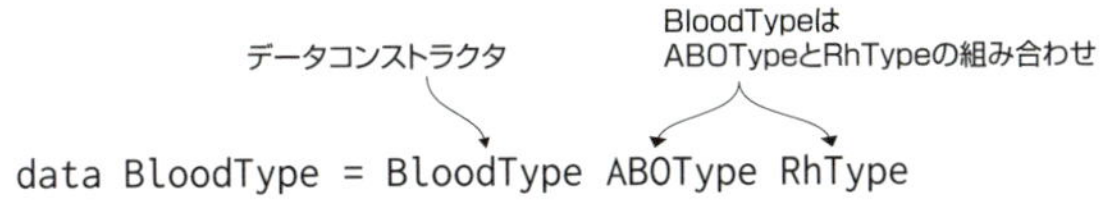

図12–2：ABOType と RhType を組み合わせて BloodType を作成する

この場合、データコンストラクタの名前は型コンストラクタと同じです。このようにしなければならないと決まっているわけではありませんが、この場合はうまくいきます。ABOType と RhType を組み合わせるには、このデータコンストラクタが必要です。このデータコンストラクタは「BloodType は RhType を持つ ABOType である」と読むことができます。

132 | LESSON 12 カスタム型の作成

さっそく BloodType 型のデータを作成してみましょう。

```
patient1BT :: BloodType
patient1BT = BloodType A Pos

patient2BT :: BloodType
patient2BT = BloodType O Neg

patient3BT :: BloodType
patient3BT = BloodType AB Pos
```

これらの値は表示できるようにしておくと便利です。レッスン 13 では、そのためのうまい方法を紹介しますが、とりあえず、showRh、showABO、showBloodType という関数を定義してみましょう。パターンマッチングを新しい型に適用すれば、あっという間に定義できます（リスト 12-8）。

リスト12-8：型を表示する関数 showRh、showABO、showBloodType

```
showRh :: RhType -> String
showRh Pos = "+"
showRh Neg = "-"

showABO :: ABOType -> String
showABO A = "A"
showABO B = "B"
showABO AB = "AB"
showABO O = "O"

showBloodType :: BloodType -> String
showBloodType (BloodType abo rh) = showABO abo ++ showRh rh
```

最後のステップでパターンマッチングを使用することにより、BloodType の ABOType 要素と RhType 要素を簡単に取り出せることに注目してください。

血液型に関するもっとも重要な質問は、ある患者が別の患者のドナーになれるかどうかです。血液型のマッチングルールは次のようになります（この例では、Rh 式の互換性については考えないことにします）。

- A は A と AB のドナーになれる。
- B は B と AB のドナーになれる。
- AB は AB のドナーにしかなれない。
- O は A、AB、O のドナーになれる。

ある BloodType が別の BloodType のドナーになれるかどうかを判定する関数 canDonateTo が必要です（リスト 12-9）。

12.2　新しい型を作成する | 133

リスト12-9：canDonateTo 関数の定義

```
canDonateTo :: BloodType -> BloodType -> Bool
canDonateTo (BloodType O _) _ = True              -- どの血液型にも輸血できる
canDonateTo _ (BloodType AB _) = True             -- どの血液型からでも輸血できる
canDonateTo (BloodType A _) (BloodType A _) = True
canDonateTo (BloodType B _) (BloodType B _) = True
canDonateTo _ _ = False                           -- 上記のどれにも該当しない場合
```

さっそく GHCi でテストしてみましょう。

```
*Main> canDonateTo patient1BT patient2BT
False
*Main> canDonateTo patient2BT patient1BT
True
*Main> canDonateTo patient2BT patient3BT
True
*Main> canDonateTo patient1BT patient3BT
True
*Main> canDonateTo patient3BT patient1BT
False
```

　この時点で、患者の名前を少しリファクタリングしたほうがよいかもしれません。オプションで
ミドルネームも追加できるようにするのはどうでしょうか。現時点の型シノニム PatientName は、
ファーストネームとラストネームだけのタプルです。Sex 型と BloodType 型で学んだことを組み合
わせれば、より堅牢な Name 型を作成することができます。MiddleName に対する型シノニムを追
加し、この型シノニムを使ってより洗練された Name 型を組み立ててみましょう（リスト 12-10）。

リスト12-10：MiddleName と Name のサポートを追加

```
type MiddleName = String
data Name = Name FirstName LastName
          | NameWithMiddle FirstName MiddleName LastName
```

　この Name の定義は、「Name は、ファーストネームとラストネームか、その間にミドルネームが
含まれた名前である」と読むことができます。パターンマッチングを利用すれば、どちらのコンス
トラクタでもうまくいく関数 showName を作成することができます（リスト 12-11）。

リスト12-11：複数のコンストラクタを表示する showName 関数の定義

```
showName :: Name -> String
showName (Name f l) = f ++ " " ++ l
showName (NameWithMiddle f m l) = f ++ " " ++ m ++ " " ++ l
```

　ここで、サンプルを 2 つ作成しておきます。

```
name1 = Name "Jerome" "Salinger"
name2 = NameWithMiddle "Jerome" "David" "Salinger"
```

これらの動作を GHCi で確認してみましょう。

```
*Main> showName name1
"Jerome Salinger"
*Main> showName name2
"Jerome David Salinger"
```

はるかに柔軟な Name 型はこれで完成です。

 ## 12.3　レコード構文を使用する

このレッスンの最初の部分では、patientInfo 関数に 4 つの引数を渡していました。

```
patientInfo :: String -> String -> Int -> Int -> String
patientInfo fname lname age height = name ++ " " ++ ageHeight
  where name = lname ++ ", " ++ fname
        ageHeight = "(" ++ show age ++ "yrs. " ++ show height ++ "in.)"
```

この関数を定義したときの目的は患者のデータを渡すことでしたが、そのデータをコンパクトにモデル化する方法までは説明していませんでした。型に少し詳しくなったので、これらの情報だけでなく他の情報も格納できる Patient 型を作成できるはずです。そうすれば、患者の情報を必要とするタスクを実行するたびに、ややこしい引数をいくつも渡す必要がなくなります。

患者をモデル化するための最初のステップは、追跡したい情報（属性）と、それらの情報を表す型をすべてリストアップすることです。

- 名前：Name
- 性別：Sex
- 年齢：Int
- 身長（インチ）：Int
- 体重（ポンド）Int
- 血液型：BloodType

血液型に取り組んだときと同じように、data キーワードを使って、この情報を表す新しい型を作成することができます（リスト 12-12）。

リスト12-12：Patient 型のバージョン1

```
data Patient = Patient Name Sex Int Int Int BloodType
```

患者の6つの属性がコンパクトに表現されており、もう長ったらしい引数リストを指定しなくて
も、あらゆる種類の計算を行うことができます。最初の患者のデータを作成してみましょう。

```
johnDoe :: Patient
johnDoe = Patient (Name "John" "Doe") Male 30 74 200 (BloodType AB Pos)
```

▷ **クイックチェック 12-2**

Jane Elizabeth Smith という患者を作成してみましょう。6つの属性には好きな値を割り当てて
かまわないものとします。

この方法による新しいデータの作成は、**Sex** と **BloodType** では申し分ありませんが、これだけ
の属性を持つデータにしては少しぎこちない感じがします。問題の一部は、先ほどの型シノニムを
使って解決できるはずです。しかし、**Patient** の型定義のほうが読みやすいとしても、型シグネ
チャが常に便利であるとは限りません。ページからしばし目を上げて、これらの値の順番を思い出
してみてください。患者の定義に追加できる値は簡単に思いつきますが、そんなことをすれば状況
を悪化させるだけです。

患者のこの表現には、やっかいな問題がもう1つあります。患者の値を個別に取り出したいと考
えるのは当然のことですが、それを可能にするには、パターンマッチングを使って各値を取得する
ための関数を別々に作成する必要があります（リスト 12–13）。

リスト12–13：関数 getName、getAge、getBloodType の定義

```
getName :: Patient -> Name
getName (Patient n _ _ _ _ _) = n

getAge :: Patient -> Int
getAge (Patient _ _ a _ _ _) = a

getBloodType :: Patient -> BloodType
getBloodType (Patient _ _ _ _ _ bt) = bt
```

パターンマッチングを利用すれば、このようなゲッターを記述するのは造作もないことですが、
このような関数を6つも記述するのは気が進みません。**Patient** の最終的な定義が12個の値で構
成されるとしたらどうでしょうか。型を準備するにしては作業量が多すぎて Haskell らしくありま
せん。ありがたいことに、Haskell には、この問題に対するすばらしい解決策があります。**Patient**
などのデータ型は**レコード構文**を使って定義できるのです。レコード構文を使って新しいデータ型
を定義すると、そのデータ型のプロパティを表す型がどれであるかを理解するのがずっと簡単にな

136 | LESSON 12　カスタム型の作成

ります（リスト 12–14）。

リスト12-14：Patient 型のバージョン 2（レコード構文を使用）

```
data Patient = Patient { name :: Name
                       , sex :: Sex
                       , age :: Int
                       , height :: Int
                       , weight :: Int
                       , bloodType :: BloodType }
```

　レコード構文の 1 つ目の利点は、Patient 型の定義がはるかに読みやすく理解しやすいものになることです。2 つ目の利点は、Patient 型のデータの作成がはるかに容易になることです。フィールドはそれぞれ名前で設定できるため、順序を覚えておく必要はもうありません。

```
jackieSmith :: Patient
jackieSmith = Patient {name = Name "Jackie" "Smith"
                      , age = 43
                      , sex = Female
                      , height = 62
                      , weight = 115
                      , bloodType = BloodType O Neg }
```

　しかも、ゲッターを記述する必要もありません。レコード構文のフィールドごとに、その値をレコードから取り出すための関数が自動的に作成されます。

```
*Main> height jackieSmith
62
*Main> showBloodType (bloodType jackieSmith)
"O-"
```

▷ **クイックチェック 12-3**

Jackie Smith の名前を表示してみましょう。

　また、レコード構文のフィールドに値を設定することもできます。その場合は、新しい値を波かっこ（{}）で囲んで指定します。Jackie Smith が誕生日を迎えたので年齢を更新しなければならないとしましょう。レコード構文を使って年齢を更新する方法はリスト 12–15 のようになります。

リスト12-15：レコード構文を使って jackieSmith を更新する

```
jackieSmithUpdated = jackieSmith { age = 44 }
```

　私たちはまだ純粋な関数の世界にいるため、新しい Patient 型を有効にするには、この型を作成して変数に代入しなければなりません。

12.4 まとめ

このレッスンの目的は、型の作成の基礎を理解してもらうことにありました。まず、既存の型に新しい名前を割り当てることができる型シノニムを取り上げました。型シノニムを利用する場合は、型シグネチャを読むだけでよいため、コードがはるかに理解しやすくなります。次に、既存の型と `data` キーワードを組み合わせて独自の型を作成する方法を取り上げました。最後に、レコード構文を使って型のアクセサを簡単に作成できることを示しました。

12.5 練習問題

このレッスンの内容を理解できたかどうか確認してみましょう。

Q12-1：`canDonateTo` と同様の関数を作成してみましょう。ただし、この関数の引数は（2つの `BloodType` ではなく）2人の患者としてください。

Q12-2：`patientSummary` 関数を実装してみましょう。この関数は、最後に定義した `Patient` 型を使用し、次のような文字列を出力するものとします。

```
**************
Patient Name: Smith, John
Sex: Male
Age: 46
Height: 72 in.
Weight: 210 lbs.
Blood Type: AB+
```

必要であれば、ヘルパー関数を作成してもよいでしょう。

12.6 クイックチェックの解答

▶ **クイックチェック 12-1**

```
patientInfoV2 :: PatientName -> Int -> Int -> String
patientInfoV2 (fname,lname) age height = name ++ " " ++ ageHeight
  where name = lname ++ ", " ++ fname
        ageHeight = "(" ++ show age ++ "yrs. " ++ show height ++ "in.)"
```

138 | LESSON 12　カスタム型の作成

▶ **クイックチェック 12-2**

```
janeESmith :: Patient
janeESmith = Patient (NameWithMiddle "Jane" "Elizabeth" "Smith")
                     Female 28 62 140 (BloodType O Pos)
```

▶ **クイックチェック 12-3**

```
showName (name jackieSmith)
```

LESSON 13

型クラス

レッスン 13 では、次の内容を取り上げます。

- 型クラスの基礎を理解する
- 型クラスの定義を読む
- よく使用する型クラス：Num、Show、Eq、Ord、Bounded

このレッスンでは、Haskell の型システムにおいて重要な抽象化の 1 つである**型クラス**に目を向けます。型クラスを利用すれば、共通の振る舞いに基づいて型をグループ化することができます。一見すると、型クラスはほとんどのオブジェクト指向プログラミング言語のインターフェイスによく似ています。クラスがサポートしなければならないメソッドをインターフェイスが指定するのと同じように、型クラスは型がサポートしなければならない関数を指定します。ただし、Haskell における型クラスの役割は、Java や C# といった言語におけるインターフェイスの役割よりも重要です。もっとも大きな違いは、Haskell への理解を深めていくうちに明らかになります —— 型クラスは物事を捉えるときの抽象化の度合いをさらに高めていくことを要求します。型クラスはいろいろな意味で Haskell プログラミングの心臓部なのです。

> あなたが練習用に記述した inc という関数があるとします。この関数は 1 つの値を何度かインクリメントします。しかし、幅広い値に対応するインクリメント関数を記述するにはどうすればよいでしょうか。もどかしいことに、（ユニット 1 のように）型を指定しないうちは、そのような関数を記述することは可能でした。すべての数値に対応するような inc 関数の型シグネチャを定義するにはどうすればよいでしょう。

13.1　型をさらに調べる

　ここまでは、さまざまな型シグネチャを確認し、ちゃんとした新しい型まで作成しました。Haskellのさまざまな型を覚えるためのもっともよい方法の1つは、GHCiで:t（または:type）コマンドを使って素性のよくわからない関数の型を調べてみることです。simpleを最初に記述したときには、型シグネチャは使用しませんでした。

```
simple x = x
```

　この関数の型を知りたい場合は、GHCiにロードして:tコマンドを使用します。

```
Prelude> :t simple
simple :: p -> p
```

　simpleのラムダバージョンでも同じことが可能です。

```
Prelude> :t (\x -> x)
(\x -> x) :: p -> p
```

▷ **クイックチェック 13-1**
　次のコードで型を確認してみましょう。

```
aList = ["cat","dog","mouse"]
```

　このようにして型を調べていくと、まだ見たことがないものにすぐに出くわすでしょう。たとえば、足し算のような単純ものて試してみましょう。

```
Prelude> :t (+)
(+) :: Num a => a -> a -> a
```

　型を調べているときは、足し算のような単純なものでつまずくと相場が決まっています。最大のミステリーは`Num a =>`の部分です。

13.2 型クラス

ここで遭遇したのは、あなたにとって最初の型クラスです。Haskell の**型クラス**は、共通の振る舞いを持つ型のグループを表す手段です。Java や C# に詳しい場合は、型クラスからインターフェイスを連想したかもしれません。`Num a =>` という文を理解するもっともよい方法は、クラス `Num` の型 `a` が存在すると考えることです。しかし、型のクラス `Num` の部分は何を意味するのでしょうか。`Num` は数の概念を一般化する型クラスです。クラス `Num` に属するものはすべて関数 (`+`) を定義していなければなりません。この型クラスには関数が他にも存在します。GHCi のもっとも価値あるコマンドの 1 つは、型と型クラスの情報を提供する `:info` です。`Num` で `:info` コマンドを使用すると、リスト 13-1 の出力が得られます。

リスト13-1：Num 型クラスの定義

```
Prelude> :info Num
class Num a where
  (+) :: a -> a -> a
  (-) :: a -> a -> a
  (*) :: a -> a -> a
  negate :: a -> a
  abs :: a -> a
  signum :: a -> a
  ...
```

`:info` が出力しているのは、この型クラスの定義です。型クラスの定義は、このクラスのすべてのメンバが実装しなければならない関数のリストと、それらの関数の型シグネチャで構成されます。数を表す関数は、`+`、`-`、`*`、`negate`、`abs`、`signum`（符号を付ける）などです。どの型シグネチャでも、すべての引数と出力に同じ型変数 `a` が表示されています。引数と異なる型の値を返す関数は 1 つもありません。たとえば、2 つの `Int` で足し算を行って `Double` を取得することはできません。

▷ **クイックチェック 13-2**
`Num` に必要な関数のリストに除算が含まれていないのはなぜでしょう。

13.3 型クラスの利点

そもそも型クラスが必要なのはなぜでしょうか。ここまで定義してきた関数はどれも、ひと括りの型にのみ対応するものです。型クラスがなければ、異なる型の値で加算を行う関数ごとに異なる名前が必要になります。型変数を使用するという手もありますが、それではあまりにも柔軟すぎます。たとえば、次の型シグネチャを使って `myAdd` を定義したとしましょう。

```
myAdd :: a -> a -> a
```

この場合は、加算を行うことに意味がある型だけが加算されていることを手動でチェックできなければなりません（Haskell では不可能です）。

型クラスを利用すれば、考えもおよばなかったさまざまな型で関数を定義できるようになります。リスト 13-2 に示すような addThenDouble 関数を記述したいとしましょう。

リスト13-2：型クラスを使用する関数 addThenDouble

```
addThenDouble :: Num a => a -> a -> a
addThenDouble x y = (x + y)*2
```

型クラス Num を使用しているため、このコードは Int と Double だけでなく、別のプログラマが記述した Num 型クラスの実装にも自動的に対応します。ローマ数字ライブラリを扱うはめになったとしても、そのライブラリの作成者が Num 型クラスを実装している限り、この関数はうまくいくはずです。

 ## 13.4 型クラスを定義する

GHCi での Num の出力は、この型クラスのリテラル定義です。型クラスの定義は図 13-1 のような構造を持ちます。

図13-1：型クラスの定義の構造

Num の定義は型変数だらけです。型クラスの定義で要求される関数のほとんどは、型変数に基づいて表現されます。型クラスの定義は正確に行う必要があります。そうしないと、関数が 1 つの型に結び付いてしまうかもしれないからです。型クラスについて考える方法の 1 つは、型変数が表すことができる型のカテゴリに関する制約として考えることです。

この考えを具体的に理解するのに役立つよう、単純な型クラスを定義してみましょう。Haskell の習得にうってつけの型クラスは Describable です。Describable 型クラスのインスタンスである型は、自己紹介を英語で行うことができます。したがって、この型クラスに必要な関数は、

describe という関数 1 つだけです。Describable を実装する型では、その型のインスタンスで
describe を呼び出せば、その型のすべてが明らかになります。たとえば、Bool が Describable
だったとしたら、次のような出力が得られたかもしれません。

```
Prelude> describe True
"A member of the Bool class, True is opposite of False"
Prelude> describe False
"A member of the Bool class, False is the opposite of True"
```

そして、Int の場合は次のようになるかもしれません。

```
Prelude> describe (6 :: Int)
"A member of the Int class, the number after 5 and before 7"
```

　この時点で必要なのは型クラスを定義することだけであり、型クラスの実装について考える必要
はありません（実装は次のレッスンまでおあずけです）。必要な関数が 1 つだけ（describe）であ
ることはわかっています。他に考えなければならないことは、この関数の型シグネチャだけです。
どの場合も、この関数の引数は Describable を実装している型であり、結果は常に文字列となり
ます。したがって、最初の型には型変数を使用し、戻り値には文字列を使用する必要があります。
ここまでの内容をまとめると、型クラスの定義はリスト 13–3 のようになります。

リスト13–3：型クラス Describable の定義

```
class Describable a where
  describe :: a -> String
```

　たったこれだけです。この型クラスを利用すれば、コードのドキュメントを自動的に提供する
ツールや、チュートリアルを生成するツールなど、便利なツールをいろいろ構築できるでしょう。

13.5　よく使用する型クラス

　Haskell には、本書でも取り上げている便利な型クラスが多数定義されています。ここでは、もっ
とも基本的な型クラスの中から Ord、Eq、Bounded、Show の 4 つを紹介することにします。

● Ord 型クラスと Eq 型クラス

便利な演算子の 1 つである**より大きい**（>）を調べてみましょう。

```
Prelude> :t (>)
(>) :: Ord a => a -> a -> Bool
```

144 | LESSON 13 型クラス

　Ord という新しい型クラスが表示されています。この型シグネチャの読み方は、「Ord を実装している同じ型を 2 つとり、ブーリアンを返す」となります。Ord は比較と順序付けが可能なあらゆるものを表します。数は比較可能ですが、文字列なども比較可能です。Ord が定義している関数のリストはリスト 13-4 のようになります。

リスト13-4：Ord 型クラスは Eq 型クラスを要求する

```
class Eq a => Ord a where
  compare :: a -> a -> Ordering
  (<) :: a -> a -> Bool
  (<=) :: a -> a -> Bool
  (>) :: a -> a -> Bool
  (>=) :: a -> a -> Bool
  max :: a -> a -> a
  min :: a -> a -> a
```

　もちろん、そこは Haskell ですから、話はそう簡単にはいきません。このクラス定義に別の型クラスが含まれていることに注目してください。この場合は、型クラス Eq が含まれています。Ord を理解するには、Eq を調べる必要があります（リスト 13-5）。

リスト13-5：等価の概念を一般化する型クラス Eq

```
class Eq a where
  (==) :: a -> a -> Bool
  (/=) :: a -> a -> Bool
```

　Eq 型クラスに必要な関数は、(==) と (/=) の 2 つだけです。2 つの型が等しいかどうかを判定できる場合、その型は Eq 型クラスに属しています。Ord 型クラスの定義に Eq 型クラスが含まれているのはそのためです。何かに順番があることを示すには、当然ながら、その型のインスタンスを等しいと表現できなければなりません。ですが、その逆は成り立ちません。私たちは多くの物事について「これら 2 つのものは等しい」と表現できますが、「これはあれよりもよい」とは表現できません。あなたはチョコレートアイスクリームよりもバニラアイスクリームのほうが好きかもしれませんし、筆者はバニラアイスクリームよりもチョコレートアイスクリームのほうが好きかもしれません。あなたと筆者は、2 つのバニラアイスクリームが同じものであることについては同意しますが、バニラアイスクリームとチョコレートアイスクリームの順番については同意できません。したがって、IceCream 型を作成するとしたら、Eq は実装できますが、Ord は実装できません。

● Bounded 型クラス

　レッスン 11 では、Int 型と Integer 型の違いに言及しました。この違いは型クラスによっても捕捉されることがわかります。:info コマンドは型クラスを理解するのに役立ちましたが、型を理解するのにも役立ちます。:info コマンドを Int で使用すると、Int がメンバとなっている型がすべて表示されます。

13.5 よく使用する型クラス | 145

```
Prelude> :info Int
data Int = GHC.Types.I# GHC.Prim.Int# -- Defined in 'GHC.Types'
instance Eq Int -- Defined in 'GHC.Classes'
instance Ord Int -- Defined in 'GHC.Classes'
instance Show Int -- Defined in 'GHC.Show'
instance Read Int -- Defined in 'GHC.Read'
instance Enum Int -- Defined in 'GHC.Enum'
instance Num Int -- Defined in 'GHC.Num'
instance Real Int -- Defined in 'GHC.Real'
instance Bounded Int -- Defined in 'GHC.Enum'
instance Integral Int -- Defined in 'GHC.Real'
```

Integer 型でも :info コマンドを実行すると、違いが 1 つだけ見つかるはずです。Int は Bounded 型クラスのインスタンスですが、Integer は違います。ある型に関与している型クラスを理解すれば、その型の振る舞いを理解する上で大きな助けになる可能性があります。Bounded は単純な型クラスの 1 つであり（ほとんどの型クラスは単純です）、必要な関数は 2 つだけです。Bounded の定義はリスト 13-6 のようになります。

リスト13-6：Bounded 型クラスは値を要求するが関数を要求しない

```
class Bounded a where
  minBound :: a
  maxBound :: a
```

Bounded 型クラスのメンバは、上限（upper）と下限（lower）を取得する手段を提供しなければなりません。ここで興味深いのは、minBound と maxBounds が関数ではなく値であることです。minBound と maxBounds は、それらに適用されることになる型の値にすぎません。Char と Int はどちらも Bounded 型クラスのメンバであるため、これらの値を使用するときに上限と下限を推測する必要はありません。

```
Prelude> minBound :: Int
-9223372036854775808
Prelude> maxBound :: Int
9223372036854775807
Prelude> minBound :: Char
'\NUL'
Prelude> maxBound :: Char
'\1114111'
```

● Show 型クラス

レッスン 11 では、show と read の 2 つの関数を取り上げました。これらの関数を可能にしているのは、Show と Read という非常に有益な型クラスです。特定の型に関して 2 つの特例があることを除けば、Show 型クラスが定義する重要な関数は show だけです（リスト 13-7）。

リスト13-7：Show 型クラスの定義

```
class Show a where
  show :: a -> String
```

　show 関数は値を String に変換します。Show 型クラスを実装している型はすべて表示することが可能です。本書では、あなたが思っている以上に show 関数を使用してきました。GHCi で値が表示されるとしたら、それは Show 型クラスのメンバだからです。反例として、Icecream 型を定義し、Show を実装しなかったらどうなるか見てみましょう（リスト 13-8）。

リスト13-8：Icecream 型の定義

```
data Icecream = Chocolate | Vanilla
```

　Icecream は Bool とほぼ同じですが、Bool は Show を実装しています。これらのコンストラクタを GHCi に入力したらどうなるか見てみましょう。

```
*Main> True
True
*Main> False
False
*Main> Chocolate

<interactive>:4:1:
  * No instance for (Show Icecream) arising from a use of 'print'
  * In a stmt of an interactive GHCi command: print it
```

　Chocolate がエラーになるのは、このデータコンストラクタを文字列に変換する方法がわからないためです。GHCi で値が表示されるのはすべて Show 型クラスのおかげなのです。

 ## 13.6　型クラスの派生

　Icecream 型クラスの難点は、Show を実装しなければならないことです。結局のところ、Icecream は Bool のようなものです。Haskell が気を利かせて Bool と同じように処理するようにできないものでしょうか。Bool がうまくいくのはデータコンストラクタが表示されるからですが、それはむしろ Haskell がそのように気を利かせるからです。型を定義する際、Haskell は型クラスを自動的に派生させるために全力を尽くすのです。そこで、Show の派生クラスとして Icecream 型を定義してみましょう。そのための構文はリスト 13-9 のようになります。

リスト13-9：Show 型クラスの派生型である Icecream

```
data Icecream = Chocolate | Vanilla deriving (Show)
```

GHCi に戻ると、すべてがうまくいくようになります。

```
*Main> Chocolate
Chocolate
*Main> Vanilla
Vanilla
```

よく知られている型クラスには、たいてい合理的なデフォルト実装があります。`Icecream` 型の定義に `Eq` 型クラスも追加してみましょう。

```
data Icecream = Chocolate | Vanilla deriving (Show, Eq, Ord)
```

再び GHCi に戻って、`Icecream` の 2 つのフレーバーが等しいかどうか確認してみましょう。

```
*Main> Vanilla == Vanilla
True
*Main> Chocolate == Vanilla
False
*Main> Chocolate /= Vanilla
True
```

次のレッスンでは、独自の型クラスの実装方法をより詳しく見ていきます。Haskell が必ずしもあなたの真意を汲み取ってくれるわけではないことがわかるでしょう。

▷ **クイックチェック 13-3**

`Icecream` の定義に `deriving (Ord)` を追加した場合、Haskell はどちらのフレーバーのほうが大きいと考えるようになるでしょうか。

 ## 13.7 まとめ

このレッスンの目的は、型クラスの基礎を理解することにありました。ここで取り上げた型クラスはどれも、Java や C# といったオブジェクト指向言語のユーザーにとってなじみがあるものです。これらの型クラスを利用すれば、1 つの関数をさまざまな型に簡単に適用できるようになり、等価の評価、データの並べ替え、データから文字列への変換を簡単に行えるようになります。それに加えて、`deriving` キーワードを使用すると、場合によっては Haskell が型クラスを自動的に実装できることもわかりました。

13.8 練習問題

このレッスンの内容を理解できたかどうか確認してみましょう。

Q13-1：`:info` コマンドの例を実行していて、`Word` という型が何度か登場したことに気づいたかもしれません。他の資料を調べる前に、`:info` コマンドを使って `Word` と関連する型クラスを調べ、自分の言葉で `Word` 型を説明してみましょう。`Word` は `Int` とどのように異なっているでしょうか。

Q13-2：ここで説明しなかった型クラスの 1 つに `Enum` があります。`:info` コマンドを使ってこの型クラスの定義とサンプルメンバを調べてみましょう。次に、`Enum` と `Bounded` のインスタンスである `Int` について考えてみます。`inc` が次のように定義されているとします。

```
inc :: Int -> Int
inc x = x + 1
```

`Enum` によって `succ` 関数が要求されます。`Int` の `inc` と `succ` の違いは何でしょうか。

Q13-3：次の関数を記述してください。この関数は `Bounded` 型の `succ` と同じように動作しますが、何回呼び出してもエラーにはなりません。この関数は Q13-2 の `inc` と同じように動作しますが、`Num` のメンバではない型を含め、幅広い型に対応しています。

```
cycleSucc :: (Bounded a, Enum a, ? a) => a -> a
cycleSucc n = ?
```

解答の定義には、`Bounded`、`Enum`、そして謎の型クラスの関数と値が含まれることになります。これら 3 つ（以上）の関数と値がどこから提供されるのかに注意してください。

13.9 クイックチェックの解答

▶ **クイックチェック 13-1**

```
Prelude> :t aList
aList :: [[Char]]
```

▶ **クイックチェック 13-2**

`Num` のどのケースでも (`/`) による除算が定義されていないから。

▶ **クイックチェック 13-3**

`Icecream` の定義に `deriving (Ord)` を追加すると、Haskell は `Ord` を決定するためにデフォル

トでデータコンストラクタの順番を利用します。したがって、Vanilla のほうが Chocolate よりも大きくなります。

LESSON 14

型クラスを使用する

レッスン 14 では、次の内容を取り上げます。

- 独自の型クラスの実装
- Haskell のポリモーフィズム
- `deriving` を使用する状況
- Hackage と Hoogle を使ったドキュメントの検索

レッスン 13 では、型クラスを紹介しました。型クラスは Haskell において共通する振る舞いを持つ型をグループ化する手段となります。このレッスンでは、既存の型クラスを実装する方法を詳しく見ていきます。これにより、既存のさまざまな関数を利用する新しい型を定義できるようになるでしょう。

 ニューイングランドの各州をデータコンストラクタとして定義した次のようなデータ型があります。

```
data NewEngland = ME | VT | NH | MA | RI | CT
```

`Show` を使って各州の完全な名前を表示しようと考えています。`Show` を継承すれば各州の略称を簡単に表示できるようになりますが、`show` を独自に実装する明確な方法はありません。`show` を使って `NewEngland` 型に州の完全な名前を表示させるにはどうすればよいでしょう。

 14.1　クラスを必要とする型

まず、6 面サイコロをモデル化することから始めます。デフォルト実装として適しているのは `Bool` のような型ですが、値が 2 つではなく 6 つになります。データコンストラクタには、各面を

表す S1〜S6 という名前を付けます（リスト 14–1）。

リスト14–1：SixSidedDie データ型の定義

```
data SixSidedDie = S1 | S2 | S3 | S4 | S5 | S6
```

次に、有用な型クラスをいくつか実装します。おそらくもっとも重要なのは、`Show` 型クラスの実装です。GHCi では特にそうですが、型のインスタンスを簡単に表示できるようにしたいと考えるのはほぼ確実だからです。レッスン 13 で言及したように、クラスのインスタンスを自動的に作成するには、`deriving` キーワードを追加します。SixSidedDie をリスト 14–2 のように定義すれば、それで完了です。

リスト14–2：Show の派生型である SixSidedDie

```
data SixSidedDie = S1 | S2 | S3 | S4 | S5 | S6 deriving (Show)
```

この型を GHCi に入力すると、データコンストラクタを入力したときにそのテキストバージョンが表示されるはずです。

```
Prelude> S1
S1
Prelude> S2
S2
Prelude> S3
S3
Prelude> S4
S4
```

データコンストラクタを表示するだけなので、あまりおもしろくありません。データコンストラクタに関しては、読みやすさよりも実装のほうに意味があります。そこで、各面の番号を英語で表示してみましょう。

 ## 14.2　Show を実装する

各面の番号を英語で表示するには、最初の型クラス（`Show`）を実装する必要があります。実装しなければならない関数は `show` だけです（型クラスの場合は関数を**メソッド**と呼びます）。型クラスの実装はリスト 14–3 のようになります[1]。

---

[1] 訳注：`SixSidedDie` の定義をリスト 14–1 のものに戻しておく必要がある。

リスト14-3：SixSidedDie に対して Show のインスタンスを作成する

```
instance Show SixSidedDie where
  show S1 = "one"
  show S2 = "two"
  show S3 = "three"
  show S4 = "four"
  show S5 = "five"
  show S6 = "six"
```

さっそく GHCi に戻って試してみると、`deriving` を使用した場合よりもはるかに興味深い出力が得られます。

```
*Main> S1
one
*Main> S2
two
*Main> S6
six
```

▷ **クイックチェック 14-1**
　この `show` の定義を書き換えて、代わりに I〜VI のアラビア数字が表示されるようにしてみましょう。

 ## 14.3　型クラスとポリモーフィズム

　ここで、`show` をこのように定義しなければならないのはなぜだろう、という疑問が浮かんだかもしれません。型クラスのインスタンスを宣言する必要があるのはなぜでしょうか。意外なことに、先のインスタンスの宣言を削除したとしても、リスト 14-4 のコードは問題なくコンパイルされます。

リスト14-4：SixSidedDie に対する show の不正確な実装

```
show :: SixSidedDie -> String
show S1 = "one"
show S2 = "two"
show S3 = "three"
show S4 = "four"
show S5 = "five"
show S6 = "six"
```

　しかし、このコードを GHCi にロードすると、問題が 2 つ発生します。1 つは、データコンストラクタがそのままでは表示されなくなることです。もう 1 つは、`show` を明示的に指定したとしても、次のようなエラーになることです。

```
"Ambiguous occurrence 'show'"
```

　Haskell のモジュールシステムはまだ取り上げていませんが、Haskell には次のような問題があります。リスト 14-4 の show の定義は、型クラスによって定義されたものと衝突するのです。TwoSidedDie という型を作成し、show を定義してみてください。そうすれば、この問題を実際に確認できます（リスト 14-5）。

リスト14-5：TwoSidedDie の show の定義にはポリモーフィズムが必要

```
data TwoSidedDie = One | Two

show :: TwoSidedDie -> String
show One = "one"
show Two = "two"
```

　この場合のエラーは次のようになります。

```
Multiple declarations of 'show'
```

　何が問題なのかというと、デフォルトでは、使用する型によっては show の振る舞いが 2 つ以上になる可能性があるのです。ここで目にしているのは**ポリモーフィズム**という概念です。ポリモーフィズムは、操作の対象となるデータの型に応じて、同じ関数の振る舞いが異なることを意味します。ポリモーフィズムはオブジェクト指向プログラミングの重要な概念ですが、Haskell でも同じように重要です。オブジェクト指向プログラミングで show に相当するのは、文字列に変換可能なクラスに共通するメソッドである toString です。図 14-1 に示すように、型クラスは Haskell でポリモーフィズムを利用する手段となります。

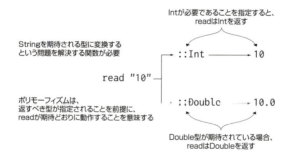

図14-1：read のポリモーフィズム

14.4　デフォルト実装とミニマムコンプリート定義

SixSidedDie に対して文字列を生成できるようになったところで、2 つのサイコロの目が同じかどうかを判断できると便利です。つまり、Eq クラスを実装する必要があります。Eq は Ord の**スーパークラス**であるため、これは好都合でもあります。この関係についてはレッスン 13 で簡単に触れていますが、スーパークラスという名前では呼んでいませんでした。Eq が Ord のスーパークラスであるということは、Ord のすべてのインスタンスが Eq のインスタンスでもなければならないということです。最終的には、SixSidedDie のデータコンストラクタどうしを比較することになりますが、そうすると Ord を実装することになるため、最初に Eq を実装しておく必要があります。GHCi で :info コマンドを使って Eq のクラス定義を調べてみましょう。

```
class Eq a where
  (==) :: a -> a -> Bool
  (/=) :: a -> a -> Bool
```

実装しなければならないメソッドは、「等しい」メソッド (==) と「等しくない」メソッド (/=) の 2 つだけです。Haskell のここまでの聡明ぶりからすると、必要以上に作業が増えそうです。結局のところ、(==) の定義がわかっているとすれば、(/=) は not (==) です。いくつかの例外があることは否めませんが、ほとんどの場合は、どちらか一方を知っていれば、もう一方の実装を決定できるように思えます。

そして、このことを突き止めるほど Haskell が利口であることがわかります。型クラスには、メソッドの**デフォルト実装**が含まれていることがあります。(==) を定義すると、Haskell は何の助けがなくても (/=) の意味を突き止めることができます（リスト 14–6）。

リスト14–6：SixSidedDie に対する Eq のインスタンスの実装

```
instance Eq SixSidedDie where
  (==) S6 S6 = True
  (==) S5 S5 = True
  (==) S4 S4 = True
  (==) S3 S3 = True
  (==) S2 S2 = True
  (==) S1 S1 = True
  (==) _ _ = False
```

GHCi に戻ると、(/=) が自動的に機能することがわかります。

LESSON 14 型クラスを使用する

```
*Main> S6 == S6
True
*Main> S6 == S5
False
*Main> S5 == S6
False
*Main> S5 /= S6
True
*Main> S6 /= S6
False
```

　この方法は便利ですが、問題は実装しなければならないメソッドがどれであるかです。これはいったいどうすればわかるのでしょうか。`:info` コマンドはいつでも利用できる頼もしい情報源ですが、完全なドキュメントではありません。より完全な情報源の 1 つは、Haskell の中心的なパッケージライブラリである **Hackage** です[2]。Hackage の Eq のページ[3]にアクセスすると、Eq のより詳細な情報が手に入ります。もっとも重要な情報は、「Minimum complete definition」というセクションに含まれています。

```
(==) | (/=)
```

　この情報は大きな助けになります。Eq 型クラスを実装するにあたって定義しなければならないのは、(==) か (/=) のどちらかだけです。データ宣言と同様に、| は「or」を意味します。これらのオプションのどちらかを提供すれば、残りのオプションは Haskell が用意してくれます。

 Column　Hackage と Hoogle

Hackage は Haskell に関する情報の中央リポジトリと位置付けられていますが、特定の型を探すのに苦労することがあります。この問題を解決するために、Hackage は Hoogle というすばらしいインターフェイスを使って検索できるようになっています。Hoogle では、型と型シグネチャによる検索が可能です。たとえば、`a -> String` を検索すると、`show` とさまざまな関数からなる結果が返されます。Hoogle さえあれば、Haskell の型システムがすっかり気に入るはずです。
https://hoogle.haskell.org/

▷ **クイックチェック 14-2**

　Hoogle を使って `RealFrac` 型クラスを検索してみましょう。「Minimum complete definition」セクションはどうなっているでしょう。

---

[2]　https://hackage.haskell.org
[3]　http://hackage.haskell.org/package/base-4.12.0.0/docs/Data-Eq.html

14.5　Ord を実装する

サイコロのもっとも重要な特徴の 1 つは、サイコロの目に順序があることです。Ord には、型を比較するための便利な関数がひととおり定義されています。

```
class Eq a => Ord a where
  compare :: a -> a -> Ordering
  (<) :: a -> a -> Bool
  (<=) :: a -> a -> Bool
  (>) :: a -> a -> Bool
  (>=) :: a -> a -> Bool
  max :: a -> a -> a
  min :: a -> a -> a
```

運のよいことに、Hackage の情報から、compare メソッドさえ実装すればよいことがわかります。compare メソッドは、新しい型の値を 2 つ受け取り、Ordering を返します。Ordering は Bool に似ていますが、データコンストラクタが 3 つあります。

```
data Ordering = LT | EQ | GT
```

compare の途中までの定義はリスト 14–7 のようになります。

リスト14–7：SixSidedDie に対する compare の部分的な定義

```
instance Ord SixSidedDie where
  compare S6 S6 = EQ
  compare S6 _ = GT
  compare _ S6 = LT
  compare S5 S5 = EQ
  compare S5 _ = GT
  compare _ S5 = LT
```

パターンマッチングに工夫を凝らしたとしても、この定義を完成させるのは大仕事になるでしょう。サイコロが 60 面だったらこの定義がどれくらい大きくなるか想像してみてください。

▷ **クイックチェック 14-3**

S4 のパターンを記述してみましょう。

14.6　よい派生・悪い派生

　ここまで見てきたクラスはすべて**派生可能**でした。つまり、deriving キーワードを使用すれば、新しい型定義でそれらのクラスを自動的に実装することができます。プログラミング言語では、.equals メソッドなどに（多くの場合は実用に耐えないほど最小限の）デフォルト実装を提供するのが一般的です。そこで、型クラスの派生を Haskell にどれくらい頼ってもよいのかという疑問が浮かびます。

　Ord を調べてみましょう。この場合は、deriving (Ord) を使用するほうが賢明です。単純な型の場合は、このようにするほうがずっとうまくいきます。Ord を派生させるときのデフォルトの振る舞いは、データコンストラクタの定義時の順番を使用することです。例として、リスト 14-6 のコードを見てみましょう。

リスト14-8：Ord から派生するときの振る舞いがどのように決定されるか

```
data Test1 = AA | ZZ deriving (Eq, Ord)
data Test2 = ZZZ | AAA deriving (Eq, Ord)
```

　GHCi では、次のようになるはずです。

```
*Main> AA < ZZ
True
*Main> AA > ZZ
False
*Main> AAA > ZZZ
True
*Main> AAA < ZZZ
False
```

▷ **クイックチェック 14-4**

　SixSidedDie を書き換えて、Eq と Ord の両方から派生するようにしてみましょう。

　Ord に対して deriving キーワードを使用すると、無駄な（バグにつながりかねない）コードを記述せずに済みます。

　deriving キーワードを使用することにさらに分があるケースと言えば、Enum です。Enum 型を利用すれば、サイコロの目を定数が列挙されたリストとして表すことができます。そもそもサイコロと聞いて思い浮かべるのはそのようなリストです。

```
class Enum a where
  succ :: a -> a
  pred :: a -> a
```

14.6 よい派生・悪い派生 | 159

```
toEnum :: Int -> a
fromEnum :: a -> Int
enumFrom :: a -> [a]
enumFromThen :: a -> a -> [a]
enumFromTo :: a -> a -> [a]
enumFromThenTo :: a -> a -> a -> [a]
```

　この場合も、実装しなければならないのは toEnum と fromEnum の 2 つのメソッドだけです。前者は Int を Enum に変換し、後者は Enum を Int に変換します。実装はリスト 14-9 のようになります。

リスト14-9：SixSidedDie に対する Enum の実装（エラーが含まれている）

```
instance Enum SixSidedDie where
  toEnum 0 = S1
  toEnum 1 = S2
  toEnum 2 = S3
  toEnum 3 = S4
  toEnum 4 = S5
  toEnum 5 = S6
  toEnum _ = error "No such value"

  fromEnum S1 = 0
  fromEnum S2 = 1
  fromEnum S3 = 2
  fromEnum S4 = 3
  fromEnum S5 = 4
  fromEnum S6 = 5
```

　Enum の実際の利点をたしかめてみましょう。まず、Int や Char といった値と同じように SixSidedDie のリストを生成できるようになります[4]。

```
*Main> [S1 .. S6]
[one,two,three,four,five,six]
*Main> [S2,S4 .. S6]
[two,four,six]
*Main> [S4 .. S6]
[four,five,six]
```

ここまではよいとして、終了位置を指定せずにリストを作成した場合はどうなるでしょうか。

```
*Main> [S1 .. ]
[one,two,three,four,five,six,*** Exception: No such value
```

---

[4]　**訳注**：ここでは、SixSidedDie のリスト 14-1 とリスト 14-3 の定義を使用している。

おっと、エラーになるのは不明な値（欠損値）を処理しようとしたためです。しかし、`SixSidedDie` が単に `Enum` から派生していたとしたら、このような問題は起きません。

```
data SixSidedDie = S1 | S2 | S3 | S4 | S5 | S6 deriving (Enum)
```

```
*Main> [S1 .. ]
[one,two,three,four,five,six]
```

型クラスの派生に関しては、Haskell はまるで魔法のようです。一般に、実装を独自に行うこれといった理由がない場合は、`deriving` キーワードを使用するほうが簡単なだけでなく、多くの場合はより効果的です。

 ## 14.7　より複雑な型のための型クラス

レッスン 4 では、名前のタプルのようなものを正しい順番に並べ替えるためにファーストクラス関数を使用しました（リスト 14–10）。

リスト14–10：Name に型シノニムを使用する

```
type Name = (String,String)

names :: [Name]
names = [("Emil","Cioran"),
         ("Eugene","Thacker"),
         ("Friedrich","Nietzsche")]
```

覚えているかもしれませんが、これらの名前の並べ替えには問題があります。

```
*Main> import Data.List
*Main Data.List> sort names
[("Emil","Cioran"),("Eugene","Thacker"),("Friedrich","Nietzsche")]
```

タプルがうまくソートされているところを見ると、これらのタプルが `Ord` から自動的に派生することは明らかです。残念なことに、考えていたような「ラストネーム→ファーストネーム順」ではソートされていません。レッスン 4 では、ファーストクラス関数を `sortBy` に渡すという方法をとりましたが、同じ方法を繰り返すのは芸がありません。もちろん、`Name` に対して `Ord` を独自に実装するという手があります（リスト 14–11）。

リスト14-11：型シノニムに対する Ord の実装

```
instance Ord Name where
  compare (f1,l1) (f2,l2) = compare (l1,f1) (l2,f2)
```

ところが、このコードをロードしようとするとエラーになります。というのも、Haskell にとって Name は (String, String) と同じであり、これらのソート方法を Haskell はすでに知っているからです。この問題を解決するには、新しいデータ型の作成が必要です。これまでと同じように、data キーワードを使って作成することができます（リスト 14-12）。

リスト14-12：data を使って新しいデータ型 Name を定義する

```
data Name = Name (String, String) deriving (Show, Eq)
```

これらのデータコンストラクタの必要性は明白です。Haskell にとって、これらのデータコンストラクタは「このタプルが他のタプルよりも特別であること」を示す手段となります。データ型を定義したところで、Ord を独自に実装することができます（リスト 14-13）。

リスト14-13：Name 型に対する Ord の正しい実装

```
instance Ord Name where
  compare (Name (f1,l1)) (Name (f2,l2)) = compare (l1,f1) (l2,f2)
```

Haskell が (String,String) タプルで Ord を派生させることをうまく利用すれば、compare のカスタム実装がはるかに簡単になります。

```
names :: [Name]
names = [Name ("Emil","Cioran"),
         Name ("Eugene","Thacker"),
         Name ("Friedrich","Nietzsche")]
```

これで、名前が期待どおりにソートされるようになります。

```
*Main> import Data.List
*Main Data.List> sort names
[Name ("Emil","Cioran"),Name ("Friedrich","Nietzsche"),Name ("Eugene","Thacker")]
```

> **Column** **newtype を使った型の作成**
>
> Name の型定義を調べていると、型シノニムを使いたくなる興味深いケースが見つかりますが、型を型クラスのインスタンスにするにはデータ型を定義する必要があります。Haskell では、そのための手法として newtype キーワードを使用することが推奨されています。newtype を使った Name の定義は次のようになります。
>
> ```
> newtype Name = Name (String, String) deriving (Show, Eq)
> ```
>
> このような場合は、たいてい newtype を使用するほうが data を使用するよりも効率的です。newtype を使って定義できる型はすべて、data を使って定義することもできます。ただし、その逆はそうはなりません。newtype を使って定義された型の型コンストラクタと型はそれぞれ 1 つだけです（Name の場合は Tuple）。型シノニムをより強力なものにするために型コンストラクタが必要な場合は、newtype が推奨される手段となります。
>
> なお、本書では単純さを期して、型の作成には data を使用することにします。

 ## 14.8 型クラスのロードマップ

図 14-2 は、Haskell の標準ライブラリで定義されている型クラスを示しています。あるクラスから別のクラスへの矢印はスーパークラス関係を表しています。このユニットでは、基本的な型クラスのほとんどを取り上げました。ユニット 3 では、より抽象的な型クラスである Semigroup と Monoid を取り上げ、型クラスがインターフェイスとどのように異なるのかを確認します。ユニット 5 では、計算コンテキストのモデル化を可能にする型クラスである Functor、Applicative、Monad を取り上げます。この最後のグループは理解するのが特に難しいものですが、Haskell のもっとも強力な抽象化を可能にするものです。

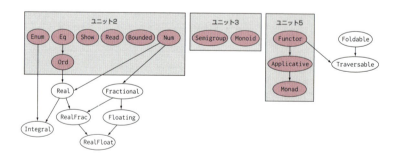

図14-2：型クラスのロードマップ

14.9　まとめ

このレッスンの目的は、Haskell の型クラスへの理解を深めることにありました。型クラスの定義の読み方と、単に deriving キーワードを使用する以外の方法で型を型クラスのインスタンスにする方法がわかりました。また、deriving キーワードを使用するのに最適な状況と、型クラスのインスタンスを独自に記述すべき状況もわかりました。

14.10　練習問題

このレッスンの内容を理解できたかどうか確認してみましょう。

Q14-1：Enum は Ord または Eq を要求しないものの、（Ord と Eq を実装する）Int 型の値に型をマッピングします。Ord と Eq で deriving キーワードを使用するのは簡単ですが、このことをいったん無視し、Enum の派生実装を使って Ord と Eq の手動での定義がより簡単になるようにしてみましょう。

Q14-2：5 面サイコロ（FiveSidedDie 型）を定義します。続いて、Die という型を定義し、サイコロにとって有用なメソッドを少なくとも 1 つ定義します。また、サイコロにとって意味を持つと思われるスーパークラスを追加します。最後に、FiveSidedDie を Die のインスタンスにしてみましょう。

14.11　クイックチェックの解答

▶ **クイックチェック 14-1**

```
instance Show SixSidedDie where
  show S1 = "I"
  show S2 = "II"
  show S3 = "III"
  show S4 = "IV"
  show S5 = "V"
  show S6 = "VI"
```

▶ **クイックチェック 14-2**

http://hackage.haskell.org/package/base/docs/Prelude.html#t:RealFrac にアクセスします。「Minimum complete definition」セクションは properFraction。

164 | LESSON 14 型クラスを使用する

▶ **クイックチェック 14-3**

```
compare S4 S4 = EQ
compare S4 _ = GT
compare _ S4 = LT
```

注意：これはパターンマッチングなので、compare S5 S4 と compare S6 S4 はすでに実行され
ています。

▶ **クイックチェック 14-4**

```
data SixSidedDie = S1 | S2 | S3 | S4 | S5 | S6 deriving (Show,Eq,Ord)
```

LESSON 15

演習：秘密のメッセージ

レッスン 15 では、次の内容を取り上げます。

- 暗号法の基礎
- 基本的な型を使ったデータのモデル化
- `Enum` と `Bounded` の活用
- `Cipher` クラスの記述とインスタンス化

　友だちと秘密のやり取りができるというアイデアは人をワクワクさせます。この章では、型と型クラスの知識をもとに、暗号の見本をいくつか作成します。暗号法の**暗号**とは、メッセージを符号化して他の人が読めなくする手法のことです。暗号は暗号法の土台となるものですが、暗号を使って遊んでみるだけでも楽しいものです。まず、実装や解読が簡単な暗号を調べた後、文字を暗号化するための基礎を理解します。そして最後に、解読できない暗号を組み立てます。

 ### 15.1　初心者のための暗号：ROT13

　ほとんどの人にとって、暗号との最初の出会いは、小学校で友だちと秘密のメッセージをやり取りするときです。ほとんどの子供が偶然に発見する典型的な暗号法は、ROT13 というものです。ROT は「rotation」の略であり、13 は文字を回転させる数を表します。ROT13 は文章の各文字を 13 文字ずつ移動させるという仕組みになっています。たとえば、a はアルファベットの最初の文字であり、そこから 13 文字目にあるのは n です。このため、暗号化の際には a が n に変更されます。

　ROT13 を理解するために、この暗号法を使って秘密のメッセージを送ってみましょう。あなたが送るのは Jean-Paul likes Simone というメッセージです。この例では、大文字を小文字として扱い、スペースや特殊文字は無視します。ROT13 を可視化するもっともよい方法は、図 15-1 に示すようなデコーダリングです。

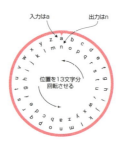

図15-1：ROT13を可視化するもっともよい方法はデコーダリング

　デコーダリングがあれば、メッセージを暗号化するのは簡単です。文字 j は w、e は r に置き換えられます。最終的なメッセージは `Wrna-Cnhy yvxrf Fvzbar` になります。
　13 を使用する理由はアルファベットが 26 文字だからであり、ROT13 を 2 回適用すると元のメッセージが復元されます。n を ROT13 にかけると a に戻ります。それよりも興味深いのは、`Wrna-Cnhy yvxrf Fvzbar` を ROT13 にかけると `Jean-Paul likes Simone` になることです。この対称性は、ほとんどの暗号システムに共通するもので、それらのシステムに不可欠な特性です。

● ROT 暗号を実装する

　ROT13 の仕組みがわかったところで、Haskell の `Char` に対して同じような暗号を作成し、文字列を暗号化／復号できるようにしてみましょう。先の例では、回転数として 13 を使用しました。というのも、アルファベットが 26 文字で、メッセージを暗号化するためにアルファベットを半周するようにしたかったからです。ですがすでに `Jean-Paul likes Simone` のスペースと特殊文字を無視せざるを得なかったという問題にぶつかっています。理想的には、どのような文字システムでもきっちり N 文字を回転させればよいようにしたいところです。そこで必要となるのが、N 個の要素を持つアルファベットシステムを回転させることができる `rotN` という汎用的な関数です。試しに、単純な 4 文字のアルファベットを作成してみましょう（リスト 15-1）。

リスト15-1：4 文字のアルファベットの定義

```
data FourLetterAlphabet = L1 | L2 | L3 | L4 deriving (Show,Enum,Bounded)
```

　ここで重要となるのは、派生の対象となる型クラスとその理由です。

- `FourLetterAlphabet` に deriving `Show` を追加すると、この型を GHCi で操作するのが容易になる。
- deriving `Enum` を追加するのは、これらのデータコンストラクタを `Int` 型に自動的に変換できるようになるためである。文字を `Int` に変換できれば、文字の回転に単純な算術演算を使用できるようになる。`fromEnum` を使って文字を `Int` に変換し、`toEnum` を使って `Int` を文字に変換できる。

- deriving Bounded を追加するのは、回転の範囲を知るのに役立つ maxBound と minBound を提供するためである。

アルファベットクラスを作成したところで、暗号自体の仕組みについて考えてみましょう。

● rotN アルゴリズム

rotN 関数の仕組みは次のようになります。

1. アルファネットのサイズと回転させたい文字を渡します。
2. アルファネットの真ん中を突き止めるには、div 関数を使用します。すでに説明したように、div と/との違いは、Int を割った値が整数になることです。4 'div' 2 は 2 であり、5 'div' 2 も 2 です。div 関数の結果は、文字を回転させる距離を示します。
3. 文字を回転させるには、アルファベットのサイズの半分を文字（Enum）の Int 値に足します（オフセット）。当然ながら、アルファベットのサイズの半分を足すと、Enum 値の半分はその範囲外の Int 値になってしまいます。この問題に対処するために、オフセットのアルファベットのサイズによる剰余を求めます。
4. 最後に、toEnum を使って文字の Int 表現を変換し、文字の型のインスタンスに戻します。

この rotN 関数は、Bounded と Enum の両方のメンバであるすべての型でうまくいきます（リスト 15–2）。

リスト15–2：任意のアルファベットに対応する汎用的な rotN 関数

```haskell
rotN :: (Bounded a, Enum a) => Int -> a -> a
rotN alphabetSize c = toEnum rotation
  where halfAlphabet = alphabetSize 'div' 2   -- アルファベットの中間値を特定
        offset = fromEnum c + halfAlphabet    -- 中間値からオフセットを特定
        rotation = offset 'mod' alphabetSize  -- 剰余演算を使って Enum の範囲内に収める
```

FourLetterAlphabet で rotN 関数を試してみましょう。

```
*Main> rotN 4 L1
L3
*Main> rotN 4 L2
L4
*Main> rotN 4 L3
L1
*Main> rotN 4 L4
L2
```

ここで注目すべきは、Bool 型も Enum と Bounded のメンバであることです。このため、rotN 関数では Bool の回転もうまくいきます。型クラスのおかげで、Enum と Bounded のメンバである型

168　LESSON 15　演習：秘密のメッセージ

はすべて回転させることができます。

　さて、rotN 関数を使って Char を回転させてみましょう。そのために必要なのは、Char の個数を突き止めることだけです。まず、Bounded 型クラスによって要求される maxBound を使用することができます。そうすると、Char のもっとも大きな値が得られます。次に、Enum 型クラスによって要求される fromEnum 関数を使って、この値を Int に変換します。Char のもっとも大きな値を取得するコードはリスト 15–3 のようになります。なお、:: Char を追加することで、使用している型を maxBound に知らせる必要があることに注意してください。

リスト15–3：Char のもっとも大きな値を表す数を取得する

```
largestCharNumber :: Int
largestCharNumber = fromEnum (maxBound :: Char)
```

　しかし、Char のもっとも小さな Int 値は 0 です（同じ要領で minBound を使用します）。このため、Char アルファベットシステムのサイズは largestCharNumber + 1 です。Hackage[1]で Enum 型クラスを調べてみると、Enum の範囲が 0 から n-1 と想定されていることがわかります。このため、一般的には、どのアルゴリズムでも要素の総数は常に maxBound + 1 であると想定しても安全です。Char に特化した rotN 関数を作成したい場合は、リスト 15–4 のようになります。

リスト15–4：Char 型の 1 つの値を回転させる

```
rotChar :: Char -> Char
rotChar charToEncrypt = rotN sizeOfAlphabet charToEncrypt
  where sizeOfAlphabet = 1 + fromEnum (maxBound :: Char)
```

● ROT による文字列の暗号化

　この時点で、Enum と Bounded の両方のメンバである型で 1 文字を回転させる関数が作成されています。しかし、ここでの目的はメッセージの暗号化と復号です。アルファベットで書かれたメッセージは単なる文字のリストです。FourLetterAlphabet で書かれたリスト 15–5 のようなメッセージを送りたいとしましょう。

リスト15–5：FourLetterAlphabet で書かれたメッセージ

```
fourLetterMessage :: [FourLetterAlphabet]
fourLetterMessage = [L1,L3,L4,L1,L1,L2]
```

　このメッセージを暗号化するには、このリストの各文字に rotN 関数を適用する必要があります。リストの各要素に関数を適用するのに最適なのは map です。FourLetterAlphabet を暗号化するエンコーダはリスト 15–6 のようになります。

---

[1]　https://hackage.haskell.org/

リスト15-6：map を使った fourLetterEncoder の定義

```
fourLetterEncoder :: [FourLetterAlphabet] -> [FourLetterAlphabet]
fourLetterEncoder vals = map rot4l vals
  where alphaSize = 1 + fromEnum (maxBound :: FourLetterAlphabet)
        rot4l = rotN alphaSize
```

暗号化されたメッセージは次のようになります。

```
*Main> fourLetterEncoder fourLetterMessage
[L3,L1,L2,L3,L3,L4]
```

次のステップは、メッセージを復号することです。最初の節で述べたように、ROT13 は対称暗号です。ROT13 のメッセージを復号するには、そのメッセージに再び ROT13 を適用します。同じ rotN 関数を適用すればよいため、この問題を解決するのは簡単に思えます。しかし、この対称性をそのまま利用できるのは、アルファベットの文字の個数が偶数の場合だけです。

● 奇数サイズのアルファベットの復号

奇数サイズのアルファベットの復号が問題となるのは、整数の除算では常に端数が切り捨てられるからです。このことを具体的に示すために、**ThreeLetterAlphabet** の定義と、暗号化されたメッセージとエンコーダを見てみましょう（リスト 15-7）。

リスト15-7：ThreeLetterAlphabet、メッセージ、エンコーダ

```
data ThreeLetterAlphabet = Alpha
                         | Beta
                         | Kappa deriving (Show,Enum,Bounded)

threeLetterMessage :: [ThreeLetterAlphabet]
threeLetterMessage = [Alpha,Alpha,Beta,Alpha,Kappa]

threeLetterEncoder :: [ThreeLetterAlphabet] -> [ThreeLetterAlphabet]
threeLetterEncoder vals = map rot3l vals
  where alphaSize = 1 + fromEnum (maxBound :: ThreeLetterAlphabet)
        rot3l = rotN alphaSize
```

FourLetterAlphabet と ThreeLetterAlphabet で同じ関数を使って暗号化と復号を試した場合はどうなるでしょうか。

```
*Main> fourLetterEncoder fourLetterMessage
[L3,L1,L2,L3,L3,L4]
*Main> fourLetterEncoder (fourLetterEncoder fourLetterMessage)
[L1,L3,L4,L1,L1,L2]
*Main> threeLetterMessage
[Alpha,Alpha,Beta,Alpha,Kappa]
```

```
*Main> threeLetterEncoder threeLetterMessage
[Beta,Beta,Kappa,Beta,Alpha]
*Main> threeLetterEncoder (threeLetterEncoder threeLetterMessage)
[Kappa,Kappa,Alpha,Kappa,Beta]
```

　奇数サイズのアルファベットでは、エンコーダが対称ではないことがわかります。この問題を解決するには、rotN と同様の関数を作成する必要があります。この新しい関数は、アルファベットの文字の個数が奇数の場合にオフセットに 1 を足します（リスト 15–8）。

リスト15–8：奇数サイズのアルファベットに対応する rotNdecoder 関数

```
rotNdecoder :: (Bounded a, Enum a) => Int -> a -> a
rotNdecoder n c = toEnum rotation
  where halfN = n 'div' 2
        offset = if even n
                 then fromEnum c + halfN
                 else 1 + fromEnum c + halfN
        rotation = offset 'mod' n
```

rotNdecoder 関数を使ってより堅牢なデコーダを作成すると、リスト 15–9 のようになります。

リスト15–9：ThreeLetterAlphabet にうまく対応するデコーダ

```
threeLetterDecoder :: [ThreeLetterAlphabet] -> [ThreeLetterAlphabet]
threeLetterDecoder vals = map rot3ldecoder vals
  where alphaSize = 1 + fromEnum (maxBound :: ThreeLetterAlphabet)
        rot3ldecoder = rotNdecoder alphaSize
```

　さっそくうまくいくかどうか試してみましょう。

```
*Main> threeLetterMessage
[Alpha,Alpha,Beta,Alpha,Kappa]
*Main> threeLetterEncoder threeLetterMessage
[Beta,Beta,Kappa,Beta,Alpha]
*Main> threeLetterDecoder (threeLetterEncoder threeLetterMessage)
[Alpha,Alpha,Beta,Alpha,Kappa]
```

　最後に、ここまでのコードをすべてまとめて、文字列を暗号化／復号するための堅牢な rotEncoder と rotDecoder を作成することができます。このエンコーダとデコーダは、Char に 1 文字を追加して（または削除して）奇数サイズにしたとしてもうまくいくはずです（リスト 15–10） [2]。

---

[2]　**訳注**：リスト 15–10 に含まれているコードの他に、FourLetterAlphabet（リスト 15–1）、rotN（リスト 15–2）、ThreeLetterAlphabet（リスト 15–7）、rotNdecoder（リスト 15–8）の定義が必要。

15.1 初心者のための暗号：ROT13 | 171

リスト15-10：rotEncoder と rotDecoder による文字列の回転

```
rotEncoder :: String -> String
rotEncoder text = map rotChar text
  where alphaSize = 1 + fromEnum (maxBound :: Char)
        rotChar = rotN alphaSize

rotDecoder :: String -> String
rotDecoder text = map rotCharDecoder text
  where alphaSize = 1 + fromEnum (maxBound :: Char)
        rotCharDecoder = rotNdecoder alphaSize

threeLetterEncoder :: [ThreeLetterAlphabet] -> [ThreeLetterAlphabet]
threeLetterEncoder vals = map rot3l vals
  where alphaSize = 1 + fromEnum (maxBound :: ThreeLetterAlphabet)
        rot3l = rotN alphaSize

threeLetterDecoder :: [ThreeLetterAlphabet] -> [ThreeLetterAlphabet]
threeLetterDecoder vals = map rot3ldecoder vals
  where alphaSize = 1 + fromEnum (maxBound :: ThreeLetterAlphabet)
        rot3ldecoder = rotNdecoder alphaSize

fourLetterEncoder :: [FourLetterAlphabet] -> [FourLetterAlphabet]
fourLetterEncoder vals = map rot4l vals
  where alphaSize = 1 + fromEnum (maxBound :: FourLetterAlphabet)
        rot4l = rotN alphaSize

fourLetterDecoder :: [FourLetterAlphabet] -> [FourLetterAlphabet]
fourLetterDecoder vals = map rot4ldecoder vals
  where alphaSize = 1 + fromEnum (maxBound :: ThreeLetterAlphabet)
        rot4ldecoder = rotNdecoder alphaSize
```

GHCi で Char のあらゆる値を回転させることで、メッセージの暗号化と復号を調べることができます。

```
*Main> rotEncoder "hi"
"\557160\557161"
*Main> rotDecoder(rotEncoder "hi")
"hi"
*Main> rotEncoder "Jean-Paul likes Simone"
"\557130\557157\557153\55..."
*Main> rotDecoder (rotEncoder "Jean-Paul likes Simone")
"Jean-Paul likes Simone"
```

ROT13 はメッセージを送るのに安全な手法であるとはとても言えません。各文字は常にまったく同じ方法で暗号化されるため、暗号化されたメッセージを解読するパターンはすぐに判明します。次節では、秘密のメッセージを送るためのより強力な暗号法を見てみましょう。

15.2　暗号の魔法：XOR

もっと強力な暗号を実装するには、暗号法についてもう少し理解しておく必要があります。ありがたいことに、ここで理解しなければならないのは、単純な二項演算子の 1 つである **XOR**（排他的論理和）だけです。XOR は OR のようなものですが、オペランドが 2 つとも真（True）の場合に偽（False）になるという違いがあります。表 15-1 に、2 つのブーリアンを XOR したときの値をまとめておきます。

表15-1：ブーリアンの XOR

左オペランド	右オペランド	結果
False	False	False
True	False	True
False	True	True
True	True	False

XOR が暗号法において強力なのは、2 つの重要な特性があるためです。1 つは、ROT13 と同様に対称性があることです。Bool 値の 2 つのリストを XOR すると、Bool 値の新しいリストが得られます。この新しいリストを元のリストの一方と XOR すると、もう一方のリストが得られます（図 15-2）。

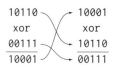

図15-2：XOR の対称性

もう 1 つの特性は、True 値と False 値の一様分布を与えると、それらの値がテキストにどのように分布しているかに関係なく、XOR の出力が True 値と False 値の一様分布になることです。実際には、テキストなどのランダムではない値からなる文字列をランダムな値からなる文字列と XOR すると、結果はランダムノイズのようなものになります。これにより、ROT13 の最大の問題が解決されます。ROT13 で暗号化されたテキストは、最初に見たときには意味不明ですが、出力されたテキストに含まれている文字のパターンは元のテキストと同じなので、簡単に解読されてしまいます。データを正しく XOR すると、その出力はノイズと見分けがつかないものになります。rotN を適用した画像と、XOR してノイズ化した画像を見比べてみれば、どういうことかよくわかります（図 15-3）。グレーのピクセルは False、黒のピクセルは True を表します。

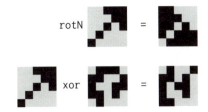

図15-3：rotN を適用した画像と XOR した画像の比較

　単純な xor 関数を定義してみましょう。まず、xorBool というヘルパー関数を定義します。この関数は 2 つの Bool 値で演算を行います。

> Haskell の Data.Bool モジュールには、リスト 15-11 の xorBool 関数に相当する xor 関数が含まれています。

リスト15-11：xor 関数のベースとなる xorBool 関数の定義

```
xorBool :: Bool -> Bool -> Bool
xorBool value1 value2 = (value1 || value2) && (not (value1 && value2))
```

　本章の xor 関数の主な目的は、Bool 値の 2 つのリストを簡単に XOR できるようにすることです。最終的な xor 関数の内部で操作したいのはペアです。zip を使って 2 つのリストをペアのリストにし、map を使ってペアのリストを処理するほうが簡単だからです。さらに一歩踏み込み、Bool 値のペアを操作する xorPair 関数も定義します（リスト 15-12）。

リスト15-12：Bool 値のペアを XOR する xorPair 関数の定義

```
xorPair :: (Bool,Bool) -> Bool
xorPair (v1,v2) = xorBool v1 v2
```

　最後に、これらの関数をまとめて xor 関数を定義します（リスト 15-13）。この関数は Bool 値の 2 つのリストを操作します。

リスト15-13：xor 関数の定義

```
xor :: [Bool] -> [Bool] -> [Bool]
xor list1 list2 = map xorPair (zip list1 list2)
```

　xor 関数を定義したら、次に必要なのは、2 つの文字列を XOR する方法を突き止めることです。

15.3 値をビットとして表す

　暗号化では、ブーリアンのリストについて考えるのではなく、ビットのストリームについて考えます。ここでは、Bits という便利な型シノニムを作成します（リスト 15–14）。そうすれば、これ以降のコードを論理的に理解する上で助けになるはずです。

> ユニット 4 では、Haskell がさまざまな値をビットとして表す仕組みについて説明します。ここでは、ビットを表すためのシステムを独自に作成することにします。

リスト15–14：Bits 型シノニム

```
type Bits = [Bool]
```

　最終目標はテキスト文字列を暗号化することですが、そのためには文字列をビットに変換する必要があります。Char はそれぞれ Int に変換できるため、まず、Int をビットに変換することから始めます。Int をビットに変換するために必要なのは、10 進数をそれに相当する 2 進数（ビットストリーム）に変換することだけです。

　10 進数を 2 進数に変換するには、2 による除算を再帰的に繰り返します。余りが出なければビットストリームに False（または 0）を追加し、余りが出たら True（または 1）を追加します。つまり、数字が 0 または 1 になったところで除算は終了です。そこで、intToBits' という関数を定義します（リスト 15–15）。関数名にアポストロフィ（'）が付いているのは、この関数が最終的に intToBits 関数のヘルパー関数だからです。

リスト15–15：Int 型から Bits 型への変換を開始する intToBits' 関数

```
intToBits' :: Int -> Bits
intToBits' 0 = [False]
intToBits' 1 = [True]
intToBits' n = if (remainder == 0)
               then False : intToBits' nextVal
               else True : intToBits' nextVal
   where remainder = n `mod` 2
         nextVal = n `div` 2
```

　intToBits' 関数を 2 のべき乗で試してみると、このコードに小さな問題があることがわかります。

```
*Main> intToBits' 2
[False,True]
*Main> intToBits' 8
[False,False,False,True]
```

このアルゴリズムはうまくいきますが、それは数値を反転させるまでの話です。この関数の最終
バージョン（'のない intToBits）では、intToBits' 関数の出力を反転させる必要があります。それ
に加えて、Bits のリストをすべて同じサイズにする必要もあります。今のところ、intToBits' 0 は
Bool が 1 個だけ含まれたリストを返すようになっていますが、intToBits' maxBound（maxBits）
は Bool が 63 個含まれたリストを返します。この問題を解決するには、余分な False 値を追加す
ることで、すべてのリストの長さを Int の maxBound 値を変換したときのリストの長さ（maxBits）
と同じにする必要があります。リスト 15–16 では、maxBits を先に計算します。

リスト15–16：maxBits と最終的な intToBits 関数

```
maxBits :: Int
maxBits = length (intToBits' maxBound)

intToBits :: Int -> Bits
intToBits n = leadingFalses ++ reversedBits
  where reversedBits = reverse (intToBits' n)
        missingBits = maxBits - (length reversedBits)
        leadingFalses = take missingBits (cycle [False])
```

GHCi で intToBits' と intToBits をテストしてみましょう。

```
*Main> intToBits' 2
[False,True]
*Main> intToBits' maxBound
[True,True,True,True,...,True,True]
*Main> intToBits 2
[False,False,False,False,...,True,False]
*Main> intToBits maxBound
[True,True,True,True,...,True,True]
```

最後に、Char を Bits に変換します（リスト 15–17）。

リスト15–17：Char を Bits に変換する charToBits 関数

```
charToBits :: Char -> Bits
charToBits char = intToBits (fromEnum char)
```

charToBits 関数が定義されたところで、秘密のメッセージをより安全に暗号化するための基本
ツールはすべて揃いました。残っている問題は、Bits を Char に戻せるようにすることだけです。
この作業はそれほど複雑ではありません。まず、bitsToInts 関数を定義します。ビットごとのイ

ンデックスが含まれたリストを作成し、Bits が True の場合は 2^{index} を追加します。2 進数の 101 が 10 進数の $1*2^2 + 0*2^1 + 1*2^0$ であることに気づけば、これがどういうことか理解できます。値は 1 か 0 だけであるため、0 ではない値のべき乗の総和を求めます。ここで if then else 式を使用することも可能ですが、filter を使用するのが Haskell 流です（リスト 15-18）。

リスト15-18：Bits を Int に変換する bitsToInt 関数

```
bitsToInt :: Bits -> Int
bitsToInt bits = sum (map (\x -> 2^(snd x)) trueLocations)
  where size = length bits
        indices = [size-1,size-2 .. 0]
        trueLocations = filter (\x -> fst x == True)
                        (zip bits indices)
```

GHCi で bitsToInts 関数をテストしてみましょう。

```
*Main> bitsToInt (intToBits 32)
32
*Main> bitsToInt (intToBits maxBound)
9223372036854775807
```

この整数からビットへの変換には、エラーの原因になりかねない部分があります。それは負数を扱う方法がないことです。この例では、問題はありません。ここでは intToBits を使用していて、この型変換は Char を Enum として扱うための手段にすぎないからです。Char（Enum）の値はすべて 0 と maxBound の間にあるため、実際には、負数が検出されることはないはずです。レッスン 38 では、このような問題を詳しく取り上げることにします。

ビットを扱うために必要な最後の関数は、toEnum を使って Bits を Char に変換する関数です（リスト 15-19）。

リスト15-19：Bits を Char に戻せば変換は完了

```
bitsToChar :: Bits -> Char
bitsToChar bits = toEnum (bitsToInt bits)
```

GHCi でうまくいくか試してみましょう。

```
*Main> bitsToChar (charToBits 'a')
'a'
*Main> bitsToChar (charToBits maxBound)
'\1114111'
*Main> bitsToChar (charToBits minBound)
'\NUL'
```

あとは、これらの構成要素を組み合わせることで、秘密のメッセージを作成するためのはるかに安全なシステムを作成することができます。

 ## 15.4　ワンタイムパッド

　xor 関数があれば、安全ではない ROT13 暗号から、解読不能なワンタイムパッドに乗り換えることができます。**ワンタイムパッド**は暗号法において非常に重要なツールであり、正しく実装されればクラックすることは不可能となります。考え方は単純です。まず、暗号化したいテキストと、少なくとも同じ長さ（文字数）の 2 つ目のテキスト（パッド）を用意します。次に、2 つ目のテキストの各文字を 1 つ目のテキストの文字と順番に XOR します[3]。パッドが十分にランダムなものである限り、ワンタイムパッドはクラック不可能です。「ワンタイム」という名前が示唆するように、パッドは一度しか使用されません。

● ワンタイムパッドを実装する

ワンタイムパッドを実装するために、まず、サンプルパッドを定義してみましょう（リスト 15-20）。

リスト15-20：単純なパッド

```
myPad :: String
myPad = "Shhhhhh"
```

次に、暗号化するテキストを定義します（リスト 15-21）。

リスト15-21：暗号化するテキスト

```
myPlainText :: String
myPlainText = "Haskell"
```

　`myPlainText` を暗号化するには、このテキストとパッドの両方をビットに変換した後、それらの結果を XOR します（リスト 15-22）。

リスト15-22：文字列とパッドをビットに変換する applyOTP' 関数

```
applyOTP' :: String -> String -> [Bits]
applyOTP' pad plaintext = map (\pair -> (fst pair) `xor` (snd pair))
                             (zip padBits plaintextBits)
  where padBits = map charToBits pad
        plaintextBits = map charToBits plaintext
```

---

[3] この暗号の名前に含まれている「パッド」は、この 2 つ目のテキストが以前はメモ帳（pad of paper）に書かれていたことに由来する。

178 | LESSON 15　演習：秘密のメッセージ

　もちろん、applyOTP' 関数から返されるのはビットのリストだけです。ここで必要なのは文字列です。最終的な applyOTP 関数は、applyOTP' 関数の出力を文字列にマッピングします（リスト15–23）。

リスト15–23：ワンタイムパッドを使って文字列を暗号化する applyOTP 関数

```
applyOTP :: String -> String -> String
applyOTP pad plaintext = map bitsToChar bitList
  where bitList = applyOTP' pad plaintext
```

　さっそく applyOTP 関数を使ってテキストを暗号化してみましょう。

```
*Main> applyOTP myPad myPlainText
"\ESC\t\ESC\ETX\r\EOT\EOT"
```

　最初に気づくのは、独自の暗号化システムの導入が決してよい考えではない理由です。この単純な XOR ベースのワンタイムパッドでは、同じ文字どうしの適用にパターンがあることは明らかです。同じ文字が繰り返されていることを見ても、このパッドは特によいものではないからです。xor 関数の出力が一様分布の乱数であることを思い出してください。というのも、xorBool で処理される値の 1 つも一様分布の乱数だからです。もちろん、暗号化するテキストはランダムなものではなく、残念ながらパッドもランダムではありません。パッドがランダムであるとしたら、攻撃者はパッドを知らないため、暗号化されたテキストをクラックすることはできません。

　興味深いのは、テキストの暗号化と復号の方法が同じであることです。レッスン 5 で説明した部分適用を利用すれば ── つまり、関数が要求するものよりも少ない引数を適用し、関数に残りの引数を待機させれば、エンコーダ／デコーダを作成することが可能です（リスト 15–24）。

リスト15–24：部分適用を使って encoderDecoder を作成する

```
encoderDecoder :: String -> String
encoderDecoder = applyOTP myPad
```

　このエンコーダ／デコーダは、パッドよりも短いテキストでうまくいくはずです。

```
*Main> encoderDecoder "book"
"1\a\a\ETX"
*Main> encoderDecoder "1\a\a\ETX"
"book"
```

　これで、暗号化されたメッセージを送信するための、最初の ROT13 よりもずっとよい方法が手に入りました。最大の制約は、パッドが十分にランダムなものでなければならないことです。そしてもっとも重要なのは、パッドを使用するのが一度だけであることです。

15.5　Cipher クラス

　メッセージを暗号化するための暗号が 2 つになったところで、メッセージの暗号化と復号という一般的な振る舞いをカプセル化する型クラスを作成してみましょう。そうすれば、新しい暗号を作成するための共通インターフェイスを定義できるだけでなく、`rotEncoder` と `applyOTP` を使った操作がより簡単になります。リスト 15–25 に示すように、`encode` と `decode` の 2 つのメソッドを持つ型クラス `Cipher` を作成します。

リスト15–25：暗号演算を一般化する Cipher 型クラス

```
class Cipher a where
  encode :: a -> String -> String
  decode :: a -> String -> String
```

　ところで、暗号の型はどうなるのでしょうか。ここまでは、文字列を変換するためのアルゴリズムがあるだけで、型と呼べるようなものは見当たりませんでした。まず、ROT13 のための単純な型を定義してみましょう（リスト 15–26）。

リスト15–26：Rot データ型

```
data Rot = Rot
```

　1 つの型と 1 つのデータコンストラクタで何ができるのでしょうか。この単純な型を使って `Cipher` クラスを実装すれば、より汎用的な `encode` 関数と `decode` 関数を使って、テキストを ROT13 で暗号化することを指定できるようになります（リスト 15–27）。

リスト15–27：Rot を Cipher のインスタンスにする

```
instance Cipher Rot where
  encode Rot text = rotEncoder text
  decode Rot text = rotDecoder text
```

　ROT13 を使ってテキストを暗号化するには、`encode` 関数に `Rot` データコンストラクタとテキストを渡します。

```
*Main> encode Rot "Haskell"
"\557128\557153\557171\557163\557157\557164\557164"
*Main> decode Rot "\557128\557153\557171\557163\557157\557164\557164"
"Haskell"
```

　次に、ワンタイムパッドの型を作成する必要があります。ワンタイムパッドでは追加の引数が必要であるため、少し複雑です。この余分な引数はパッドであり、型の定義に追加することができます。リスト 15–28 に示すように、`String` 型の引数を持つ `OneTimePad` というデータ型を定義し

180 LESSON 15 演習：秘密のメッセージ

ます。

リスト15-28：OneTimePad データ型

```
data OneTimePad = OTP String
```

次に、OneTimePad を Cipher クラスのインスタンスにします（リスト 15-29）。

リスト15-29：OneTimePad を Cipher のインスタンスにする

```
instance Cipher OneTimePad where
  encode (OTP pad) text = applyOTP pad text
  decode (OTP pad) text = applyOTP pad text
```

OneTimePad データ型のインスタンスを作成すれば、このコードをテストできます。しかし、パッドには何を使用すればよいのでしょうか。パッドが暗号化するテキストよりも長ければ、うまくいくはずです。しかし、入力されるテキストがどのようなものになるか見当がつかない状態で、どうすればパッドを十分な長さにできるのでしょうか。この問題を解決するために、遅延評価を使って Char のすべての値を永遠に繰り返す無限の長さのリストを作成します（リスト 15-30）。

リスト15-30：遅延評価を使って無制限のパッドを作成する

```
myOTP :: OneTimePad
myOTP = OTP (cycle [minBound .. maxBound])
```

これで、任意の長さの文字列を暗号化／復号できるはずです。

```
*Main> encode myOTP "Learn Haskell"
"Ldcqj%Nf{bog‘"
*Main> decode myOTP "Ldcqj%Nf{bog‘"
"Learn Haskell"
*Main> encode myOTP "this is a longer sentence, I hope it encodes"
"tikp$lu’i)fdbjk}0bw}‘pxt}5:R<uqoE\SOHKW\EOT@HDGMOX"
*Main> decode myOTP "tikp$lu’i)fdbjk}0bw}‘pxt}5:R<uqoE\SOHKW\EOT@HDGMOX"
"this is a longer sentence, I hope it encodes"
```

Cipher クラスは、思いつく限りのシークレットメッセージシステムを操作するのに申し分のないインターフェイスです。ただし、実際の環境で独自の暗号システムを利用しようなんて絶対に考えないでください。

15.6　まとめ

このレッスンでは、次の内容を確認しました。

- `Enum` や `Bounded` といった基本的な型クラスを使って汎用的な `rotN` 暗号関数を作成する方法。
- `Bool` のリスト（ストリーム）を暗号化するために XOR を使用する方法。
- `[Bool]` を `Bits` として考えるために型シノニムを使用すること。`Char` を `Bits` に変換する際には、さまざまな型どうしをやり取りさせる方法と、データを別の型に変換する方法を調べた。これらの知識を組み合わせて、ワンタイムパッドという強力な暗号ツールを作成した。
- 型クラスを使ってさまざまな暗号システムを使用するためのインターフェイスを作成する方法と、異なる暗号アルゴリズムを表す 2 つの型で `Cipher` クラスを実装する方法。

● 暗号化／復号プログラムの拡張

　ワンタイムパッドの問題はワンタイムパッド自体にあります。パッドは少なくとも暗号化するメッセージと同じ長さでなければならず、使用できるのは一度だけです。解決策は、ワンタイムパッドを「シード」から生成することです。パッドをシードから作成するために必要なのは、擬似乱数生成器（PRNG）だけです。シードの初期値を与えると、PRNG は乱数を生成します。その後は、生成された乱数を次の乱数のシードとして使用することができます。これらの `Int` 値からストリームを生成すれば、`intToBits` を使って必要な `xor` 値をすべて作成することができます。このような方法で、1 つの数値をもとに実質的に無限の長さのパッドを PRNG に生成させることができます。PRNG の出力をパッドとしてメッセージを暗号化することを**ストリーム暗号**と呼びます。

　単純な PRNG を定義するための Haskell コードはリスト 15–31 のようになります。この RPNG は**線形合同法**と呼ばれるものです。

リスト15–31：線形合同法

```
prng :: Int -> Int -> Int -> Int -> Int
prng a b maxNumber seed = (a*seed + b) `mod` maxNumber
```

　パラメータ a、b はランダム性の度合いを決定するのに役立つ初期パラメータであり、`maxNumber` は生成可能な乱数の上限を決定するパラメータです。リスト 15–32 は、部分適用を使って 100 未満の乱数を生成する例です。

リスト15–32：examplePRNG

```
examplePRNG :: Int -> Int
examplePRNG = prng 1337 7 100
```

182 | LESSON 15 演習：秘密のメッセージ

GHCi で乱数を生成してみましょう。

```
*Main> examplePRNG 12345
72
*Main> examplePRNG 72
71
*Main> examplePRNG 71
34
*Main> examplePRNG 34
65
```

自分で試してみたい場合は、PRNG を使って StreamCipher 型を作成し、Cipher クラスのインスタンスにします。繰り返しますが、実際の環境では独自の暗号システムを決して使用しないでください。あくまでもメモをやり取りする程度のものであると考えてください。

3　型によるプログラミング

　Haskellの型でのプログラミングは独特です。ユニット1では、関数型プログラミングがどのようなものであるかを紹介しました。関数型プログラミングはこれが初めて、という場合、コードの記述や問題の解決に対する考え方はまったく新しいものだったはずです。Haskellの型システムは非常に強力であるため、ユニット1で説明したものと結び付く第2のプログラミング言語として考えてみるのが得策です。

　しかし、型によるプログラミングとはどういう意味でしょうか。`a -> b`といった関数の型シグネチャを調べるときには、このシグネチャを変換の説明であると考えます。`CoffeeBeans -> CoffeeGrounds`（コーヒー豆→コーヒー粉末）という型シグネチャがあるとしましょう。この変換を「関数」はどのように説明できるでしょうか。この2つの型以外に情報がない場合、あなたは「この関数は`grind`（挽く）だな」と見当をつけるかもしれません。`CoffeeGrounds -> Water -> Coffee`（コーヒー粉末→水→コーヒー）という型シグネチャではどうでしょうか。この関数が`brew`（淹れる）であることは明らかです。Haskellの型は、プログラムを一連の変換として捉えることを可能にします。

　「変換」については、関数をより抽象的なレベルで捉えるものとして考えることができます。Haskellで問題を解くときには、まず、それらの問題を一連の抽象的な変換として考えます。たとえば、大きなテキストドキュメントがあり、そのドキュメントから数字をすべて拾い出し、それらの数字をすべて足し合わせる必要があるとしましょう。この問題をHaskellで解くにはどうすればよいでしょうか。まず、このドキュメントを文字列（`String`）として表せることがわかっているとしましょう。

```
type Document = String
```

　次に、この大きな文字列を分割して数字を検索できるようにするための関数が必要です。

```
Document -> [String]
```

続いて、数字を検索する必要があります。上記の String のリストと関数を使って、その String が数字かどうかをチェックし、数字のリストを返します。

```
[String] -> (String -> Bool) -> [String]
```

数字が拾い出されたら、それらを文字列から数値（整数）に変換する必要があります。

```
[String] -> [Integer]
```

最後に、整数のリストを単一の整数に変換します。

```
[Integer] -> Integer
```

作業はこれで完了です。プログラムに必要な変換の種類について考えることで、1 つの関数を設計するときと同じようにプログラム全体を設計することができました。

この例では、型を使ってプログラムをどのように設計できるかを示しましたが、Haskell の型システムを使ってできることの表面をなぞったにすぎません。このユニットでは、Haskell の型の威力を探っていきます。他の言語では不可能な方法で型を組み合わせ、型がどのようにして引数を受け取るのかを確認します。型を正しく選択すれば、プログラムからバグをなくしてしまうことも不可能ではありません。Haskell を知れば知るほど、型によるプログラミングを行ってから、関数を使って詳細を詰めていくようになるでしょう。

LESSON 16

直積型と直和型

レッスン 16 では、次の内容を取り上げます。

- さまざまなプログラミング言語の直積型を理解する
- 直和型を使って問題を新しい方法でモデル化する
- 階層的なプログラム設計に囚われずに考えてみる

このレッスンでは、すでに取り上げた型を少し詳しく見ていきます。そうすれば、Haskell の型の何が独特なのか、型を使ってプログラムを設計するにはどうすればよいかについて理解を深めることができるでしょう。ここまで見てきた型のほとんどは、代数的データ型です。**代数的データ型**とは、他の型を組み合わせることで作成できる型のことです。代数的データ型を理解する鍵は、他の型を組み合わせる方法をきちんと理解することにあります。ありがたいことに、型を組み合わせる方法は 2 つしかありません。論理積（AND）を使って複数の型を組み合わせるか、論理和（OR）を使って組み合わせるかです。たとえば、名前は String と別の String を AND で組み合わせたものであり、Bool は True データコンストラクタと False データコンストラクタを OR で組み合わせたものです。他の型と AND で組み合わせることによって作成される型を**直積型**と呼び、他の型と OR で組み合わせることによって作成される型を**直和型**と呼びます。

 16.1　直積型

直積型は、2 つ以上の既存の型を「AND」で組み合わせることによって作成されます。一般的な例をいくつかあげてみましょう。

- 分子（`Integer`）と分母（別の `Integer`）として定義できる分数
- 番地（`Int`）とストリート名（`String`）として定義できる番地コード
- 番地コード、市区町村（`String`）、州（`String`）、郵便番号（`Int`）として定義できる住所

LESSON 16　直積型と直和型

>
> **Tips** 地元のレストランの朝食メニューを管理するためのコードを書いているとしましょう。朝のスペシャルメニューでは、肉料理（`BreakfastMeat`）、1 種類以上のサイドメニュー（`BreakfastSide`）、メインメニュー（`BreakfastMain`）から好きなものを選べます。これらの選択肢を表すデータ型は次のとおりです。
>
> ```
> data BreakfastSide = Toast | Biscuit | Homefries | Fruit deriving Show
> data BreakfastMeat = Sausage | Bacon | Ham deriving Show
> data BreakfastMain = Egg | Pancake | Waffle deriving Show
> ```
>
> あなたは、`BreakfastSpecial` 型を作成したいと考えています。この型は、客が選べる料理の組み合わせを表します。
>
> - キッズブレックファースト：メイン 1 種類、サイド 1 種類
> - ベーシックブレックファースト：メイン 1 種類、肉料理 1 種類、サイド 1 種類
> - ランバージャック：メイン 2 種類、肉料理 2 種類、サイド 3 種類
>
> 他のブレックファースト型からこれらの組み合わせ（のみ）を可能にする 1 つの型を作成するにはどうすればよいでしょうか。

　「直積型」という名前のせいで、複雑な手法に思えるかもしれませんが、どのプログラミング言語においても、直積型は型を定義するためのもっとも一般的な手法です。直積型はほぼすべてのプログラミング言語でサポートされています。もっとも単純な例は、C の構造体です。例として、書籍と著者を定義する C の構造体を見てみましょう（リスト 16-1）。

リスト16-1：C の構造体は直積型（書籍と著者の例）

```
struct author_name {
    char *first_name;
    char *last_name;
};

struct book {
    author_name author;
    char *isbn;
    char *title;
    int year_published;
    double price;
};
```

　この例では、`author_name` 型が 2 つの `String` の組み合わせでできていることがわかります（C の `char *` は文字の配列を表します）。`book` 型のほうは、1 つの `author_name`、2 つの `String`、1 つの `Int`、1 つの `Double` の組み合わせでできています。`author_name` 型と `book` 型はどちらも他の型を AND で組み合わせることによって作成されています。C の構造体は、クラスや JSON を含

め、ほぼすべての言語の似たような型の原点です。この例を Haskell で記述するとリスト 16–2 のようになります。

リスト16–2：C の author_name 構造体と book 構造体を Haskell で定義する

```
data AuthorName = AuthorName String String

data Book = Book AuthorName String String Int Double
```

レッスン 12 のレコード構文を使用すると、book がより C の構造体っぽくなります。

リスト16–3：レコード構文を使用すると C の構造体との類似性が明らかになる

```
data Book = Book {
    author :: AuthorName
  , isbn   :: String
  , title  :: String
  , year   :: Int
  , price  :: Double
}
```

Book と AuthorName は直積型の例であり、現代のほぼすべてのプログラミング言語との共通点を備えています。興味深いことに、ほとんどのプログラミング言語では、型を AND で組み合わせることが新しい型を作成する唯一の方法です。

▷ **クイックチェック 16-1**
レコード構文を使って AuthorName を書き換えてみましょう。

● **直積型の呪い：階層的な設計**
もっぱら既存の型を組み合わせることによる新しい型の作成は、興味深いソフトウェア設計モデルへとつながります。アイデアを拡張するには何かを追加するしかないという制約があるために、プログラマはもっとも抽象的な型の表現を捻り出し、その表現から始まるトップダウン方式の設計を強いられます。クラス階層に基づくソフトウェア設計は、このようにして始まります。

例として、Java のプログラムを書いていて、ブックストアのデータをモデル化したいとしましょう。先ほどの Book サンプルから始めると、最初はリスト 16–4 のようになります（Author クラスはすでに存在しているものとします）。

リスト16–4：Book クラスの最初の定義（Java）

```
public class Book {
    Author author;
    String isbn;
    String title;
    int yearPublished;
    double price;
}
```

188 | LESSON 16 直積型と直和型

　このコードはうまくいきますが、このブックストアでレコードも販売したいと考えていたことを思い出します。`VinylRecord` クラスの最初の実装はリスト 16-5 のようになります。

リスト16-5：品揃えを増やすために VinylRecord クラスを追加する（Java）

```java
public class VinylRecord {
    String artist;
    String title;
    int yearPublished;
    double price;
}
```

　`VinylRecord` クラスは Book クラスに似ていますが、両者の違いはトラブルを引き起こすのに十分です。まず、`Author` 型を再利用できなかったのは、すべてのアーティストが個人名で活動しているとは限らないためです。アーティストはバンド名のことがあります。Elliott Smith には `Author`型を使用できますが、The Smiths には使用できません。従来の階層的な設計では、この `Author` と`artist` の不一致の問題に対するよい解決策はありません（次節では、Haskell がこの問題をどのように解決するのかを示します）。もう 1 つの問題は、レコードに ISBN コードがないことです。

　大きな問題は、在庫の検索を可能にするために、レコードと書籍を 1 つの型で表そうとしていることです。型を合成するには積集合を求めるしかないため、レコードと書籍の共通点をすべて説明するような抽象化を考え出す必要があります。そして、相違点だけを別のクラスで実装することになります。これは**継承**のベースとなる概念です。そこで、`VinylRecord` と Book のスーパークラスとなる `StoreItem` を作成します。リファクタリング後の Java コードはリスト 16-6 のようになります。

リスト16-6：Book と VinylRecord のスーパークラス StoreItem を作成する（Java）

```java
public class StoreItem {
    String title;
    int yearPublished;
    double price;
}

public class Book extends StoreItem{
    Author author;
    String isbn;
}

public class VinylRecord extends StoreItem{
    String artist;
}
```

　この方法はうまくいきます。あとは、`StoreItem` を操作する残りのコードをすべて記述し、条件文を使って Book と `VinylRecord` を処理すればよいはずです。ですがここで、コレクター向けのフィギュアも販売するために発注していたことを思い出したとしましょう。そのための基本的な

CollectibleToy クラスは、リスト 16–7 のようになります。

リスト16–7：CollectibleToy クラス（Java）

```
public class CollectibleToy {
    String name;
    String description;
    double price;
}
```

　ここまでのコードをすべて動作させるために、またしてもすべてのコードを完全にリファクタリングするはめになります。StoreItem クラスは今や price 属性しか残っていない有様です。すべての商品に共通する値は価格だけだからです。VinylRecord と Book に共通する属性はそれぞれのクラスに戻さなければなりません。それか、StoreItem を継承し、VinylRecord と Book のスーパークラスとなる新しいクラスを作成するかです。ColletibleToy クラスの name 属性は title 属性とは違うのでしょうか。ひょっとしたら、すべての商品に対するインターフェイスを作成したほうがよいのかもしれません。このように、比較的単純なケースであっても、厳密な直積型の設計はすぐに複雑になってしまいがちです。

　理論的には、オブジェクト階層の作成は優美にして、万物が複雑に絡み合っていることを抽象的に捉えるものです。実際には、ほんの些細なオブジェクト階層を作成するだけであっても、設計上の課題がいやというほどあります。元はと言えば、ほとんどの言語において型を組み合わせる方法が AND だけだからです。そのせいで、極端な抽象化からのトップダウンを受け入れざるを得なくなります。残念ながら、現実は不可思議なエッジケースだらけであり、たいてい思っていたよりもずっと複雑です。

▷ **クイックチェック 16-2**
　Car という型があるとしましょう。SportsCar をスポイラー（Spoiler）付きの自動車として表すにはどうすればよいでしょうか（Spoiler 型も定義されているものとします）。

 ## 16.2　直和型

直和型によって可能となるのは、2 つの型を「OR」で組み合わせることだけです。それからすると、直和型は驚くほど強力です。例をいくつかあげてみましょう。

- サイコロは 6 面または 20 面である（他にもあるかも）。
- 論文は 1 人の研究者（String によって書かれるか、複数の研究者（[String]）によって書かれる。
- リストは空のリスト（[]）か、1 つの要素に別のリストをコンスしたもの（a:[a]）である。

190 | LESSON 16 直積型と直和型

もっともわかりやすい直和型は Bool です（リスト 16-8）。

リスト16-8：一般的な直和型である Bool

```
data Bool = False | True
```

Bool 型のインスタンスは、False データコンストラクタか True データコンストラクタです。このことは、直和型が「他の多くのプログラミング言語に存在する列挙型を Haskell で作成する方法にすぎない」という誤った印象を与えるかもしれません。しかし、レッスン 12 で 2 種類の名前を定義したときのように、直和型を何かもっと有益なものに利用できることはすでにわかっています（リスト 16-9）。

リスト16-9：直和型を使ってミドルネームがある名前とない名前をモデル化する

```
type FirstName = String
type LastName = String
type MiddleName = String

data Name = Name FirstName LastName
          | NameWithMiddle FirstName MiddleName LastName
```

この例では、2 つの型コンストラクタを使用できます。1 つは、2 つの String で構成される Name であり、もう 1 つは 3 つの String で構成される NameWithMiddle です。2 つの型の間で|を使用することで、それぞれの型が意味するものを表現できます。複数の型を組み合わせるために使用できる「OR」を道具に加えることで、直和型を持たない他のプログラミング言語にはない、Haskell ならではの可能性への扉が開かれます。直和型がいかに強力であるかを確認するために、前節の問題を解決してみることにしましょう。

まず、Author と Artist の違いから見ていきましょう。この場合、別々の型が必要となる理由は、書籍の著者の名前はそれぞれファーストネームとラストネームで表せるのに対し、レコードを制作するアーティストは人名として表される場合とバンド名として表される場合があるためです。この問題を直積型だけで解決するのはそう簡単ではありません。しかし、直和型を利用すれば、この問題をかなり簡単にやっつけることができます。まず、Author または Artist となる Creator 型を作成してみましょう（リスト 16-10）。

リスト16-10：Author または Artist となる Creator 型

```
data Creator = AuthorCreator Author | ArtistCreator Artist
```

Name 型はすでに定義されているため、まず Author を名前として定義できます（リスト 16-11）。

リスト16-11：Name 型を使って Author 型を定義する

```
data Author = Author Name
```

アーティストについては少し注意が必要です。すでに指摘したように、**Artist** は人名の場合とバンド名の場合があります。この問題は別の直和型を使って解決することにします（リスト 16-12）。

リスト16-12：アーティストは Person の場合と Band の場合がある

```
data Artist = Person Name | Band String
```

ここまではよいとして、現実につきもののやっかいなエッジケースについてはどうすればよいでしょうか。たとえば、H. P. Lovecraft のような作家はどうすればよいでしょうか。必ず「Howard Phillips Lovecraft」を使用するという手もありますが、データモデルに制約されるというのもおかしな話であり、もっと柔軟でよいはずです。**Name** に別のデータコンストラクタを追加すれば、この問題を簡単に修正できます（リスト 16-13）。

リスト16-13：H.P. Lovecraft に対応するために Name 型を拡張する

```
data Name = Name FirstName LastName
          | NameWithMiddle FirstName MiddleName LastName
          | TwoInitialsWithLast Char Char LastName
```

結果として、**Artist**、**Author**、**Creator** がどれも **Name** の定義に依存することになります。逆に考えれば、変更しなければならないのは **Name** の定義だけであり、**Name** を使って定義されている他の型に配慮する必要がなくなっています。それに加えて、**Name** の定義が 1 か所にまとまっていることは **Artist** と **Author** にとって有利であり、やはりコードの再利用によるメリットがあります。ここまでのまとめとして、H. P. Lovecraft の **Creator** 型を作成してみましょう（リスト 16-14）。

リスト16-14：H. P. Lovecraft の Creator 型

```
hpLovecraft :: Creator
hpLovecraft = AuthorCreator
              (Author
                (TwoInitialsWithLast 'H' 'P' "Lovecraft"))
```

この例のデータコンストラクタは冗長かもしれませんが、実際には、そのほとんどを抽象化する関数を使用することになるでしょう。この解決策を、直積型によって要求される階層的な設計を使用したときの解決策と比べてみましょう。階層的な設計では、last-name 属性しか持たない Name スーパークラスを定義する必要があります（3 種類の名前に共通するプロパティは last-name だけです）。そして、3 種類のデータコンストラクタをそれぞれサブクラスとして定義する必要があります。ですが、このモデルは Andrew W. K. のようなラストネームが char の名前によって破綻することになります。直和型を使用すれば、この問題に簡単に対処できます（リスト 16-15）。

リスト16-15：Andrew W. K. に対応するために Name を拡張する

```
data Name = Name FirstName LastName
          | NameWithMiddle FirstName MiddleName LastName
          | TwoInitialsWithLast Char Char LastName
          | FirstNameWithTwoInits FirstName Char Char
```

　この問題を直積型だけで解決するとしたら、フィールドがどんどん増えていく Name クラスを作成するしかありませんが、そうすると未使用の属性が存在することになってしまいます。

```
public class Name {
    String firstName;
    String lastName;
    String middleName;
    char firstInitial;
    char middleInitial;
    char lastInitial;
}
```

　何もかも正しく動作させようとして余分なコードだらけになるのは目に見えています。それだけでなく、Name の有効性が保たれるという保証もありません。これらすべての属性に値が設定された場合はどうなるでしょうか。Java には、Name オブジェクトが名前の制約を満たしていることを確認する型チェッカーのようなものはありません。Haskell では、あなたが明示的に定義した型以外は存在しないことがわかっています。

 ## 16.3　ブックストアプログラムを作成する

　改めてブックストア問題を取り上げ、直和型を考慮に入れるとどのように役立つのか見てみましょう。この強力な Creator 型を使って Book を書き直すと、リスト 16-16 のようになります。

リスト16-16：Creator を使った Book の定義

```
data Book = Book {
      author    :: Creator
    , isbn      :: String
    , bookTitle :: String
    , bookYear  :: Int
    , bookPrice :: Double
}
```

また、`VinylRecord`型も定義します（リスト16–17）。

リスト16-17：VinylRecord 型

```
data VinylRecord = VinylRecord {
    artist      :: Creator
  , recordTitle :: String
  , recordYear  :: Int
  , recordPrice :: Double
}
```

> **Column** **単なる price ではだめなのか**
>
> 鋭い読者は、`Book`と`VinylRecord`の価格の名前が異なっていることに気づいたかもしれません。これらの型をより一貫したものにするために、`bookPrice`と`recordPrice`ではなく、`price`という名前を使用するわけにはいかないのでしょうか。この問題は、直和型の制限に関連するものではなく、Haskellによるレコード構文の処理に制限があることに起因しています。レコード構文を使用しない場合、`Book`型の定義が次のようになることを思い出してください。
>
> ```
> data Book = Book Creator String String Int Double
> ```
>
> レコード構文は、関数の作成を次のように自動化します。
>
> ```
> price :: Book -> Double
> price (Book _ _ _ _ val) = val
> ```
>
> `Book`と`VinylRecord`のプロパティに同じ名前を使用すると、競合する関数を定義することになってしまいます。
> この問題はかなり忌々しいもので、筆者がなかなか許す気になれないHaskellの落ち度です。本書では、後ほど対応策を紹介します。とはいえ、冗談じゃないと思っているのはあなただけではありません。

ここまで来れば、`StoreItem`型を作成するのは簡単です（リスト16–18）。

リスト16-18：StoreItem は Book または VinylRecord になる

```
data StoreItem = BookItem Book | RecordItem VinylRecord
```

ですが、またしても`CollectibleToy`のことを忘れていました。直和型のおかげで、このデータ型を追加し、それに合わせて`StoreItem`型を拡張するのは簡単です（リスト16–19）。

リスト16-19：CollectibleToy 型を追加する

```
data CollectibleToy = CollectibleToy {
    name        :: String
  , descrption  :: String
  , toyPrice    :: Double
}
```

StoreItem を修正するには、|をもう 1 つ追加するだけです（リスト 16-20）。

リスト16-20：CollectibleToy を含むように StoreItem をリファクタリングする

```
data StoreItem = BookItem Book
               | RecordItem VinylRecord
               | ToyItem CollectibleToy
```

最後に、これらの型のすべてでうまくいく関数の構築方法を見てみましょう。リスト 16-21 の price 関数は、商品の価格を取得します。

リスト16-21：StoreItem 型で price 関数を使用する例

```
price :: StoreItem -> Double
price (BookItem book) = bookPrice book
price (RecordItem record) = recordPrice record
price (ToyItem toy) = toyPrice toy
```

直和型により、型を定義するときの表現力が大幅にアップするだけでなく、似たような型を作成するための便利な手段も手に入ります。

▷ **クイックチェック 16-3**

Creator が Show のインスタンスであると仮定して、madeBy 関数を記述してみましょう。この関数は、StoreItem -> String という型シグネチャを持ち、StoreItem の作者を突き止めるために最善を尽くします。

 ## 16.4　まとめ

このレッスンの目的は、既存の型から新しい型を作成する 2 つの方法を理解することにありました。1 つ目の方法は直積型であり、AND を使って 2 つ以上の型を組み合わせることで新しい型を定義する、という仕組みになっています。直積型は（呼び名は異なるかもしれませんが）ほぼすべてのプログラミング言語でサポートされています。2 つ目の方法は直和型であり、OR を使って型を組み合わせます。直和型は直積型ほど一般的ではありません。直積型のみのサポートには、階層的な抽象化について考えることを強いられるという問題があります。直和型は、表現豊かな方法で新しい型を定義できる強力なツールです。

16.5 練習問題

このレッスンの内容を理解できたかどうか確認してみましょう。

Q16-1：ブックストアの商品の品揃えをさらに拡張し、無料のパンフレットの在庫も管理することにします。パンフレットには、タイトル、説明、そのパンフレットを提供している団体の連絡先という3つのフィールドがあります。`Pamphlet`型を作成し、`StoreItem`に追加してみましょう。さらに、`Pamphlet`型に対応するように`price`も変更してください。

Q16-2：`Circle`、`Square`、`Rectangle`の3つの図形を含んだ`Shape`型を作成し、`Shape`の外周と面積を計算する関数を作成してみましょう。

16.6 クイックチェックの解答

▶ クイックチェック 16-1

```
data AuthorName = AuthorName {
    firstName :: String
  , lastName  :: String
}
```

▶ クイックチェック 16-2

```
data SportsCar = SportsCar Car Spoiler
```

▶ クイックチェック 16-3

```
madeBy :: StoreItem -> String
madeBy (BookItem book) = show (author book)
madeBy (RecordItem record) = show (artist record)
madeBy _ = "unknown"
```

LESSON 17

合成によるデザイン：SemigroupとMonoid

レッスン17では、次の内容を取り上げます。

- 関数合成を使って新しい関数を作成する
- `Semigroup`を使って色を混ぜ合わせる
- コードでのガードの使い方を理解する
- `Monoid`を使って確率問題を解く

レッスン16で説明したように、直和型を利用すれば、ほとんどのプログラミング言語に存在する階層的なデザインパターンに囚われない考え方ができるようになります。Haskellには、従来のソフトウェアデザインとは一線を画するもう1つの重要な特徴として、**合成可能性**という概念があります。合成可能性は、2つの似たようなものを組み合わせて新しいものを作成できることを意味します。

2つのものを「組み合わせる」とはどういう意味でしょうか。たとえば、2つのリストをつなぎ合わせて新しいリストを作る、2つのドキュメントを組み合わせて新しいドキュメントを作る、2つの色を混ぜ合わせて新しい色を作る、といった意味になります。多くのプログラミング言語では、型を組み合わせる方法ごとに専用の演算子か関数が定義されています。ほぼすべてのプログラミング言語には型を文字列に変換する標準的な方法が定義されていますが、Haskellにも同じ型のインスタンスを組み合わせる標準的な方法が定義されています。

 Tips 本書では、複数の文字列を連結するときに++を使用してきました。文字列が大きい場合、この方法は面倒です。

```
"this" ++ " " ++ "is" ++ " " ++ "a" ++ " " ++ "bit" ++ " " ++ "much"
```

もっとよい方法はあるでしょうか。

17.1 合成可能性：関数を組み合わせる

　型を組み合わせる方法をさらに詳しく見ていく前に、それよりも根本的な、関数を組み合わせる方法を見ておきましょう。まず、ピリオドだけで構成された **compose** と呼ばれる高階関数があります。この関数の引数は2つの関数です。関数合成が特に役立つのは、その場で、見てわかる方法で関数を組み合わせたい場合です。関数合成を使って簡単に表現できる関数の例をいくつか見てみましょう（リスト17-1）。

リスト17-1：関数合成を使って関数を作成する例

```
import Data.List   -- sort を使用するにはこのモジュールのインポートが必要

myLast :: [a] -> a
myLast = head . reverse

myMin :: Ord a => [a] -> a
myMin = head . sort

myMax :: Ord a => [a] -> a
myMax = myLast . sort

-- リストのすべての要素で、ある特性が True かどうかをテスト
myAll :: (a -> Bool) -> [a] -> Bool
myAll testFunc = (foldr (&&) True) . (map testFunc)
```

▷ **クイックチェック 17-1**

　関数合成を使って myAny を実装してみましょう。myAny は、リストの少なくとも1つの要素で、ある特性が True かどうかをテストします。

　ラムダ式を使って関数をすばやく作成するような場合は、たいてい、関数合成のほうが読みやすく、効率的です。

17.2 Semigroup：似ている型を組み合わせる

　合成可能性をさらに理解するために、Semigroup という非常に単純な型クラスを調べてみましょう。このクラスを使用するには、ファイルの先頭で Data.Semigroup モジュールをインポートする必要があります。

　Semigroup クラスの重要なメソッドは<>演算子だけです。この演算子については、同じ型のインスタンスを組み合わせる演算子として考えることができます。Integer に対して Semigroup を実装するために、<>を+として定義してみましょう（リスト17-2）。

リスト17-2：Integer を Semigroup のインスタンスにする

```
instance Semigroup Integer where
  (<>) x y = x + y     -- <>演算子を単純な加算として定義
```

Integer を Semigroup 型クラスのインスタンスにするには、instance キーワードを使用します。すべてが単純なことに思えますが、これが何を意味するのかについて考えることは重要です。(<>) の型シグネチャは次のとおりです。

```
(<>) :: Semigroup a => a -> a -> a
```

合成可能性という概念の中心にあるのは、この単純なシグネチャです。つまり、同じ型の新しいものを作成するために、2 つの似ているものを組み合わせることができるのです。

▷ **クイックチェック 17-2**
Int を Semigroup のインスタンスにするために (/) を使用することは可能でしょうか。

● Color セミグループ

最初の印象では、この概念が役立つのは算数だけのように思えるかもしれません。ですが、この概念は誰もが小さい頃からよく知っているものです。すぐに思い浮かぶのは、色を足すことです。子供の頃に試したように、基本的な色を混ぜ合わせて新しい色を作ることができます。

- 青と黄を混ぜると緑になる。
- 赤と黄を混ぜるとオレンジになる。
- 青と赤を混ぜると紫になる。

この色を混ぜるという問題は、型を使って簡単に表すことができます。まず、色を組み合わせる単純な直和型が必要です（リスト 17-3）。

リスト17-3：Color 型の定義

```
data Color = Red | Yellow | Blue | Green | Purple | Orange |
             Brown deriving (Show,Eq)
```

次に、Color 型に対して Semigroup を実装します（リスト 17-4）。

リスト17-4：Color を Semigroup のインスタンスにする（バージョン 1）

```
instance Semigroup Color where
  (<>) Red Blue = Purple
  (<>) Blue Red = Purple
  (<>) Yellow Blue = Green
```

LESSON 17 合成によるデザイン：Semigroup と Monoid

```
(<>) Blue Yellow = Green
(<>) Yellow Red = Orange
(<>) Red Yellow = Orange
(<>) a b = if a == b
           then a
           else Brown
```

指を絵具だらけにして絵を描いていた子供の頃のように、色を混ぜ合わせてみましょう。

```
*Main> Red <> Yellow
Orange
*Main> Red <> Blue
Purple
*Main> Green <> Purple
Brown
```

うまくいきましたが、3つ以上の色を混ぜ合わせようとしたときに興味深い問題にぶつかります。ここでは、**結合律**にしたがって色を混ぜ合わせたいと考えています。結合律は<>演算子を適用する順序が重要ではないことを意味します。数字の場合は $1 + (2 + 3) = (1 + 2) + 3$ を意味します。次に示すように、これらの色は明らかに結合的ではありません。

```
*Main> (Green <> Blue) <> Yellow
Brown
*Main> Green <> (Blue <> Yellow)
Green
```

結合律は直観的であるだけでなく（色をどの順序で混ぜ合わせても同じ色になるはずです）、Semigroup 型クラスの正式な要件でもあります。このことは、このユニットで取り上げているより高度な型のわかりにくい部分の1つかもしれません。それらの型の多くに、特定の振る舞いを要求する**型クラスの法則**があります。残念ながら、Haskell コンパイラは型クラスの法則を適用してくれません。それなりに複雑なカスタム型クラスを実装するときには、必ず Hackage のドキュメント[1] をよく読んでください。

● Color を結合的にし、ガードを使用する

この問題を修正するには、ある色が指定されたら、特定の複合色になるように組み合わせる必要があります。つまり、紫に赤を混ぜても紫です。可能性を1つ1つ比較する大量のパターンマッチングルールを考え出すという手もありますが、それでは時間がかかりすぎます。Haskell では、代わりに**ガード**という機能を使用します。ガードはパターンマッチングに似ていますが、比較の対象となる引数で何らかの計算を行うことができます。図 17–1 は、ガードを使った関数の例を示して

---

[1]　https://hackage.haskell.org/

います。

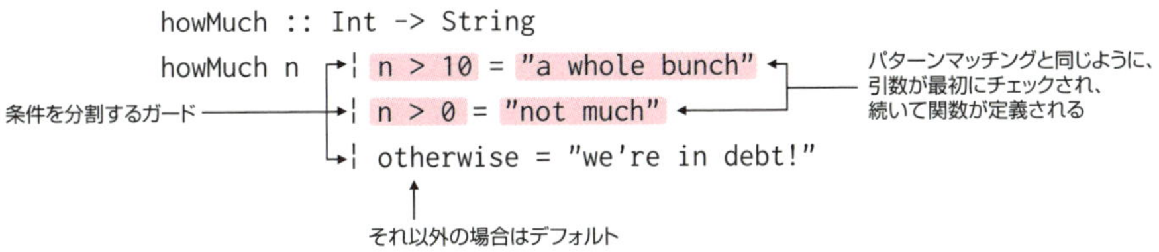

```
howMuch :: Int -> String
howMuch n  | n > 10 = "a whole bunch"
           | n > 0 = "not much"
           | otherwise = "we're in debt!"
```

条件を分割するガード（左矢印） n > 10 = "a whole bunch"、n > 0 = "not much" → パターンマッチングと同じように、引数が最初にチェックされ、続いて関数が定義される

それ以外の場合はデフォルト

図17-1：howMuch でのガードの使用

ガードとは何かがわかったところで、Color に対する Semigroup の実装を書き換えて、Semigroup の型クラスの法則にしたがうようにしてみましょう（リスト 17-5）。

リスト17-5：Color を Semigroup のインスタンスにする：結合律のサポート（バージョン 2）

```
instance Semigroup Color where
  (<>) Red Blue = Purple
  (<>) Blue Red = Purple
  (<>) Yellow Blue = Green
  (<>) Blue Yellow = Green
  (<>) Yellow Red = Orange
  (<>) Red Yellow = Orange
  (<>) a b | a == b = a
           | all (`elem` [Red,Blue,Purple]) [a,b] = Purple
           | all (`elem` [Blue,Yellow,Green]) [a,b] = Green
           | all (`elem` [Red,Yellow,Orange]) [a,b] = Orange
           | otherwise = Brown
```

このようにすると、問題が修正されることがわかります。

```
*Main> (Green <> Blue) <> Yellow
Green
*Main> Green <> (Blue <> Yellow)
Green
```

型クラスの法則が重要なのは、型クラスのインスタンスを使用する他のコードが、型クラスの法則が守られているものと想定するためです。

▷ **クイックチェック 17-3**

Integer に対する Semigroup の実装は結合律をサポートするでしょうか。

現実には、同じ型の 2 つのものから新しいものを作成する方法はいろいろあります。次に示す合成の可能性について考えてみてください。

- 2 つの SQL クエリを組み合わせて新しい SQL クエリを作成する。

- 2つのHTMLスニペットを組み合わせて新しいHTMLスニペットを作成する。
- 2つの図形を組み合わせて新しい図形を作成する。

17.3　Monoid：単位元による合成

　Semigroupに似ているもう1つの型クラスはMonoidです。SemigroupとMonoidの唯一の大きな違いは、Monoidがその型の単位元を要求することです。単位元は、x <> id = x（およびid <> x = x）であることを意味します。したがって、整数の加算では、単位元は0になります。しかし、現状のColor型には、単位元はありません。単位元を追加するのは些細なことのように思えるかもしれませんが、それにより、型の威力は大幅にアップします。畳み込み関数を使って同じ型のリストを簡単に結合できるようになるからです。

　Monoidは、Haskellの型クラスがその進化の過程で不評を買うことになった問題の生き証人である点でも興味深い型クラスです。論理的には、Monoidの定義はリスト17-6のようになるように思えます。

リスト17-6：Monoidの合理的な定義

```
class Semigroup a => Monoid a where
  identity :: a
```

　結局のところ、MonoidはSemigroupのサブクラスになるはずです。Monoidは単位元（identity）を持つSemigroupにすぎないからです。しかし、MonoidのほうがSemigroupよりも先に導入されたため、公式には、MonoidはSemigroupのサブクラスではありません。Monoidの定義は面食らうものです（リスト17-7）。

リスト17-7：Monoidの実際の定義

```
class Monoid a where
  mempty :: a
  mappend :: a -> a -> a
  mconcat :: [a] -> a
```

　なぜidentityではなくmemptyなのでしょうか。なぜ<>ではなくmappendなのでしょうか。これらの不可解な命名は、Monoid型がSemigroupよりも前にHaskellに追加されたことに起因します。空のリストはリストの単位元であり、++（加算演算子）はリストの<>演算子です。Monoidのメソッドの名前は、一般的なリスト関数であるempty、append、concatの先頭に（Monoidを表す）mを付けただけです。リストで同じ恒等演算を行う3つの方法を比較してみましょう。

```
Prelude> [1,2,3] ++ []
[1,2,3]

Prelude> [1,2,3] <> []
[1,2,3]

Prelude> [1,2,3] `mappend` mempty
[1,2,3]
```

mappend の型シグネチャが<>とまったく同じであることがわかります。

▷ **クイックチェック 17-4**

Integer に対する mappend/<>を+ではなく*として実装した場合、mempty の値は何になるでしょうか。

● mconcat：複数の Monoid を一度に組み合わせる

単位元がいかに強力であるかを確認するもっとも簡単な方法は、Monoid の定義の最後に含まれているメソッド mconcat を調べてみることです。Monoid に必要な定義は mempty と mappend だけです。この 2 つのメソッドを実装すると、あとは何もしなくても mconcat が手に入ります。mconcat の型シグネチャを調べてみれば、これがどういうことかよくわかります。

```
mconcat :: Monoid a => [a] -> a
```

mconcat メソッドは、Monoid のリストを受け取り、それらの Monoid を 1 つの Monoid として組み合わせた上で返します。このメソッドを理解するもっともよい方法は、mconcat にリストのリストを渡したときにどうなるかを実際に見てみることです。都合のよいことに、文字列は Char のリストなので、文字列で試してみることができます。

```
Prelude> mconcat ["does"," this"," make"," sense?"]
"does this make sense?"
```

mconcat のすばらしい点は、mempty と mappend の定義に基づき、Haskell が mconcat を自動的に推論できることです。というのも、mconcat の定義が依存するのは、foldr（レッスン 9）、mappend、mempty だけだからです。mconcat の定義は次のようになります。

```
mconcat = foldr mappend mempty
```

型クラスのメソッドには、デフォルト実装を追加することが可能です。ただし、その実装が汎用的な定義にのみ依存することが前提となります。

204 | LESSON 17　合成によるデザイン：Semigroup と Monoid

● Monoid の型クラスの法則

Semigroup と同様に、Monoid にも型クラスの法則があります。

- 第一の法則は、mappend mempty x が x であることです。mappend が (++) と同じであることと、リストでは mempty が [] であることを思い出してください。直観的に、[] ++ [1,2,3] = [1,2,3] であることがわかります。
- 第二の法則は、第一の法則の順序を入れ替えただけであり、mappend x mempty が x であることです。リストでは、[1,2,3] ++ [] = [1,2,3] になります。
- 第三の法則は、mappend x (mappend y z) が mappend (mappend x y) z であることです。要するに結合的であり、リストでは、[1] ++ ([2] ++ [3]) = ([1] ++ [2]) ++ [3] のように、このことがさらに明白になります。これは Semigroup の法則であるため、mappend がすでに<>として実装されているとしたら、この法則を想定することができます。
- 第四の法則は、mconcat の定義 (mconcat = foldr mappend mempty) のとおりです。

mconcat が foldl ではなく foldr を使用するのは、foldr が無限リストに対応するのに対し、foldl が強制的に評価を行うためであることに注意してください。

● Monoid を使って確率テーブルを構築する

次に、Monoid を使って解決できる実践的な問題として、事象の確率が含まれているテーブルを作成し、それらを組み合わせる簡単な方法を定義したいとしましょう。まず、単純なコイン投げのテーブルから見てみましょう。事象は 2 つだけであり、表（head）が出るか、裏（tail）が出るかです。このテーブルは表 17-1 のようになります。

表17-1：表が出る確率と裏が出る確率

事象	確率
表	0.5
裏	0.5

これらの事象を表す String のリストと、確率を表す Double のリストを定義します（リスト 17-8）。

リスト17-8：Events と Probs の型シノニム

```
type Events = [String]
type Probs = [Double]
```

確率テーブルは、事象のリストと確率のリストで構成されます（リスト 17-9）。

17.3 Monoid：単位元による合成 | 205

リスト17-9：PTable データ型

```
data PTable = PTable Events Probs
```

次に、PTable を作成する関数が必要です。この関数は基本的なコンストラクタですが、確率の総和が 1 になるようにします。総和が 1 になるようにするのは簡単で、すべての確率を確率の総和で割るだけです（リスト 17-10）。

リスト17-10：createPTable は PTable を作成し、すべての確率の総和が 1 になるようにする

```
createPTable :: Events -> Probs -> PTable
createPTable events probs = PTable events normalizedProbs
  where totalProbs = sum probs
        normalizedProbs = map (\x -> x/totalProbs) probs
```

さらに実装を進める前に、PTable を Show 型クラスのインスタンスにしておく必要があります。まず、テーブルの行を 1 つだけ表示する単純な関数を作成します（リスト 17-11）。

リスト17-11：showPair は事象と確率のペアを 1 つ表す String を作成する

```
showPair :: String -> Double -> String
showPair event prob = mconcat [event,"|", show prob,"\n"]
```

この文字列リストの結合に mconcat を使用できる点に注目してください。これまでは、文字列の結合には++演算子を使用してきました。mconcat のほうが入力の手間が省けるだけでなく、文字列を結合するための望ましい方法であることもわかります。というのも、Haskell には、mconcat をサポートするものの++をサポートしないテキスト型が他にもあるからです[2]。

PTable を Show のインスタンスにするために必要なのは、showPair 関数で zipWith を使用することだけです。zipWith は、2 つのリストの各要素に関数を適用し、1 つのリストに結合します。2 つのリストを足し合わせる例を見てみましょう。

```
Prelude> zipWith (+) [1,2,3] [4,5,6]
[5,7,9]
```

zipWith を使って PTable を Show のインスタンスにする方法は、リスト 17-12 のようになります。

リスト17-12：PTable を Show のインスタンスにする

```
instance Show PTable where
  show (PTable events probs) = mconcat pairs
    where pairs = zipWith showPair events probs
```

---

[2] 詳細については、ユニット 4 で説明する。

206 | LESSON 17　合成によるデザイン：Semigroup と Monoid

基本的な準備が整ったことを GHCi で確認してみましょう。

```
*Main> createPTable ["heads","tails"] [0.5,0.5]
heads|0.5
tails|0.5
```

Monoid 型クラスを使ってモデル化できるようにしたいのは、2 つ（以上）の PTable の結合です。たとえば、2 枚のコインを投げたときの望ましい結果が次のようなものであるとしましょう。

```
heads-heads|0.25
heads-tails|0.25
tails-heads|0.25
tails-tails|0.25
```

このような結果を得るには、すべての事象とすべての確率を組み合わせる必要があります。つまり、**直積**または**デカルト積**を求める必要があります。まず、関数を使って 2 つのリストの直積を求める一般的な方法から見てみましょう。リスト 17–13 の cartCombine 関数は、2 つのリストを組み合わせる関数と 2 つのリストという 3 つの引数を受け取ります。

リスト17–13：2 つのリストの直積を求める cartCombine 関数

```
cartCombine :: (a -> b -> c) -> [a] -> [b] -> [c]
cartCombine func l1 l2 = zipWith func newL1 cycledL2
  -- l2 の要素ごとに l1 の要素を繰り返す必要がある
  where nToAdd = length l2
        -- l1 を写像し、要素のコピーを nToAdd 個作成
        repeatedL1 = map (take nToAdd . repeat) l1
        -- 前行で得られたリストのリストを結合する必要がある
        newL1 = mconcat repeatedL1
        -- l2 を無限リストにし、zipWith を使って 2 つのリストを結合
        cycledL2 = cycle l2
```

事象を組み合わせる関数と確率を組み合わせる関数は、cartCombine の具体的な事例です（リスト 17–14）。

リスト17–14：combineEvents 関数と combineProbs 関数

```
combineEvents :: Events -> Events -> Events
combineEvents e1 e2 = cartCombine combiner e1 e2
  -- 事象の結合時に事象名をハイフンでつなぐ
  where combiner = (\x y -> mconcat [x,"-",y])

combineProbs :: Probs -> Probs -> Probs
-- 確率を結合するには、それらを掛け合わせる
combineProbs p1 p2 = cartCombine (*) p1 p2
```

combineEvent と combineProbs を定義したら、PTable を Semigroup のインスタンスにします（リスト 17–15）。

リスト17–15：PTable を Semigroup のインスタンスにする

```
instance Semigroup PTable where
  (<>) ptable1 (PTable [] []) = ptable1  -- PTable が空の場合に対処
  (<>) (PTable [] []) ptable2 = ptable2
  (<>) (PTable e1 p1) (PTable e2 p2) = createPTable newEvents newProbs
    where newEvents = combineEvents e1 e2
          newProbs = combineProbs p1 p2
```

最後に、Monoid 型クラスを実装します。このクラスでは、mappend と<>が同じものであることがわかっています。ここで必要なのは、単位元（mempty）を特定することだけです。この場合、単位元は PTable [] [] です。PTable に対する Monoid の実装はリスト 17–16 のようになります。

リスト17–16：PTable を Monoid のインスタンスにする

```
instance Monoid PTable where
  mempty = PTable [] []
  mappend = (<>)
```

mconcat の能力は何もしなくても手に入ることを思い出してください。

さて、うまくいくかどうかをたしかめるために PTable を 2 つ作成してみましょう。1 つ目は公平なコインです。2 つ目はカラースピナーであり、スピナーごとに確率が異なります（リスト 17–17）。

リスト17–17：PTable の例（coin と spinner）

```
coin :: PTable
coin = createPTable ["heads","tails"] [0.5,0.5]

spinner :: PTable
spinner = createPTable ["red","blue","green"] [0.1,0.2,0.7]
```

コインの裏（tails）が出る確率とスピナーが青（blue）になる確率を知りたい場合は、<>演算子を使用します。

```
*Main> coin <> spinner
heads-red|5.0e-2
heads-blue|0.1
heads-green|0.35
tails-red|5.0e-2
tails-blue|0.1
tails-green|0.35
```

この出力から、コインの裏とスピナーの青の確率が 0.1（10%）であることがわかります。

3 回続けてコインの表が出る確率はどうでしょうか。mconcat を使用すれば簡単です。

```
*Main> mconcat [coin,coin,coin]
heads-heads-heads|0.125
heads-heads-tails|0.125
heads-tails-heads|0.125
heads-tails-tails|0.125
tails-heads-heads|0.125
tails-heads-tails|0.125
tails-tails-heads|0.125
tails-tails-tails|0.125
```

この場合は、どの結果の確率も同じ（12.5%）です。

「何かを組み合わせること」を抽象化するという考えは、最初は漠然としすぎているように思えるかもしれません。問題を Monoid の観点から捉えてみると、驚いたことに、それらが日常的に目にするものであることがわかります。Monoid はコードを書くときに型として考えてみることの威力をまざまざと見せつけます。

17.4 まとめ

このレッスンの目的は、Haskell の興味深い型クラスである Semigroup と Monoid を紹介することでした。これらの型クラスの名前は少々変わっていますが、それらの役割はいたって単純です。Semigroup と Monoid を利用すれば、同じ型の 2 つのインスタンスを組み合わせて、1 つの新しいインスタンスにすることができます。この合成を通じた抽象化という発想は、Haskell の重要な概念の 1 つです。Semigroup と Monoid の違いは、Monoid が単位元の指定を要求することだけです。Semigroup と Monoid は、通常はより高度な型クラスで必要となる、抽象的に考えることへのすばらしい出発点でもあります。Haskell の型クラスとほとんどの OOP 言語のインターフェイスとの哲学的な違いが、ここで見えてきます。

17.5 練習問題

このレッスンの内容を理解できたかどうか確認してみましょう。

Q17-1：Color の現在の実装には、単位元が含まれていません。このレッスンのコードを Color が単位元を持つように変更し、さらに Color を Monoid のインスタンスにしてみましょう。

Q17-2：Events 型と Probs 型が（シノニムではなく）データ型である場合は、これらの型を Semigroup と Monoid のインスタンスにすることが可能であり、どちらのインスタンスでも combineEvents と combineProbs は<>演算子になります。Events 型と Probs 型をリファクタリングし、Semigroup と Monoid のインスタンスにしてみましょう。

17.6　クイックチェックの解答

▶ **クイックチェック 17-1**

```
myAny :: (a -> Bool) -> [a] -> Bool
myAny testFunc = (foldr (||) False) . (map testFunc)
```

たとえば次のようになります。

```
*Main> myAny even [1,2,3]
True
```

▶ **クイックチェック 17-2**

不可能です。除算は必ずしも Int 型を返さないため、ルールに違反します。

▶ **クイックチェック 17-3**

サポートします。なぜなら、整数の加算は $1+(2+3) = (1+2)+3$ のように結合的だからです。

▶ **クイックチェック 17-4**

x * 1 = x なので、1 になります。

LESSON 18

パラメータ化された型

レッスン 18 では、次の内容を取り上げます。

- パラメータ化された型を使って汎用的なデータ型を作成する
- カインドを理解する
- `Data.Map` 型を使って値を検索するコードを書く

このユニットでは、型をデータのように足したり掛けたりする方法について説明してきました。関数と同様に、型も引数をとることができます。型に引数を渡すには、型の定義で型変数を使用します。パラメータを使って定義された型を**パラメータ化された型**と呼びます。パラメータ化された型は Haskell において重要な役割を果たします。パラメータ化された型を利用すれば、既存のさまざまなデータに対応する汎用的なデータ構造を定義できるようになるからです。

 同じ型の 2 つの値からなるペアを表す型を作成したいとしましょう。それらの値は緯度と経度を表す `Double` 型のペアかもしれませんし、2 つの日付を表す `Name` 型のペアかもしれませんし、エッジを表すグラフノードのペアかもしれません。ペアの要素は厳密に同じ型になるようにしたいので、`Tuple` 型は使いたくありません。この型を定義するにはどうすればよいでしょうか。

 ## 18.1 引数をとる型

C#や Java といった言語のジェネリック型に詳しい場合、パラメータ化された型も最初は似たようなものに見えるかもしれません。C#や Java のジェネリック型と同様に、パラメータ化された型を利用すれば、他の型を保持できる「コンテナ」を作成することができます。たとえば、`List<String>`は文字列のみを含んでいる `List` を表し、`KeyValuePair<int, string>`は `int` が `string` のキーと

なるペアを表します。通常は、作業を楽にするために、ジェネリック型を使ってコンテナ型に格納できる値の型を制約します。Haskell にも同じことが当てはまります。

プログラマが作成できるパラメータ化された型のうちもっとも基本的なのは、他の型のコンテナとして機能する Box のような型です。Box 型は、パラメータ化された型の「simple 関数」のようなものです。Box 型の定義は図 18-1 のようになります（以降の説明では、この定義が実際に存在するものとします）。

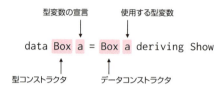

図18-1：パラメータ化された型 Box の定義

Box 型は、他の任意の型を保持できる抽象コンテナです。Box に型を格納した瞬間に、Box 型は具体的な値となります。GHCi を使って実際に試してみましょう。

```
Prelude> n = 6 :: Int
Prelude> :t Box n
Box n :: Box Int
Prelude> word = "box"
Prelude> :t Box word
Box word :: Box [Char]
Prelude> f x = x
Prelude> :t Box f
Box f :: Box (t -> t)
Prelude> otherBox = Box n
Prelude> :t Box otherBox
Box otherBox :: Box (Box Int)
```

また、Box の要素を出し入れする wrap、unwrap といった単純な関数を作成することもできます（リスト 18-1）。

リスト18-1：Box の wrap 関数と unwrap 関数の定義

```
wrap :: a -> Box a
wrap x = Box x

unwrap :: Box a -> a
unwrap (Box x) = x
```

これらの関数はどちらも Box の具体的な型を知りませんが、それでもうまくいくことに注目してください。

18.1　引数をとる型　｜　213

▷ **クイックチェック 18-1**

`wrap (Box 'a')` の型は何でしょうか。

● Triple：より便利なパラメータ化された型

`simple` 関数と同様に、`Box` 型は何かに利用するには少し単純すぎます。それよりもずっと便利なコンテナは、同じ 3 つの値として定義される `Triple` です（リスト 18–2）。

リスト18–2：Triple 型の定義

```
data Triple a = Triple a a a deriving Show
```

念のために言っておくと、`Triple` はタプル (a,b,c) と同じものではありません。Haskell では、タプルの値の型は異なっていてもよいことになっています。`Triple` 型の 3 つの値は同じ型のものでなければなりません。実際には、値がこのような特性を持つ例はたくさんあります。たとえば、3D 空間の点を `Double` 型の `Triple` として考えることができます（リスト 18–3）。

リスト18–3：3D 空間の点を Triple として定義する

```
type Point3D = Triple Double

aPoint :: Point3D
aPoint = Triple 0.1 53.2 12.3
```

人の名前は `String` 型の `Triple` として表すことができます（リスト 18–4）。

リスト18–4：Triple を使って名前を表すデータ型を定義する

```
type FullName = Triple String

aPerson :: FullName
aPerson = Triple "Howard" "Phillips" "Lovecraft"
```

同様に、イニシャルは `Char` 型の `Triple` です（リスト 18–5）。

リスト18–5：Triple を使って Initials 型を定義する

```
type Initials = Triple Char

initials :: Initials
initials = Triple 'H' 'P' 'L'
```

`Triple` をモデル化できたところで、これらすべてのケースでうまくいく 1 回限りの関数を作成してみましょう。最初の作業は、`Triple` の各値にアクセスする手段を作成することです。`fst` と `snd` は 2 要素のタプルでしか定義されておらず、3 つ目以降の要素にアクセスする手段はありません（リスト 18–6）。

214 | LESSON 18 パラメータ化された型

リスト18-6：Triple 型のアクセサ

```
first :: Triple a -> a
first (Triple x _ _) = x

second :: Triple a -> a
second (Triple _ x _) = x

third :: Triple a -> a
third (Triple _ _ x) = x
```

また、Triple をリストに変換するのも簡単です（リスト 18-7）。

リスト18-7：Triple で toList 関数を定義する

```
toList :: Triple a -> [a]
toList (Triple x y z) = [x,y,z]
```

さらに、Triple を同じ型の別の Triple に変換する単純なツールを作成することもできます（リスト 18-8）。

リスト18-8：Triple を変換する関数を定義する

```
transform :: (a -> a) -> Triple a -> Triple a
transform f (Triple x y z) = Triple (f x) (f y) (f z)
```

この種の変換には、さまざまな用途があります。たとえば、定数を使って 3 つ目の点をすべての方向へ移動させることができます。

```
*Main> transform (* 3) aPoint
Triple 0.30000000000000004 159.60000000000002 36.900000000000006
```

名前の文字を逆の順序にすることもできます。

```
*Main> transform reverse aPerson
Triple "drawoH" "spillihP" "tfarcevoL"
```

あるいは、Data.Char をインポートした上で、イニシャルを小文字にすることもできます。

```
*Main > import Data.Char
*Main Data.Char> transform toLower initials
Triple 'h' 'p' 'l'
```

この最後の変換を toList と組み合わせて、小文字のイニシャルからなる文字列を作成することもできます。

```
*Main Data.Char> toList (transform toLower initials)
"hpl"
```

▷ **クイックチェック 18-2**

`transform` 関数とリストの `map` 関数の違いは何でしょうか。**ヒント**：`map` の型シグネチャをもう一度調べてみてください。

● リスト

パラメータ化された型の中でもっともよく使用されるのは `List` です。`List` 型が興味深いのは、ここまで見てきたほとんどの型とはコンストラクタが異なることです。知ってのとおり、リストの生成と値の配置には角かっこ（`[]`）を使用します。この方法は便利ですが、より一般的な型コンストラクタを持つ型よりもリストの情報を取得するのが難しい原因でもあります。GHCi では、`:info []` を使って `List` 型の情報をさらに取得できます。`List` 型の正式な定義は図 18-2 のようになります。

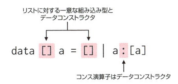

図18-2：List の定義

興味をそそるのは、図 18-2 がリストの完全にうまくいく実装であることです。別のプログラミング言語でリンクリストを記述したことがあれば、このことに驚くはずです。この点をよく理解するために、リストを独自に実装してみることにしましょう。型を角かっこで囲む方法はリストの組み込み構文であり、エミュレートすることはできません。同様に、コンスデータコンストラクタ`:`も使用できません。この定義では、`List`、`Cons`、`Empty` というキーワードを使用することにします（リスト 18-9）。

リスト18-9：List を独自に定義する

```
data List a = Empty | Cons a (List a) deriving Show
```

この `List` の定義が再帰になっている点に注目してください。この定義は「リスト型は、`Empty` か、型 a の別のリストと値 a のコンシングである」と読めます。信じがたいことに、この型定義自体が `List` データ構造の完全な定義となります。しかし、このリストは組み込みのリストとそっくりです（リスト 18-10）。

リスト18-10：List と組み込みのリストを比較する

```
builtinEx1 :: [Int]
builtinEx1 = 1:2:3:[]

ourListEx1 :: List Int
ourListEx1 = Cons 1 (Cons 2 (Cons 3 Empty))

builtinEx2 :: [Char]
builtinEx2 = 'c':'a':'t':[]

ourListEx2 :: List Char
ourListEx2 = Cons 'c' (Cons 'a' (Cons 't' Empty))
```

最後に、この List に対して map 関数を実装することもできます（リスト 18-11）。

リスト18-11：ourMap 関数の定義

```
ourMap :: (a -> b) -> List a -> List b
ourMap _ Empty = Empty
ourMap func (Cons a rest) = Cons (func a) (ourMap func rest)
```

さっそく試してみましょう。

```
*Main> ourMap (*2) ourListEx1
Cons 2 (Cons 4 (Cons 6 Empty))
```

18.2　複数のパラメータを持つ型

　関数と同様に、型も複数の引数をとることができます。ここで覚えておかなければならない重要な点があります。複数の型パラメータを持つということは、その型を複数の型に対するコンテナとして使用できるということです。つまり、Triple で行ったような、同じ型の複数の値を保持するのとはわけが異なります。

● タプル

　タプルは Haskell においてもっとも普遍的なマルチパラメータ型であり、本書でここまで見てきた中で唯一のマルチパラメータ型です。リストと同様に、タプルは組み込みの型コンストラクタ () を使用します。タプルで :info を使用したい場合は、タプルの n − 1 個の要素ごとに () でコンマを 1 つ使用する必要があります。たとえば、2 要素のタプルの定義が必要な場合は、GHCi に :info (,) と入力します。組み込みの定義はリスト 18-12 のとおりです。

18.2　複数のパラメータを持つ型 | 217

リスト18-12：タプルの定義

```
data (,) a b = (,) a b
```

　2要素のタプルの型定義に型変数が2つ含まれている点に注目してください。すでに説明した
ように、タプルが2つの型の値を保持できるのは、これら2つの型変数のおかげです。Python、
Ruby、JavaScriptなど、動的な型付けを使用する多くの言語では、通常のリストに複数の型の値
を追加することができます。ここで重要となるのは、それらの言語のリストとHaskellのタプルが
同じものではないことです。というのも、型を作成した後、その型は具体的な値をとるからです。
タプルのリストを作成してみれば、どういうことかよくわかります。商品とそれらの個数を管理す
る在庫システムがあるとしましょう（リスト18-13）。

リスト18-13：タプルの型を調べる

```
itemCount1 :: (String,Int)
itemCount1 = ("Erasers",25)

itemCount2 :: (String,Int)
itemCount2 = ("Pencils",25)

itemCount3 :: (String,Int)
itemCount3 = ("Pens",13)
```

　在庫を管理するために、これらの商品のリストを作成します（リスト18-14）。

リスト18-14：商品インベントリを作成する

```
itemInventory :: [(String,Int)]
itemInventory = [itemCount1,itemCount2,itemCount3]
```

　(String,Int)のように、タプルの具体的な型を指定している点に注目してください。

▷ **クイックチェック 18-3**
　商品インベントリに("Paper",12.4)を追加しようとした場合は何が起きるでしょうか。

● **カインド：型の型**

　Haskellの型には、関数やデータとの共通点がもう1つあります。それは型固有の型も使用でき
ることです。型の型は型の**カインド**と呼ばれます。もうピンときたかもしれませんが、カインドは
抽象化です。カインドについては、ユニット5でより高度な型クラス（Functor、Applicative、
Monad）を取り上げるときに改めて説明します。

　型のカインドは、その型がとるパラメータの数を示すもので、アスタリスク（*）を使って表現さ
れます。パラメータをとらない型のカインドは*、パラメータを1つとる型のカインドは* -> *、
パラメータを2つとる型のカインドは* -> * -> *といった具合になります。

　型のカインドをGHCiで調べるには、:kindコマンドを使用します（なお、次項で説明する修飾

付きインポートを使って Data.Map をインポートする必要があります）。

```
*Main> import qualified Data.Map as Map
*Main Map> :kind Int
Int :: *
*Main Map> :kind Triple
Triple :: * -> *
*Main Map> :kind []
[] :: * -> *
*Main Map> :kind (,)
(,) :: * -> * -> *
*Main Map> :kind Map.Map
Map.Map :: * -> * -> *
```

ここで指摘しておきたいのは、具体的な型のカインドが、具体的ではない型のカインドとは異なることです。

```
*Main> :kind [Int]
[Int] :: *
*Main> :kind Triple Char
Triple Char :: *
```

カインドは、最初はアブストラクトナンセンスと同じような印象を与えるかもしれません。しかし、カインドを理解すれば、（ユニット 5 で取り上げる）Functor や Monad といった型クラスのインスタンスを作成しようとしたときに役立つ可能性があります。

▷ **クイックチェック 18-4**
(,,) のカインドは何でしょうか。

● Data.Map

Haskell のもう 1 つのパラメータ化された型は Map です（map 関数と混同しないように注意してください）。Map を使用するには、まず Data.Map モジュールをインポートする必要があります。Data.Map には Prelude と共通する関数がいくつかあるため、修飾付きインポートが必要です。修飾付きインポートを実行するには、ファイルの先頭に図 18-3 の定義を追加します。

図18-3：修飾付きインポートの使用

修飾付きインポートを使用する場合は、このモジュールのすべての関数と型の先頭に Map を配置する必要があります。Map を利用すれば、キーを使って値を検索できるようになります。他の多くの言語では、このデータ型は Dictionary と呼ばれます。Map の型パラメータは、キーの型と値の型です。List や Tuple とは異なり、Map の実装はそれほど単純ではありません。この型を理解するには、具体的な例を見てみるのが一番です。

マッドサイエンティストの研究所で働いていて、怪物を作り出すためのさまざまな臓器（パーツ）に番号が振られているとしましょう。まず、関連するパーツからなる単純な直和型を作成します（リスト 18-15）。

リスト18-15：Organ データ型

```
data Organ = Heart | Brain | Kidney | Spleen deriving (Show,Eq)
```

あなたが管理しているインベントリには、リスト 18-16 のパーツが含まれています。脾臓 (spleen) が重複していますが、問題はありません（脾臓はいくらあっても足りないくらいです）。

リスト18-16：パーツのリストの例

```
organs :: [Organ]
organs = [Heart,Heart,Brain,Spleen,Spleen,Kidney]
```

これらのパーツはそれぞれ、あとから取り出せるように番号の付いた引き出しに配置されています。これらの引き出しはパーツの検索に使用されるため、それぞれ一意な番号（ID）が振られていなければなりません。それに加えて、どのような ID を使用するとしても、Ord クラスの実装であることが重要となります。引き出しに順序がないとしたら、パーツを効率よく見つけ出すことが難しくなってしまいます。

> **マップとハッシュテーブル**
>
> マップ（またはディクショナリ）はハッシュテーブルという別のデータ構造に似ています。どちらの構造でも、キーを使って値を検索することができます。これら 2 つの構造の大きな違いは、値を検索する方法にあります。ハッシュテーブルでは、キーが関数によって（値が格納されている）配列のインデックスに変換されます。これにより、値の高速な検索が可能になりますが、競合を回避するには大量のメモリが必要になります。マップでは、二分探索木を使って値を検索します。この方法はハッシュテーブルよりも低速ですが、十分に高速です。マップは探索木で 2 つのキーを比較することによって値を検索するため、それらのキーは Ord クラスの実装でなければなりません。

ID（キー）のリストは、リスト 18-17 のようになります（間が空いているのは、すべての引き出しにパーツが入っているわけではないためです）。

リスト18-17：さまざまなパーツの位置を表す ID のリスト
```
ids :: [Int]
ids = [2,7,13,14,21,24]
```

パーツと ID を定義したところで、Map を構築するために必要な情報はすべて揃いました。Map は引き出しのカタログの役割を果たすため、パーツがどの引き出しに入っているのかを簡単に突き止めることができます。

Map を構築するもっとも一般的な方法は、fromList 関数を使用することです。GHCi で :t コマンドを実行すると、fromList の型が図 18-4 のように定義されていることがわかります。

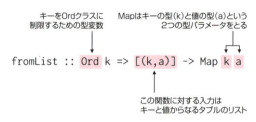

図18-4：Map を構築するための fromList 関数

Map に対する型パラメータが k と a であることがわかります。ここで重要となるのは、キーの型である k が Ord クラスの実装でなければならないことです。この制約は、内部でのキーの格納と検索の仕組みによるものです。また、fromList 関数がタプルのリストを期待している点にも注目してください。これらのタプルはキーと値のペアを表します。そこで、2 つのリストをリスト 18-18 のように書き換えるとしましょう。

リスト18-18：パーツと ID のペア
```
pairs = [(2,Heart),(7,Heart),(13,Brain) ...]
```

しかし、それなりに長いリストでは、この方法は苦痛以外の何ものでもありません。代わりに、レッスン 6 で取り上げた zip 関数を使用する方法があります。この関数は、2 つのリストを受け取り、ペアからなるリストを返します（リスト 18-19）。

リスト18-19：zip を使って organPairs を作成する
```
organPairs :: [(Int,Organ)]
organPairs = zip ids organs
```

倫理的な問題はさておき、organCatalog の構成要素がこれですべて揃いました（リスト 18-20）。

リスト18-20：organCatalog を作成する
```
organCatalog :: Map.Map Int Organ
organCatalog = Map.fromList organPairs
```

最後に、Map.lookup を使ってパーツを検索してみましょう。そうすると、興味深い結果が得られます。

```
*Main> Map.lookup 7 organCatalog
Just Heart
```

Heart は期待どおりですが、その手前にデータコンストラクタ Just が表示されています。Map.lookup の型シグネチャを調べてみると、その理由が明らかになります（リスト 18–21）。

リスト18–21：Map.lookup の型シグネチャ

```
Map.lookup :: Ord k => k -> Map.Map k a -> Maybe a
```

Map.lookup から返されるのは、新しいパラメータ化された型である Maybe です。次のレッスンのテーマである Maybe は、単純ながら強力な型です。

18.3　まとめ

このレッスンの目的は、パラメータ化された型を理解することにありました。パラメータ化された型は（OOP 言語のジェネリック型と同様に）1 つ以上の引数をとる型です。パラメータ化された型のもっとも一般的なインスタンスは List であり、任意の型の要素を格納することができます。パラメータ化された型には引数をいくつでも渡すことができます。この引数の数により、その型のカインドが定義されます。Map はパラメータ化された型であり、2 つの引数をとります。1 つはそのキーの型であり、もう 1 つはその値の型です。

18.4　練習問題

このレッスンの内容を理解できたかどうか確認してみましょう。

Q18-1：Triple と Box の 2 つの型で、map、tripleMap、boxMap と同様の関数を実装してみましょう。

Q18-2：Organ 型を書き換え、キーとして使用できるようにしてみましょう。続いて、organCatalog での各パーツとその個数からなる organInventory という Map を構築してみましょう。

18.5 クイックチェックの解答

▶ **クイックチェック 18-1**

```
Box (Box Char)
```

▶ **クイックチェック 18-2**

　`transform`関数では、型を変更することはできません。つまり、`(a -> b)`です。リストの`map`関数では、型を変更することが可能です。

▶ **クイックチェック 18-3**

　エラーになります。残りのペアが`(String,Int)`であるのに対し、`("Paper",12.4)`は`(String,Double)`だからです。

▶ **クイックチェック 18-4**

```
(,,) :: * -> * -> * -> *
```

LESSON 19

Maybe型：欠損値に対処する

レッスン19では、次の内容を取り上げます。

- Maybe型を理解する
- Maybe型を使って欠損値に対処する
- Maybe型を使ってプログラムを設計する

　型クラスはOOP言語のインターフェイスよりもはるかに抽象的なものになることがよくあります。それと同じように、パラメータ化された型はほとんどの言語のジェネリック型よりもはるかに重要な役割を果たします。このレッスンでは、パラメータ化された型の中でも重要なMaybeを紹介します。値のコンテナを表すListやMapとは異なり、Maybeは値の**コンテキスト**を表す型であり、欠損する可能性がある値を表します。ほとんどの言語では、欠損値をnull値で表します。Maybe型は、欠損しているかもしれない値をコンテキストで表すことで、ずっと安全なコードを記述できるようにします。Maybe型により、null値に関連するエラーはHaskellプログラムから体系的に取り除かれます。

Tips 食料品とその購入数を含んだ単純なMapがあるとしましょう。

```
groceries :: Map.Map String Int
groceries = Map.fromList [("Milk",1),("Candy bars",10),("Cheese blocks",2)]
```

うっかりして`Milk`を検索するはずが`MILK`を検索してしまいました。その場合、Mapの動作はどのようなものになるでしょうか。また、この種のミスに対処し、Mapに欠損値が存在したとしてもプログラムを安全に実行できるようにするにはどうすればよいでしょうか。

19.1 Maybe：型を使って欠損値に対処する

　レッスン18の最後の説明では、あなたは臓器（パーツ）のコレクションを管理するためにマッドサイエンティストのもとで働いており、パーツを検索しやすくするために、パーツのリストをMap型に格納していました。このレッスンでも、この例を引き続き使用することにします。レッスン18の重要なコードをもう一度見てみましょう。

```
import qualified Data.Map as Map

data Organ = Heart | Brain | Kidney | Spleen deriving (Show,Eq)

organs :: [Organ]
organs = [Heart,Heart,Brain,Spleen,Spleen,Kidney]

ids :: [Int]
ids = [2,7,13,14,21,24]

organPairs :: [(Int,Organ)]
organPairs = zip ids organs

organCatalog :: Map.Map Int Organ
organCatalog = Map.fromList organPairs
```

　`Map.lookup`を使い、`Map`で`Organ`を検索しようと考えるまでは、問題は何もありませんでした。ここであなたは、`Maybe`という見たことのない型に遭遇します。

　`Maybe`は単純ながら強力な型です。ここまで見てきたパラメータ化された型はどれもコンテナと見なされていましたが、`Maybe`はコンテナではありません。`Maybe`については、コンテキストを表す型として考えるとよいでしょう。この場合のコンテキストは、含まれている型が欠損している可能性があることです。`Maybe`の定義はリスト19–1のとおりです。

リスト19–1：Maybeの定義

```
data Maybe a = Nothing | Just a
```

　`Maybe`型は、`Nothing`か、型 `a` の何か（`Just`）のどちらかになります。このことはいったい何を意味するのでしょうか。GHCiを立ち上げて、何が起きるか見てみましょう。

```
*Main> Map.lookup 13 organCatalog
Just Brain
```

　カタログに含まれているIDを検索すると、データコンストラクタ `Just` と、そのIDに期待される値が返されます。この値の型を調べてみましょう。

```
Map.lookup 13 organCatalog :: Maybe Organ
```

　lookup の定義では、戻り値の型は Maybe a です。lookup を使用したので、戻り値の型は Maybe Organ という具体的な型になります。Maybe Organ は、文字どおり、このデータが Organ のインスタンスかもしれないことを意味します。Organ のインスタンスではないのは、どのようなときでしょうか。カタログ存在しないことがわかっている ID の値で検索を行い、どうなるか見てみましょう。

```
*Main> Map.lookup 6 organCatalog
Nothing
```

▷ **クイックチェック 19-1**
　この例で Nothing の型は何でしょうか。

19.2　null の問題

　organCatalog には、ID が 6 の値はありません。ほとんどのプログラミング言語では、ディクショナリに含まれていない値を要求した場合の結果は、エラーになるか、null 値が返されるかのどちらかになります。どちらも頭の痛い問題です。

● エラーによる欠損値への対処

　エラーがスローされる場合、多くの言語はエラーがキャッチされることを要求しません。プログラムがディクショナリに存在しない ID を要求する場合、プログラマは忘れずにエラーをキャッチしなければなりません。そうしないと、プログラム全体がクラッシュするかもしれません。それに加えて、エラー処理は例外がスローされたときに実行しなければなりません。どのようなときもエラーはその発生源で始末するのが賢明に思えるため、このことはそれほど重大な問題には思えないかもしれません。しかし、Spleen が見つからない場合に、Heart が見つからない場合とは異なる方法で対処するとしたらどうでしょうか。「ID が見つからない」エラーがスローされた時点では、さまざまな欠損値に正しく対処するための十分な情報は得られないかもしれません。

● null 値を返すことによる欠損値への対処

　それよりも問題なのは、null を返すことです。最大の問題点は、null になるかもしれない値が使用されるたびに、またしてもプログラムが忘れずに null 値をチェックしなければならないことです。プログラムには、このチェックをプログラムに思い出させる手立てはありません。また、null 値の振る舞いはたいていプログラムが期待している値のものとは異なるため、null 値はエラーの原因になりがちです。toString の単純な呼び出しが、エラーの原因となる null 値を発生

226　LESSON 19　Maybe 型：欠損値に対処する

させるのはよくあることです。あなたが Java や C#の開発者なら、「null pointer exception」と言えば、null 値が曲者であることがわかってもらえると思います。

● 欠損値への解決策として Maybe を使用する

Maybe はこれらすべての問題をうまく解決します。関数が Maybe 型の値を返す場合、その値が Maybe でラッピングされているという事実に向き合わない限り、その値をプログラムで使用することはできません。Haskell では、欠損値がエラーの原因になることは決してありません。Maybe がある以上、その値が null かもしれないことを忘れるなんて不可能だからです。また、どうしても必要でない限り、プログラマがこのことについて心配する必要もまったくありません。null が出現しそうなすべての場所で Maybe が使用されます。

- 存在しない可能性があるファイルを開くとき
- null 値を含んでいるかもしれないデータベースを読み取るとき
- 存在しない可能性があるリソースに RESTful API リクエストを送信するとき

Maybe の魔法を具体的に理解するには、コードを見てみるのが一番です。マッドサイエンティストの助手を務めているあなたは、新たに収集しなければならないパーツを突き止めるために定期的に在庫管理を行う必要があります。どの引き出しにどのパーツが入っているのかを覚えておくことはおろか、何かが入っている引き出しを覚えておくことすらできません。すべての引き出しを調べる唯一の方法は、1 から 50 までの ID を 1 つ 1 つ試してみることです（リスト 19–2）。

リスト19–2：organCatalog の possibleDrawers リスト

```
possibleDrawers :: [Int]
possibleDrawers = [1 .. 50]
```

次に、各引き出しの内容を取得する関数が必要です。リスト 19–3 の関数は、この possibleDrawers リストを lookup 関数で写像します。

リスト19–3：getDrawerContents 関数の定義

```
getDrawerContents :: [Int] -> Map.Map Int Organ -> [Maybe Organ]
getDrawerContents ids catalog = map getContents ids
  where getContents = \id -> Map.lookup id catalog
```

getDrawerContents を定義したところで、カタログを検索する準備は万全です（リスト 19–4）。

リスト19–4：欠損値を含んでいる可能性がある availableOrgans リスト

```
availableOrgans :: [Maybe Organ]
availableOrgans = getDrawerContents possibleDrawers organCatalog
```

これが null 値に対して例外をスローするプログラミング言語であったとしたら、あなたのプログラムは一巻の終わりでした。リストの型が依然として Maybe Organ であることに注目してください。また、null 値を返すという問題も回避されています。このリストを使って何をするにしても、この欠損値の可能性に明示的に対処するまでは、このデータを Maybe 型に保たなければなりません。

最後の作業は、特定のパーツの数を取得できるようにすることです。この時点で、Maybe 型に実際に対処する必要があります（リスト 19–5）。

リスト19-5：Organ のインスタンスを数える countOrgan 関数の定義

```
countOrgan :: Organ -> [Maybe Organ] -> Int
countOrgan organ available = length (filter
                                      (\x -> x == Just organ)
                                      available)
```

ここで興味深いのは、Maybe コンテキストからパーツを取り出す必要すらないことです。Maybe は Eq を実装するため、2 つの Maybe Organ を比較するだけでよいからです。エラー処理の必要がないだけでなく、存在しない値にプログラムで明示的に対処することもないため、そうしたケースへの対処について考える必要はまったくありません。最終的な結果は次のようになります。

```
*Main> countOrgan Brain availableOrgans
1
*Main> countOrgan Heart availableOrgans
2
```

19.3　Maybe を使った計算

availableOrgans リストを表示できれば、少なくとも手持ちのパーツを見て確認できるようになります。Organ 型と Maybe 型はどちらも Show をサポートしているため、GHCi で表示できるはずです。

```
*Main> show availableOrgans
[Nothing,Just Heart,Nothing,Nothing,Nothing,Nothing,Just Heart,Nothing,...]
```

何もしなくても表示できましたが、見た目がよくありません。まず、Nothing 値をすべて取り除いてしまいましょう。filter とパターンマッチングを利用すれば簡単です（リスト 19–6）。

リスト19-6：isSomething 関数の定義

```
isSomething :: Maybe Organ -> Bool
isSomething Nothing = False
isSomething (Just _) = True
```

これで、欠損値ではないパーツだけにリストを絞り込むことができます（リスト 19-7）。

リスト19-7：isSomething と filter を使って［Maybe Organ］を整理する

```
justTheOrgans :: [Maybe Organ]
justTheOrgans = filter isSomething availableOrgans
```

Column　isJust と isNothing

Data.Maybe モジュールには、Just 値の一般的な処理を行う isJust と isNothing の 2 つの関数が含まれています。isJust は isSomething 関数と同じですが、すべての Maybe 型でうまくいきます。Data.Maybe モジュールがインポートされていたとすれば、リスト 19-7 の問題を次のように解決していたでしょう。

```
justTheOrgans = filter isJust availableOrgans
```

GHCi で試してみると、結果がだいぶ改善されたことがわかります。

```
*Main> justTheOrgans
[Just Heart,Just Heart,Just Brain,Just Spleen,Just Spleen,Just Kidney]
```

問題は、すべての値の手前にやはり Just データコンストラクタが配置されていることです。これもパターンマッチングで取り除いてしまうことができます。そこで、Maybe Organ を String に変換する showOrgan 関数を作成します。Nothing に対処する必要はないはずですが、そのためのパターンも追加しているのは、万一に備えて常にすべてのパターンを照合するのがよい作法だからです（リスト 19-8）。

リスト19-8：showOrgan 関数の定義

```
showOrgan :: Maybe Organ -> String
showOrgan (Just organ) = show organ
showOrgan Nothing = ""
```

showOrgan 関数の動作がどのようなものか感触をつかむために、GHCi で例を 2 つ試してみましょう。

```
*Main> showOrgan (Just Heart)
"Heart"
*Main> showOrgan Nothing
""
```

これで、justTheOrgans を showOrgan 関数で写像することができます（リスト 19–9）。

リスト19–9：showOrgan を map で使用する

```
organList :: [String]
organList = map showOrgan justTheOrgans
```

最後の仕上げとして、リストの見た目をよくするためにコンマを挿入します。これには、Data.List モジュールの intercalate 関数を使用することができます（「intercalate」は「insert」のしゃれた言い方です）。

```
import Data.List
...
cleanList :: String
cleanList = intercalate ", " organList
```

さっそく試してみましょう。

```
*Main> cleanList
"Heart, Heart, Brain, Spleen, Spleen, Kidney"
```

▷ **クイックチェック 19-2**

numOrZero 関数を作成してみましょう。この関数は、引数として Maybe Int を受け取り、Nothing の場合は 0、そうでない場合は値を返します。

19.4　Maybe を使ったより複雑な計算

Maybe の値でいくつかのことを行う必要があるとしましょう。マッドサイエンティストからさらに興味深いプロジェクトを指示されます。あなたは与えられた ID の引き出しからパーツを取り出し、そのパーツを適切なコンテナ（バット、保冷器、袋）に配置する必要があります。そして最後に、そのコンテナを適切な場所に置きます。コンテナのルールは次のとおりです。

- 脳はバット（Vat）に入れる。

230 | LESSON 19　Maybe 型：欠損値に対処する

- 心臓は保冷器（Cooler）に入れる。
- 脾臓と腎臓は袋（Bag）に入れる。

場所のルールは次のとおりです。

- バットと保冷器は研究室（Lab）に置く。
- 袋はキッチン（Kitchen）に置く。

　あなたはこれらのルールを書き留めながら、きっと何もかもうまくいき、Maybe の心配なんてする必要はないのだと考えます（リスト 19–10）。

リスト19–10：マッドサイエンティストの要求にしたがって基本的な関数とデータ型を定義する

```
data Container = Vat Organ | Cooler Organ | Bag Organ

instance Show Container where
  show (Vat organ) = show organ ++ " in a vat"
  show (Cooler organ) = show organ ++ " in a cooler"
  show (Bag organ) = show organ ++ " in a bag"

data Location = Lab | Kitchen | Bathroom deriving Show

organToContainer :: Organ -> Container
organToContainer Brain = Vat Brain
organToContainer Heart = Cooler Heart
organToContainer organ = Bag organ

placeInLocation :: Container -> (Location,Container)
placeInLocation (Vat a) = (Lab, Vat a)
placeInLocation (Cooler a) = (Lab, Cooler a)
placeInLocation (Bag a) = (Kitchen, Bag a)
```

　process 関数は、渡されたパーツを正しいコンテナに入れ、正しい場所に配置します。report 関数は、コンテナと場所を受け取り、マッドサイエンティストのためにレポートを出力します（リスト 19–11）。

リスト19–11：基本的な関数 process と report の定義

```
process :: Organ -> (Location, Container)
process organ = placeInLocation (organToContainer organ)

report ::(Location,Container) -> String
report (location,container) = show container ++
                              " in the " ++
                              show location
```

19.4　Maybe を使ったより複雑な計算 | 231

　これら 2 つの関数は、「欠損しているパーツはない」という前提で書かれています。カタログでうまくいくかどうかを心配する前に、これらの関数の動作をたしかめておきましょう。

```
*Main> process Brain
(Lab,Brain in a vat)
*Main> process Heart
(Lab,Heart in a cooler)
*Main> process Spleen
(Kitchen,Spleen in a bag)
*Main> process Kidney
(Kitchen,Kidney in a bag)
*Main> report (process Brain)
"Brain in a vat in the Lab"
*Main> report (process Spleen)
"Spleen in a bag in the Kitchen"
```

　カタログから Maybe Organ を取り出す作業はまだ行っていません。ここで process 関数を使って行っているのは、Haskell では一般的なパターンの処理です。つまり、（欠損値などの）問題に対処しなければならない部分のコードを、問題に対処する必要のない部分のコードから切り離しています。他のほとんどの言語とは異なり、Maybe 型の値が誤って process 関数に入り込むことはあり得ません。null 値が含まれることが決してあり得ないコードを記述できると考えてみてください。

　さて、ここまでのコードをまとめて、カタログからデータを取り出してみましょう。ここで必要となるのは、リスト 19–12 のような関数です。しかし、やはり Maybe に対処する必要があることがわかります。

リスト19-12：processRequest の理想的な定義（コンパイルされない）

```
processRequest :: Int -> Map.Map Int Organ -> String
processRequest id catalog = report (process organ)
  where organ = Map.lookup id catalog
```

　問題は、organ 値が Maybe Organ 型で、process の引数が Organ であることです。この問題を手持ちのツールで解決するには、report と process を組み合わせて、Maybe Organ に対処する関数にする必要があります（リスト 19–13）。

リスト19-13：Maybe Organ 型のデータに対処する processAndReport 関数

```
processAndReport :: (Maybe Organ) -> String
processAndReport (Just organ) = report (process organ)
processAndReport Nothing = "error, id not found"
```

　要求を処理する関数はリスト 19–14 のようになります。

リスト19-14：Maybe Organ をサポートする processRequest 関数

```
processRequest :: Int -> Map.Map Int Organ -> String
processRequest id catalog = processAndReport organ
  where organ = Map.lookup id catalog
```

この解決策は申し分なくうまくいきます。GHCi で試してみると、`null` と既存のパーツの両方がうまく処理されることがわかります。

```
*Main> processRequest 13 organCatalog
"Brain in a vat in the Lab"
*Main> processRequest 12 organCatalog
"error, id not found"
```

ただし、設計上の小さな問題点が 1 つあります。現時点では、エラーが発生したときにレポートを処理するのは `processRequest` 関数です。理想的には、`report` 関数で処理したいところです。しかし、ここまでの知識からすると、Maybe を許可するように `process` 関数を書き換えなければならなくなるため、状況を悪化させることになります。欠損値について心配する必要がないことが保証された処理関数の記述、というせっかくの利点がなくなってしまうからです。

▷ **クイックチェック 19-3**

Maybe (Location, Container) に対応し、欠損したパーツ（Organ）に対処するように `report` を書き換えるにはどうすればよいでしょうか。

19.5 まとめ

このレッスンの目的は、Haskell のパラメータ化された型の中でも興味深い型の 1 つである Maybe 型を紹介することでした。Maybe 型を利用すれば、欠損する可能性がある値をモデル化できるようになります。Maybe は、このモデル化を実現するために Just と Nothing の 2 つのデータコンストラクタを使用します。Nothing データコンストラクタによって表される値は欠損値です。Just データコンストラクタによって表される値には、パターンマッチングを使って安全にアクセスできます。Maybe は、コードのエラーを減らすにあたって型がいかに強力であるかを示すよい例です。Maybe 型により、`null` 値の存在に起因するエラーは完全に取り除かれます。

19.6 練習問題

このレッスンの内容を理解できたかどうか確認してみましょう。

Q19-1：`emptyDrawers` 関数を記述してみましょう。この関数は、`getDrawerContents` の出力を受け取り、空の引き出しの数を明らかにします。

Q19-2：`Maybe` 型に対応する `map` である `maybeMap` を記述してみましょう。

19.7 クイックチェックの解答

▶ クイックチェック 19-1

```
Maybe Organ
```

▶ クイックチェック 19-2

```
numOrZero :: Maybe Int -> Int
numOrZero Nothing = 0
numOrZero (Just n) = n
```

▶ クイックチェック 19-3

```
report :: Maybe (Location,Container) -> String
report Nothing = "container not found"
report (Just (location,container)) = show container ++
                                     " in the " ++
                                     show location
```

LESSON 20

演習：時系列

レッスン20では、次の内容を取り上げます。

- 時系列分析の基礎
- `Monoid` と `Semigroup` を使って複数の時系列を組み合わせる
- `Map` を使って時系列の重複する値という問題を解決する
- `Maybe` を使って欠損値に伴うエラーを回避する

このレッスンでは、Haskell に組み込まれているツールを使って時系列データをモデル化します。時系列データは、理論的には比較的単純で、値と日付からなる一連のデータです。図20–1は、時系列のデモでおなじみの Box & Jenkins データセットの売上データを示しています（ここで使用するのも最初の36か月分のデータです）。

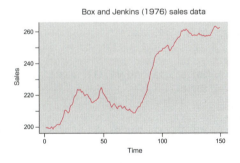

図20-1：売上に関する時系列データの例

　概念的には単純であるものの、実際の時系列データには、興味深い課題がたくさんあります。多くの場合は欠損しているデータがあり、複数の不完全なデータセットを組み合わせる必要があります。続いて、このひどい状態のデータで分析を行う必要があります。しかも、この分析を意味のあるものにするには、たいてい他の変換が必要になります。このレッスンでは、このユニットで取り

上げた手法を使って、時系列データを処理するためのツールを作成します。複数の時系列データを1つに組み合わせ、欠損値を含んでいる時系列データの要約統計量（平均など）を計算し、ノイズを取り除くための平滑化（スムージング）といったデータ変換を行う方法を確認します。

このレッスンのコードはすべて `time_series.hs` というファイルに含まれています。このファイルの最初の部分には、リスト20-1のインポート文が含まれています。

リスト20-1：time_series.hs のインポート文

```
import Data.List
import qualified Data.Map as Map
import Data.Semigroup
import Data.Maybe
```

このファイルを出発点として、さっそく取りかかりましょう。

20.1　時系列データと TS データ型

新しい会社での初仕事として財務データの整理を任されたとしましょう。あなたが分析しなければならないのは、36か月分の（部分的な）財務データです。このデータは4つのファイルに分かれており、完全なデータが含まれたファイルはありません。Haskell でのファイルの操作はまだ取り上げていなかったので、このデータはすでに読み込まれているものとします。各ファイルは `(Int,Double)` タプルのリストとして表されます（リスト20-2）。

リスト20-2：時系列データ

```
file1 :: [(Int,Double)]
file1 = [(1, 200.1),(2, 199.5),(3, 199.4),(4, 198.9),(5, 199.0),(6, 200.2),
        (9, 200.3),(10, 201.2),(12, 202.9)]

file2 :: [(Int,Double)]
file2 = [(11, 201.6),(12, 201.5),(13, 201.5),(14, 203.5),(15, 204.9),(16, 207.1),
        (18, 210.5),(20, 208.8)]

file3 :: [(Int,Double)]
file3 = [(10, 201.2),(11, 201.6),(12, 201.5),(13, 201.5),(14, 203.5),(17, 210.5),
        (24, 215.1),(25, 218.7)]

file4 :: [(Int,Double)]
file4 = [(26, 219.8),(27, 220.5),(28, 223.8),(29, 222.8),(30, 223.8),(31, 221.7),
        (32, 222.3),(33, 220.8),(34, 219.4),(35, 220.1),(36, 220.6)]
```

企業データを操作するときには、より単純なパターンを見つけ出すのが常套手段です。データは複数のファイルに分割されており、それらのファイルには欠損しているデータ点や重複があります。あなたは次の作業を行えるようにしたいと考えています。

20.1 時系列データと TS データ型 | 237

- これらのファイルを簡単に結合できるようにする。
- 欠損しているデータを追跡する。
- 欠損値によるエラーの心配をせずに時系列データを分析する。

　タイムラインを組み合わせるときには、2 つのタイムラインをまとめて 1 つの新しいタイムラインにします。これはまさに Semigroup の説明で取り上げたパターンです。時系列データを Semigroupのインスタンスにすれば、個々のタイムラインを組み合わせるという問題は解決です。時系列データのリストを組み合わせたい場合も、Monoid を実装して mconcat を利用できるようにします。欠損値の処理には、Maybe 型を利用することができます。Maybe 型の値にパターンマッチングを慎重に適用すれば、時系列データで関数を実行し、欠損値に対処できるようになります。

● 基本的な時系列型を構築する

　まず、時系列データ用の基本的な型（TS）が必要です。話を単純にするために、すべての日付が単なる Int 型（相対インデックス）であるとしましょう。36 か月のデータや 36 日分のデータは 1〜36 のインデックスで表せるはずです。時系列型の値には、型パラメータを使用します。というのも、時系列データで許可する値の型を制限したくないからです。この例では Double 型が必要ですが、Bool 型の時系列データ（「売上目標は達成されたか」）や、String 型の時系列データ（「売上がもっとも多かったのは誰か」）があってもおかしくありません。時系列データを表すために使用する型は、カインドが * -> *のパラメータ化された型です。つまり、この型の引数は 1 つだけです。また、データの操作に欠損値はつきものなので、値には Maybe 型を使用する必要もあります。データ分析では、欠損値はソフトウェアの Null ではなく、一般に NA（not available）という値で表されます。TS 型の定義はリスト 20–3 のようになります。

リスト20–3：TS データ型の定義

```
data TS a = TS [Int] [Maybe a]
```

　次に、タイムラインのリストと値のリストを受け取り、TS 型を作成する関数を定義します。ファイルのデータと同様に、TS 型を作成するときには、これらのタイムラインが完全に連続しているとは限らないと想定します。この createTS 関数を使用すると、タイムラインが展開され、完全に連続した状態になります。続いて、完全なタイムラインの時間と値を使って Map を作成します。完全な時間のリストを写像し、Map で時間を検索します。このようにすると、Maybe a 型の値のリストが自動的に作成されます。完全な時間を lookup で写像することで、既存の値は Just a になり、NA 値はすべて Nothing になります（リスト 20–4）。

238 | LESSON 20　演習：時系列

リスト20-4：TS 型を作成するためのインターフェイスを定義する createTS 関数

```
createTS :: [Int] -> [a] -> TS a
-- 引数は有効な値からなる限定的な集合のみを表すと想定
createTS times values = TS completeTimes extendedValues
  where completeTimes = [minimum times .. maximum times]
    timeValueMap = Map.fromList (zip times values)
    extendedValues = map (\v -> Map.lookup v timeValueMap) completeTimes
```

　各ファイルのフォーマットは **createTS** 関数にとって最適なものではないため、ペアを 2 つのリストに変換するヘルパー関数を作成します（リスト 20-5）。

リスト20-5：ファイルのデータを TS 型に変換しやすくする fileToTS 関数

```
fileToTS :: [(Int,a)] -> TS a
fileToTS tvPairs = createTS times values
  where splitPairs = (unzip tvPairs)
    times = fst splitPairs
    values = snd splitPairs
```

　先へ進む前に、**TS** オブジェクトを **Show** のインスタンスにしておいたほうがよさそうです。まず、時間と値のペアを表示する関数を作成します（リスト 20-6）。

リスト20-6：時間と値のペアを表示する showTVPair 関数

```
showTVPair :: Show a => Int -> (Maybe a) -> String
showTVPair time (Just value) = mconcat [show time,"|",show value,"\n"]
showTVPair time Nothing = mconcat [show time,"|NA\n"]
```

　次に、**zipWith** 関数と **showTVPair** 関数を使って **Show** のインスタンスを作成します（リスト 20-7）。

リスト20-7：zipWith と showTVPair を使って TS を Show のインスタンスにする

```
instance Show a => Show (TS a) where
  show (TS times values) = mconcat rows
    where rows = zipWith showTVPair times values
```

　さっそく、**file1** を **TS** として表示してみましょう。

```
*Main> fileToTS file1
1|200.1
2|199.5
3|199.4
4|198.9
5|199.0
6|200.2
7|NA
```

```
8|NA
9|200.3
10|201.2
11|NA
12|202.9
```

次に、すべてのファイルを TS 型に変換します（リスト 20–8）。

リスト20–8：すべてのデータファイルを TS 型に変換する

```
ts1 :: TS Double
ts1 = fileToTS file1

ts2 :: TS Double
ts2 = fileToTS file2

ts3 :: TS Double
ts3 = fileToTS file3

ts4 :: TS Double
ts4 = fileToTS file4
```

　これで、すべてのファイルのデータが TS 型に変換され、画面に表示して簡単に調べられる状態になりました。次節では、Semigroup と Monoid を使ってファイルの結合を単純化するという最初の課題を解決してみましょう。

20.2　Semigroup と Monoid で TS 型のデータを組み合わせる

　基本的な時系列モデルが完成したところで、個々の時系列データを組み合わせるという問題を解決してみましょう。この問題を型の観点から考えてみると、次の型シグネチャが必要であることがわかります。

```
TS a -> TS a -> TS a
```

　TS 型を 2 つ受け取り、TS 型を 1 つだけ返す関数が必要です。この型シグネチャには見覚えがあるはずです。Semigroup の<>演算子の型を調べてみると、ここで検討している型シグネチャを一般化したものであることがわかります。

```
(<>) :: Semigroup a => a -> a -> a
```

最終的には TS を Semigroup のインスタンスにしたいので、これはよい兆候です。次に検討しなければならないのは、2 つの TS 型をどのようにして組み合わせるかです。

TS 型が基本的には 2 つのリストであることを考えると、それらのリストをつなぎ合わせて新しい TS 型を作成できると考えたくなるかもしれません。しかし、解決しなければならない問題は 2 つあるため、単に一方のリストをもう一方のリストに付け足すわけにはいきません。1 つ目の問題は、データ点の範囲がファイルごとに区切られているわけではないことです。たとえば、file2 は日付 11 の値を含んでいますが、file1 は日付 12 の値を含んでいます。2 つ目の問題は、2 つの時系列データに同じデータ点の値が含まれている場合があることです。file1 と file2 はどちらも日付 12 の情報を含んでいますが、それらの情報は一致しません。この問題を解決するために、2 つ目のファイルを優先することにします。

これら 2 つの問題の解決には、Map を利用することができます。まず、1 つ目の TS の時間と値のペアを使って、それらのペアからなる Map を作成します。次に、2 つ目の TS の時間と値のペアを挿入します。このようにすると、2 つのペアの集合がシームレスに組み合わされ、重複する値が上書きされます。時系列データの結合方法を図解すると、図 20–2 のようになります。

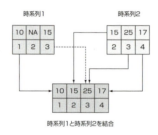

図20–2：2 つの時系列データを組み合わせる

ここで注意しなければならないのは、両方の時系列のデータをすべて組み合わせる Map の型が Map k v になることです。ここで、k はキーの型、v は値の型を表します。しかし、TS の値は k と Maybe v です。(k, Maybe v) 型のペアを Map k v に挿入できるようにする小さなヘルパー関数 insertMaybePair が必要です（リスト 20–9）。

リスト20–9：(k, Maybe v) 型のペアを挿入するための insertMaybePair 関数

```
-- この Map は実際の値で構成されるため...
insertMaybePair :: Ord k => Map.Map k v -> (k, Maybe v) -> Map.Map k v
-- Maybe 値が欠損している場合は元の Map を返す
insertMaybePair myMap (_,Nothing) = myMap
-- 実際の値がある場合は Just コンテキストから取り出して Map に挿入する
insertMaybePair myMap (key,(Just value)) = Map.insert key value myMap
```

insertMaybePair 関数を定義したところで、2 つの TS 型を組み合わせて新しい TS 型を作成するために必要なツールはすべて揃いました（リスト 20–10）。

20.2 Semigroup と Monoid で TS 型のデータを組み合わせる | 241

リスト20-10：combineTS 関数の定義

```
combineTS :: TS a -> TS a -> TS a
combineTS (TS [] []) ts2 = ts2
combineTS ts1 (TS [] []) = ts1
combineTS (TS t1 v1) (TS t2 v2) = TS completeTimes combinedValues
  where bothTimes = mconcat [t1,t2]
        completeTimes = [(minimum t1) .. (maximum t2)]
        tvMap = foldl insertMaybePair Map.empty (zip t1 v1)
        updatedMap = foldl insertMaybePair tvMap (zip t2 v2)
        combinedValues = map (~ -> Map.lookup v updatedMap) completeTimes
```

combineTS 関数の仕組みは次のようになります。最初に必要なのは、TS 型のどちらか（または両方）が空であるケースに対処することです。その場合は、空ではないほうの（両方とも空の場合は空の）TS 型を返します（1〜2 行目）。どちらも空でなければ、まず、それらがカバーしている時間をすべて組み合わせます（5〜6 行目）。このようにすると、有効な時間をすべてカバーする連続したタイムラインを作成できます。次に、insertMaybePair を使って 1 つ目の TS 型（ts1）の既存の値をすべて空の Map に挿入します。空の Map を foldl で初期化し、zip を使って作成した値と時間のペアからなるリストを挿入します（7 行目）。その後、2 つ目の TS 型（ts2）の既存の値を同じように挿入しますが、foldl を空の Map に適用するのではなく、前のステップで作成された Map を使用します（8 行目）。ts1 の後に ts2 を挿入すると、重複する値がすべて ts2 の値によって上書きされます。最後に、両方の TS 型の値が挿入された Map 全体に lookup を適用すると、createTS 関数と同じように、Maybe 型の値のリストが得られます（9 行目）。

そして、Semigroup を実装するために必要なのは、この combineTS 関数だけです。このロジック全体を (<>) の定義に直接配置しようと思えばできないことはありませんが、別の関数にしたほうが、デバッグが楽になるようです。重複を避ける意味では、combineTS の定義を (<>) の定義として貼り付けるほうがよいでしょう。ですがこの例では、(<>) を combineTS として定義することにします（リスト 20-11）。

リスト20-11：TS を Semigroup のインスタンスにする

```
instance Semigroup (TS a) where
  (<>) = combineTS
```

2 つの時系列データを簡単に結合できるかどうか実際に試してみましょう。

```
*Main> ts1 <> ts2
1|200.1
2|199.5
3|199.4
4|198.9
5|199.0
...
19|NA
20|208.8
```

TS は Semigroup のインスタンスなので、時系列どうしを結合すると、欠損値が自動的に埋められ、重複する値が自動的に上書きされるようになります。

● TS を Monoid のインスタンスにする

2 つ以上の TS 型を<>で結合できるのは便利ですが、結合しなければならないファイルが 4 つあることを考えると、それらのリストを結合できればもっと便利になるはずです。再び型について考えると、この振る舞いを表す型シグネチャは次のようになります。

```
[TS a] -> TS a
```

この型シグネチャを見て、リストの連結を思い出したはずです。リストの連結には、mconcat 関数が使用されます。mconcat 関数の型シグネチャは、このパターンを一般化したものです。

```
mconcat :: Monoid a => [a] -> a
```

この他に必要なのは、TS 型を Monoid のインスタンスにすることだけです。

これまでと同様に、Monoid を実装した後、mempty（単位元）を追加すればよいだけです。単位元がないと、TS 型のリストを自動的に連結することは不可能になります（リスト 20–12）。

リスト20–12：TS を Monoid のインスタンスにする

```
instance Monoid (TS a) where
  mempty = TS [] []
  mappend = (<>)
```

Monoid を実装すると mconcat が自動的に付いてくるため、TS 型のリストを連結するのは簡単です。

```
*Main> mconcat [ts1,ts2]
1|200.1
2|199.5
3|199.4
4|198.9
5|199.0
...
19|NA
20|208.8
```

最後に、すべてのファイルの時系列を（できるだけ完全に）1 つの時系列にまとめます（リスト 20–13）。

リスト20-13：mconcat を利用すれば tsAll を簡単に作成できる

```
tsAll :: TS Double
tsAll = mconcat [ts1,ts2,ts3,ts4]
```

少し手間がかかりましたが、今後時系列データを扱うときに、さまざまなファイルのデータを1つの TS 型に安全にまとめるワンライナーが完成しました。

20.3　時系列で計算を行う

　基本的な分析を行うことができなければ、時系列データがあっても意味がありません。時系列データが分析に使用される主な理由は、追跡している値の全体的な傾向と経時的な変化を理解することにあります。時系列が都合よく直線的なものになることは滅多にないため、時系列に関する単純な質問でさえ、込み入ったものになることがあります。時系列データの最初の分析として、単純な要約統計量を調べてみることにしましょう。**要約統計量**とは、複雑なデータセットを要約するのに役立つ限られた数の値のことです。ほぼすべてのデータにとってもっとも一般的な要約統計量は平均です。ここでは、データの平均を計算し、データの最大値と最小値が発生するタイミングと実際の値を突き止めることにします。

　最初の作業は、時系列データの平均値を計算することです。次に定義する meanTS 関数は、Real 型でパラメータ化された TS を受け取り、TS の値の平均を Double 型で返します。Real 型クラスでは、realToFrac 関数を使って Integer といった型の除算を簡単に行うことができます。ただし、意味のある結果にならない状況が2つあるため（空の時系列と、すべての値が Nothing の時系列）、meanTS 関数では Maybe 型を返さなければなりません。

　まず、リストの平均を計算する関数が必要です（リスト20-14）。

リスト20-14：ほとんどの数値型のリストの平均を求める mean

```
mean :: (Real a) => [a] -> Double
mean xs = total/count
  where total = (realToFrac . sum) xs
        count = (realToFrac . length) xs
```

次に、meanTS 関数を定義します（リスト20-15）。

リスト20-15：meanTS 関数の定義

```
meanTS :: (Real a) => TS a -> Maybe Double
meanTS (TS _ []) = Nothing
meanTS (TS times values) = if all (== Nothing) values
                           then Nothing
                           else Just avg
  where justVals = filter isJust values   -- 値が「Just かどうか」のテストが必要
```

```
        cleanVals = map (\(Just x) -> x) justVals
        avg = mean cleanVals
```

売上高の平均値は GHCi で調べることができます。

```
*Main> meanTS tsAll
Just 210.5966666666667
```

● 時系列の最大値と最小値を計算する

　時系列データでは、最大値と最小値を突き止めるのも有益です。最大値（maxTS）と最小値（minTS）を表す値を突き止めるだけでなく、それらの値が発生した時間も突き止める必要があります。maxTS とminTS は、それらの比較関数を除けばほぼ同じようなものになるため、ジェネリック関数 compareTSも作成したいと考えるかもしれません。この関数は、比較関数（a -> a -> a）（2 つの値を比較して「勝者」を返す max のような関数）を受け取ることになります。興味深いことに、この比較関数の型シグネチャは Semigroup（<>）のものとまったく同じです。しかし、型シグネチャだけでは、必ずしも根拠として十分ではありません。Semigroup（および Monoid）を使用するのは、一般に、2 つの型の「比較」ではなく、2 つの型の「結合」を抽象化するためです。

　問題はやはり、比較関数の型が（a -> a -> a）であるのに対し、比較したい型が（Int, Maybe a）であることです。というのも、値とその値が発生した時間を追跡したいからです。ただし、肝心なのは値を比較することです。そこで、makeTSCompare という関数を作成します。この関数は、比較関数（(a -> a -> a)）を受け取り、((Int, Maybe a) -> (Int, Maybe a) -> (Int, Maybea)) 型の関数に変換します。min や max といった関数を変換し、(Int, Maybe a) タプルに対応させることも可能です（リスト 20-16）。

リスト20-16：makeTSCompare 関数と便利な型シノニム

```
type CompareFunc a = (a -> a -> a)
type TSCompareFunc a = ((Int, Maybe a) -> (Int, Maybe a) -> (Int, Maybe a))

makeTSCompare :: Eq a => CompareFunc a -> TSCompareFunc a
-- newFunc を作成して返す
makeTSCompare func = newFunc
  -- where の中でもパターンマッチングが可能
  where newFunc (i1, Nothing) (i2, Nothing) = (i1, Nothing)
        -- どちらかまたは両方の値は Nothing の場合に対処
        newFunc (_, Nothing) (i, val) = (i, val)
        newFunc (i, val) (_, Nothing) =  (i, val)
        -- 比較関数として動作し、完全なタプルだけを返す
        newFunc (i1, Just val1) (i2, Just val2) = if (func val1 val2) == val1
                                                   then (i1, Just val1)
                                                   else (i2, Just val2)
```

makeTSCompare があれば、min、max、あるいは似たような比較関数を使用することについて考える必要はなくなります。例として、2 つの時間と値のペアを GHCi で比較してみましょう。

```
*Main> makeTSCompare max (3,Just 200) (4,Just 10)
(3,Just 200)
```

次に、TS 型のすべての値を比較できるジェネリック関数 compareTS を作成します（リスト 20–17）。

リスト20–17：TS に比較関数を適用する汎用的な手段となる compareTS 関数

```
compareTS :: Eq a => (a -> a -> a) -> TS a -> Maybe (Int, Maybe a)
compareTS func (TS [] []) = Nothing
compareTS func (TS times values) = if all (== Nothing) values
                                   then Nothing
                                   else Just best
  where pairs = zip times values
        best = foldl (makeTSCompare func) (0, Nothing) pairs
```

compareTS 関数があれば、TS 用の別の比較関数を作成するのは簡単です。maxTS と minTS はリスト 20–18 のようになります。

リスト20–18：compareTS を使って minTS と maxTS を定義する

```
minTS :: Ord a => TS a -> Maybe (Int, Maybe a)
minTS = compareTS min

maxTS :: Ord a => TS a -> Maybe (Int, Maybe a)
maxTS = compareTS max
```

さっそく試してみましょう。

```
*Main> minTS tsAll
Just (4,Just 198.9)
*Main> maxTS ts1
Just (12,Just 202.9)
```

基本的な要約統計量を試したところで、時系列データのより高度な分析に進む準備が整いました。

20.4　時系列の変換

基本的な要約統計量は便利ですが、時系列データに関して知りたい情報をすべてカバーするのに十分であるとはとても言えません。毎月の売上データの場合は、会社が成長しているという確証が

ほしいかもしれません。時系列データが単純な直線を描くことはないため、「成長のペースはどれくらいか」といった単純な質問への答えが驚くほど複雑になることもあります。もっとも単純明快なアプローチは、時系列の値自体を調べるのではなく、それらの値の経時的な変化を調べることです。もう 1 つの問題は、時系列データにノイズが含まれていることです。ノイズを削減するには、**平滑化**（スムージング）と呼ばれるタスクを実行します。平滑化は、データを理解しやすくすることを目的として、データからノイズを取り除きます。どちらのタスクも、元のデータを変換することでさらに洞察を得るための手段となります。

ここで最初に調べる変換は、TS の差分を計算するものです。diff は毎日の変化を示します。たとえば、図 20-3 のような値があるとしましょう。リストを変換した後の値の数が 1 つ少なくなっていることに注目してください。値が 1 つ減ったのは、1 つ目の値から引くものがないためです。このことを反映させるために、結果の TS の先頭に必ず Nothing 値を追加しなければなりません。

図20-3：diff 関数の可視化

時系列データでの diff 変換の効果は、図 20-4 でたしかめることができます。この図は、元の売上データ（図 20-1）に diff を適用した結果を示しています。

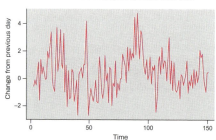

図20-4：売上データに diff を適用した結果

型に関しては、diff 変換を次のように簡潔に表現することができます。

```
TS a -> TS a
```

この定義は最終的な結果として何が必要であるかを完全に説明しているとは言えません。TS 型

には、その値の型としてどのようなパラメータが渡されてもおかしくありませんが、すべての値で減算が可能なわけではありません。この変換は Num 型の値に対するものになるはずです。Num 型なら 2 つの値の減算が可能だからです。

```
Num a => TS a -> TS a
```

型シグネチャを見直した結果、許可される変換の種類がより具体的になっています。

ここで、またしても問題にぶつかります。Maybe の中で Num a 型の演算を行うときには、Maybe 型を操作することになります。ここまでと同様に、まず、2 つの Maybe a 値を受け取り、それらの減算を行う diffPair 関数を定義します（リスト 20–19）。

リスト20–19：diffPair 関数の型シグネチャ

```
diffPair :: Num a => Maybe a -> Maybe a -> Maybe a
```

どちらかの値が Nothing である場合は何も返さず、そうではない場合は差分を返します（リスト 20–20）。

リスト20–20：diffPair 関数の定義

```
diffPair Nothing _ = Nothing
diffPair _ Nothing = Nothing
diffPair (Just x) (Just y) = Just (x - y)
```

これで、diffTS 関数を作成する準備ができました。zipWith を利用すれば、この関数を作成するのは簡単です。zipWith は zip と同じような働きをしますが、2 つの値を単にタプルにまとめるのではなく、それらの値を指定された関数を使って組み合わせます（リスト 20–21）。

リスト20–21：TS の diff を計算する diffTS 関数

```
diffTS :: Num a => TS a -> TS a
diffTS (TS [] []) = TS [] []
diffTS (TS times values) = TS times (Nothing:diffValues)
  where shiftValues = tail values
        diffValues = zipWith diffPair shiftValues values
```

diffTS を使って売上データの経時的な変化の平均値を求めてみましょう。

```
*Main> meanTS (diffTS tsAll)
Just 0.6076923076923071
```

平均すると、売上は毎月 0.6 ほど成長しています。この方法の利点は、欠損値のことをまったく考えずに、これらのツールを利用できることです。

● 移動平均

時系列データのもう 1 つの重要な変換は平滑化です。データには、あからさまなスパイクや説明のつかない下落など、データを理解するのが難しくなるようなランダムノイズが含まれていることがよくあります。もう 1 つの問題は、データの季節性です。週末のデータがあるとしましょう。日曜日と同じような売上を火曜日に期待するでしょうか。データの季節性がデータを理解する方法に影響を与えるのは望ましくありません。

平滑化を行うもっともよい方法は、移動平均を求めることです。**移動平均**は diff に似ていますが、値を 2 つずつ調べるのではなく、ウィンドウ全体の平均を求めます。移動平均は、平滑化の対象となる要素の数を表すパラメータ n を受け取ります。次の 6 つの数字を 3 つずつ取得する (ウィンドウが 3 の) 移動平均の例を見てみましょう。

```
1,2,3,4,3,2

2.000000  3.000000  3.333333  3.000000
```

この平滑化の効果を可視化すると、図 20-5 のようになります。この図は、元の時系列データ (図 20-1) にウィンドウが 12 の移動平均を適用した結果を示しています。

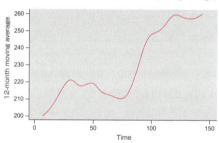

図20-5：売上データとウィンドウが 12 の移動平均

diff の場合は、データの先頭に Nothing を 1 つ追加しますが、移動平均の場合は、データを「中心化」したいので、両端に NA (この場合は Nothing) を追加します。

maTS 関数の型シグネチャは、diffTS 関数の型シグネチャよりも制約されたものになります。ここで定義する mean 関数を使って数値の平均を求めることはわかっているため、mean の型シグネチャを調べれば、maTS 関数の最終的な型シグネチャを突き止めるのに役立つはずです。

```
mean :: (Real a) => [a] -> Double
```

移動平均を計算する作業のほとんどは mean によって実行されるため、最終的な型シグネチャは、

（Real a) => TS a を TS Double 型の 1 つに変換するために必要なものになることがわかります。また、型シグネチャに必要な値はもう 1 つあります。平滑化する値の個数を指定する必要があるからです。つまり、最終的な型シグネチャは次のようになるはずです。

```
maTS :: (Real a) => TS a -> Int -> TS Double
```

目標が定まったところで、この目標を達成するための関数の構築に取りかかりましょう。

この移動平均関数の [Maybe a] リスト (時系列データの値) に対処する部分を抽象化すると、論理的に考えやすくなります (リスト 20–22)。

リスト20–22：Maybe a 値のリストの平均を求める meanMaybe 関数

```
meanMaybe :: (Real a) => [Maybe a] -> Maybe Double
meanMaybe vals = if any (== Nothing) vals
                 then Nothing
                 else (Just avg)
 -- fromJust も Data.Maybe の関数であり、(\(Just x) -> x) に相当する
 where avg = mean (map fromJust vals)
```

移動平均を計算するための基本ロジックはリスト 20–23 のようになります。

リスト20–23：[Maybe a] リストの移動平均を計算する movingAvg 関数

```
movingAvg :: (Real a) => [Maybe a] -> Int -> [Maybe Double]
movingAvg [] n = []
movingAvg vals n = if length nextVals == n
                   then (meanMaybe nextVals):(movingAvg restVals n)
                   else []
  where nextVals = take n vals
        restVals = tail vals
```

移動平均はこれら 2 つの関数に任せるとして、あとは最終的な TS が「中心化」されるようにすればよいだけです。整数の中間点を求めるには、div による整数の除算を使用します (リスト 20–24)。

リスト20–24：TS の移動平均を求めて中心化する maTS 関数

```
maTS :: (Real a) => TS a -> Int -> TS Double
maTS (TS [] []) n= TS [] []
maTS (TS times values) n = TS times smoothedValues
  where ma = movingAvg values n
        nothings = take (n `div` 2) (repeat Nothing)
        smoothedValues = mconcat [nothings,ma,nothings]
```

これで、maTS 関数を使って TS データを平滑化できるようになりました。

20.5 まとめ

このレッスンでは、次の内容を確認しました。

- 時系列データの操作に利用できる一般的な手法
- 時系列データの基礎的な部分に対処する TS 型の作成
- Maybe を使ったデータの NA 値のモデル化
- Map 型を使って値の集合を結合する方法
- Semigroup 型クラスと Monoid 型クラスを使って TS 型を簡単に結合する方法
- Maybe のコンテキストで複雑な計算を行う方法

● 時系列データを使った処理の拡張

時系列データを使ってできることはまだまだあります。このプロジェクトの簡単な拡張には、次のようなものがあります。

- 平滑化に平均値ではなく中央値を使用する。
- データの diff ではなく div を計算する関数を作成し、変化をパーセントで捕捉する。
- TS 型の標準偏差を計算する関数を実装する。

まだ物足りなければ、もっとも有益な次の作業は、時系列データどうしの加算と減算です。2 つの TS 型のタイムラインが同じである点ごとに、それらの値の加算または減算 (のどちらか必要なほう) を行います。

4　HaskellのI/O

　ここまで、Haskell を使って実行できることを示す例をいくつか見てきました。繰り返しますが、Haskell の威力の源は参照透過性や型システムといった単純なものにあります。しかし、明らかに抜け落ちているものが 1 つあります。そう、I/O です。

　プログラムの目的が何であっても、どの言語で記述されていても、I/O はソフトウェアにおいて非常に重要な要素であり、コードと現実世界との接点です。では、Haskell の I/O に関連する部分を取り上げてこなかったのはなぜでしょうか。I/O を使用すると、基本的に、世界を変えることになるからです。たとえば、コマンドラインからのユーザー入力の取得について考えてみましょう。ユーザー入力を要求するプログラムでは、そのつど結果が異なることが想定されます。ですが本書では、すべての関数が引数を受け取って値を返すことと、同じ引数に対して同じ値を返すことがいかに重要であるかを説明するために最初のユニットを費やしています。I/O に関する問題はもう 1 つあります。そのつど世界を変えるということは、状態を扱うということです。ファイルを読み取って別のファイルに書き出すとしたら、その過程で状態を変化させないプログラムは無意味です。しかし、ユニット 1 で説明したように、ステートレスであることは Haskell の美徳の 1 つだったはずです。

　この問題を Haskell はどのように解決するのでしょうか。もう察しがついているかもしれませんが、Haskell は型を使ってこの問題を解決します。

　Haskell には、IO というパラメータ化された型があります。IO 型のコンテキストに属している値はすべて、このコンテキストにとどまらなければなりません。これにより、**純粋**なコードと不純にならざるを得ないコードの混在が回避されます。純粋なコードとは、参照透過性を維持し、状態を変化させないコードのことです。

　このことを具体的に示すために、Java と Haskell で書かれた 2 つの mystery 関数を比較してみましょう。リスト Unit 4-1 は、Java で書かれた mystery1 メソッドと mystery2 メソッドを示しています。

リストUnit 4–1：同じ型シグネチャを持つ 2 つのメソッド（mystery1、mystery2）

```java
public class Example {
    public static int mystery1(int val1, int val2){
        int val3 = 3;
        return Math.pow(val1 + val2 + val3, 2);
    }

    public static int mystery2(int val1, int val2){
        int val3 = 3;
        System.out.print("Enter a number");
        try {
            Scanner in = new Scanner(System.in);
            val3 = in.nextInt();
        } catch (IOException e) {
            e.printStackTrace();
        }
        return Math.pow(val1 + val2 + val3,2);
    }
}
```

mystery1、mystery2 という 2 つの静的メソッドが定義されています。どちらのメソッドも、2
つの値を受け取り、それらに謎の値を足し、結果を 2 乗します。もっとも重要なのは、これらの
メソッドの型シグネチャが Java ではまったく同じであることです。しかし、これらのメソッドが
ちっとも同じではないことについては異論はないでしょう。

mystery1 は予測可能なメソッドであり、2 つの入力を渡すたびにまったく同じ出力が返されま
す。Haskell で言うと、mystery1 は**純粋関数**です。このメソッドを少し試してみれば、何をする
のかが理解できるはずです。

これに対し、mystery2 は予測可能なメソッドではなく、このメソッドを呼び出すたびに、いろ
いろなことがうまくいかなくなる可能性があります。さらに、このメソッドを呼び出すたびに、異
なる答えが返される可能性もあります。mystery2 が何をするメソッドなのかは決してわからない
かもしれません。この例では、mystery2 メソッドがコマンドプロンプトを表示するため、2 つの
メソッドの違いは明白かもしれません。しかし、mystery2 メソッドが単にディスク上のランダム
なファイルを読み取るとしたらどうでしょうか。このメソッドが何をしているのかは決してわから
ないかもしれません。mystery 関数は不自然な思いつきに見えるかもしれませんが、レガシーコー
ドや外部ライブラリを使用するときには、このような関数を扱うことがよくあります。それらの関
数の振る舞いは理解できたとしても、実際に何をしているのかを突き止めるすべはないかもしれま
せん。

Haskell では、これら 2 つの関数を強制的に異なる型にすることで、この問題を解決します。関
数が IO 型を使用するたびに、その関数の結果には、I/O から得られた値であることを示す刻印が
押されます。先の 2 つの Java メソッドを Haskell 関数として書き換えると、リスト Unit 4–2 の
ようになります。

リストUnit 4-2：Haskell で記述した mystery1 関数と mystery2 関数

```haskell
mystery1 :: Int -> Int -> Int
mystery1 val1 val2 = (val1 + val2 + val3)^2
  where val3 = 3

mystery2 :: Int -> Int -> IO Int
mystery2 val1 val2 = do
  putStrLn "Enter a number"
  val3Input <- getLine
  let val3 = read val3Input
  return ((val1 + val2 + val3)^2)
```

IO 型によってコードが安全になるのはなぜでしょうか。IO 型により、I/O の刻印が押された値を誤って他の純粋関数で使用することが不可能になるからです。たとえば、加算は純粋関数です。このため、mystery1 に対する 2 つの呼び出しの結果を足し合わせることは可能です。

```haskell
safeValue = (mystery1 2 4) + (mystery1 5 6)
```

しかし、mystery2 を使って同じことを試みた場合はコンパイルエラーになります。

```haskell
unsafeValue = (mystery2 2 4) + (mystery2 2 4)

"No instance for (Num (IO Int)) arising from a use of '+'"
```

プログラムがより安全になるのはたしかですが、何かを行うにはいったいどうすればよいのでしょうか。このユニットでは、有益なプログラムの作成を可能にする Haskell のツールを紹介します。それらのツールは、純粋なコードを I/O コードから切り離した上で、現実世界とやり取りできるようにするものです。このユニットの内容を最後まで読めば、I/O を伴う実戦的なプログラミング問題に Haskell を幅広く利用できるようになるでしょう。

LESSON 21

Hello World! : IO 型の紹介

レッスン 21 では、次の内容を取り上げます。

- Haskell が IO 型を使って I/O を処理する仕組み
- do 表記を使った I/O の実行
- 現実世界とやり取りする純粋プログラムの記述

レッスン 1 では、基本的な例として Hello World プログラムを紹介しました。このレッスンでは、Haskell の I/O の仕組みをよく理解できるよう、同じようなプログラムに取り組みます。リスト 21-1 は、I/O を使ってコマンドラインから名前を読み取り、"Hello <名前>!"を出力するサンプルプログラムを示しています。

リスト21-1：単純な Hello World プログラム

```haskell
helloPerson :: String -> String
helloPerson name = "Hello" ++ " " ++ name ++ "!"

main :: IO ()
main = do
  putStrLn "Hello! What's your name?"
  name <- getLine
  let statement = helloPerson name
  putStrLn statement
```

Haskell に出会う前なら、このプログラムの内容を簡単に理解できた可能性があります。残念ながら、Haskell を知ってしまったことで、このコードはずっとわかりにくいものになっているはずです。helloPerson 関数は単純なはずですが、main から始まるすべてのものが、ここまで見てきたものとはまるで異なっています。次のような疑問が浮かんだはずです。

- 型 IO () はいったい何か
- main の後に do があるのはなぜか

- `putStrLn` は値を返すのか
- `<-` で割り当てられる変数と `let` で割り当てられる変数があるのはなぜか

　このレッスンを最後まで読めば、1 つ 1 つの疑問に納得のいく答えが得られるはずです。また、Haskell での `IO` の基礎もきちんと理解できるはずです。

クイックチェック 21-1
　リスト 21-1 において、ユーザーの入力を取得する行はどれでしょうか。その入力の型として何が想定されるでしょうか。

>
> Tips　ユーザー入力は `getLine` 関数を使って取得できます。しかし、`getLine` を呼び出すたびに異なる結果が返される可能性があることは明らかです。Haskell のもっとも重要な特徴の 1 つは、同じ入力に対して常に同じ値を返すことです。そう考えると、どうすればこのようなことが可能になるのでしょうか。

21.1　IO 型：不純な世界とやり取りする

　Haskell ではいつものことですが、何が起きているのかよくわからない場合は、型を調べてみるのが一番です。最初に理解しなければならない型は、`IO` 型です。ユニット 3 では、最後に `Maybe` 型を取り上げました。`Maybe` はパラメータ化された型（引数として別の型をとる型）であり、値が欠損しているときのコンテキストを表します。Haskell の `IO` は、`Maybe` と同じように、パラメータ化された型です。`IO` と `Maybe` の 1 つ目の共通点は、パラメータ化された型の中でも同じカインドのものであることです。`IO` と `Maybe` のカインドを調べてみましょう。

```
Prelude> :kind Maybe
Maybe :: * -> *
Prelude> :kind IO
IO :: * -> *
```

　`Maybe` と `IO` のもう 1 つの共通点は、（`List` や `Map` とは異なり）コンテナではなくパラメータのコンテキストを表すことです。`IO` 型のコンテキストは、値が I/O 演算から得られることです。一般的な例としては、ユーザー入力の読み取り、標準出力への書き出し、ファイルの読み取りなどがあげられます。

　`Maybe` 型では、「プログラムの値が存在しないことがある」という、ただ 1 つの問題に対するコンテキストを作成します。`IO` 型では、I/O で発生し得る幅広い問題に対するコンテキストを作成します。I/O はエラーになりやすいだけでなく、そもそもステートフルであり、不純なことがよくあり

ます。I/O がステートフルであるのは、たとえばファイルへの書き出しによって何かが変化するためです。I/O が不純であるのは、getLine の呼び出しのたびにユーザー入力が異なる場合は、そのつど異なる結果が返されることが考えられるためです。これらは I/O の問題であると同時に、I/Oの仕組みにとって不可欠な部分でもあります。状態を何らかの方法で変更しないプログラムなど、何の役に立つというのでしょうか。Haskell コードを純粋かつ予測可能な状態に保つには、Haskellコードの残りの部分と同じ振る舞いにならない可能性があるデータに対し、IO 型を使ってコンテキストを提供する必要があります。つまり、I/O アクションは関数ではありません。

リスト 21-1 では、main の型として IO 型が 1 つだけ宣言されています。

```
main :: IO ()
```

最初のうちは、() は特別な記号のように見えるかもしれません。ですが実際には、() は要素が0 個のタプルです。本書で見てきたように、複数のペアやタプルを表すタプルは何かと役立ちますが、0 要素のタプルは何の役に立つのでしょうか。次のリストには、Maybe に基づく同じような型をいくつか並んでいます。IO () が単に () でパラメータ化された IO であることがわかるはずです。() がなぜ有益なのかわかるでしょうか。

```
Prelude> :type Just (1,2)
Just (1,2) :: (Num t, Num t1) => Maybe (t, t1)
Prelude> :type Just (1)
Just (1) :: Num a => Maybe a
Prelude> :type Just ()
Just () :: Maybe ()
```

Maybe の場合、() を使ったパラメータ化は無意味です。Maybe には、Just () と Nothing の 2つの値しかないからです。しかし、Just () が Nothing であることは間違いありません。IO を空のタプルでパラメータ化する理由はまさに、Nothing を表現することにあります。

このことをよく理解するために、main を実行したらどうなるか考えてみましょう。main の最後の行は次のように定義されています。

```
putStrLn statement
```

この行は文を出力します。putStrLn の戻り値の型は何でしょうか。putStrLn は世界に向けてメッセージを発信していますが、何か意味のあるものが出力されるかどうかは不明です。文字どおりの意味で言うと、putStrLn は何も返しません。Haskell では main に関連付ける型が必要ですが、main は何も返さないため、() タプルを使って IO 型をパラメータ化します。() タプルは基本的に Nothing であるため、この概念を Haskell の型システムに伝えるのにもってこいです。

Haskell の型システムに満足していたとしても、この main には問題点が他にもあります。本書

の最初の部分で指摘したように、関数には、関数型プログラミングを予測可能かつ安全なものにする3つの特徴があります。

- すべての関数が引数を受け取らなければならない。
- すべての関数が値を返さなければならない。
- 関数が同じ引数で呼び出されたときは常に同じ値を返さなければならない（参照透過性）。

main が意味のある値を返さないことは明らかです。main は**アクション**を実行するだけです。つまり、関数の「値を返さなければならない」という原則を破っているため、main は関数ではありません。このため、このユニットでは main を **I/O アクション**と呼ぶことにします。I/O アクションは、本書で定義した関数の3つのルールの少なくとも1つに違反することを除けば、関数と同じように動作します。I/O アクションの中には、値を返さないものや、入力をとらないもの、同じ入力が与えられても常に同じ値を返すとは限らないものがあります。

● I/O アクションの例

main が関数ではないとしたら、putStrLn も関数ではないはずです。putStrLn の型を調べれば、このことをすぐに確認できます。

```
putStrLn :: String -> IO ()
```

putStrLn の戻り値の型が IO () であることがわかります。「関数は値を返さなければならない」というルールに違反しているため、main と同様に、putStrLn は I/O アクションです。

次に紛らわしい関数は getLine でしょう。getLine には引数がないため、ここまで見てきた他のどの関数とも異なることは明らかです。getLine の型を調べてみましょう。

```
getLine :: IO String
```

putStrLn（引数を受け取り、値を返さない）とは異なり、getLine は引数を受け取りませんが、IO String 型を返します。つまり、getLine は「すべての関数が引数を受け取らなければならない」というルールに違反しています。getLine は関数のルールに違反しているため、やはり I/O アクションです。

ここで、もう少し興味深いケースを見てみましょう。System.Random をインポートすると、randomRIO が利用可能になります。randomRIO は、最小値と最大値を表すペアの値を受け取り、それらの値によって表される範囲の乱数を生成します。randomRIO を使ってサイコロをシミュレートする roll.hs という単純なプログラムを見てみましょう（リスト21-2）。

21.1 IO 型：不純な世界とやり取りする

リスト21-2：サイコロをシミュレートする roll.hs プログラム

```
import System.Random

minDie :: Int
minDie = 1

maxDie :: Int
maxDie = 6

main :: IO ()
main = do
  dieRoll <- randomRIO (minDie,maxDie)
  putStrLn (show dieRoll)
```

GHC を使ってこのプログラムをコンパイルし、サイコロを振ってみましょう。

System.Random モジュールを使用するには、random パッケージのインストールが必要かもしれません。
```
$ brew install cabal-install
$ cabal install random
```

```
$ ghc roll.hs
$ ./roll
2
```

randomRIO は、引数（最小値と最大値のペア）を受け取り、値（ペアの型でパラメータ化された IO 型）を返します。ということは、関数でしょうか。このプログラムを何度か実行してみると、問題点が明らかになります。

```
$ ./roll
4
$ ./roll
6
```

randomRIO を呼び出すたびに、引数が同じであっても、異なる値が返されます。つまり、randomRIO は参照透過性のルールに違反しています。したがって、randomRIO は getLine や putStrLn と同じように I/O アクションです。

▷ **クイックチェック 21-2**
main の最後の行が getLine でも OK でしょうか。

● 値を IO のコンテキストに留まらせる

getLine に関して興味深いのは、戻り値の型が IO String であることです。Maybe String 型が欠損しているかもしれない値を意味するのと同じように、IO String 型は I/O から得られる値を意味します。レッスン 10 で説明したように、Maybe は欠損値に起因するさまざまなエラーが他のコードに漏れ出すのを防ぎます。たしかに、null 値はさまざまなエラーの原因になります。ですが、I/O に起因するエラーにどれだけ遭遇してきたか考えてみてください。

I/O は危険で、予測不可能であるため、Haskell は I/O から取得した値を IO 型のコンテキストの外側で使用することを許しません。たとえば、randomRIO を使って乱数を取得する場合、その値を main または同様の I/O アクションの外側で使用することはできません。Maybe では、パターンマッチングを使用することで、欠損しているかもしれない値をコンテキストから安全に取り除くことができます。というのも、Maybe 型に関連する問題はただ 1 つ ── 値が Nothing であることだけだからです。I/O の場合、発生し得る問題はそれこそさまざまです。このため、IO のコンテキストでデータを操作した後、そのデータはそこにとどまらなければなりません。最初は、このことを負担に感じるかもしれませんが、I/O ロジックを他の部分から切り離す Haskell の仕組みに慣れてしまえば、他のプログラミング言語でも同じ仕組みを再現したいと考えることでしょう（ただし、そのようなことが可能になる強力な型システムがあるとは思えませんが）。

 ## 21.2　do 表記

IO のコンテキストから抜け出せないということは、IO のコンテキストの中で一連の計算を行うための便利な手段が必要であるということです。まさにそのためにあるのが、do という特別なキーワードです。do 表記を利用すれば、型 IO を型 a のように扱うことができます。このことから、let を使用する変数と <- を使用する変数があるのはなぜかの説明もつきます。<- を使って割り当てられる変数では、IO 型を a 型のように扱うことができます。IO 型ではない変数を作成する際には、そのつど let 文を使用します。このことをしっかり理解するために、main アクションの 2 つの行を見てみましょう（図 21-1）。1 つは <- を使用しており、もう 1 つは let を使用しています。

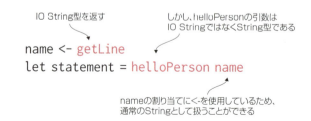

図21-1：do 表記を使って IO String を通常の String のように扱う

先ほど述べたように、`getLine` の戻り値の型は `IO String` です。`name` の型は `IO String` でなければなりませんが、`name` を `helloPerson` に引数として渡す必要があります。`helloPerson` の型をもう一度見てみましょう。

```
helloPerson :: String -> String
```

`helloPerson` が対応するのは通常の `String` 型だけであり、`IO String` 型ではうまくいきません。do 表記を利用すれば、`IO String` 型の変数の割り当てに`<-`を使用することで、`String` 型の変数のように動作させることができます。最初のプログラムをもう一度見てみましょう。今回は、`IO` 型を使用している部分と通常の型を使用している部分にそれぞれコメントが付いています（リスト 21-3）。

リスト21-3：Hello World プログラムでの do 表記

```
helloPerson :: String -> String
helloPerson name = "Hello" ++ " " ++ name ++ "!"

main :: IO ()
main = do
  putStrLn "Hello! What's your name?"
  -- getLine は I/O アクションであり、戻り値の型は IO String
  name <- getLine
  -- helloPerson は関数 String -> String だが、do 表記のおかげで name でもうまくいく
  let statement = helloPerson name
  -- putStrLn は I/O アクションであり、(IO String ではなく)String をとる
  putStrLn statement
```

何がすごいかって、安全な非 IO 型の値を操作する関数を組み合わせ、IO コンテキストのデータをシームレスに適用できることです。

▷ **クイックチェック 21-3**

`helloPerson` と `getLine` を次のように組み合わせてコードを単純化することは可能でしょうか。

```
let statement = helloPerson getLine
```

21.3　例：ピザ単価計算プログラム

do 表記の仕組みをよく理解するために、コマンドラインプログラムを作成してみましょう。このプログラムは、ユーザーに 2 枚のピザのサイズと値段を問い合わせ、1 インチ四方の値段が安いのはどちらかを伝えます。ここでは IO 型を使用しているため、最終的にコンパイルされる実際のプログラムを作成できます。このプログラムの名前は `pizza.hs` です。このプログラムをコンパイ

262 | LESSON 21　Hello World!：IO 型の紹介

ルして実行した結果は次のようになります。

```
$ ghc pizza.hs
$ ./pizza
What is the size of pizza 1
12
What is the cost of pizza 1
15
What is the size of pizza 2
18
What is the cost of pizza 2
20
The 18.0 pizza is cheaper at 7.859503362562734e-2 per square inch
```

　Haskell で I/O を使用するプログラムを設計する際には、IO 型を使用しないコードをできるだけ多く記述するのが一般的です。そのようにすると、問題について論証しやすくなり、純粋関数を使ったテストが可能になるからです。IO コンテキストに属していないコードが多くなればなるほど、I/O エラーに対して脆弱ではないコードが増えることになります。

　まず、直径に基づいてピザの単価を計算するための関数が必要です。最初の作業は、直径に基づいて円の面積を計算することです。円の面積は円周率 × 半径の 2 乗であり、半径は直径の半分です（リスト 21–4）。

リスト21–4：areaGivenDiameter 関数はピザの直径に基づいて面積を計算する

```
areaGivenDiameter :: Double -> Double
areaGivenDiameter size = pi*(size/2)^2
```

　ピザはサイズと値段のペアを使って表すほうが簡単です。この作業には、型シノニムを使用できます（リスト 21–5）。

リスト21–5：Pizza 型シノニム

```
type Pizza = (Double,Double)
```

　1 平方インチあたりの値段を計算するには、1 枚あたりの値段を面積で割ります（リスト 21–6）。

リスト21–6：costPerInch 関数は 1 平方インチあたりの値段を計算する

```
costPerInch :: Pizza -> Double
costPerInch (size, cost) = cost / areaGivenDiameter size
```

　次に、2 枚のピザを比較します。リスト 21–7 に示す comparePizzas 関数は、2 つの Pizza を受け取り、安いほうを返します。

21.3 例：ピザ単価計算プログラム | 263

リスト21-7：comparePizzas 関数は 2 枚のピザを比較する

```
comparePizzas :: Pizza -> Pizza -> Pizza
comparePizzas p1 p2 = if costP1 < costP2
                         then p1
                         else p2
  where costP1 = costPerInch p1
        costP2 = costPerInch p2
```

最後に、安いのはどちらのピザか、そして 1 平方インチあたりの値段がいくらかを示すメッセージを出力します（リスト 21-8）。

リスト21-8：describePizza 関数は結果を説明するメッセージを出力する

```
describePizza :: Pizza -> String
describePizza (size,cost) = "The " ++ show size ++ " pizza " ++
                             "is cheaper at " ++
                             show costSqInch ++
                             " per square inch"
  where costSqInch = costPerInch (size,cost)
```

次に、ここまでのすべての部分を main で組み合わせる必要があります。ただし、興味深い問題がまだ 1 つ残っています。getLine の戻り値は IO String 型ですが、ここで必要となる値は Double 型です。この問題は read を使って解決することができます（リスト 21-9）。

リスト21-9：main ですべてをつなぎ合わせる

```
main :: IO ()
main = do
  putStrLn "What is the size of pizza 1"
  size1 <- getLine
  putStrLn "What is the cost of pizza 1"
  cost1 <- getLine
  putStrLn "What is the size of pizza 2"
  size2 <- getLine
  putStrLn "What is the cost of pizza 2"
  cost2 <- getLine
  let pizza1 = (read size1, read cost1)
  let pizza2 = (read size2, read cost2)
  let betterPizza = comparePizzas pizza1 pizza2
  putStrLn (describePizza betterPizza)
```

ここでのポイントは、IO のコンテキストで実行しなければならない部分にのみ注意すればよいことです。ほとんどの場合は、入力を取得して操作する部分になります。

264 | LESSON 21　Hello World!：IO 型の紹介

● Monad のちら見：Maybe での do 表記

IO に do 表記を使用できるのは、IO が Monad という強力な型クラスのメンバだからです。Monad については、ユニット 5 で詳しく取り上げます。do 表記は IO と特別な関係にあるわけではなく、Monad のメンバはどれも、コンテキスト内での計算に do 表記を利用できます。Maybe の値に対するコンテキストは、それらの値が存在しない可能性があることを表します。IO のコンテキストは、現実世界との接点であること、そしてデータの振る舞いが Haskell プログラムの他の部分と異なる可能性があることを示します。

Maybe も Monad 型クラスのメンバであるため、do 表記を利用できます。たとえば、ピザの値をユーザー入力から取得するのではなく、2 つの Map から取得しなければならないとしましょう。1 つの Map にはサイズが含まれており、もう 1 つの Map には値段が含まれています。リスト 21-10 は、先ほどとほぼ同じプログラムを、Maybe を使って記述したものです。このプログラムでは、ピザの値段をユーザーに入力させるのではなく、costData という Map で ID を使って調べます。

リスト21-10：costData という Map にはピザの値段が含まれている

```
import qualified Data.Map as Map

costData :: Map.Map Int Double
costData = Map.fromList [(1,18.0),(2,16.0)]
```

同様に、サイズは別の Map に含まれています（リスト 21-11）。

リスト21-11：sizeData という Map にはピザのサイズが含まれている

```
sizeData :: Map.Map Int Double
sizeData = Map.fromList [(1,20.0),(2,15.0)]
```

リスト 21-12 に示すように、maybeMain 関数もほぼ同じです。

リスト21-12：Maybe バージョンの main 関数

```
maybeMain :: Maybe String
maybeMain = do
  size1 <- Map.lookup 1 sizeData
  cost1 <- Map.lookup 1 costData
  size2 <- Map.lookup 2 sizeData
  cost2 <- Map.lookup 2 costData
  let pizza1 = (size1,cost1)
  let pizza2 = (size2,cost2)
  let betterPizza = comparePizzas pizza1 pizza2
  return (describePizza betterPizza)
```

新たに追加されたのは、return 関数だけです。この関数は、型の値を do 表記のコンテキストに戻します。この場合は、String が Maybe String として返されます。この作業を main で行う必

要がないのは、`putStrLn` の戻り値の型が `IO ()` だからです。GHCi で試してみると、うまくいくことがわかります。

```
*Main> maybeMain
Just "The 20.0 pizza is cheaper at 5.729577951308232e-2 per square inch"
```

モナドと聞いて、期待に胸を躍らせているとしたら、この例に落胆しているかもしれません。しかし、`Monad` 型クラスを利用すれば、幅広いコンテキストでうまくいく汎用的なプログラムを記述することが可能です。do 表記を利用すれば、基本的な関数はすべて元のままで、異なるプログラムを記述できます。他のほとんどのプログラミング言語では、`IO` を使用している関数をディクショナリの `null` 値に対応する関数に変換するには、それらの関数を 1 つ 1 つ書き直さなければならない可能性があります。ユニット 5 では、このテーマをさらに掘り下げる予定です。さしあたり、do 表記については、Haskell で I/O アクションを実行するための便利な手段として考えればよいでしょう。

21.4 まとめ

このレッスンの目的は、Haskell での I/O 処理の仕組みを理解することにありました。I/O の問題点は、ここまで取り上げてこなかった関数の機能がすべて要求されることです。多くの場合、I/O は状態を変化させます。そして、関数（より具体的にはアクション）が呼び出されるたびに異なる結果が返される可能性が高くなります。この問題に対処するために、Haskell はすべての I/O ロジックが `IO` 型に含まれるようにしています。`Maybe` 型とは異なり、`IO` 型に属している値をそこから取り出すことはできません。Haskell では、`IO` 型の操作を容易にするために、do という特別な表記が用意されています。この表記を利用すれば、まるで `IO` 型のコンテキストの外にいるかのようにコードを記述することができます。

21.5 練習問題

このレッスンの内容を理解できたかどうか確認してみましょう。

Q21-1：以下に再掲したリスト 21–1 のコードを、`Maybe` で do 表記を使用するコードに書き換えてみましょう。ユーザー入力はすべて `Map` の値に置き換えられるものとします。また、最初の `putStrLn` を無視し、最後にメッセージを返すだけにします。

```
helloPerson :: String -> String
helloPerson name = "Hello" ++ " " ++ name ++ "!"
```

```
main :: IO ()
main = do
  putStrLn "Hello! What's your name?"
  name <- getLine
  let statement = helloPerson name
  putStrLn statement
```

Q21-2：ユーザーに数値 n の入力を求め、n 番目のフィボナッチ数を返すプログラムを作成してみましょう（フィボナッチ数を計算する例については、レッスン 8 を参照）。

21.6　クイックチェックの解答

▶ **クイックチェック 21-1**

入力を取得するのは getLine の行です。この時点で、入力が String であると想定しても安全な状態になります（このレッスンを最後まで読めば、その型が IO String であることがわかります）。

▶ **クイックチェック 21-2**

いいえ、main の型は IO () ですが、getLine の型は IO String なので、うまくいきません。

▶ **クイックチェック 21-3**

getLine の型は IO String のままなので、不可能です。

LESSON 22

コマンドラインの操作と遅延I/O

レッスン 22 では、次の内容を取り上げます。

- コマンドライン引数へのアクセス
- 従来のアプローチによる I/O 処理
- 遅延評価を使って I/O を容易にするコードの記述

I/O と Haskell を初めて学ぶ人は、Haskell は I/O が少し苦手であると思い込んでいることがよくあります。というのも、Haskell と言えば純粋プログラムであり、I/O は決して純粋ではないからです。しかし、見方によっては、I/O は Haskell にこの上なく適しており、他のプログラミング言語のほうが少しぎこちないほどです。どのプログラミング言語でも、I/O に取り組むときにはよく **I/O ストリーム**の話になりますが、ストリームとは何でしょうか。I/O ストリームを理解するよい方法の 1 つは、遅延評価される文字のリストとして考えてみることです。STDIN（標準入力）ストリームは終端に達するまでユーザー入力をプログラムに流し込みます。しかし、この終端が常にわかっているとは限りません（そして理論上は、決して終端に到達しないこともあり得ます）。これはまさに、Haskell のリストで遅延評価を使用するときの考え方と同じです。

大きなファイルを読み取るときには、ほぼどのプログラミング言語でも、I/O をこのように捉えます。大きなファイルをメモリに読み込んでから操作するというのは、たいてい困難であるか、場合によっては不可能です。しかし、大きなファイルが変数に割り当てられた単なるテキストで、その変数が遅延リストであると考えてみましょう。すでに説明したように、遅延評価では、無限の長さのリストを操作することが可能です。入力がどれだけ大きくても、大きなリストであるかのように扱うことができるのです。

このレッスンでは、単純な問題を何種類かの方法で解いてみます。ここでの目標は、ユーザーによって入力された数値のリストを読み取り、それらの数値を足し合わせ、結果をユーザーに返すプログラムを作成することです。ユーザーによって入力されるリストの長さは特に決まっていません。このプログラムでは、従来の I/O コードを記述する方法と、遅延評価を使ったもっと簡単な方法の

両方を確認します。そうすれば、解決策の論証がずっと容易になるはずです。

単語が回文かどうかをユーザーがテストできるプログラムを作成したいとしましょう。単語が1つの場合は簡単ですが、回文候補のリストをユーザーに入力させ、単語がなくなるまで繰り返しチェックしたい場合はどうすればよいでしょうか。

22.1 コマンドラインの操作：遅延評価を使用しない方法

まず、ユーザーが入力した数字のリストを読み取り、それらの数字の総和を求めるプログラムを設計します。このプログラムの名前は `sum.hs` です。レッスン21では、ユーザー入力を取得し、それらを使って計算を行いました。やっかいなことに、今回は、ユーザーが入力する要素の個数は事前にわかりません。

この問題を解決する1つの方法は、次に示すように、要素の個数をプログラムへの引数として入力できるようにすることです。

```
$ ./sum 4
"enter your numbers"

3
5
9
25

"your total is 42"
```

引数を取得するには、`System.Environment` モジュールの `getArgs` 関数を使用します。この関数の型シグネチャは次のとおりです。

```
getArgs :: IO [String]
```

したがって、`IO` のコンテキストで `String` のリストが得られます。`main` で `getArgs` 関数を使用する方法はリスト 22-1 のようになります。

リスト22-1：getArgs を使ってコマンドライン引数を取得する

```
import System.Environment

main :: IO ()
main = do
  args <- getArgs
```

22.1 コマンドラインの操作：遅延評価を使用しない方法 | 269

　引数（args）をすべて出力してみると、`getArgs` がどのようなものであるかが何となくわかるはずです。`args` がリストであることはわかっているため、`map` を使って値を順番に取り出せばよいように思えます。ですが、ここでは `IO` 型の `do` 表記のコンテキストで作業を行っているため、この方法だと問題があります。必要なのはリスト 22–2 のようなものです。

リスト22-2：`args` の出力に対して提案される方法（ただし、コンパイルされない）

```
map putStrLn args
```

　しかし、`args` は通常のリストではなく、`putStrLn` は通常の関数ではありません。`IO` のコンテキストで値のリストを対応付けるには、`IO`（厳密に言えば、`Monad` 型クラスのメンバ）のコンテキストで `List` を操作する特別なバージョンの `map` が必要です。まさにそのために用意されているのが、`mapM` という特別なヘルパー関数です。M は `Monad` を表します（リスト 22–3）。

リスト22-3：`mapM` を使用する方法（まだコンパイルされない）

```
main :: IO ()
main = do
  args <- getArgs
  mapM putStrLn args
```

　この時点でプログラムをコンパイルすると、やはりコンパイルエラーになります。

```
Couldn't match type '[()]' with '()'
```

　GHC でコンパイルエラーになるのは、`main` の型として `IO ()` が想定されているのに対し、`map` が常にリストを返すためです。ここで必要なのは、`args` の値を順番に処理して I/O アクションを実行することだけです。結果には関心はなく、最後にリストを返してもらう必要はありません。この問題を解決するのは、`mapM_` というもう 1 つの関数です（アンダースコアに注意してください）。この関数は `mapM` と同じように動作しますが、結果は捨ててしまいます。一般に、Haskell の関数の名前がアンダースコア（`_`）で終わっている場合は、結果を捨ててしまうことを示しています。この小さなリファクタリングを適用すれば、準備は万全です（リスト 22–4）。

リスト22-4：`mapM_` を使用する方法

```
main :: IO ()
main = do
  args <- getArgs
  mapM_ putStrLn args
```

270 | **LESSON 22　コマンドラインの操作と遅延 I/O**

コマンドをいくつか試して、何か返されるか確認してみてください。

```
◊ ghc sum.hs
$ ./sum
$ ./sum 2
2
$ ./sum 2 3 4 5
2
3
4
5
```

▷ **クイックチェック 22-1**

　mapM を使って getLine を 3 回呼び出し、続いて mapM_ を使って入力された値を出力する main を記述してみましょう。**ヒント**：mapM で getLine を呼び出すときには、(_ -> ...) を使って引数を捨てる必要があります。

　次に、引数を捕捉するロジックを追加します。また、ユーザーが引数の入力を誤った場合にも対処すべきです。その場合は 0 行として処理します。また、ここでは print 関数を初めて使用しています。print 関数は (putStrLn ． show) であり、あらゆる型の値を簡単に出力できます（リスト 22–5）。

リスト22-5：コマンドライン引数を使って読み取る行の数を特定する

```
main :: IO ()
main = do
  args <- getArgs
  let linesToRead = if length args > 0
                    then read (head args)
                    else 0 :: Int
  print linesToRead
```

　必要な行の数がわかったところで、getLine を繰り返し呼び出す必要があります。Haskell には、このような反復処理に役立つ replicateM という便利な関数があります。replicateM 関数は、繰り返しの回数と I/O アクションを引数として受け取り、指定されたアクションを指定された回数だけ繰り返します。なお、この関数を使用するには、Control.Monad モジュールをインポートする必要があります（リスト 22–6）。

リスト22-6：ユーザーが入力した引数と同じ数の行を読み取る

```
import Control.Monad

main :: IO ()
main = do
  args <- getArgs
  let linesToRead = if length args > 0
                    then read (head args)
                    else 0 :: Int
  numbers <- replicateM linesToRead getLine
  print "sum goes here"
```

完成まであとひと息です。IO のコンテキストでは、getLine が String を返すことを思い出してください。すべての引数の総和を求める前に、それらの引数を Int に変換しておく必要があります。その後は、このリストの総和を返すだけです（リスト 22-7）。

リスト22-7：sum.hs プログラムの完全なコード

```
import System.Environment
import Control.Monad

main :: IO ()
main = do
  args <- getArgs
  let linesToRead = if length args > 0
                    then read (head args)
                    else 0 :: Int
  numbers <- replicateM linesToRead getLine
  let ints = map read numbers :: [Int]
  print (sum ints)
```

少し手間がかかりましたが、指定した個数の整数を入力すると、それらの総和を求めることができるツールはこれで完成です。

```
$ ghc sum.hs
$ ./sum 2
4
59
63
$ ./sum 4
1
2
3
410
416
```

これは単純なプログラムですが、ユーザー入力を処理するためのツールがいくつかカバーされて

表22-1：IO コンテキストでの反復処理に役立つ関数

関数	振る舞い
mapM	I/O アクションと通常のリストを受け取り、リストの各要素でアクションを実行し、IO コンテキストのリストを返す
mapM_	mapM と同じだが、結果は捨ててしまう（アンダースコアに注意）
replicateM	繰り返しの回数（Int）と I/O アクションを受け取り、I/O アクションを指定された回数だけ繰り返し、IO コンテキストのリストを返す
replicateM_	replicateM と同じだが、結果は捨ててしまう

います。表 22-1 に、IO 型での反復処理に役立つ主な関数をまとめておきます。

次節では、遅延評価を使用した場合に、同じことがどれくらい簡単になるのか見てみましょう。

▷ **クイックチェック 22-2**

mapM を使用する replicateM を独自に実装してみましょう（型シグネチャはあまり気にしないでください）。

22.2　コマンドラインの操作：遅延評価を使用する方法

　前節のプログラムは動作しましたが、問題点がいくつかありました。1 つ目は、必要な行の数をユーザーに入力させる必要があることです。sum.hs プログラムのユーザーは、行の数を事前に知っている必要があります。ユーザーが美術館の入館者数を集計している、あるいはこのプログラムの入力として別のプログラムの出力を渡す場合はどうなるでしょうか。IO 型を使用する最大の理由は、I/O 処理がどうしても必要な関数を、より一般的な関数から切り離すことです。理想的には、プログラムのロジックの大部分を main の外に出しておきたいところです。このプログラムでは、ロジックはすべて IO でラッピングされています。つまり、プログラム全体がうまく抽象化されているとは言えない状態です。その理由の 1 つは、I/O 処理の大部分が、プログラムが行うことになっているものと混ざってしまっていることにあります。

　その根本的な原因は、I/O データをすぐに処理しなければならない一連の値として扱っていることにあります。代わりに、ユーザーからのデータストリームを、Haskell の他のリストと同じように考えてみてください。つまり、データの 1 つ 1 つを別々のユーザーインタラクションとして考える代わりに、インタラクション全体をユーザーから提供される文字のリストとして扱うのです。入力を Char のリストとして扱うと、プログラムの設計がずっと簡単になり、I/O のやっかいな部分については忘れてしまうことができます。そのために必要なのは、getContents という特別なアクションだけです。このアクションを利用すれば、STDIN に対する I/O ストリームを文字のリストとして扱うことができます。

　getContents と mapM_ を使って、このアクションがどのように変わっているのかを確認してみま

しょう。本節では、`sum_lazy.hs` という新しいプログラムを使用することにします（リスト22–8）。

リスト22-8：遅延 I/O を試してみるための単純な main

```
main :: IO ()
main = do
  userInput <- getContents
  mapM_ print userInput
```

　`getContents` アクションは、EOF（End-of-File）に達するまで入力を読み込みます。通常のテキストファイルの場合、EOF はファイルの終端を意味しますが、ユーザー入力の場合は EOF を明示的に入力しなければなりません（ほとんどのターミナルでは、［Ctrl］＋［D］キーを使って入力します）。このプログラムを実行する前に、遅延評価のもとで何が起きるかについて考えてみましょう。正格な（非遅延）言語では、入力を書き出して使用できる状態にする前に、［Ctrl］＋［D］キーが明示的に入力されるまで待つことが前提となります。Haskell ではどうなるか見てみましょう。

```
$ ghc sum_lazy.hs
$ ./sum_lazy
hi
'h'
'i'
'\n'
what?
'w'
'h'
'a'
't'
'?'
'\n'
```

　このように、Haskell は遅延リストを処理できるため、テキストを入力されるそばから処理していくことができます。つまり、連続的なインタラクションを興味深い方法で処理できます。

▷ **クイックチェック 22-3**

　遅延 I/O を使って、入力を逆の順序に並べ替えた上で出力するプログラムを作成してみましょう。

● **問題を遅延リストとして考える**

　`getContents` を使ってプログラムを書き換え、今回は IO をもう少し後まで完全に無視することにします。そのために必要なのは、数字と改行文字からなるリストだけです。サンプルリストはリスト 22–9 のようになります。

リスト22-9：入力される文字からなる文字列を表すサンプルデータ

```
sampleData = ['6','2','\n','2','1','\n']
```

274 | LESSON 22　コマンドラインの操作と遅延 I/O

　このデータを Int 型のリストに変換する関数を記述できれば、準備は完了です。String には、この作業に役立つ lines という関数があります。この関数を利用すれば、文字列を改行で分割することができます。サンプルデータを使って GHCi で試してみましょう。

```
Prelude> lines sampleData
["62","21"]
```

　Data.List.Split モジュールには、lines よりも汎用的な splitOn という関数が含まれています。この関数は、別の String に基づいて String を分割します。Data.List.Split モジュールは Haskell のベースモジュールではありませんが、Haskell Platform に含まれています。Haskell Platform を使用していない場合は、このモジュールをインストールする必要があるかもしれません。splitOn はテキストを処理するときに知っていると便利な関数です。splitOn 関数を使って行を書き出す方法はリスト 22–10 のようになります。

リスト22–10：Data.List.Split モジュールの splitOn を使って myLines を定義する

```
myLines = splitOn "\n"
```

　行の準備ができたら、新しいリストに read 関数を適用すれば、Int 型のリストが得られます。リスト 22–11 は、そのための toInts 関数を示しています。

リスト22–11：toInts 関数は Char 型のリストを Int 型のリストに変換する

```
toInts :: String -> [Int]
toInts = map read . lines
```

　この関数を IO に対応させるのはとても簡単です。getContents を使って取得した userInput に適用するだけです（リスト 22–12）。

リスト22–12：入力された数字を処理する sum プログラムの遅延バージョン

```
main :: IO ()
main = do
  userInput <- getContents
  let numbers = toInts userInput
  print (sum numbers)
```

　この main は前節の main よりもずっと簡潔です。このプログラムをコンパイルし、さっそくテストしてみましょう。

```
$ ghc sum_lazy.hs
$ ./sum_lazy
4
234
23
1
3
<Ctrl+D>
265
```

　本節の方法のほうが前節の方法よりもずっと効果的です。コードはより簡潔で、リストに含まれている数字の個数をユーザーが最初に確認する必要もありません。このレッスンでは、他のほとんどのプログラミング言語と同じ要領でプログラムを構造化する方法を確認しました。つまり、ユーザーにデータを要求し、そのデータを処理し、再びユーザーにデータを要求します。このモデルで実行するのは正格なI/Oであり、データを取得するそばから評価することを意味します。ユーザー入力をChar型の遅延リストとして扱うようにすれば、多くの場合、ほぼすべての非I/Oコードをずっと簡単に抽象化できるようになります。最終的に、リストをI/Oとして扱わなければならないのは、最初にリストを受け取るときだけになります。このようにすると、コードの残りの部分はすべて、Haskellの通常のリストを操作するコードとして記述できるようになります。

▷ **クイックチェック 22-4**
　入力の2乗の総和を返すプログラムを作成してみましょう。

 ## 22.3　まとめ

　このレッスンの目的は、Haskellでの単純なコマンドラインインターフェイスの作成方法を紹介することにありました。もっともおなじみの方法は、他のプログラミング言語と同じようにI/Oを扱うことです。do表記を使ってI/Oアクションの手順を表すリストを作成し、I/Oとのやり取りをそのように組み立てていくことができます。それよりも興味深い方法は、遅延評価を利用することです。Haskell以外でこの方法をサポートしている言語は数えるほどしかありません。遅延評価では、入力ストリーム全体を遅延評価される文字のリスト[Char]として考えることができます。単に[Char]型を操作するだけであるかのように純粋関数を記述できるため、コードを大幅に単純化できます。

22.4 練習問題

このレッスンの内容を理解できたかどうか確認してみましょう。

Q22-1：simple_calc.hs というプログラムを作成してみましょう。このプログラムは、2つの数字の加算または乗算を定義する単純な式を読み込み、入力された行を式として解決します。

Q22-2：ユーザーが1から5までの数字を選択すると、よく知られている格言を出力するプログラムを作成してみましょう。格言を出力した後、このプログラムは次の格言を表示するかどうかをユーザーに問い合わせます。ユーザーが n を入力した場合、プログラムは終了し、数字を入力した場合は別の格言を出力します。このプログラムはユーザーが n を入力するまで終了しません。main の最後に main を再帰的に呼び出すのではなく、遅延評価を使ってユーザー入力をリストとして扱ってみてください。

22.5 クイックチェックの解答

▶ クイックチェック 22-1

```
exampleMain :: IO ()
exampleMain = do
  vals <- mapM (\_ -> getLine) [1..3]
  mapM_ putStrLn vals
```

▶ クイックチェック 22-2

```
myReplicateM :: Monad m => Int -> m a -> m [a]
myReplicateM n func = mapM (\_ -> func) [1 .. n]
```

▶ クイックチェック 22-3

```
reverser :: IO ()
reverser = do
  input <- getContents
  let reversed = reverse input
  putStrLn reversed
```

▶ クイックチェック 22-4

```
mainSumSquares :: IO ()
mainSumSquares = do
  userInput <- getContents
  let numbers = toInts userInput
  let squares = map (^2) numbers
  print (sum squares)
```

LESSON 23

テキストとUnicodeの操作

レッスン23では、次の内容を取り上げます。

- `Text`型を使ってテキスト処理を効率化する
- 言語拡張を使ってHaskellの振る舞いを変更する
- 共通のテキスト関数を使ってプログラムする
- `Text`を使ってUnicodeテキストを正しく処理する

本書のここまでの部分では、終始、`String`型を使用してきました。レッスン22で示したように、I/Oストリームは`Char`型の遅延リスト（`String`）として考えることもできます。本書でさまざまなトピックを説明する上で、`String`はなくてはならない存在でした。残念ながら、`String`には大きな問題が1つあります。この型は悲惨なほど効率が悪いことがあるのです。

冷静に考えれば、リストというプログラミングにおいてより重要な型の1つが、Haskellのもっとも基本的なデータ構造の1つとして表されていること自体は、願ってもないことです。問題は、負荷の高い文字列処理において、リストがデータを格納するデータ構造として最適ではないことです。Haskellのパフォーマンスの詳細は割愛しますが、`String`を文字のリンクリストとして実装するのは、時間と空間の両面で不必要に高くつくと言えば十分でしょう。

このレッスンでは、`Text`という新しい型を詳しく見ていきます。テキスト処理を効率化するために`String`を`Text`に置き換える方法を調べた後、`String`と`Text`に共通するテキスト処理のための関数を見ていきます。最後に、`Text`がUnicodeをどのように処理するのかを理解するために、サンスクリット語のテキストを含め、検索テキストの強調表示を可能にする関数を作成します。

Haskellの`String`は特殊な`List`です。しかし、ほとんどのプログラミング言語では、文字列型は配列と同じようにずっと効率よく格納されます。Haskellでは、`String`型でうまくいくことがすでにわかっていて、配列ベースの実装に匹敵するほど効率的なツールを使用する方法はあるのでしょうか。

23.1 Text 型

実用的かつ商業的な Haskell プログラミングにおいて、テキストデータの操作に推奨される型は Text です。Text 型は Data.Text モジュールに含まれています。実際には、ほぼ必ずと言ってよいほど、このモジュールには T の 1 文字による修飾付きインポートが使用されます。

```
import qualified Data.Text as T
```

String とは異なり、Text は配列として実装されています。このため、さまざまな文字列演算がより高速になり、メモリがはるかに効率よく使用されます。Text と String のもう 1 つの大きな違いは、Text が遅延評価を使用しないことです。遅延評価が役立つものであることはレッスン 22 で実証されていますが、多くの現実の事例では、パフォーマンスが問題になることがあります。遅延評価のテキストがどうしても必要な場合は、Data.Text と同じインターフェイスを持つ Data.Text.Lazy を使用するとよいでしょう。

● Text と String を使用する状況

商業的な Haskell コミュニティでは、String よりも Data.Text が優遇されます。このコミュニティの中には、String に大きく依存している標準の Prelude は排除すべきであると主張するメンバーもいます。Haskell を学んでいるときには、String は次の 2 つの理由で有益です。1 つは、すでに述べたように、基本的な文字列ユーティリティの多くが標準の Prelude に組み込まれていることです。もう 1 つは、Haskell にとってのリストが、C にとっての配列であることです。Haskell の多くの概念はリストによってうまく例証されるものであり、文字列は有益なリストです。学習目的では、遠慮なく String を使い続けてください。しかし、学習以外の目的では、できるだけ Data.Text を使用してください。本書では引き続き String を使用しますが、ここからは Data.Text を使用する例が増えていきます。

23.2 Data.Text を使用する

まず、Text 型の使い方を理解する必要があります。Data.Text には、pack と unpack の 2 つの関数があります。pack は String 型を Text 型に変換し、unpack は Text 型を String 型に変換します。どちらの関数が何をするのかは、それぞれの型シグネチャから簡単に判断できます。

```
T.pack :: String -> T.Text
T.unpack :: T.Text -> String
```

String 型と Text 型の間で変換を行う例をいくつか見てみましょう（リスト 23-1）。

リスト23-1：String 型と Text 型の間での変換

```
firstWord :: String
firstWord = "pessimism"

secondWord :: T.Text
secondWord = T.pack firstWord

thirdWord :: String
thirdWord = T.unpack secondWord
```

　型変換では文字列全体を走査しなければならないため、計算的に高くつくことに注意してください。Text と String の間での型変換はなるべく避けてください。

▷ **クイックチェック 23-1**

　String 型を T.Text 型に変換する fourthWord も作成してみましょう。

● Haskell の言語拡張：OverloadedStrings

　T.Text の悩ましい点の1つは、リスト23-2のコードがエラーになることです。

リスト23-2：Text を定義するためにリテラル文字列を使用するとエラーになる

```
myWord :: T.Text
myWord = "dog"
```

このコードは次のようなエラーになります。

```
Couldn't match expected type 'T.Text' with actual type '[Char]'
```

　このエラーが発生するのは、リテラル dog が String 型であるためです。数値型ではこのような問題が起きないことを考えると、何ともじれったいことです。たとえば、リスト 23-3 を見てください。

リスト23-3：同じ数値リテラルを3つの型で使用する

```
myNum1 :: Int
myNum1 = 3

myNum2 :: Integer
myNum2 = 3

myNum3 :: Double
myNum3 = 3
```

　リスト 23-3 のコードは、同じリテラル 3 を 3 種類の型で使用しているにもかかわらず、コンパイルエラーにはなりません。

280 | LESSON 23 テキストと Unicode の操作

　当然ながら、Haskell がいかに強力であろうと、これはコーディングを工夫することで解決でき
る問題ではありません。この問題を解決するには、GHC がファイルを読み取る方法を根本的に変
える方法が必要です。意外なことに、この問題を簡単に解決する方法が存在します。GHC では、
言語拡張を使って Haskell の動作の仕組みを変更することができるのです。ここで使用するのは、
OverloadedStrings という拡張です。

　言語拡張を使用する方法は 2 つあります。1 つは、GHC を使ったコンパイル時に適用する方法
です。この場合は、-X フラグに続いて拡張名を指定します。プログラムの名前が text.hs の場合
は、次のように指定します。

```
$ ghc text.hs -XOverloadedStrings
```

　このオプションは、言語拡張を使って GHCi を起動するための引数としても使用できます。

　ただし、あなたのコードを使用している誰か（ひょっとするとあなた自身）が、このフラグを指
定することを忘れてしまうかもしれません。それよりもよい方法は、LANGUAGE プラグマを使用す
ることです。

```
{-# LANGUAGE <拡張名> #-}
```

　Text 型にリテラル値を使用できる text.hs ファイルはリスト 23–4 のようになります。

リスト23–4：OverloadedStrings を使って Text にリテラルを割り当てる

```
{-# LANGUAGE OverloadedStrings #-}
import qualified Data.Text as T

aWord :: T.Text
aWord = "Cheese"

main :: IO ()
main = do
  print aWord
```

　LANGUAGE プラグマにより、このプログラムは他の Haskell プログラムと同じようにコンパイル
されます。

　言語拡張は、実際に使用しても、試してみるだけでも、非常に効果的です。実際には、一般的に
使用されている有益な言語拡張がいくつかあります。

> **Column** 他の有益な言語拡張
>
> 現場では、言語拡張が日常的に使用されています。(たとえば) 何年もの間、デフォルトでは利用できなかった機能が利用できるようになる点で、言語拡張は非常に効果的です。`OverloadedStrings` はもっとも一般的な言語拡張です。他にも役に立ちそうな言語拡張がいくつかあります。
>
> - ViewPatterns　より高度なパターンマッチングが可能になる。
> - TemplateHaskell　Haskell 用のメタプログラミングツールを提供する。
> - DuplicateRecordFields　レッスン 16 の悩ましい問題（レコード構文を使って異なる型に同じフィールド名を使用すると競合が起きる）を解決する。
> - NoImplicitPrelude　前述のように、一部の Haskell プログラムはカスタマイズされた `Prelude` を使用したいと考える。この言語拡張を使用すると、デフォルトの `Prelude` が使用できなくなる。

▷ **クイックチェック 23-2**

`TemplateHaskell` 言語拡張を使って `templates.hs` をコンパイルするにはどうすればよいでしょうか。この言語拡張を、`LANGUAGE` プラグマを使って追加するにはどうすればよいでしょうか。

● 基本的なテキストユーティリティ

`String` ではなく `Text` を使用するときに問題となるのは、テキストを操作するための有益な関数のほとんどが `String` 型での使用を想定していることです。`lines` といった関数を使用するために `Text` を `String` に変換するのは絶対にごめんです。運のよいことに、`String` の重要な関数のほとんどに、`Text` に対応するバージョンがあります。たとえば、リスト 23–5 に示す `sampleInput` を使用するとしましょう。

リスト23-5：Text 型の sampleInput

```
sampleInput :: T.Text
sampleInput = "this\nis\ninput"
```

本節では修飾付きインポートを使用しているため、`lines` を使用するために必要なのは、`T.` という接頭辞を使用することだけです。GHCi での例を見てみましょう。

```
*Main> T.lines sampleInput
["this","is","input"]
```

次に、`Text` と `String` の両方に存在する有益な関数をいくつか紹介します。

■ words 関数

`words` 関数は `lines` と同じですが、改行だけではなくホワイトスペース文字に対応します。ここでは、リスト 23–6 に示す `someText` を使用します。

282 | LESSON 23 テキストと Unicode の操作

リスト23-6：words 関数のサンプル入力として使用する someText

```
someText :: T.Text
someText = "Some\ntext for\t you"
```

この関数の仕組みは GHCi で簡単に確認できます。

```
*Main> T.words someText
["Some","text","for","you"]
```

■ splitOn 関数

レッスン 22 では、splitOn 関数を簡単に取り上げました。文字列に対する splitOn は、Data.List.Split モジュールの一部です。ありがたいことに、そのテキストバージョンは Data.Text に含まれているため、追加のインポートは必要ありません。splitOn 関数を利用すれば、テキストを部分文字列に分割することができます。ここでは、リスト 23-7 に示す breakText と exampleText を使用します。

リスト23-7：splitOn 関数のサンプル入力

```
breakText :: T.Text
breakText = "simple"

exampleText :: T.Text
exampleText = "This is simple to do"
```

さっそく GHCi で試してみましょう。

```
*Main> T.splitOn breakText exampleText
["This is "," to do"]
```

■ unwords 関数、unlines 関数

I/O 処理では、Text をホワイトスペースで分割することがよくあります。その逆の操作もよく使用されるため、unlines と unwords という便利な関数が用意されています。これらの関数を利用すれば、分割したものを元に戻すことができます。これらの関数の使い方は説明するまでもありませんが、道具箱に入れておくと便利な関数です。リスト 23-5 の sampleInput を使って試してみましょう。

```
*Main> T.unlines (T.lines sampleInput)
"this\nis\ninput\n"
*Main> T.unwords (T.words someText)
"Some text for you"
```

23.2 Data.Text を使用する | 283

■ intercalate 関数

レッスン 18 では、intercalate の String バージョンを使用しました。intercalate は splitOn の逆の関数です。リスト 23-7 のサンプル入力を使って試してみましょう。

```
*Main> T.intercalate breakText (T.splitOn breakText exampleText)
"This is simple to do"
```

文字列を操作するための便利な関数のほとんどはテキストに対応しており、Text バージョンが別に存在します。

■ モノイド演算

文字列の便利な関数のほとんどがテキストに対応しているというルールに対する例外は、++演算子です。ここまでは、文字列の連結に++を使用してきました。

```
combined :: String
combined = "some" ++ " " ++ "strings"
```

残念ながら、++は List 型でしか定義されていないため、Text ではうまくいきません。レッスン 17 で説明した Monoid と Semigroup の 2 つの型クラスを利用すれば、似たような型の結合と同じ型のリストの結合が可能になります。これは文字列とテキストを結合するための一般的な解決策となります。Semigroup をインポートし、テキストを結合するために<>を使用する方法と、mconcat を使用する方法があります。

```
{-# LANGUAGE OverloadedStrings #-}
import qualified Data.Text as T
import Data.Semigroup

combinedTextMonoid :: T.Text
combinedTextMonoid = mconcat ["some"," ","text"]

combinedTextSemigroup :: T.Text
combinedTextSemigroup = "some" <> " " <> "text"
```

String も Monoid と Semigroup のインスタンスであるため、String も同じ方法で結合できます。

▷ クイックチェック 23-3

T.splitOn と T.intercalate を使って T.lines と T.unlines を独自に実装してみましょう。

23.3 Text と Unicode

　Text 型では、Unicode テキストのシームレスな操作が非常によくサポートされています。ひと昔前は、ASCII 以外のテキストのややこしい操作は黙殺するのが当たり前のようになっていました。入力にアクセントやウムラウトが含まれていても、その存在はもみ消されていた可能性があります。「Charlotte Brontë」を「Charlotte Bronte」に変更するのは暗黙の了解でした。ですが現在では、Unicode を無視するのは災いのもとです。発音記号が含まれている名前を記録できなかったり、日本の漢字を処理できなかったりするのにもう言い訳は通用しません。

● サンスクリット語の検索

　Text を使った Unicode 文字の操作がいかにシームレスであるかを具体的に示すために、テキストに含まれている単語を強調表示にする単純なプログラムを作成してみましょう。ここでは何と、デバナーガリー文字で書かれたサンスクリット語の単語を強調表示にします。本文を読みながら実際に試してみたい場合は、本書の GitHub リポジトリ[1] から Unicode テキストを簡単にコピーできます。

　本節のコードはすべて `bg_highlight.hs` というファイルに入力することにします。このプログラムは、クエリテキスト（キーワード）とメインテキストを受け取り、探している単語が出現するたびに波かっこ（{}）で囲みます。たとえば、キーワードが「dog」、メインテキストが「a dog walking dogs」の場合、出力は次のようになります。

```
a {dog} walking {dog}s
```

　ここでは、ヒンドゥー教の聖典の 1 つである「バガヴァッド・ギーター」から抜粋したサンプルテキストでサンスクリット語の `dharma`（ダルマ）という単語を強調表示にします。`dharma` には、「義務」から宇宙の秩序、神の裁きまで、さまざまな意味があります。サンスクリットは統一された表記法がない言語であり、現在もっとも一般的なのは、ヒンディー語を含め、120 以上の言語で使用されているデバナーガリーというアルファベットです。デバナーガリー文字で書かれた `dharma` はリスト 23-8 のようになります。

リスト23-8：デバナーガリー文字で書かれた dharma

```
dharma :: T.Text
dharma = "धर्म"
```

　次に、「バガヴァッド・ギーター」から「マハーバーラタ」という古代インドの叙事詩の一部を抜き出します（リスト 23-9）。

---

[1] https://gist.github.com/willkurt/4bced09adc2ff9e7ee366b7ad681cac6

リスト23-9：バガヴァッド・ギーターから抽出した検索テキスト

```
bgText :: T.Text
bgText = "श्रेयान्स्वधर्मो विगुणः परधर्मात्स्वनुष्ठितात्।स्वधर्मे निधनं श्रेयः परधर्मो"
```

　ここでの目標は、`bgText` において `dharma` という単語が出現している箇所をすべて強調表示にすることです。英語では、まず、`T.words` を使って文章を分割し、それから単語を検索することになるでしょう。しかし、サンスクリット語はそう簡単にはいきません。サンスクリット語は音声言語としての歴史が長く、文字言語になったのはその後のことなので、文章を口述しているときに単語どうしが自然にくっつく箇所では、テキストもひと綴りになってしまうからです。この問題を解決するために、テキストをキーワードで分割し、キーワードを波かっこで囲んだ上で、再び 1 つのテキストにまとめることができます。テキストの分割には `T.splitOn`、キーワードへの波かっこの追加には `mconcat`、1 つのテキストにまとめる操作には `T.intercalate` を使用できます。

　強調表示を行う `highlight` 関数はリスト 23–10 のようになります。

リスト23-10：highlight 関数はテキストを強調表示にする

```
highlight :: T.Text -> T.Text -> T.Text
-- キーワードを波かっこで囲んだ後、intercalate を使って再び 1 つにまとめる
highlight query fullText = T.intercalate highlighted pieces
    -- splitOn を使って、キーワードに基づいてテキストを分割
    where pieces = T.splitOn query fullText
          -- mconcat を使ってキーワードを波かっこで囲む
          highlighted = mconcat ["{",query,"}"]
```

　最後に、これらを `main` でまとめます。ですがその前に、テキスト型を `IO` で使用する方法を確認しておきましょう。

 ## 23.4　Text の I/O

　`highlight` 関数を定義したところで、強調表示の結果をユーザーに表示したいとしましょう。問題は、これまでは出力の表示に `IO String` 型を使用してきたことです。解決策の 1 つは、最終的なテキストを文字列に変換することです。ただし、テキスト用の `putStrLn` があれば、テキストを文字列に変換する必要はなくなります（そして文字列のことは完全に忘れてしまえるかもしれません）。`Data.Text` モジュールに含まれているのは、テキストを操作するための関数だけです。テキストの I/O を実行するには、`Data.Text.IO` モジュールをインポートする必要があります。この場合も、修飾付きインポートを使用します。

```
import qualified Data.Text.IO as TIO
```

これで、`TIO.putStrLn` を使って `Text` 型を `String` 型と同じように出力できるようになります。`Data.Text.IO` モジュールには、`String` 型で使用してきた I/O アクションに相当するものが含まれています。`main` では、サンスクリット語のデータで `highlight` 関数を呼び出します。必要なインポートと `LANGUAGE` プラグマを含めた完全なコードはリスト 23-11 のようになります。

リスト23-11：be_highlight.hs プログラムの完全なコード

```haskell
{-# LANGUAGE OverloadedStrings #-}
import qualified Data.Text as T
import qualified Data.Text.IO as TIO

dharma :: T.Text
dharma = "धर्म"

bgText :: T.Text
bgText = "श्रेयान्स्वधर्मो विगुणः परधर्मात्स्वनुष्ठितात्।स्वधर्मे निधनं श्रेयः परधर्मो"

highlight :: T.Text -> T.Text -> T.Text
highlight query fullText = T.intercalate highlighted pieces
  where pieces = T.splitOn query fullText
        highlighted = mconcat ["{",query,"}"]

main = do
  TIO.putStrLn (highlight dharma bgText)
```

さっそくプログラムをコンパイルし、強調表示のテキストを確認してみましょう。

```
$ ghc bg_highlight.hs
$ ./bg_highlight
यान्स्व{धर्म}ो विगुणः पर{धर्म}ात्स्वनुष्ठितात्।स्व{धर्म}े निधनं श्रेयः पर{धर्म}ो भया
```

Unicode を簡単に処理し、テキストデータを `String` 型よりもずっと効率よく操作するプログラムはこれで完成です。

23.5 まとめ

このレッスンの目的は、`Data.Text` を使って（Unicode を含む）テキストを効率よく処理する方法を説明することにありました。文字のリストとしての文字列は Haskell を理解するのに役立ちますが、実用的な面ではパフォーマンスが問題になることがあります。そこで、テキストデータの処理に推奨されるのが、`Data.Text` モジュールを使用することです。ここで遭遇した問題の 1 つは、デフォルトでは、文字列リテラルが `Data.Text` として解釈されないことでした。この問題は `OverloadedStrings` 言語拡張を使って解決することができます。

23.6　練習問題

このレッスンの内容を理解できたかどうか確認してみましょう。

Q23-1：以下に再掲するレッスン21のhello_world.hsプログラムを、String型の代わりにText型を使用するように書き換えてみましょう。

```
helloPerson :: String -> String

helloPerson name = "Hello" ++ " " ++ name ++ "!"

main :: IO ()
main = do
  putStrLn "Hello! What's your name?"
  name <- getLine
  let statement = helloPerson name
  putStrLn statement
```

Q23-2：以下に再掲するレッスン22の遅延I/Oのプログラムを、Data.Text.LazyとData.Text.Lazy.IOを使って書き換えてみましょう。

```
toInts :: String -> [Int]
toInts = map read . lines

main :: IO ()
main = do
  userInput <- getContents
  let numbers = toInts userInput
  print (sum numbers)
```

23.7　クイックチェックの解答

▶ クイックチェック 23-1

```
fourthWord :: T.Text
fourthWord = T.pack thirdWord
```

▶ クイックチェック 23-2

```
$ ghc templates.hs -XTemplateHaskell
```

288 | LESSON 23　テキストと Unicode の操作

```
{-# LANGUAGE TemplateHaskell -#}
```

▶ クイックチェック 23-3

```
myLines :: T.Text -> [T.Text]
myLines text = T.splitOn "\n" text

myUnlines :: [T.Text] -> T.Text
myUnlines textLines = T.intercalate "\n" textLines
```

LESSON 24

ファイルの操作

レッスン 24 では、次の内容を取り上げます。

- Haskell でのファイルハンドルの操作
- ファイルからの読み取りとファイルへの書き込み
- I/O での遅延評価の制限

I/O のもっとも重要な用途の 1 つは、ファイルからの読み取りとファイルへの書き込みです。このユニットでは、Haskell の `IO` 型の構文をいくつか紹介し、遅延評価を使ってコマンドラインプログラムを構築する方法を確認し、`Text` 型を使った効率的なテキスト処理の方法を示しました。このレッスンでは、ファイルの操作について説明します。ファイルの操作では、遅延 I/O が少し複雑になることがあります。まず、単純なファイルの開閉、読み取り、書き込みについて説明します。続いて、単語や文字の個数を含め、さまざまな統計データを入力ファイルから読み取り、それらを別のファイルに書き出すプログラムを作成します。このタスク自体はかなり簡単ですが、遅延評価が大きな問題になることがあります。この問題を解決するには、正格なデータ型を使ってプログラムを期待どおりに動作させる必要があります。

 レッスン 22 では、ユーザーが入力した数字を足し合わせる方法を示しました。同じプログラムを、ユーザー入力ではなくファイルを操作するように書き換えるにはどうすればよいでしょうか。ただし、ファイルを手動でパイプ処理する方法は除きます。

24.1 ファイルを開いて閉じる

　Haskell でのファイルの操作方法について説明するには、操作するファイルが必要です。ここでは、ファイルを開いて閉じるという基本的な操作について説明します。まず、`hello.txt` というテキストファイルを開いて閉じることから始めます（リスト 24–1）。

リスト24–1：hello.txt サンプルファイル

```
Hello world!
Good bye world!
```

　次に、コードを保存するファイルが必要です。このファイルを `hello_file.hs` とします。ファイルの読み取りと書き込みを可能にするには、まず、`System.IO` モジュールをインポートする必要があります。

```
import System.IO
```

　ファイルを操作するための最初の作業は、ファイルを開くことです。この作業には、`openFile` 関数を使用できます。この関数の型シグネチャは次のとおりです（GHCi で関数の型シグネチャを調べるには、`:t` コマンドを使用することを思い出してください）。

```
openFile :: FilePath -> IOMode -> IO Handle
```

　いつものことですが、関数の型を理解すれば、その関数の仕組みをよく理解できるようになります。GHCi で `:info` コマンドを実行すると、`FilePath` が `String` の型シノニムであることがわかります。

```
type FilePath = String
```

　`IOMode` で `:info` コマンドを実行すると、`IOMode` が `Bool` と同様の単純な型で、データコンストラクタだけで構成されていることがわかります。

```
data IOMode = ReadMode | WriteMode | AppendMode | ReadWriteMode
```

　これらのコンストラクタの名前から、ファイルを読み取るのか、ファイルに書き込むのかといったことを `IOMode` が指定するのは明らかです。アクセスしているファイルを使って何をするのかを一般にプログラマが指定しなければならない点では、他のほとんどのプログラミング言語と同じです。

▷ **クイックチェック 24-1**

stuff.txt というファイルを開いてその内容を読み取るときの関数呼び出しはどのようなものになるでしょうか。

残っているのは IO Handle です。Handle 型は、ファイルへの参照としてやり取りできるファイルハンドルを表します。このユニットで説明してきたように、IO 部分は、このファイルハンドルを IO のコンテキストで使用することを意味します。ファイルハンドルの取得は、main アクションで処理します。

これらをすべて組み合わせて hello.txt ファイルを開いてみましょう。ただし、ファイルを開くときは常に、ファイルを使い終えたらファイルを閉じる必要があります。ファイルを閉じる操作には、hClose（handle close）を使用します（リスト 24-2）。

リスト24-2：ファイルを開いて閉じる main アクション

```
main :: IO ()
main = do
  myFile <- openFile "hello.txt" ReadMode
  hClose myFile
  putStrLn "done!"
```

ファイルを開いて閉じるだけで、ファイルに含まれているものを使って何もしないなんてつまらないだけです。当然ながら、実行したいのはファイルの読み取りや書き込みです。この作業には、hPutStrLn と hGetLine というおなじみの関数を使用できます。これらの関数と putStrLn/getLine との唯一の違いは、ファイルハンドルを渡す必要があることです。実際には、putStrLn は特殊な hPutStrLn です。hPutStrLn では、ハンドルが STDOUT と見なされます。同様に、getLine は特殊な hGetLine であり、hGetLine では、ハンドルが STDIN と見なされます。hello.txt から 1 行目を読み取ってコンソールに書き出し、2 行目を読み取って goodbye.txt という新しいファイルに書き出すように main を書き換えると、リスト 24-3 のようになります。

リスト24-3：ファイルを読み取り、STDOUT と別のファイルに書き出す

```
main :: IO ()
main = do
  helloFile <- openFile "hello.txt" ReadMode
  firstLine <- hGetLine helloFile
  putStrLn firstLine
  secondLine <- hGetLine helloFile
  goodbyeFile <- openFile "goodbye.txt" WriteMode
  hPutStrLn goodbyeFile secondLine
  hClose helloFile
  hClose goodbyeFile
  putStrLn "done!"
```

このプログラムがうまくいくのは、hello.txt が 2 行であることをたまたま知っているからで

す。各行を読み取りながら出力するようにプログラムを書き換えるとしたらどうなるでしょうか。EOF をチェックできるようにする必要があるでしょう。この作業には、`hIsEOF` を使用します。`hello.txt` ファイルを最初にチェックしてから 1 行目を書き出すバージョンはリスト 24-4 のようになります。

リスト24-4：hello.txt ファイルが空かどうかをチェックしてから 1 行目を書き出す

```
main :: IO ()
main = do
  helloFile <- openFile "hello.txt" ReadMode
  hasLine <- hIsEOF helloFile
  firstLine <- if not hasLine
               then hGetLine helloFile
               else return "empty"
  putStrLn "done!"
```

▷ **クイックチェック 24-2**
2 行目が空かどうかをチェックしてからファイルに書き出すコードを記述してみましょう。

 ## 24.2　単純な I/O ツール

　ファイルハンドルの仕組みを理解することは重要ですが、多くの場合は、ファイルハンドルを直接扱わずに済ませることができます。たとえば、`readFile`、`writeFile`、`appendFile` は、ファイルの読み取り、書き込み、アペンド（追加）の詳細の多くを隠蔽する有益な関数です。これらの関数の型シグネチャは次のとおりです。

```
readFile :: FilePath -> IO String
writeFile :: FilePath -> String -> IO ()
appendFile :: FilePath -> String -> IO ()
```

　これらの関数の使い方を確認するために、`fileCounts.hs` というプログラムを作成します。このプログラムは、引数としてファイルを受け取り、ファイルに含まれている文字、単語、行の個数を数えます。そして、このデータをユーザーに表示する一方で、`stats.dat` というファイルにアペンドします。このプログラムを `hello.txt` と `what.txt` の 2 つのファイルに適用した場合、`stats.dat` の内容はリスト 24-5 のようになります。

リスト24-5：fileCounts.hs プログラムの stats.dat ファイルの内容

```
hello.txt chars: 29    words: 5     lines: 2
what.txt  chars: 30000 words: 2404  lines: 1
```

24.2 単純な I/O ツール | 293

さっそく、この分析を行うプログラムの作成に取りかかりましょう。

最初の作業は、アイテムの個数を数える関数を記述することです。この関数の入力データは String 型であると仮定します。個数は3要素のタプルとして表します（リスト24-6）。

リスト24-6：getCounts 関数は文字、単語、行の個数をタプルにまとめる

```
getCounts :: String -> (Int,Int,Int)
getCounts input = (charCount, wordCount, lineCount)
where charCount = length input
      wordCount = (length . words) input
      lineCount = (length . lines) input
```

次に、3要素のタプルを人が読める形式にまとめる countsText 関数を作成します。テキストの結合には unwords を使用します（リスト24-7）。

リスト24-7：countsText 関数はカウントしたデータを人が読める形式に変換する

```
countsText :: (Int,Int,Int) -> String
countsText (cc,wc,lc) = unwords ["chars: ", show cc
                                , " words: "
                                , show wc
                                , " lines: "
                                , show lc]
```

うまくいくかどうか GHCi で確認してみましょう。

```
Prelude> :l fileCounts.hs
*Main> (countsText . getCounts) "this is\n some text"
"chars:  18  words:  4  lines:  2"
```

▷ **クイックチェック 24-3**

文字列の結合に++を使用するのではなく unwords を使用することが望ましいのはなぜでしょうか。

次に、これらの関数を readFile、appendFile と組み合わせれば、プログラムは完成です（リスト24-8）。

リスト24-8：コードを main で組み合わせる

```
import System.Environment
...
main :: IO ()
main = do
  args <- getArgs
  let fileName = head args
  input <- readFile fileName
```

```
    let summary = (countsText . getCounts) input
    appendFile "stats.dat" (mconcat [fileName," ",summary,"\n"])
    putStrLn summary
```

このプログラムをコンパイルして、期待どおりに動作することをたしかめてみましょう。

```
$ ghc fileCounts.hs
$ ./fileCounts hello.txt
chars:  29  words:  5  lines:  2

$ cat stats.dat
hello.txt chars:  29  words:  5  lines:  2
```

このような問題を解く場合は、readFile と appendFile を使用するほうが、ファイルハンドルと openFile を使用するよりもずっと簡単です。

 ## 24.3　遅延 I/O の問題

　fileCounts.hs プログラムには、明らかに重要なチェックの多くが欠けています。どうやら、引数やファイルの存在をわざわざ確認する気はないようです。これらのチェックはコードを理解しやすくするためにあえて除外してあります。試しに、想定外のバグを発生させてみるとおもしろいかもしれません。fileCounts.hs プログラムをその出力ファイルである stats.dat に適用したらどうなるでしょうか。

```
$ ./fileCounts stats.dat
fileCounts: stats.dat: openFile: resource busy (file is locked)
```

　結果はエラーになります。問題は readFile がファイルハンドルを閉じていないことです。readFile は内部で hGetContents を使用します。hGetContents は、ファイルハンドルが渡されることを要求する以外は、getContents と同じように動作します。Haskell では、readFile が次のように実装されています。

```
readFile :: FilePath -> IO String
readFile name = do
  inputFile <- openFile name ReadMode
  hGetContents inputFile
```

　このコードがファイルハンドルを閉じないことと、単に hGetContents の結果を返すことがわかります。なお、Haskell の関数のソースを調べる必要が生じた場合は、Hackage で検索すると、表

示された定義にソースへのリンクが含まれているはずです。

　mainを修正してreadFile関数の代わりにその処理を展開してみると、この関数がファイルハンドルを閉じない理由がわかります（リスト24-9）。

リスト24-9：readFile関数を展開した場合のmain関数

```
import System.Environment
import System.IO
...
main :: IO ()
main = do
  args <- getArgs
  let fileName = head args
  file <- openFile fileName ReadMode
  input <- hGetContents file
  hClose file
  let summary = (countsText . getCounts) input
  appendFile "stats.dat" (mconcat [fileName," ",summary,"\n"])
  putStrLn summary
```

　少し冗長ですが、まだ開いているファイルに書き込みを試みるというappendFile絡みのエラーは発生しなくなるはずです。このプログラムをコンパイルしてもう一度試してみましょう。

```
$ ghc fileCounts.hs
$ ./fileCounts stats.dat
fileCounts: stats.dat: hGetContents: illegal operation (delayed read on closed
handle)
```

　ところが、さらに不可解なエラーになります。プログラムはまったく動作しなくなり、hello.txtでもうまくいかなくなります。

```
$ ./fileCounts hello.txt
fileCounts: hello.txt: hGetContents: illegal operation (delayed read on closed
handle)
```

　問題は遅延評価にあります。遅延評価のポイントは、絶対に必要にならない限り、コードが評価されないことです。inputはsummaryを定義するまで使用されません。ですが、問題はそれで終わりではありません。summaryはappendFileを呼び出すまで使用されないのです。appendFileはI/Oアクションを実行するため、summaryの評価が強制的に開始され、それにより、inputが評価されます。本当の問題は、hCloseがファイルをすぐに閉じることです。というのも、hCloseはI/Oアクションであり、評価されると同時に実行されるからです。このプロセスを図解すると、図24-1のようになります。

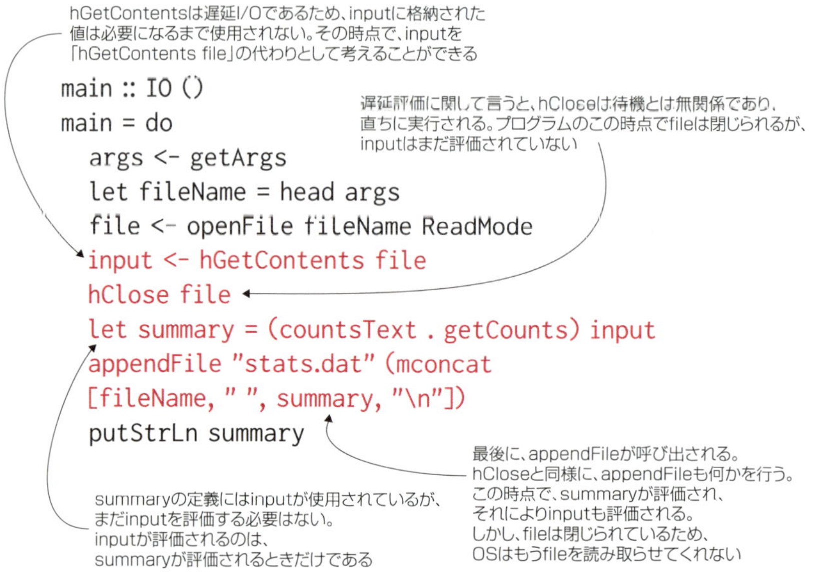

296 | LESSON 24　ファイルの操作

hGetContentsは遅延I/Oであるため、inputに格納された
値は必要になるまで使用されない。その時点で、inputを
「hGetContents file」の代わりとして考えることができる

```
main :: IO ()
main = do
    args <- getArgs
    let fileName = head args
    file <- openFile fileName ReadMode
    input <- hGetContents file
    hClose file
    let summary = (countsText . getCounts) input
    appendFile "stats.dat" (mconcat
    [fileName, " ", summary, "\n"])
    putStrLn summary
```

遅延評価に関して言うと、hCloseは待機とは無関係であり、
直ちに実行される。プログラムのこの時点でfileは閉じられるが、
inputはまだ評価されていない

summaryの定義にはinputが使用されているが、
まだinputを評価する必要はない。
inputが評価されるのは、
summaryが評価されるときだけである

最後に、appendFileが呼び出される。
hCloseと同様に、appendFileも何かを行う。
この時点で、summaryが評価され、
それによりinputも評価される。
しかし、fileは閉じられているため、
OSはもうfileを読み取らせてくれない

図24-1：遅延評価を使用するとファイルが使用する前に閉じられてしまう問題

　そこで、summary がようやく評価される appendFile の後に hClose を配置するのはどうでしょ
うか。

```
appendFile "stats.dat" (mconcat [fileName," ",summary,"\n"])
hClose file
```

　ですが、そうすると振り出しに戻ってしまいます。新しいファイルハンドルが必要になった後に
ファイルを閉じることになるからです。ファイルに書き込む前に summary を強制的に評価する手
立てが必要です。これを可能にする方法の 1 つは、putStrLn summary をファイルへの書き込み
の手前へ移動することです。このようにすると、summary が先に評価されるようになります。あと
は、ファイルハンドルを閉じ、最後にファイルにアペンドすれば完了です（リスト 24-10）。

リスト24-10：遅延評価のバグが修正された main 関数

```
main :: IO ()
main = do
  args <- getArgs
  let fileName = head args
  file <- openFile fileName ReadMode
  -- input はまだ評価されていない
  input <- hGetContents file
  -- summary が定義されるが、使用されていない
  -- summary も input も評価されていない
```

```
    let summary = (countsText . getCounts) input
    -- putStrLn は summary を出力する必要があるため、summary が強制的に評価され、
    -- summary で使用できるように input も読み込まれる
    putStrLn summary
    -- summary の内部の値は評価済みであるため、ファイルを閉じても問題はない
    hClose file
    -- ファイルへのアペンドが期待どおりに処理され、ファイルが正しく更新される
    appendFile "stats.dat" (mconcat [fileName," ",summary,"\n"])
```

このプログラムは「遅延 I/O は強力であるものの、やっかいなバグにつながりかねない」ことを示す教訓的な例となるでしょう。

▷ **クイックチェック 24-4**
readFile がファイルハンドルを閉じないのはなぜでしょうか。

 ## 24.4　正格な I/O

この問題に対する最善の解決策は、正格 (非遅延) 型を使用することです。レッスン 23 で言及したように、テキストデータを操作する際には、String よりも Data.Text が優遇されます。Data.Text は正格なデータ型であり、遅延評価を使用しません。Text 型を使用するように fileCounts.hs プログラムを書き換えれば、問題は解決するはずです。

```
{-# LANGUAGE OverloadedStrings #-}
import System.IO
import System.Environment
import qualified Data.Text as T
import qualified Data.Text.IO as TI

getCounts :: T.Text -> (Int,Int,Int)
getCounts input = (charCount, wordCount, lineCount)
  where charCount = T.length input
        wordCount = (length . T.words) input
        lineCount = (length . T.lines) input

countsText :: (Int,Int,Int) -> T.Text
countsText (cc,wc,lc) = T.pack (unwords ["chars: ", show cc
                                       , " words: "
                                       , show wc
                                       , " lines: "
                                       , show lc])
```

```
main :: IO ()
main = do
  args <- getArgs
  let fileName = head args
  input <- TI.readFile fileName
  let summary = (countsText . getCounts) input
  TI.appendFile "stats.dat" (mconcat [(T.pack fileName)," ",summary,"\n"])
  TI.putStrLn summary
```

正格評価は、I/O コードの動作が他のプログラミング言語に対して期待するものと同じであることを意味します。遅延評価にはさまざまな利点がありますが、I/O が単純なものである場合を除いて、その振る舞いの理由を突き止めるのに手こずることがあります。fileCounts.hs は単純なデモプログラムですが、それでも、遅延評価に起因するやっかいなバグを修正する必要がありました。

● 遅延評価と正格評価を使用する状況

このユニットでは、I/O での遅延評価によって作業が大幅に楽になる場合と、かえって難しくなる場合があることを示しました。どちらになるかを判断する決め手となるのは、プログラムの I/O の複雑さです。プログラムが読み取るファイルが単純で、I/O 処理が比較的少ない場合は、遅延評価にこだわるほうが有利であり、問題もほとんどないでしょう。ほんの少しでも I/O が複雑になり、ファイルの読み取りや書き込みが必要になったり、順序が重要となる処理が必要になったりした場合は、正格評価を使用するようにしてください。

24.5　まとめ

このレッスンの目的は、Haskell でのファイルの読み取りと書き込みの基礎を理解することにありました。ほとんどのファイル I/O は、ここまで見てきた Haskell の他の I/O と同じです。問題が発生するのは、遅延評価がプログラムの振る舞いにどのような影響を与えるのかを理解せずに、遅延 I/O を使用するときです。遅延 I/O によってコードが大幅に単純になることもありますが、プログラムが複雑になるにつれ、その振る舞いの理由を突き止めるのは信じられないほど難しくなります。

24.6　練習問題

このレッスンの内容を理解できたかどうか確認してみましょう。

Q24-1：Unix の cp プログラムを実装してみましょう。このプログラムは、ファイルをコピーし、ファイルの名前を変更できるようにします（基本的な機能を模倣するだけでよく、フラグについて考える必要はありません）。

Q24-2：capitalize.hs というプログラムを作成してみましょう。このプログラムは、引数とし

てファイルを受け取り、ファイルの内容を読み取り、大文字で書き換えます。

 ## 24.7 クイックチェックの解答

▶ **クイックチェック 24-1**

```
openFile "stuff.txt" ReadMode
```

▶ **クイックチェック 24-2**

この例では、2 行目が存在しない場合は空の `String` を返します。

```
hasSecondLine <- hIsEOF helloFile
secondLine <- if not hasSecondLine
              then hGetLine helloFile
              else return ""
```

▶ **クイックチェック 24-3**

++演算子はリストに固有の演算子です。レッスン 23 では、`String` 以外のテキスト型について詳しく説明しました。`unwords` 関数には、`String` 用と `Text` 用のバージョンがありますが、++演算子は `String` 型でしかうまくいきません。`unwords` を使用すると、`String` を `Text` に置き換えることにした場合のコードのリファクタリングがずっと簡単になります。

▶ **クイックチェック 24-4**

遅延評価のせいで、`readFile` がファイルハンドルを閉じる場合、ファイルの内容を利用することは不可能になります。ファイルの内容に対するアクションは、ファイルハンドルが閉じられるまで呼び出されないからです。

LESSON 25

バイナリデータの操作

レッスン 25 では、次の内容を取り上げます。

- `ByteString` 型を使ってバイナリデータを効率よく操作する
- `ByteString.Char8` を使って `ByteString` 型を通常の ASCII 文字列として扱う
- Haskell を使って JPEG 画像からグリッチアートを作成する
- Unicode データを操作する

このレッスンでは、Haskell の `ByteString` 型を使ってバイナリデータが含まれたファイルを操作します。`ByteString` 型を利用すれば、バイナリデータを通常の文字列であるかのように扱うことができます。`ByteString` の使い方を理解するために、バイナリデータの操作が必要となる楽しいプロジェクトに取り組みます。具体的には、図 25-1 のような**グリッチアート**を作成できる単純なコマンドラインツールを作成します。

図25-1：Michael Betancourt のグリッチアート映像「Kodak Moment」の 1 シーン（2013）

「グリッチアート」は、バイナリデータを意図的に破壊することで、画像や動画の中に視覚的な人工物を作り出す、というものです。ここでは、JPEG 画像の「グリッチング」という比較的な単純なプログラムに取り組みます。また、バイナリデータが Unicode の場合の問題点もいくつか取

り上げます。

日本の小説家「滝本竜彦」の名前を、T.Text を使って漢字で表すと、次のようになります。
```
tatsuhikoTakimoto :: T.Text
tatsuhikoTakimoto = "滝本竜彦"
```
このテキストのバイト数を突き止める必要があります。ASCII テキストでは、バイト数はテキストの長さと同じですが、この場合、T.length が教えてくれるのは文字数が 5 であることだけです。バイト数を突き止めるにはどうすればよいでしょうか。

25.1 ByteString を使ってバイナリデータを操作する

このユニットで取り上げたのは、ファイルに含まれているテキストの操作だけです。基本的な String 型の操作から始めて、テキストデータの操作には Text 型のほうが適していることを示しました。String や Text と同様のもう 1 つの重要な型は ByteString と呼ばれるものです。ByteString の興味深い点は、その String という名前とは裏腹に、テキストに特化した型ではないことです。ByteString はバイナリデータのストリームを効率よく処理するための手段です。Data.ByteString でも、Data.Text と同様に、ほとんどの場合は B の 1 文字による修飾付きインポートを使用します。

```
import qualified Data.ByteString as B
```

ByteString はバイトの配列であり、テキストの型ではありませんが、バイト文字列を表す場合は常に ASCII を使用することができます。ASCII 文字は $256 = 2^8$ 個あるため（8 ビット）、バイトを 1 つ残らず ASCII 文字として表すことができます。OverloadedStrings 言語拡張を使用する限り、リテラル ASCII 文字列を使ってバイトを表すことができます（リスト 25–1）。

リスト25–1：OverloadedStrings 言語拡張を使って定義された ByteString

```
sampleBytes :: B.ByteString
sampleBytes = "Hello!"
```

しかし、B.unpack を使って ByteString を通常の String に変換しようとした途端に問題にぶつかります。リスト 25–2 のコードはエラーになります。

リスト25–2：ByteString を String に変換しようとするとエラーになる

```
sampleString :: String
sampleString = B.unpack sampleBytes
```

型シグネチャを調べてみると、B.unpack が ByteString をバイト（Word8 型）のリストに変換しようとすることがわかります。

```
B.unpack :: B.ByteString -> [GHC.Word.Word8]
```

デフォルトでは、Data.ByteString はバイトを Char と同じように扱うことを認めません。そこで、代わりに Data.ByteString.Char8 を使用します。Char8 は 8 ビットの Char（ASCII 文字）を表します。Char8 は別途インポートする必要があり、通常は修飾子として BC を使用します。

```
import qualified Data.ByteString.Char8 as BC
```

ByteString と ByteString.Char8 の違いは、それらの unpack 関数の型シグネチャにあります。

```
B.unpack  :: B.ByteString -> [GHC.Word.Word8]
BC.unpack :: B.ByteString -> [Char]
```

ByteString.Char8 の unpack が Data.Text の unpack と同じように動作することがわかります。ByteString.Char8 では、同じ基本的な関数を使ってテキストを Data.Text と同じように操作できます。

Text と同様に、ByteString は String と同じ API を共有しています。次節で説明するように、Text と String でバイナリデータを操作するときには、同じ関数をすべて利用できます。このため、通常のリストと同じようにバイナリデータが効率よく格納されることがわかります。

▷ **クイックチェック 25-1**

数字を ASCII 文字として受け取り、Int 型に変換する関数を作成してみましょう。たとえば、次の数字を Int 型に変換します。

```
bcInt :: BC.ByteString
bcInt = "6"
```

 ## 25.2　JPEG のグリッチング

ByteString の基本的な使い方がわかったところで、グリッチアートの作成に取りかかりましょう。このプログラムのコードはすべて glitcher.hs というファイルに保存することにします。ここでは、Wikipedia からダウンロードできる画像[1] を使用します。このファイルの名前を lovecraft.jpg

---

[1] https://en.wikipedia.org/wiki/H._P._Lovecraft#/media/File:H._P._Lovecraft,_June_1934.jpg

とします（図 25-2）。

図25-2：グリッチングのターゲットである lovecraft.jpg ファイル

　まず、この画像を読み書きするための基本的な機能の作成方法から見ていきます。このプログラムの基本的な構造は次のようになります。

1. ユーザーから引数としてファイル名を受け取る。
2. 画像ファイルのバイナリデータを読み込む。
3. 画像データのバイトをランダムに変更する。
4. グリッチング後の画像データを新しいファイルに書き込む。

　このプログラムでは、画像のバイナリデータを操作するために `Data.ByteString` と `Data.ByteString.Char8` の両方を使用します。ここで操作するのはバイナリデータであるため、ファイルの読み込みには `BC.readFile` を使用します。グリッチングコードを除いたプログラムの基本的な構造はリスト 25-3 のようになります。

リスト25-3：glitcher.hs プログラムの基本的なレイアウト

```haskell
import System.Environment
import qualified Data.ByteString as B
import qualified Data.ByteString.Char8 as BC

main :: IO ()
main = do
  -- getArgs を使ってファイル名にアクセス
  args <- getArgs
  -- ファイル名は唯一の引数として渡される
  let fileName = head args
  -- BC.readFile を使ってファイルのデータを読み込む
  imageFile <- BC.readFile fileName
```

```
-- return は後ほどバイナリデータを変更する I/O アクションに置き換える
glitched <- return imageFile
-- グリッチングでは、崩れたファイルが作成されることがよくあるため、
-- 必ず新しいファイルに書き込むこと
let glitchedFileName = mconcat ["glitched_",fileName]
-- BC.writeFile を使って変更したデータを新しいファイルに書き込む
BC.writeFile glitchedFileName glitched
print "all done"
```

この時点でプログラムを実行してファイルを指定すると、新しいファイルが返されます。この
ファイルが、グリッチング後の JPEG ファイルになります。残っているのは、グリッチングを行う
コードだけです。

▷ **クイックチェック 25-2**

この時点では、main の glitched 変数が IO 型である必要はありません。glitched が通常の変
数になるようにこの行を変更してみてください。

● ランダムなバイトを挿入する

グリッチアートの美的創作には、さまざまな方法でデータを壊しながらどうなるかを確認するこ
とが含まれます。まず、ファイルのランダムなバイトをランダムに選んだ別のバイトに置き換える
ことから始めます。乱数の作成には I/O アクションが必要です。しかし、非 I/O コードは純粋で予
測可能であるため、いかなる場合もコードをできるだけ I/O アクションから切り離すようにするの
が得策です。また、このコードをテストするのは簡単です。このコードを GHCi にロードすれば、
さまざまなサンプルデータで試してみることができます。

I/O アクションを作成する前に、Int 型を Char 型に変換する関数を作成します。Char は Enum
のメンバなので、これには toEnum を使用できます。toEnum を直接適用することも可能ですが、そ
うすると、Char の値の範囲が 0 から 255 であるという制約を適用できなくなります。この制約を
適用するには、Int の 255 による剰余を求めます。以上のコードを intToChar 関数にまとめると、
リスト 25-4 のようになります。

リスト25-4：intToChar 関数は Int から有効なバイトを作成する

```
intToChar :: Int -> Char
intToChar int = toEnum safeInt
  where safeInt = int `mod` 255
```

次に、この Char を ByteString に変換する関数が必要です。そこで、BC.pack に Char を渡し
て BC.ByteString に変換させます。BC.pack は文字列を要求するため、Char をリストに配置す
る必要があります（リスト 25-5）。

306 | LESSON 25　バイナリデータの操作

リスト**25-5**：intToBC 関数は Int を 1 文字の ByteString に変換する

```
intToBC :: Int -> BC.ByteString
intToBC int = BC.pack [intToChar int]
```

　Int を 1 バイトの BC.ByteString に変換できるようになったところで、この値を使ってバイト
を置き換えるコードを作成します。この時点でも、I/O アクションはまだ必要ありません。

　この replaceByte 関数は、ランダム化の決定論的なバージョンです。この関数の引数は、置き
換えるバイト（ターゲットバイト）の位置、新しい Char/Byte の Int 型の値、そして画像ファイ
ルのデータです。まず、ターゲットバイトの周囲のバイトを、BC.splitAt を使って分割します。
BC.splitAt は、ターゲットバイトの前の部分と後ろの部分を表す値を返します（take と drop を
同時に呼び出すのと同じです）。次に、残りのバイトを 1 つ削除して、新しいバイトの場所を作りま
す。最後に、新しいバイトをはさんで前の部分と後ろの部分をつなぎ合わせます（リスト 25-6）。

リスト**25-6**：replaceByte 関数は 1 バイトを削除して新しいバイトに置き換える

```
replaceByte :: Int -> Int -> BC.ByteString -> BC.ByteString
-- 新しい ByteString は前の部分と後ろの部分を newChar でつないだものになる
replaceByte loc charVal bytes = mconcat [before,newChar,after]
   -- パターンマッチングを使って 2 つの値を 2 つの変数に一度に割り当てる
  where (before,rest) = BC.splitAt loc bytes
        after = BC.drop 1 rest      -- BC.drop 1 を使ってバイトを削除
        newChar = intToBC charVal   -- バイトは ASCII Char として表される
```

　I/O アクションの準備はこれで完了です。System.Random モジュールの randomRIO を使って、
指定された範囲の値をランダムに取得します。この I/O アクションの名前は randomReplaceByte
です。このアクションに必要なのは、乱数を 2 つ選択することだけです。1 つはターゲットバイト
（Char）に使用され、もう 1 つは位置に使用されます（リスト 25-7）。

リスト**25-7**：randomReplaceByte アクションは乱数を replaceByte に適用する

```
import System.Random
...
randomReplaceByte :: BC.ByteString -> IO BC.ByteString
randomReplaceByte bytes = do
  let bytesLength = BC.length bytes
  location <- randomRIO (1,bytesLength)
  charVal <- randomRIO (0,255)
  return (replaceByte location charVal bytes)
```

　画像ファイルを変更するために、この I/O アクションを main で使用します（リスト 25-8）。

リスト**25-8**：main の return を I/O アクションに置き換える

```
main :: IO ()
main = do
```

```
    args <- getArgs
    let fileName = head args
    imageFile <- BC.readFile fileName
    glitched <- randomReplaceByte imageFile
    let glitchedFileName = mconcat ["glitched_",fileName]
    BC.writeFile glitchedFileName glitched
    print "all done"
```

さっそくプログラムをコンパイルし、コマンドラインで実行してみましょう。

```
$ ghc glitcher.hs
$ ./glitcher lovecraft.jpg
```

結果はまずまずですが、思ったほどドラマチックなものではないかもしれません（図25-3）[2]。

図25-3：1 バイトの変更による効果は少しつまらない

もう少し複雑な方法を試して、結果が改善されるかどうかたしかめてみましょう。

▷ **クイックチェック 25-3**
ランダムな Char を返す I/O アクションを作成してみましょう。

● ランダムなバイトを並べ替える

画像のグリッチングによく使用されるもう 1 つの手法は、データの一部（セクション）を並べ替えることです。具体的には、`BC.splitAt` を使って `ByteString` を 2 つに分割し、その後ろの部分を固定サイズのブロックに分割し、それらのブロックを並べ替え、`mconcat` を使ってつなぎ合わせます。そのための `sortSection` 関数はリスト 25-9 のようになります。この関数は、セクションの開始位置、セクションのサイズ、バイトストリームを引数として受け取ります。

---

[2] 訳注：乱数を使用するため、プログラムの実行を何度か繰り返さないと同じような結果にならないことがある。

リスト25-9：sortSection 関数はファイルの一部を並べ替える

```
sortSection :: Int -> Int -> BC.ByteString -> BC.ByteString
sortSection start size bytes = mconcat [before,changed,after]
  where (before,rest) = BC.splitAt start bytes
        (target,after) = BC.splitAt size rest
        changed = BC.reverse (BC.sort target)
```

あとは、ランダムな開始位置を選択する I/O アクションを作成し（リスト 25-10）、main で呼び出すだけです。

リスト25-10：I/O アクションを使って sortSection 関数をランダム化する

```
randomSortSection :: BC.ByteString -> IO BC.ByteString
randomSortSection bytes = do
  -- 並べ替えるセクションのサイズを適当に選択
  let sectionSize = 25
  let bytesLength = BC.length bytes
  -- randomRIO を使って並べ替えを開始する位置を決定
  start <- randomRIO (0,bytesLength - sectionSize)
  return (sortSection start sectionSize bytes)
```

randomReplaceByte を randomSortSection に置き換え（リスト 25-11）、新しいアプローチを試してみましょう。

リスト25-11：randomSortSection アクションを使った画像ファイルのグリッチング

```
main :: IO ()
main = do
  args <- getArgs
  let fileName = head args
  imageFile <- BC.readFile fileName
  glitched <- randomSortSection imageFile
  let glitchedFileName = mconcat ["glitched_",fileName]
  BC.writeFile glitchedFileName glitched
  print "all done"
```

図 25-4 に示すように、このアプローチのほうがはるかに興味深い結果になります。

図25-4：randomSortSection アクションによってはるかに興味深い結果が得られる

25.2　JPEG のグリッチング　│　309

ですが、これらのアプローチを組み合わせれば、おそらくもっとよい結果が得られるはずです。

● foldM を使って I/O アクションを連結する

画像データに対して、randomSortSection アクションを 2 回、randomReplaceByte アクションを 3 回適用したいとしましょう。そこで、main をリスト 25-12 のように書き換えたとします。

リスト25-12：複数のアクションを適用するための面倒なアプローチ

```
main :: IO ()
main = do
  args <- getArgs
  let fileName = head args
  imageFile <- BC.readFile fileName
  glitched1 <- randomReplaceByte imageFile
  glitched2 <- randomSortSection glitched1
  glitched3 <- randomReplaceByte glitched2
  glitched4 <- randomSortSection glitched3
  glitched5 <- randomReplaceByte glitched4
  let glitchedFileName = mconcat ["glitched_",fileName]
  BC.writeFile glitchedFileName glitched5
  print "all done"
```

この方法はうまくいきますが、このようなコードを書くのは明らかに面倒です。これらの名前をすべて追跡しなければならないため、入力ミスをしがちです。そこで、代わりに Control.Monad モジュールの foldM を使用する方法があります。mapM が map をモナドに対して一般化するように（ここでは、do 表記を使用するだけです）、foldM は fold をモナドに対して一般化します。foldM を利用すれば、初期値として imageFile を指定し、さらに画像ファイルに適用する I/O アクションのリストを指定できます。足りないのは、これらの関数を適用する関数だけです。foldM を使って main を書き換えると、リスト 25-13 のようになります。

リスト25-13：foldM を使って複数のアクションを適用する

```
import Control.Monad
...
main :: IO ()
main = do
  args <- getArgs
  let fileName = head args
  imageFile <- BC.readFile fileName
  glitched <- foldM (\bytes func -> func bytes) imageFile
                                               [randomReplaceByte
                                               ,randomSortSection
                                               ,randomReplaceByte
                                               ,randomSortSection
                                               ,randomReplaceByte]
  let glitchedFileName = mconcat ["glitched_",fileName]
  BC.writeFile glitchedFileName glitched
  print "all done"
```

プログラムをもう一度コンパイルして、どのようなグリッチングが作成されるか確認してみましょう（図25-5）。

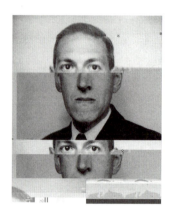

図25-5：まるでインスマスの住人のようなラブクラフト

この画像をさらに加工することはおそらく可能ですが、何か変わったグリッチングを思いついたらすぐに連結してみることができる環境がこれで整いました。

 クイックチェック 25-4

すべてのアクションがリストに配置された `glitchActions` 変数を `main` の外で定義してみましょう。必ず正しい型を割り当ててください。

25.3　ByteString、Char8、Unicode

グリッチアートサンプルで示したように、ByteString.Char8 はバイナリデータをまるでテキストのように扱うのに役立ちます。しかし、ByteString、ByteString.Char8、Unicode データを使用するときには注意が必要です。リスト 25-14 は、BC.ByteString に Unicode 文字列を設定する例を示しています（ここでは、デバナーガリー文字で書かれたインド仏教の僧ナーガールジュナの名前を使用しています）。

リスト25-14：BC.ByteString に Unicode を設定する

```
nagarjunaBC :: BC.ByteString
nagarjunaBC = "नागर्जुनं"
```

このコードを GHCi にロードすると、Unicode が維持されないことがわかります。

```
*Main> nagarjunaBC
"(>\ETBOM\FSA(E"
```

ByteString.Char8 は ASCII 専用であるため、これは意外なことではありません。しかし、さまざまな理由でテキストをバイトに変換したいとしたら、すぐに思い浮かぶのは Unicode を ByteString としてファイルに書き出すことでしょう。たとえば、Unicode を Text 型として表すところまではうまくいったとしましょう（リスト 25–15）。

リスト25–15：Text として表された同じ Unicode の例

```
nagarjunaText :: T.Text
nagarjunaText = "नागर्जुनं"
```

nagarjunaText をバイトに変換するにあたって、単に BC.pack を使用するわけにはいきません。BC.pack の型シグネチャは String -> ByteString であるため、T.unpack を適用してから BC.pack を使用する必要があります（リスト 25–16）。

リスト25–16：Text を ByteString に変換する

```
nagarjunaB :: B.ByteString
nagarjunaB = (BC.pack . T.unpack) nagarjunaText
```

型シグネチャを調べてみると、Unicode が無事にバイトとして表されていることがわかるはずです。しかし、逆の変換はうまくいかないことがわかります。なお、このテキストを正しく出力するには、Data.Text.IO の修飾付きインポートが必要であることに注意してください。

```
*Main> TIO.putStrLn ((T.pack . BC.unpack) nagarjunaB)
"(>OMA(E"
```

またしても同じ問題で行き詰まってしまいます。nagarjunaB をファイルに書き出した場合、Unicode は完全に失われてしまうでしょう。Text をいったん BC.ByteString に変換するのではなく、B.ByteString に直接変換する方法が必要です。そこで、Data.Text.Encoding と、やはり修飾付きインポートを使用することにします。

```
import qualified Data.Text.Encoding as E
```

このモジュールには、この直接の変換を実行するのに不可欠な関数が 2 つ含まれています。

```
E.encodeUtf8 :: T.Text -> BC.ByteString
E.decodeUtf8 :: BC.ByteString -> T.Text
```

これにより、Unicode テキストとバイト間の変換を安全に行えるようになります（リスト 25-17）。

リスト25-17：encodeUtf8/decodeUtf8 を使って Text と ByteString を変換する

```
nagarjunaSafe :: B.ByteString
nagarjunaSafe = E.encodeUtf8 nagarjunaText
```

さっそく試してみましょう。

```
*Main> TIO.putStrLn (E.decodeUtf8 nagarjunaSafe)
नागर्जुनॅ
```

Unicode が含まれているかもしれないデータを操作する場合は、便利だからといって `Data.ByteString.Char8` を使用するのはやめておくのが安全です。このレッスンの例のように純粋な（Unicodeとは無関係な）バイナリデータを操作する場合は、通常の `ByteString` と `Char8` の組み合わせが最適です。それ以外の用途には、`ByteString`、`Text`、`Text.Encoding` を使用するようにしてください。次のレッスンでは、後者の例をさらに拡張することにします。

25.4　まとめ

このレッスンの目的は、Haskell でバイナリデータを書き出す方法について説明することでした。`ByteString` 型を利用すれば、通常のテキストと同じようにバイナリデータを扱うことができるため、バイナリデータを編集するプログラムの作成が非常に単純になることがあります。ですが、肝心なのは、バイナリデータの 1 バイト表現（`Char8`）と Unicode テキストを組み合わせて使用しないことです。

25.5　練習問題

このレッスンの内容を理解できたかどうか確認してみましょう。

Q25-1：テキストファイルを読み込み、ファイルの文字の個数とバイトの個数を出力するプログラムを作成してみましょう。

Q25-2：`randomReverseBytes` というグリッチング手法を追加してみましょう。この手法では、データのバイトセクションの順序をランダムに逆にします。

25.6　クイックチェックの解答

▶ クイックチェック 25-1

```
bcInt :: BC.ByteString
bcInt = "6"

bcToInt :: BC.ByteString -> Int
bcToInt = read . BC.unpack
```

▶ クイックチェック 25-2

```
let glitched = imageFile
```

▶ クイックチェック 25-3

```
randomChar :: IO Char
randomChar = do
  randomInt <- randomRIO (0,255)   -- max と min を使用することも可能
  return (toEnum randomInt)
```

▶ クイックチェック 25-4

```
glitchActions :: [BC.ByteString -> IO BC.ByteString]
glitchActions = [randomReplaceByte
                ,randomSortSection
                ,randomReplaceByte
                ,randomSortSection
                ,randomReplaceByte]
```

LESSON 26

演習：バイナリファイルと書籍データの処理

レッスン 26 では、次の内容を取り上げます。

- 図書館で使用されているユニークなバイナリフォーマット
- ByteString を使ってバイナリデータをまとめて処理するツールの作成
- Text 型を使った Unicode データの操作
- 複雑な I/O タスクを実行する大規模なプログラムの構築

　このレッスンでは、図書館によって作成された書籍のデータを使って単純な HTML ドキュメントを作成します。図書館は気が遠くなるような時間をかけて所蔵する書籍の目録を作成します。ありがたいことに、こうしたデータの大半はそれらを調べたい人に無償で提供されます。たとえばハーバード大学の図書館では、1,200 万冊の蔵書のレコードを一般に公開しています[1]。Internet Archive の Open Library プロジェクト[2] には、利用可能なレコードが数百万件も含まれています。

　データサイエンスがホットな話題となっている今、これだけのデータがあれば、何か楽しいプロジェクトに取り組むのもよさそうです。しかし、このデータを使用する方法が難題です。図書館の書籍関連のメタデータは **MARC レコード**というあまり一般には知られていないフォーマットで格納されます。このため、図書館のデータを使用することは、JSON や XML といったより一般的なフォーマットに比べてはるかに難しいものになります。MARC レコードはバイナリフォーマットであり、文字エンコーディングを正しく格納するために全面的に Unicode を使用しています。MARC レコードを使用するには、バイトを操作する状況とテキストを操作する状況を慎重に見きわめなければなりません。まさに、このユニットで学んできたことを実践するのに申し分ありません。

　このレッスンの目標は、MARC レコードのコレクションを HTML ドキュメントに変換することです。この HTML ドキュメントは、コレクションに含まれている各書籍のタイトルと著者を一覧表示します。これにより、MARC レコードからのデータの抽出方法をさらに調べるためのお膳立て

---

[1] http://library.harvard.edu/open-metadata
[2] https://archive.org/details/ol_data

が整います。

- まず、書籍データを格納し、HTML に変換するための型を作成する。
- 次に、MARC レコードのフォーマットを調べる。
- 続いて、1 つのファイルにシリアライズされた一連のレコードを、個々のレコードのリストに分割する。
- レコードを分割したら、個々のレコードを解析して必要な情報を突き止めることができる。
- 最後に、これらの処理をまとめて、MARC レコードを処理して HTML ドキュメントにするプログラムを作成する。

このレッスンのコードはすべて marc_to_html.hs という 1 つのファイルに記述します。まず、リスト 26-1 に示すインポートが必要です。また、すべての文字列型で文字列リテラルを使用するには、OverloadedStrings プラグマも必要です[3]。

リスト26-1：marc_to_html.hs プログラムに必要なインポート

```
{-# LANGUAGE OverloadedStrings #-}
-- バイナリデータを使用するには、バイトを操作する手段が必要
import qualified Data.ByteString as B
-- Unicode などのテキストを操作するには、Text 型が必要
import qualified Data.Text as T
import qualified Data.Text.IO as TIO
import qualified Data.Text.Encoding as E
-- Maybe パッケージの isJust 関数が役立つため、Maybe 型を使用
import Data.Maybe
```

Data.ByteString.Char8 をインポートしていないことに気づいたかもしれません。このモジュールをインポートしないのは、**Unicode データを操作するときに Unicode テキストと ASCII テキストを取り違えたくないからです**。最善の方法は、バイトの操作には従来の ByteString を使用し、それ以外には Text を使用することです。

26.1　書籍データの操作

　MARC レコードの解析は少し手間のかかる作業になるため、お手上げになる前にどこで終わりにするかを決めておくのがよさそうです。主な目標は、書籍のリストを HTML ドキュメントに変換することです。よくわからないフォーマットで格納された書籍は、この目標の妨げとなります。こ

---

[3] 訳注：このレッスンのコードは本書のダウンロードサンプルの unit4_capstone_marc.hs の内容とはまったく異なっている。

こで関心があるのは、書籍の著者とタイトルを記録することだけです。これらのプロパティには型シノニムを使用できます。`String` を使用するという手もありますが、レッスン 23 で言及したように、主にテキストデータで構成された大がかりなタスクに取り組むときには、原則として `Text` を使用するのが得策です。

さっそく、`Author` と `Title` という型シノニムを作成してみましょう（リスト 26–2）。

リスト26–2：Author 型シノニムと Title 型シノニム

```
type Author = T.Text
type Title = T.Text
```

Book 型は `Author` と `Title` の直積型です（リスト 26–3）。

リスト26–3：Book 型の作成

```
data Book = Book { author :: Author, title :: Title } deriving Show
```

最終的な関数の名前は `booksToHtml` であり、型シグネチャは `[Books] -> Html` です。この関数を実装する前に、`Html` がどのような型なのかを決めておく必要があります。また、（理想的には）個々の書籍を HTML に変換する方法も決めておく必要があります。HTML のモデル化にも `Text` 型を使用できます（リスト 26–4）。

リスト26–4：Html 型シノニム

```
type Html = T.Text
```

書籍のリストを HTML に変換しやすくするために、まず、1 冊の書籍に対する HTML スニペットを作成することから始めます。この HTML では、`<p>`要素を作成した後、`<strong>`タグを使ってタイトルを表示し、`<em>`タグを使って著者を表示します（リスト 26–5）。

リスト26–5：bookToHtml 関数は書籍から HTML スニペットを作成する

```
bookToHtml :: Book -> Html
bookToHtml book = mconcat ["<p>\n",titleInTags,authorInTags,"</p>\n"]
  where titleInTags = mconcat["<strong>",(title book),"</strong>\n"]
        authorInTags = mconcat["<em>",(author book),"</em>\n"]
```

次に、テストに使用するサンプル書籍が必要です（リスト 26–6）。

リスト26–6：サンプル書籍のコレクション

```
book1 :: Book
book1 = Book { title = "The Conspiracy Against the Human Race"
             ,author = "Ligotti, Thomas" }
```

318 | LESSON 26 演習：バイナリファイルと書籍データの処理

```
book2 :: Book
book2 = Book { title = "A Short History of Decay"
             ,author = "Cioran, Emil" }

book3 :: Book
book3 = Book { title = "The Tears of Eros"
             ,author = "Bataille, Georges" }
```

bookToHtml を GHCi でテストしてみましょう。

```
*Main> bookToHtml book1
"<p>\n<strong>The Conspiracy Against the Human Race</strong>\n<em>Ligotti,
Thomas</em>\n</p>\n"
```

書籍のリストを変換するには、bookToHtml 関数をリストに適用する必要があります。また、
<html>、<head>、<body>の 3 つのタグを追加する必要もあります（リスト 26–7）。

リスト26–7：booksToHtml 関数を使って書籍のリスを HTML ドキュメントに変換する

```
-- Unicode データを扱うため、charset の宣言が重要となる
booksToHtml :: [Book] -> Html
booksToHtml books = mconcat ["<html>\n"
                            ,"<head><title>books</title>"
                            ,"<meta charset='utf-8'/>"
                            ,"</head>\n"
                            ,"<body>\n"
                            ,booksHtml
                            ,"\n</body>\n"
                            ,"</html>"]
  where booksHtml = (mconcat . (map bookToHtml)) books
```

この関数をテストするために、書籍をリストにまとめます。

```
myBooks :: [Book]
myBooks = [book1,book2,book3]
```

最後に、main を作成し、ここまでのコードをテストしてみましょう。この例では、データを
books.html というファイルに書き出します。Html 型が Text であることを思い出してください。
テキストをファイルに書き出すには、Text.IO をインポートする必要もあります（リスト 26–8）。

リスト26–8：書籍のリストを HTML に書き出すための一時的な main

```
main :: IO ()
main = TIO.writeFile "books.html" (booksToHtml myBooks)
```

このプログラムを実行すると、`books.html` ファイルが出力されます。このファイルをブラウザで開くと、図 26-1 のようなものが表示されるはずです。

The Conspiracy Against the Human Race *Ligotti, Thomas*
A Short History of Decay *Cioran, Emil*
The Tears of Eros *Bataille, Georges*

図26-1：HTML としてレンダリングされた書籍データ

書籍をファイルに書き出せるようになったところで、MARC レコードの解析というより複雑な問題に取り組む準備が整いました。

 ## 26.2　MARC レコードの解析

　MARC レコードは、書籍に関する情報（書誌データ）を記録／伝送するために図書館で標準的に使用されているフォーマットです。書籍のデータに関心がある場合は、MARC レコードを理解することが重要となります。インターネット上では、自由に利用できる MARC レコードが大量に提供されています。このレッスンでは、オレゴン健康科学大学の図書館の MARC レコードを使用します。先ほど示したように、MARC は Machine-Readable Cataloging の略です。この名前からもわかるように、MARC レコードはコンピュータが解釈できるように設計されています。JSON や XML といったフォーマットとは異なり、人が読めるようには設計されていません。MARC レコードファイルを開いてみると、図 26-2 のようなものが表示されるはずです。

```
01292cam  2200337
4500001003000000030006000030050017000090080041000260100016000670190010
2000830290021000950350029001160400003000145043001200175049000900187050
01700196082001000213100004600223245025900269260005900528300000320058744
0007500619504003200694650005100726650003600077765000330081370000380084670
00042008499400120092694500160093820Ocolc20060313170419.0690410s1963
laua      b     000 0 eng   a   63022268  a97725971 aNLGGCb861755170
a(OCoLC)2z(OCoLC)9772597  aDLCcDLCdOCLCQdTSEdOCL  an-us-la
aOCLC00aGB475.L6bM6 4a589.31 aMorgan, James P.q(James
Plummer),d1919-10aMudlumps at the mouth of South Pass, Mississippi
River;bsedimentology, paleontology, structure, origin, and relation to
deltaic processes,cby James P. Morgan, James M. Coleman [and] Sherwood
M. Gagliano. Including appendices by R.D. Adams ... [et al.].  aBaton
Rouge,bLouisiana State University Press,c1963.  axvi, 190 p.billus.c28
cm. 0aLouisiana State University studies.pCoastal studies series ;vno.
10.  aBibliography: p. [183]-190. 0aMud lumpszLouisianazMississippi
River Delta. 0aSediments (Geology)zLouisiana. 7aSciencesxPhilosophie.
2ram.1 aColeman, James M.,ejoint author.1 aGagliano, Sherwood
M.,ejoint author.  a02bOCL  aGB475.L6 M6
```

図26-2：MARC レコードの内容

MP3 メタデータを格納するために ID3 タグを使用した経験がある場合は、MARC レコードが似たようなものであることがわかるでしょう。

● MARC レコードの構造を理解する

MARC レコード規格は、情報の格納／伝送の効率化を目的として 1960 年代に開発されました。このため、MARC レコードは XML や JSON といったフォーマットほど柔軟でも拡張可能でもありません。MARC レコードは次の 3 つの主な部分で構成されます。

- リーダー
- ディレクトリ
- ベースレコード

図 26-3 は、MARC レコードの構造を可視化するために注釈を付けたものです。

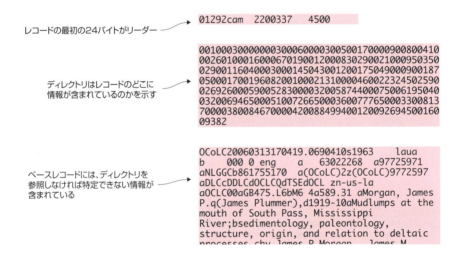

図26-3：注釈付きの MARC レコード

リーダーには、レコードの長さやベースレコードが配置されている場所など、レコード自体に関する情報が含まれています。レコードの**ディレクトリ**は、レコードに含まれている情報とその情報にアクセスする方法を示します。たとえば、書籍の著者とタイトルにのみ関心がある場合は、ディレクトリの内容から、レコードに目当ての情報が含まれていることと、ファイルのどこを探せば見つかるのかがわかります。**ベースレコード**は、必要な情報がすべて配置されている場所です。リーダーとディレクトリなしには、ファイルのこの部分を理解するために必要な情報は得られません。

● データを取得する

まず、このプロジェクトに使用する MARC レコードを取得する必要があります。Internet Archive には、自由に利用できる MARC レコードが揃っています。このプロジェクトには、オレゴン健康科学大学の図書館のレコードを使用することにします。次の URL にアクセスし、ohsu_ncnm_wscc_bibs.mrc ファイルをダウンロードしてください。

https://archive.org/download/marc_oregon_summit_records/catalog_files/

このレッスンでは、このファイルの名前を sample.mrc に変更します。この 156MB のファイルはかなり小さいほうですが、他のファイルで試してみたい場合も同じようにうまくいくはずです。

● リーダーをチェックし、レコードを順番に処理する

.mrc ファイルは、1 件の MARC レコードではなく、MARC レコードのコレクションです。レコードの詳細が気になりますが、その前に、コレクションに含まれているレコードの分割方法を突き止める必要があります。シリアライズされたデータを保持する他の多くのフォーマットとは異なり、レコードのリストを分割するデリミタのようなものはありません。このため、レコードのリストを分割するために、ByteString ストリームをある文字で分割する、というわけにはいきません。代わりに、各レコードのリーダーを調べて、レコードの長さを確認する必要があります。レコードの長さを調べた後は、リストをループで処理しながらレコードを取り出すことができます。まず、型シノニム MarcRecord と MarcLeader を作成します（リスト 26–9）。

リスト26-9：MarcRecordRaw 型シノニムと MarcLeaderRaw 型シノニム

```
type MarcRecordRaw = B.ByteString
type MarcLeaderRaw = B.ByteString
```

このプロジェクトで主に操作するのはバイトなので、MARC レコードを操作するときの型のほとんどは ByteString になります。しかし、型シノニムを使用すると、コードを読んだり型シグネチャを理解したりするのがずっと簡単になります。まず、レコードからリーダーを取得します。

```
getLeader :: MarcRecordRaw -> MarcLeaderRaw
```

リーダーはレコードの最初の 24 バイトです（図 26–4）。

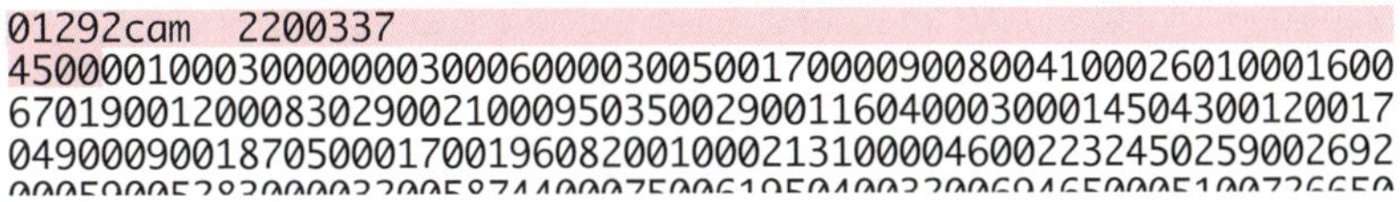

```
01292cam  2200337
45000010003000000030060000300500170000090080041000260100016000
67019001200083029002100095035002900116040000300014504300120017
04900009001870500017001960820010002131000046002232450259002692
0005000528300003200058744000750061950400032006046500051007266550
```

図26-4：MARC レコードのリーダー（選択されている部分）

リーダーの長さを追跡するための変数を宣言します（リスト 26–10）。

322 | LESSON 26 演習：バイナリファイルと書籍データの処理

リスト26-10：リーダーの長さとして 24 を宣言

```
leaderLength :: Int
leaderLength = 24
```

　MARC レコードからのリーダーの取得は簡単です。MarcRecord から最初の 24 バイトを取得するだけです。

リスト26-11：getLeader 関数は MARC レコードの最初の 24 バイトを取得する

```
getLeader :: MarcRecordRaw -> MarcLeaderRaw
getLeader record = B.take leaderLength record
```

　MARC レコードの最初の 24 バイトがリーダーであるのと同じように、リーダーの最初の 5 バイトにはレコードの長さを表す数字が含まれています。たとえば、図 26-4 ではレコードが 01292 で始まっていますが、01292 はそのレコードの長さが 1,292 バイトであることを意味します。レコード全体の長さを取得するには、この 5 つの数字を Int 型に変換する必要があります。そこで、便利なヘルパー関数 rawToInt を作成します。この関数は、ByteString を Text に安全に変換した後、その Text を String に変換し、最後に read を使って Int として解析します（リスト 26-12）。

リスト26-12：rawToInt 関数と getRecordLength 関数

```
rawToInt :: B.ByteString -> Int
rawToInt = (read . T.unpack . E.decodeUtf8)

getRecordLength :: MarcLeaderRaw -> Int
getRecordLength leader = rawToInt (B.take 5 leader)
```

　1 件のレコードの長さを突き止める方法がわかったところで、すべてのレコードを分割して MarcRecord のリストにまとめる方法について考えてみましょう。ここでは、MARC レコードのファイルを ByteString として考えます。そうすると、この ByteString をペアの値（ByteString の最初のレコードと残りの部分）に分割する関数が必要です。この nextAndRest 関数の型シグネチャは次のようになります。

```
nextAndRest :: B.ByteString -> (MarcRecordRaw,B.ByteString)
```

　このペアの値については、リストの head と tail を取得するのと同じように考えることができます。このペアを取得するには、ByteString の最初のレコードの長さを取得し、この値に基づいて ByteString を分割する必要があります（リスト 26-13）。

リスト26-13：nextAndRest 関数はレコードのストリームを head と tail に分割する

```
nextAndRest :: B.ByteString -> (MarcRecordRaw,B.ByteString)
nextAndRest marcStream = B.splitAt recordLength marcStream
  where recordLength = getRecordLength marcStream
```

26.2 MARC レコードの解析 | 323

ファイル全体を処理するには、この関数を再帰的に呼び出すことで、レコードとファイルの残りの部分を取得します。続いて、取得したレコードをリストに配置し、EOF に達するまでファイルの残りの部分で同じ処理を繰り返します（リスト 26–14）。

リスト26-14：allRecords 関数はデータストリームをレコードのリストに変換する

```
allRecords :: B.ByteString -> [MarcRecordRaw]
allRecords marcStream = if marcStream == B.empty
                          then []
                          else next : allRecords rest
  where (next, rest) = nextAndRest marcStream
```

allRecords 関数をテストしてみましょう。main を書き換え、sample.mrc ファイルを読み込み、このファイルの長さを出力するように変更します。

```
main :: IO ()
main = do
  marcData <- B.readFile "sample.mrc"
  let marcRecords = allRecords marcData
  print (length marcRecords)
```

さっそく main を実行してみましょう。このプログラムをコンパイルするか、GHCi にロードして main を呼び出します。

```
*Main> main
140328
```

このコレクションには、140,328 件のレコードが含まれています! すべてのレコードを分割したところで、Title データと Author データの取得方法を調べる作業に取りかかりましょう。

● ディレクトリを読み取る

MARC レコードでは、書籍に関する情報はすべて**フィールド**に格納されます。各フィールドは、そのフィールドのタグと、書籍に関する情報を表すサブフィールド（著者、タイトル、サブジェクト、出版日など）で構成されます。これらのフィールドの処理について考える前に、これらのフィールドに関する情報をディレクトリで調べる必要があります。MARC レコードの他の部分と同様に、ディレクトリは ByteString ですが、型シノニムを作成するとわかりやすくなります（リスト 26–15）。

リスト26-15：MarcDirectoryRaw 型シノニム

```
type MarcDirectoryRaw = B.ByteString
```

リーダーは最初の 24 文字と決まっていますが、ディレクトリのサイズは可変です。というのも、

レコードによって含まれているフィールドの個数が異なる可能性があるからです。ディレクトリは
リーダーの直後から始まりますが、ディレクトリがどこで終わるかについては突き止める必要があ
ります。残念ながら、リーダーが教えてくれるのはこの情報ではなく、ベースアドレスです。ベー
スアドレスは、ベースレコードが始まる場所を表します。したがって、リーダーが終わる場所から
ベースレコードが始まる場所までの部分がディレクトリということになります。

　レコードのインデックスを 0 始まりとすれば、リーダーの 12 文字目から 16 番目のバイト（合
計 5 バイト）がベースアドレスに関する情報となります。この情報にアクセスするには、リーダー
を取得して最初の 12 文字を取り除き、残りの 12 文字から最初の 5 文字を取得します。その後は、
`recordLength` のときと同じように、この値を `ByteString` から `Int` に変換する必要があります
（リスト 26–16）。

リスト26–16：getBaseAddress 関数はディレクトリの長さを特定するためにベースアドレスを取得する

```
getBaseAddress :: MarcLeaderRaw -> Int
getBaseAddress leader = rawToInt (B.take 5 remainder)
  where remainder = B.drop 12 leader
```

　続いて、ディレクトリの長さを計算するために、ベースアドレスから（`leaderLength + 1`）を
引くと、これら 2 つの値の間にある値が得られます（リスト 26–17）。

リスト26–17：getDirectoryLength 関数を使ってディレクトリの長さを計算する

```
getDirectoryLength :: MarcLeaderRaw -> Int
getDirectoryLength leader = getBaseAddress leader - (leaderLength + 1)
```

　次に、これらの要素をつなぎ合わせてディレクトリを取得します。まず、レコードでディレクト
リの長さを調べます。そして、レコードからリーダーの長さ分のデータを削除した後、ディレクト
リの長さ分のデータを取得します（リスト 26–18）。

リスト26–18：getDirectory 関数

```
getDirectory :: MarcRecordRaw -> MarcDirectoryRaw
getDirectory record = B.take directoryLength afterLeader
  where directoryLength = getDirectoryLength record
        afterLeader = B.drop leaderLength record
```

　この時点で、この不可解なフォーマットがかなり理解できたと思います。次に必要なのは、ディ
レクトリの内容を調べることです。

● ディレクトリをエントリに分割する

　この時点では、ディレクトリは大きな `ByteString` ですが、まだディレクトリの内容を調べる作
業が残っています。先ほど述べたように、ディレクトリではベースレコードのフィールドを調べる
ことができます。また、どのようなフィールドが含まれているのかもわかります。ありがたいこと
に、このフィールドメタデータのサイズはどれもまったく同じで、12 バイトとなっています（リス
ト 26–19）。

リスト**26–19**：MarcDirectoryEntryRaw 型シノニムと dirEntryLength 変数

```
type MarcDirectoryEntryRaw = B.ByteString

dirEntryLength :: Int
dirEntryLength = 12
```

次に、ディレクトリを `MarcDirectoryEntryRaw` のリストに分割する必要があります。この関数の型シグネチャは次のとおりです。

```
splitDirectory :: MarcDirectoryRaw -> [MarcDirectoryEntryRaw]
```

`splitDirectory` はとても単純な関数であり、ディレクトリのデータがなくなるまで、データを 12 バイトずつ取得してリストに追加します（リスト 26–20）。

リスト**26–20**：splitDirectory 関数はディレクトリを各エントリに分割する

```
splitDirectory :: MarcDirectoryRaw -> [MarcDirectoryEntryRaw]
splitDirectory directory = if directory == B.empty
                             then []
                             else nextEntry : splitDirectory restEntries
  where (nextEntry, restEntries) = B.splitAt dirEntryLength directory
```

ディレクトリをエントリのリストに変換できたところで、最後に著者とタイトルのデータを取得するまであとひと息です。

● ディレクトリのエントリを処理し、MARC レコードのフィールドを調べる

ディレクトリのエントリはそれぞれ、リーダーのミニチュアバージョンのようなものです。各エントリのメタデータには、次の情報が含まれています。

- フィールドのタグ（最初の 3 文字）
- フィールドの長さ（次の 4 文字）
- ベースアドレス（残りの文字）への相対によるフィールドの開始位置

これらの情報はすべて使用する必要があるため、`FieldMetadata` というデータ型を作成することにします（リスト 26–21）。

リスト**26–21**：FieldMetadata 型

```
data FieldMetadata = FieldMetadata { tag :: T.Text
                                   , fieldLength :: Int
                                   , fieldStart :: Int } deriving Show
```

326 | LESSON 26　演習：バイナリファイルと書籍データの処理

　次に、`MarcDirectoryEntryRaw` のリストを `FieldMetadata` のリストに変換する必要があります。リストを処理するときはたいていそうですが、1 つの `MarcDirectoryEntryRaw` を 1 つの `FieldMetadata` 型に変換することから始めるのが簡単です（リスト 26–22）。

リスト26–22：1 つのディレクトリエントリを 1 つの FieldMetadata 型に変換する

```
makeFieldMetadata :: MarcDirectoryEntryRaw -> FieldMetadata
makeFieldMetadata entry = FieldMetadata textTag theLength theStart
  where (theTag,rest) = B.splitAt 3 entry
        textTag = E.decodeUtf8 theTag
        (rawLength,rawStart) = B.splitAt 4 rest
        theLength = rawToInt rawLength
        theStart = rawToInt rawStart
```

　そして、ある型のリストから別の型のリストへの変換には、`map` を使用するだけです（リスト 26–23）。

リスト26–23：makeFieldMetadata を［FieldMetadata］に適用する

```
getFieldMetadata :: [MarcDirectoryEntryRaw] -> [FieldMetadata]
getFieldMetadata rawEntries = map makeFieldMetadata rawEntries
```

　`getFieldMetadata` 関数が定義されたところで、フィールド自体を調べる関数を作成できます。フィールドを調べる時点で、バイトで考えるのをやめ、テキストで考えるように頭を切り替える必要があります。これらのフィールドには、著者やタイトルといったテキストデータに関する情報が含まれています。そこで、新しい型シノニム `FieldText` を作成することにします（リスト 26–24）。

リスト26–24：FieldText 型シノニム

```
type FieldText = T.Text
```

　次に必要なのは、目的の値を調べるために、`MarcRecordRaw` と `FieldMetadata` を受け取り、`FieldText` を返すことです。

　そのためには、`MarcRecord` からリーダーとディレクトリを取り除き、ベースレコードを取り出す必要があります。続いて、ベースレコードから `fieldStart` を取り除くと、ようやく残りのデータから `fieldLength` 分のデータを取得できます（リスト 26–25）。

リスト26–25：getTextField 関数は FieldText を取得する

```
getTextField :: MarcRecordRaw -> FieldMetadata -> FieldText
getTextField record fieldMetadata = E.decodeUtf8 byteStringValue
  where recordLength = getRecordLength record
        baseAddress = getBaseAddress record
        baseRecord = B.drop baseAddress record
        baseAtEntry = B.drop (fieldStart fieldMetadata) baseRecord
        byteStringValue = B.take (fieldLength fieldMetadata) baseAtEntry
```

残っている作業は、FieldText を何か利用できるものに変換することだけです。

● MARC レコードのフィールドから著者とタイトルの情報を取得する

MARC レコードでは、特別な値にはそれぞれタグが関連付けられています。たとえば、Title タグは 245 です。残念ながら、話はそれで終わりではありません。というのも、各フィールドがデリミタ（ASCII 文字番号 31）で区切られたサブフィールドで構成されているからです。デリミタを表す文字は toEnum を使って取得できます（リスト 26-26）。

リスト26-26：フィールドのデリミタを取得する

```
fieldDelimiter :: Char
fieldDelimiter = toEnum 31
```

FieldText をサブフィールドに分割するには、T.split を使用します。各サブフィールドには、タイトルや著者などの値が含まれています。サブフィールドの先頭には、1 文字のサブフィールドコードがあります（図 26-5）。

aMudlumps at the mouth of South Pass, Mississippi River;

図26-5：タイトルサブフィールド a の例（タイトルテキストの 1 文字目が a であることに注意）

タイトルを取得するには、タグ 245 と、メインタイトルを表すサブフィールド a が必要です。著者を取得するには、タグ 100 とサブフィールド a が必要です（リスト 26-27）。

リスト26-27：タイトルと著者のタグとサブフィールドコード

```
titleTag :: T.Text
titleTag = "245"

titleSubfield :: Char
titleSubfield = 'a'

authorTag :: T.Text
authorTag = "100"

authorSubfield :: Char
authorSubfield = 'a'
```

フィールドの値を取得するには、FieldMetadata を使って MARC レコードでのフィールドの位置を調べる必要があります。続いて、そのフィールドをサブフィールドに分割します。最後に、各サブフィールドの 1 文字目を調べて、目当てのサブフィールドかどうかを確認します。

ここで、新たな問題にぶつかります。目当てのフィールドがレコードに含まれているという確証はありませんし、そのフィールドに目当てのサブフィールドが含まれているかどうかもわかりません。これらの情報を確認するには、Maybe 型を使用する必要があります。まず、lookupFieldMetadata

関数を作成します。この関数は、指定されたフィールド（FieldMetadata）をディレクトリで調べます。そして、そのフィールドが存在しない場合は Nothing を返し、存在する場合はそのフィールドを返します（リスト 26-28）。

リスト26-28：lookupFieldMetadata 関数はディレクトリで FieldMetadata を安全に調べる

```
lookupFieldMetadata :: T.Text -> MarcRecordRaw -> Maybe FieldMetadata
lookupFieldMetadata aTag record = if length results < 1
                                  then Nothing
                                  else Just (head results)
  where metadata = (getFieldMetadata . splitDirectory . getDirectory) record
        results = filter ((== aTag) . tag) metadata
```

ここで必要なのは、フィールドとサブフィールドを同時に調べることだけです。そこで、この Maybe FieldMetadata を、サブフィールドを調べる関数に渡すことにします。この lookupSubfield 関数は、Maybe FieldMetadata、サブフィールドコード、MarcRecordRaw を引数として受け取り、サブフィールド内のデータを表す Maybe T.Text を返します（リスト 26-29）。指定されたサブフィールドの検索結果が空の場合、そのサブフィールドは存在しないため、Nothing を返します。それ以外の場合は、サブフィールドの値を Text に変換し、サブフィールドコードである 1 文字目を削除します。

リスト26-29：lookupSubfield 関数は欠損しているかもしれないサブフィールドを安全に調べる

```
lookupSubfield :: (Maybe FieldMetadata) -> Char -> MarcRecordRaw -> Maybe T.Text
-- メタデータが欠損している場合は当然ながらサブフィールドを検索できない
lookupSubfield Nothing subfield record = Nothing
lookupSubfield (Just fieldMetadata) subfield record =
    if results == []
    then Nothing
    else Just ((T.drop 1 . head) results)
  where rawField = getTextField record fieldMetadata
        subfields = T.split (== fieldDelimiter) rawField
        results = filter ((== subfield) . T.head) subfields
```

関心の対象となるのは、特定のフィールドに含まれている特定のサブフィールドの値だけです。次に、タグ、サブフィールドコード、レコードを引数として受け取る lookupValue 関数を作成します（リスト 26-30）。

リスト26-30：lookupValue 関数はタグとサブフィールドコードのペアを検索する

```
lookupValue :: T.Text -> Char -> MarcRecordRaw -> Maybe T.Text
lookupValue aTag subfield record = lookupSubfield entryMetadata subfield record
  where entryMetadata = lookupFieldMetadata aTag record
```

タイトルと著者を取得するために、部分適用を使って lookupAuthor と lookupTitle の 2 つのヘルパー関数を作成します（リスト 26-31）。

リスト26-31：具体的なケースとして Title と Author を取得

```
lookupTitle :: MarcRecordRaw -> Maybe Title
lookupTitle = lookupValue titleTag titleSubfield

lookupAuthor :: MarcRecordRaw -> Maybe Author
lookupAuthor = lookupValue authorTag authorSubfield
```

　この時点で、MARC レコードフォーマットの操作の詳細は完全に抽象化されています。ここまでのコードをすべてまとめる最終的な main の作成に進みましょう。

26.3　すべてを 1 つにまとめる

　MARC レコードのパーサーの作成には少々苦労しましたが、その甲斐あって、利用可能な書籍データに幅広くアクセスできるようになりました。すでに説明したように、main IO アクションはできるだけ少なく保つ必要があります。また、ByteString（MARC ファイル）を HTML（出力ファイル）に変換するために必要な作業も少ないに越したことはありません。最初の作業は、ByteString を（Maybe Title, Maybe Author）ペアのリストに変換することです（リスト 26–32）。

リスト26-32：MARC レコードを（Maybe Title, Maybe Author）ペアに変換する

```
marcToPairs :: B.ByteString -> [(Maybe Title, Maybe Author)]
marcToPairs marcStream = zip titles authors
  where records = allRecords marcStream
        titles = map lookupTitle records
        authors = map lookupAuthor records
```

　次に、これらの Maybe ペアを書籍のリストに変換する必要があります。そこで、Author と Title の両方が Just である場合にのみ Book を作成します。この作業には、Data.Maybe モジュールの fromJust 関数を使用します（リスト 26–33）。

リスト26-33：pairsToBooks 関数は Maybe 値を Book に変換する

```
pairsToBooks :: [(Maybe Title, Maybe Author)] -> [Book]
pairsToBooks pairs = map (\(title, author) -> Book {
    title = fromJust title
    ,author = fromJust author
    }) justPairs
  where justPairs = filter (\(title,author) -> isJust title
                                            && isJust author) pairs
```

　booksToHtml 関数はすでに定義されているため、これらすべての関数を最終的な processRecords 関数にまとめる準備はできています。MARC ファイルには大量のレコードが含まれているため、取得するレコードの個数をパラメータとして指定することにします（リスト 26–34）。

リスト26-34：最終的な processRecords 関数

```
processRecords :: Int -> B.ByteString -> Html
processRecords n = booksToHtml . pairsToBooks . (take n) . marcToPairs
```

これは I/O に関するレッスンであり、I/O タスクに大きく依存しています。それにもかかわらず、`main IO` アクションがたったこれだけであるのを見て驚くかもしれません。

```
main :: IO ()
main = do
  marcData <- B.readFile "sample.mrc"
  let processed = processRecords 500 marcData
  TIO.writeFile "books.html" processed
```

MARC レコードをはるかに読みやすいフォーマットに変換する作業はこれで完了です。Unicode 値も問題なく処理されていることに注目してください。

なお、`lookupValue` 関数は、MARC 規格で指定されているタグとサブフィールドを調べるのに役立つ汎用的なツールとしても利用できます。

26.4 まとめ

このレッスンでは、次の内容を確認しました。

- `Text` 型を使ったテキスト書籍データのモデル化。
- `ByteString` を使ってバイナリファイルを処理するツールの作成
- `decodeUtf8` と `encodeUtf8` を使ったバイナリファイル内の Unicode テキストの安全な管理
- 不可解なバイナリフォーマットから読みやすい HTML への変換

■ MARC パーサーの拡張

ここでは、MARC レコードの処理の基礎を理解しましたが、調べてみるとおもしろそうな書籍データはいくらでも見つかります。このレッスンの内容を拡張してみたい場合は、MARC レコードをさらに細かく処理する方法を調べてみてください。たとえば、タイトルの後に句読点が付いている場合があることに気づいたかもしれません。句読点が付いているのは、サブフィールド b に追加のタイトル情報が含まれているためです。サブフィールド a と b を組み合わせると、完全なタイトルになります。MARC レコードの拡張情報は LoC（Library of Congress）[4] で提供されているた

---

[4] http://www.loc.gov/marc/bibliographic/

め、LoC を調べることから始めるとよいでしょう。

このレッスンで取り上げなかったもう 1 つの課題は、MARC-8 と呼ばれる大量の MARC レコードに存在するやっかいな非 Unicode 文字エンコーディングに対処することです。MARC-8 では、歴史的な理由により、Unicode 文字の一部が異なる方法で表現されます。この変換を追加するためのリソースは LoC で提供されています[5]。レコードが MARC-8 でエンコードされているのか、標準の Unicode でエンコードされているのかについては、リーダーの内容から判断できます。詳細については、LoC の公式ドキュメントの「Character Coding Scheme」セクション[6] を参照してください。

---

[5] http://www.loc.gov/marc/specifications/speccharconversion.html
[6] http://www.loc.gov/marc/bibliographic/bdleader.html

5　コンテキストでの型の操作

　このユニットでは、Haskell の 3 つの型クラス Functor、Applicative、Monad を取り上げます。これらは Haskell のもっとも強力な型クラスですが、往々にしてもっともややこしい型クラスでもあります。これらの型クラスには変わった名前が付いていますが、それらの目的はむしろ単純です。どの型も、IO などのコンテキストでの操作を可能にするために、他の型に基づいて構築されています。ユニット 4 では、IO での操作に Monad 型クラスを使用しました。このユニットでは、この型クラスの仕組みをさらに詳しく見ていきます。手始めに、これら 3 つの型クラスを図形として考えてみることにします。そうすれば、これらの抽象的な型クラスが何をするのかが何となくわかるはずです。

　関数を理解する方法の 1 つは、ある型を別の型に変換する手段として考えてみることです。2 つの型を図 Unit 5-1 のような 2 つの図形としてイメージしてみましょう。

図Unit 5-1：2 つの型を円と正方形として可視化する

　これらの図形は、Int と Double、String と Text、Name と FirstName といったように、任意の 2 つの型を表します。円を正方形に変換したい場合は、関数を使用します。関数については、図 Unit 5-2 のように、2 つの図形を接続するコネクタとしてイメージできます。

図Unit 5-2：円を正方形に変換できる関数

　このコネクタは、ある型から別の型への任意の関数を表すことができます。つまり、(Int -> Double)、(String -> Text)、(Name -> FirstName) などを表すものとして考えることができ

ます。変換を適用したい場合は、図 Unit 5-3 のように、変換元の図形（この場合は円）と変換先の図形（この場合は正方形）の間にコネクタが配置されると考えてみるとよいでしょう。

図Unit 5-3：ある図形を別の図形に接続する手段として関数を可視化する

　各図形がそれぞれ正確に一致する限り、目的の変換を達成することができます。
　このユニットでは、コンテキスト内で型を操作する方法について説明します。本書では、コンテキストに属する主な型として Maybe と IO の2つの型を取り上げてきました。Maybe 型のコンテキストでは値が欠損する可能性があり、IO 型のコンテキストでは値が I/O とやり取りします。この表現方式を引き続き使用すると、コンテキスト内の型のイメージは図 Unit 5-4 のようになります。

図Unit 5-4：図形を囲んでいる図形は Maybe や IO といったコンテキストを表す

　これらの図形は、`IO Int` と `IO Double`、`Maybe String` と `Maybe Text`、`Maybe Name` と `Maybe FirstName` などの型を表すことができます。これらの型はコンテキストに属しているため、変換を行うために元のコネクタを使用するわけにはいきません。本書でこれまで使用してきたのは、入力と出力の両方がコンテキストに属している関数です。コンテキストに属している型を変換するには、図 Unit 5-5 のようなコネクタが必要です。

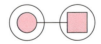

図Unit 5-5：コンテキストに属している 2 つの型を接続する関数

　このコネクタは、(`Maybe Int -> Maybe Double`)、(`IO String -> IO Text`)、(`IO Name -> IO FirstName`) といった型シグネチャを持つ関数を表します。このコネクタがあれば、コンテキストに属している型を変換するのは簡単です（図 Unit 5-6）。

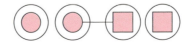

図Unit 5-6：コネクタが一致する限り、目的の変換を行うことができる

申し分のない解決策に思えるかもしれませんが、実は問題があります。`halve`という関数について考えてみましょう。この関数の型シグネチャは`Int -> Double`であり、予想にたがわず、`Int`型の引数の値を半分にします（リスト Unit 5-1）。

リストUnit 5-1：halve 関数

```
halve :: Int -> Double
halve n = fromIntegral n / 2.0
```

`halve`自体はいたって単純な関数です。ここで、`Maybe Int`型の値を半分にしたいとしましょう。そのためには、`Maybe`型に対応するラッパーを作成しなければなりません（リスト Unit 5-2）。

リストUnit 5-2：halveMaybe 関数は Maybe 型に対応するために halve 関数をラッピングする

```
halveMaybe :: Maybe Int -> Maybe Double
halveMaybe (Just n) = Just (halve n)
halveMaybe Nothing = Nothing
```

この例に限って言えば、単純なラッパーの作成はそれほど大きな問題ではありません。しかし、`a -> b`の既存の関数がどれだけあるか考えてみてください。それらの関数を`Maybe`型に適用するには、ほぼ同じようなラッパーが必要になるでしょう。それだけならまだしも、このようなラッパーを`IO`型に対して作成する手立てはありません。

そこで登場するのが、`Functor`、`Applicative`、`Monad`です。これらの型クラスについては、元の型（円と正方形）が同じであるという前提で、さまざまなコネクタに対応できるようにするアダプタとして考えることができます。`halve`関数の問題は、基本的な`Int -> Double`コネクタをコンテキスト内の型に対応させることでした。まさにそのためにあるのが、`Functor`型クラスです（図 Unit 5-7）。

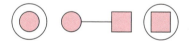

図Unit 5-7：コンテキスト内の型とコネクタとの不一致は Functor 型クラスによって解決される

しかし、型の不一致の問題は他に３つ考えられます。そのうちの２つを解決するのは、`Applicative`型クラスです。１つ目の問題が発生するのは、コネクタの（結果ではなく）最初の部分がコンテキストに属している場合です（図 Unit 5-8）。

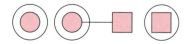

図Unit 5-8：この不一致は Applicative 型クラスによって解決される

2つ目の問題が発生するのは、関数全体がコンテキストに属している場合です。たとえば、Maybe (Int -> Double) という型シグネチャを持つ関数は、関数自体が欠損する可能性があることを意味します。おかしなことに聞こえるかもしれませんが、この問題は部分適用を Maybe 型や IO 型で使用するときに発生する可能性があります。この興味深いケースを可視化すると、図 Unit 5-9 のようになります。

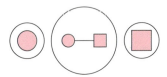

図Unit 5-9：コネクタ自体がコンテキストに含まれているという問題も Applicative 型クラスによって解決される

コンテキストでの関数と型の不一致として考えられる問題のうち、残っているのは 1 つだけです。この問題が発生するのは、関数の引数がコンテキストに属しておらず、結果がコンテキストに属している場合です。この状況はあなたが思っているよりも頻繁に発生します。Map.lookup と putStrLn はどちらもこのような型シグネチャを持っています。この問題を解決するのは、Monad 型クラスです（図 Unit 5-10）。

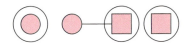

図Unit 5-10：この最後の不一致に対するアダプタは Monad 型クラスによって提供される

これら 3 つの型クラスを組み合わせれば、元の型が一致している限り、Maybe や IO といったコンテキストで使用できない関数は 1 つもありません。これはすごいことです。コンテキストにおいてどのような計算でも実行できるばかりか、さまざまなコンテキストの間で既存の大量のコードが利用できることを意味するからです。

LESSON 27

Functor 型クラス

レッスン 27 では、次の内容を取り上げます。

- Functor 型クラスを使用する
- fmap と<$>を使って問題を解く
- Functor のカインドを理解する

本書では、パラメータ化された型（引数として別の型をとる型）を紹介し、List や Map といったコンテナを表す型を調べてきました。欠損値に対する Maybe や、I/O という複雑な世界から得られる値に対する IO など、コンテキストを表すパラメータ化された型についても見てきました。このレッスンでは、Functor 型クラスを取り上げます。Functor は、コンテキストまたはコンテナ内の値に関数を適用するための汎用的なインターフェイスを提供する強力な型クラスです。感触をつかんでもらうために、次の型が定義されているとしましょう。

- [Int]
- Map String Int
- Maybe Int
- IO Int

これらは 4 つの異なる型ですが、どれも同じ型（Int）でパラメータ化されています（Map は例外ですが、値は Int 型です）。ここで、次の型シグネチャを持つ関数があるとしましょう。

```
Int -> String
```

この関数の引数は Int 型、戻り値は String 型です。ほとんどのプログラミング言語では、上記のパラメータ化された型ごとに（Int -> String）関数のカスタムバージョンを作成する必要があ

ります。Functor 型クラスは、これらすべてのケースに同じ関数を適用するための統一された手段となります。

欠損している可能性がある Int (a Maybe Int) という値があります。この値を 2 乗し、文字列に変換し、最後に!を追加する必要があります。この値を渡したいと考えている関数 printInt は、値が欠損している可能性があることをすでに想定しています。

```
printInt :: Maybe String -> IO ()
printInt Nothing = putStrLn "value missing"
printInt (Just val) = putStrLn val
```

printInt を使って Maybe Int を Maybe String に変換するにはどうすればよいでしょうか。

 ## 27.1　例：Maybe での計算

すでに実証されているように、Maybe は欠損値の問題に対する有益な解決策です。しかし、レッスン 19 で Maybe を取り上げたときには、欠損値の可能性が浮上したらすぐに対処せざるを得ませんでした。裏を返せば、実際に欠損しているかどうかを考えずに、欠損しているかもしれない値で計算を実行できることがわかります。

データベースから数値を取得するとしましょう。データベースへのリクエストの結果として null 値が返される理由はいくらでもあります。リスト 27-1 は、Maybe Int 型の 2 つの値（failedRequest、successfulRequest）を示しています。

リスト27-1：null 値になる可能性がある successfulRequest と failedRequest

```
successfulRequest :: Maybe Int
successfulRequest = Just 6

failedRequest :: Maybe Int
failedRequest = Nothing
```

次に、データベースから取得した数値に 1 を足してデータベースに書き戻す必要があるとしましょう。設計上の観点からすると、null 値の場合はデータベースが値を書き込まないようにするロジックがあるはずです。理想的には、この値を Maybe に保ちたいところです。ここまでの知識をもとに、この問題に対処する incMaybe 関数を記述してみましょう（リスト 27-2）。

リスト27-2：incMaybe 関数は Maybe Int 型の値に 1 を足す

```
incMaybe :: Maybe Int -> Maybe Int
incMaybe (Just n) = Just (n + 1)
incMaybe Nothing = Nothing
```

GHCi で試してみると、うまくいくことがわかります。

```
*Main> incMaybe successfulRequest
Just 7
*Main> incMaybe failedRequest
Nothing
```

問題は、この解決策が際限なく大きくなっていくことです。この関数自体は単なる (+ 1) ですが、この例では、Maybe に合わせて書き直す必要がありました。この解決策は、Maybe のコンテキストで使用したい既存の関数ごとに特別なバージョンを記述しなければならないことを意味します。これにより、Maybe のようなツールの有用性は大幅に損なわれてしまいます。Haskell には、この問題を解決する Functor という型クラスがあります。

▷ **クイックチェック 27-1**

reverseMaybe :: Maybe String -> Maybe String という関数を作成してみましょう。この関数は、Maybe String を反転させ、Maybe String として返します。

27.2 Functor 型クラスのコンテキストで関数を使用する

Haskell には、この問題に対するすばらしい解決策があります。Maybe は Functor 型クラスのメンバです。Functor 型クラスが要求するのは、図 27-1 に示す fmap の定義だけです。

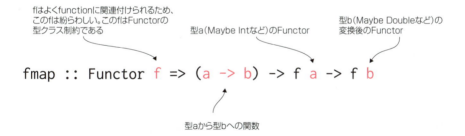

図27-1：fmap メソッドの型シグネチャ

このユニットの冒頭で紹介した表現方式を再び使用すると、fmap は図 27-2 のようなアダプタを提供します。<$>を使用している点に注目してください。<$>は fmap のシノニムです（ただし、関数ではなく二項演算子を表します）。

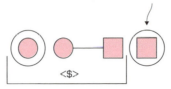

図27-2：fmap（<$>）がアダプタとして動作し、コンテキスト内での型の操作を可能にする仕組み

fmap をカスタム関数 incMaybe の一般化として定義すると、リスト 27-3 のようになります[1]。

リスト27-3：Maybe を Functor のインスタンスにする

```
instance Functor Maybe where
  fmap func (Just n) = Just (func n)
  fmap func Nothing = Nothing
```

fmap があれば、値を Maybe 型に保つために特別な関数を作成する必要はもうありません。

```
*Main> fmap (+ 1) successfulRequest
Just 7
*Main> fmap (+ 1) failedRequest
Nothing
```

fmap は正式な関数名ですが、実際にはもっぱら二項演算子<$>が使用されます。

```
*Main> (+ 1) <$> successfulRequest
Just 7
*Main> (+ 1) <$> failedRequest
Nothing
```

この例では、(+ 1) が Maybe Int に 1 を足し、Maybe Int をそのまま返します。ただし、ここで重要となるのは、fmap の関数の型シグネチャが (a -> b) であることです。つまり、関数から返される Maybe が同じ型でパラメータ化されている必要はありません。Maybe Int を Maybe String に変換する例を 2 つ見てみましょう（リスト 27-4）。

リスト27-4：fmap を使って、ある型を別の型に変換する例

```
successStr :: Maybe String
successStr = show <$> successfulRequest
```

---

[1] 訳注：この定義は GHC.Base に含まれている。

```
failStr :: Maybe String
failStr = show <$> failedRequest
```

Functor 型クラスの真価は、この Maybe 内の値の型を変換する能力にあります。

クイックチェック 27-2

fmap または<$>を使って Maybe String を反転させてみましょう。

> **Column　おかしな型クラス名**
>
> Semigroup、Monoid、そして今度は Functor！どうしてこのような名前が付いたのでしょうか。これらの名前は抽象代数学と圏論という数学理論に由来します。これらの型クラスを使用するにあたって高度な数学の知識はまったく必要ありません。これらの型クラスはどれも、関数型プログラミングのデザインパターンを表します。Java、C#、あるいは他のエンタープライズプログラミング言語を使用している人は、Singleton、Observer、Factory といったオブジェクト指向プログラミングのデザインパターンをよく知っているはずです。これらの名前がもっともらしく聞こえるのは、ひとえに、OOP の日常会話の一部になっているからです。OOP のデザインパターンと圏論の型クラスは一般的なプログラミングパターンを抽象化します。唯一の違いは、Haskell が（コードで見つかるパターンではなく）数学的な土台に基づいていることです。Haskell の関数の威力がその数学的な土台に由来するものであるように、Haskell のデザインパターンもその数学的な土台に由来します。

27.3　Functor はいつもそばにいる

Functor のインスタンスを理解するために、例をいくつか見てみましょう。レッスン 18 で、カインドが型の型であると説明したことを思い出してください。カインドが * -> * の型は、型パラメータが 1 つだけのパラメータ化された型です。Functor のインスタンスのカインドはどれも * -> * でなければなりません。また、カインドが * -> * のパラメータ化された型の多くは、Functor のインスタンスであることがわかります。

本書で見てきた Functor のメンバは、List、Map、Maybe、IO です。Functor では、複数のパラメータ化された型で、同じ問題を同じ方法で解くことによる一般化が可能となります。このような一般化がどのようにして可能になるのかを具体的に示すために、まず、複数のコンテキストにおける同じデータ型の操作が異なる問題を表すことを示します。次に、Functor の<$>により、これらの問題を同じ方法で簡単に解決できることを示します。ここでは、Int や String のような単純な型を使用するのではなく、RobotPart という少し複雑なデータ型を使用します。

342 | LESSON 27 Functor 型クラス

● 1 つのインターフェイスで 4 つの問題をカバーする

この例では、ロボットの部品を製造する仕事をしていると仮定します。リスト 27–5 は、ロボットの部品を表す基本的なデータ型を示しています。

リスト27-5：レコード構文を使って RobotPart を定義する

```
data RobotPart = RobotPart { name :: String
                           , description :: String
                           , cost :: Double
                           , count :: Int } deriving Show
```

この例で使用するロボットの部品の一部はリスト 27–6 のようになります。

リスト27-6：ロボットの部品の例（leftArm、rightArm、robotHead）

```
leftArm :: RobotPart
leftArm = RobotPart { name = "left arm"
                    , description = "left arm for face punching!"
                    , cost = 1000.00
                    , count = 3 }

rightArm :: RobotPart
rightArm = RobotPart { name = "right arm"
                     , description = "right arm for kind hand gestures"
                     , cost = 1025.00
                     , count = 5 }

robotHead :: RobotPart
robotHead = RobotPart { name = "robot head"
                      , description = "this head looks mad"
                      , cost = 5092.25
                      , count = 2 }
```

このような場合に必要となるもっとも一般的なタスクの 1 つは、RobotPart に含まれている情報を HTML としてレンダリングすることです。個々の RobotPart を HTML スニペットとしてレンダリングするコードはリスト 27–7 のようになります。

リスト27-7：renderHtml 関数は RobotPart を HTML としてレンダリングする

```
type Html = String

renderHtml :: RobotPart -> Html
renderHtml part = mconcat [ "<h2>", partName, "</h2>"
                          , "<p><h3>desc</h3>", partDesc
                          , "</p><p><h3>cost</h3>"
                          , partCost
                          , "</p><p><h3>count</h3>"
                          , partCount,"</p>" ]
```

```
    where partName = name part
          partDesc = description part
          partCost = show (cost part)
          partCount = show (count part)
```

多くの場合は、RobotPart を HTML スニペットに変換したいと考えます。そこで、4 つのシナリオを見てみましょう。これらのシナリオではそれぞれ異なるパラメータ化された型を使用します。

まず、Map 型を使って partsDB を作成します。partsDB は RobotPart の内部データベースです（リスト 27-8）。

リスト27-8：RobotPart データベース

```
-- Map を使用する場合は、ファイルの先頭に次のインポートが必要
import qualified Data.Map as Map
...
partsDB :: Map.Map Int RobotPart
partsDB = Map.fromList keyVals
  where keys = [1,2,3]
        vals = [leftArm,rightArm,robotHead]
        keyVals = zip keys vals
```

Map は当然ながら Functor の 3 つのインスタンスに関連しているため、この例にもってこいです。Map は List から作成され、Maybe 型の値を返します。そして、Maybe はそれ自体が Functor です。

● Maybe RobotPart を Maybe Html に変換する

次に、partsDB をベースとする Web サイトがあるとしましょう。となれば、Web ページに挿入したい部品の ID を含んだリクエストを使用するのが合理的です。そこで、insertSnippet という I/O アクションを定義します。この I/O アクションは HTML を受け取り、Web ページのテンプレートに挿入します。また、HTML スニペットを生成するデータモデルも多数存在すると考えるのが妥当でしょう。これらのモデルはどれもエラーになるかもしれないため、insertSnippet は入力として Maybe Html を受け取ることで、テンプレートエンジンがスニペットの欠損に対処できるようにします。この架空の関数の型シグネチャは次のようになります。

```
insertSnippet :: Maybe Html -> IO ()
```

ここで対処しなければならない問題は、部品を調べて、その部品（RobotPart）を Maybe Html として insertSnippet に渡すことです。partsDB から RobotPart を取得するコードはリスト 27-9 のようになります。

344 | LESSON 27　Functor 型クラス

リスト27-9：partVal は Maybe RobotPart 型の値

```
partVal :: Maybe RobotPart
partVal = Map.lookup 1 partsDB
```

　Maybe は Functor であるため、<$>を使って RobotPart を HTML に変換する一方で、Maybe の
コンテキストに留めることができます（リスト 27-10）。

リスト27-10：<$>を使って RobotPart を HTML に変換する

```
partHtml :: Maybe Html
partHtml = renderHtml <$> partVal
```

　Functor のおかげで、partHtml を insertSnippet に簡単に渡せるようになりました。

● RobotPart のリストを HTML のリストに変換する

　次に、すべての部品からなるインデックスページを作成したとしましょう。部品のリストは
partsDB からリスト 27-11 のようにして取り出すことができます。

リスト27-11：RobotPart のリスト

```
allParts :: [RobotPart]
allParts = map snd (Map.toList partsDB)
```

　List も Functor のインスタンスです。実際には、List の fmap は、ユニット 1 からずっと使
用してきた通常の map 関数です。<$>を使って部品のリストに renderHtml を適用する方法はリス
ト 27-12 のようになります。

リスト27-12：<$>を使って RobotPart のリストを HTML に変換する

```
allPartsHtml :: [Html]
allPartsHtml = renderHtml <$> allParts
```

　<$>は単に fmap であり、List の fmap は単に map であるため、このコードはリスト 27-13 の
コードと同じです。

リスト27-13：map を使ってリストを変換する従来の方法

```
allPartsHtml :: [Html]
allPartsHtml = map renderHtml allParts
```

　List では、<$>よりも map を使用するほうが一般的ですが、これらが同一のものであることを
理解することが重要です。Functor 型クラスについて考える方法の 1 つは、「写像できるもの」と
して考えることです。

▷ **クイックチェック 27-3**

allParts の定義を map ではなく<$>を使って書き換えてみましょう。

27.3 Functor はいつもそばにいる | 345

● RobotPart のマップを HTML に変換する

partsDB は便利ですが、この Map で実際に必要なのは、RobotPart を HTML に変換することだけです。htmlPartsDB を定義して、変換を繰り返し行う必要をなくしてしまったほうがよさそうです。Map は Functor のインスタンスであるため、htmlPartsDB を定義するのは簡単です（リスト 27–14）。

リスト27-14：partsDB を RobotPart ではなく HTML の Map に変換する

```
htmlPartsDB :: Map.Map Int Html
htmlPartsDB = renderHtml <$> partsDB
```

RobotPart の Map が HTML スニペットの Map に変換されたことを確認してみましょう。

```
*Main> Map.lookup 1 htmlPartsDB
Just "<h2>left arm</h2><p><h3>desc</h3>left arm for face..."
```

この例は、Functor によって提供される単純なインターフェイスが、使いようによってはいかに強力であるかを浮き彫りにしています。これで、RobotPart で実行できる変換をどれでも RobotPart の Map 全体に簡単に適用できるようになりました。

鋭い読者は、Map が Functor であるというのは少しおかしいと考えているかもしれません。Map は 2 つの引数（キーと値）を受け取るため、Map のカインドは* -> * -> *だからです。少し前に示したように、Functor のカインドは* -> *です。これはいったいどういうことでしょうか。partsDB での<$>の振る舞いを調べてみるとわかりますが、Map の Functor が関心を持つのは Map の値だけで、キーは無視されます。Map を Functor のインスタンスとして扱う場合、プログラマが関心を持つのは 1 つの型変数（値に使用されるもの）だけです。したがって、Map を Functor のメンバにするという目的のもとでは、カインドが* -> *の Map として扱うことになります。レッスン 18 でカインドを紹介したときには、あまりにも抽象的に思えたかもしれません。しかし、カインドはより高度な型クラスで発生する問題を捉えるのに役立つことがあります。

● IO RobotPart を IO Html に変換する

最後に、RobotPart が I/O から得られるとしましょう。この状況をシミュレートするために、return を使って RobotPart の IO 型を作成します（リスト 27–15）。

リスト27-15：IO コンテキストから得られる RobotPart をシミュレートする

```
leftArmIO :: IO RobotPart
leftArmIO = return leftArm
```

この IO RobotPart を HTML に変換し、HTML スニペットをファイルに書き込めるようにしたいとしましょう。まず、おなじみのパターンから始めます（リスト 27–16）。

リスト27-16：IO RobotPart を IO Html に変換する

```
htmlSnippet :: IO Html
htmlSnippet = renderHtml <$> leftArmIO
```

ここまでの変換をまとめてみましょう。

```
partHtml :: Maybe Html
partHtml = renderHtml <$> partVal

allPartsHtml :: [Html]
allPartsHtml = renderHtml <$> allParts

htmlPartsDB :: Map.Map Int Html
htmlPartsDB = renderHtml <$> partsDB

htmlSnippet :: IO Html
htmlSnippet = renderHtml <$> leftArmIO
```

　このように、Functor の`<$>`は、コンテキスト内で関数を値に適用するための共通インターフェイスとなります。List や Map などの型では、それらのコンテナで値を更新するための便利な手段となります。また、IO の値をそのコンテキストから取り出すことは不可能であるため、IO のコンテキスト内で値を変更するために欠かせない要素でもあります。

27.4　まとめ

　このレッスンの目的は、Functor 型クラスを紹介することでした。Functor 型クラスを利用すれば、通常の関数をコンテナ（List など）やコンテキスト（IO、Maybe など）に属している値に適用できるようになります。たとえば、Int -> Double という関数と Maybe Int 型の値がある場合は、Functor の fmap (`<$>`) を使って（Int -> Double）関数を Maybe Int 型の値に適用し、結果として Maybe Double 型の値を得ることができます。Functor 型クラスに属している任意の型で同じ関数を再利用できる点で、Functor は非常に有益な型クラスです。［Int］、Maybe Int、IO Int のすべてで同じ基本的な関数を使用することができます。

27.5　練習問題

　このレッスンの内容を理解できたかどうか確認してみましょう。

Q27-1：レッスン 18 でパラメータ化された型を紹介したときには、Box という単純な型を使用しました。

```
data Box a = Box a deriving Show
```

Box を Functor のインスタンスにし、続いて morePresents を実装してみましょう。この関数は、Box a 型のボックスを Box [a] 型のボックスに変換します。Box [a] はボックスの元の値のコピーが n 個含まれたリストを表します。実装には必ず fmap を使用してください。

Q27-2：次のような単純なボックスがあるとしましょう。

```
myBox :: Box Int
myBox = Box 1
```

fmap を使って Box の値を別の Box に配置します。続いて、unwrap という関数を定義します。この関数は、Box から値を取り出し、この関数で fmap を使って元の Box を取得します。GHCi での実行方法は次のようになります。

```
*Main> wrapped = fmap ? myBox
*Main> wrapped
Box (Box 1)
*Main> fmap unwrap wrapped
Box 1
```

Q27-3：partsDB に対するコマンドラインインターフェイス（CLI）を作成してみましょう。この CLI では、ID に基づいて部品の価格を調べることができます。入力が欠測値である場合については Maybe 型を使って対処してください。

27.6　クイックチェックの解答

▶ **クイックチェック 27-1**

```
reverseMaybe :: Maybe String -> Maybe String
reverseMaybe Nothing = Nothing
reverseMaybe (Just string) = Just (reverse string)
```

▶ **クイックチェック 27-2**

```
Prelude> reverse <$> Just "cat"
Just "tac"
```

▶ **クイックチェック 27-3**

```
allParts :: [RobotPart]
allParts = snd <$> Map.toList partsDB
```

LESSON 28

Applicative型クラス：
関数をコンテキスト内で使用する

レッスン 28 では、次の内容を取り上げます。

- 欠損値に対処するアプリケーションを構築する
- Applicative 型クラスを使って Functor 型クラスを拡張する
- Applicative 型クラスにより、さまざまなコンテキストで同じデータモデルを使用する

　レッスン 27 では、List などのコンテナや、Maybe や IO などのコンテキストの中で計算を行うために Functor 型クラスを使用する方法について説明しました。Functor の鍵を握っているのは、リストでの map と同じように動作する fmap メソッド（より一般的には<$>演算子）です。このレッスンでは、Applicative というさらに強力な型クラスに取り組みます。Applicative 型クラスは、関数をコンテキスト内で使用できるようにすることで、Functor の能力をさらに引き上げます。

　といってもそれほど有益には思えないかもしれませんが、Applicative を利用すれば、IO や Maybe のコンテキスト内で長い計算シーケンスを連結することができます。

　最初の例では、2 つの都市の距離を計算できるコマンドラインアプリケーションを作成し、その過程で Functor の制限を確認します。この例では、ある関数に Maybe 型の値を 2 つ渡す必要があるのですが、意外なことに、Functor では不可能であることがわかります。続いて、Applicative がこの問題をどのように解決するのかを確認します。Applicative により、IO や Maybe のコンテキスト内でデータを作成できるようになると同時に、コードの大部分の再利用が可能になることがわかるでしょう。

> "Alan" ++ " " ++ "Turing"のように、ファーストネーム文字列とラストネーム文字列を組み合わせて人の名前を作成したいとしましょう。問題は、ファーストネームとラストネームの提供元に信頼性がなく、欠損している可能性があるために、それらの型が Maybe String であることです。これらの文字列を組み合わせて Maybe String を返すにはどうすればよいでしょうか。

28.1　2つの都市の距離を計算するコマンドラインアプリケーション

　ここでは、ユーザーが2つの都市の名前を入力すると、それらの都市の距離が返されるコマンドラインアプリケーションを作成します。最大の課題は、データベースに登録されていない都市をユーザーが入力した場合に、アプリケーションをきちんと失敗させることです。この例では Maybe 型と Functor 型を使用しますが、2つの値を Maybe のコンテキストで操作するには、もっと強力な何かが必要であることがわかります。

> 本節のコードはすべて dist.hs というファイルに保存してください。

　地名とそれらの緯度と経度がタプルとして含まれている Map 型があるとしましょう（リスト28-1）。

リスト28-1：都市のデータベースとして Map を使用する

```
import qualified Data.Map as Map

type LatLong = (Double,Double)

locationDB :: Map.Map String LatLong
locationDB = Map.fromList [ ("Arkham",(42.6054,-70.7829))
                          , ("Innsmouth",(42.8250,-70.8150))
                          , ("Carcosa",(29.9714,-90.7694))
                          , ("New York",(40.7776,-73.9691)) ]
```

　ここでの目的は、locationDB に含まれている2つの地点の距離を計算することです。そのためには、地上の距離を計算するための式を使用する必要があります。地球は丸いため、2つの地点の直線距離を計算するのではなく、**半正矢関数**（haversine）を使用する必要があります。まず、緯度と経度をラジアンに変換する必要があることに注意してください。haversine の実装はリスト28-2 のようになります（この関数の詳細は理解しなくてもかまいません）。

28.1　2つの都市の距離を計算するコマンドラインアプリケーション | 351

リスト28-2：haversine 関数を使って2点間の距離を計算する

```
toRadians :: Double -> Double
toRadians degrees = degrees * pi / 180

latLongToRads :: LatLong -> (Double,Double)
latLongToRads (lat,long) = (rlat,rlong)
  where rlat = toRadians lat
        rlong = toRadians long

haversine :: LatLong -> LatLong -> Double
haversine coords1 coords2 = earthRadius * c
  where (rlat1,rlong1) = latLongToRads coords1
        (rlat2,rlong2) = latLongToRads coords2
        dlat = rlat2 - rlat1
        dlong = rlong2 - rlong1
        a = (sin (dlat/2))^2 + cos rlat1 * cos rlat2 * (sin (dlong/2))^2
        c = 2 * atan2 (sqrt a) (sqrt (1-a))
        earthRadius = 3961.0
```

haversine を使って2つの地点の距離を計算する例を見てみましょう。

```
*Main> haversine (40.7776,-73.9691) (42.6054,-70.7829)
207.3909006336738
```

　次に、ユーザーが2つの都市の距離を計算できるコマンドラインアプリケーションを作成する必要があります。このアプリケーションでは、ユーザーが2つの都市の名前を入力したら、それらの間の距離を返します。ユーザー入力を処理することになるため、データベースに存在しない都市をユーザーが入力するという状況にきちんと対処する必要があります。都市の名前が1つ足りない場合は、入力が正しくないことをユーザーに知らせることにします。

　このような場合によく役立つのは、最終的な結果から逆向きに論証していくことです。最終的な結果は、距離を計算するための Maybe 型の値を受け取り、距離を出力するか、エラーが発生したことをユーザーに伝える I/O アクションです（リスト 28-3）。

リスト28-3：欠損の可能性を持つ距離を出力する I/O アクション

```
printDistance :: Maybe Double -> IO ()
printDistance Nothing = putStrLn "Error, invalid city entered"
printDistance (Just distance) = putStrLn (show distance ++ " miles")
```

　あとは、すべての要素をつなぎ合わせていくだけです。locationDB から2つの都市を取り出し、それらの距離を計算し、その距離を printDistance に渡す必要があります。問題は、locationDB の値が Maybe 型であることです。型について考えると、問題があることがわかります。haversine の型シグネチャは次のように定義されています。

```
haversine :: LatLong -> LatLong -> Double
```

ここで必要なのは、図 28-1 に示すような関数です。

図28-1：locationsDB を printDistance に接続するために必要な関数の型シグネチャ

haversine の型シグネチャとほとんど同じですが、すべてが Maybe のコンテキストに含まれています。この問題は Functor を使って解決した問題を彷彿とさせます。コンテキスト内で通常の関数を使用できればよいのですが。単純な解決策は、Maybe に具体的に対処する別の関数で haversine をラッピングすることです（リスト 28-4）。

リスト28-4：Maybe に対処する方法の 1 つはラッパー関数の作成

```
haversineMaybe :: Maybe LatLong -> Maybe LatLong -> Maybe Double
haversineMaybe Nothing _ = Nothing
haversineMaybe _ Nothing = Nothing
haversineMaybe (Just val1) (Just val2) = Just (haversine val1 val2)
```

haversineMaybe は、次の 2 つの理由でまずい解決策です。1 つは、同じような関数の 1 つ 1 つに対してラッパーを作成しなければならず、無駄な作業が繰り返されることです。もう 1 つは、IO などの別のコンテキストに対して haversineMaybe の異なるバージョンを作成しなければならないことです。Functor 型はさまざまなコンテキストでの操作を一般化することを約束していたはずです。そこで、この問題を Functor で解決できるかたしかめてみましょう。

▷ **クイックチェック 28-1**
  2 つの Maybe Int 型の値を加算する addMaybe を作成してみましょう。

● **Functor の制限**

詳しい内容に進む前に、Functor の唯一のメソッドが fmap であることと、その型シグネチャを
もう一度確認しておきましょう（図 28-2）。

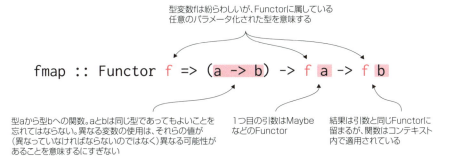

図28-2：Functor の fmap メソッドの型シグネチャ

fmap メソッドは、型 a から型 b への任意の関数と、Functor のコンテキスト（Maybe など）に
属している型 a の値を受け取り、同じコンテキストに属している型 b の値を返します。距離の計算
の問題を型の観点から考えると、これに非常に近いものになります。主な違いは、余分な引数が 1
つあることです。ここで実行したいことをまとめてみましょう。

1. haversine を受け取る

    LatLong -> LatLong -> Double
2. Maybe 型の引数を 2 つ受け取る

    Maybe LatLong -> Maybe LatLong
3. そして最後に、Maybe で答えを返す

    Maybe Double

これを一連の型変換に置き換えると、次のようになります。

```
(LatLong -> LatLong -> Double) -> (Maybe LatLong -> Maybe LatLong -> Maybe Double)
```

この型変換をより汎用的な型シグネチャに置き換えると、次のようになります。

```
Functor f => (a -> b -> c) -> f a -> f b -> f c
```

引数が 1 つ追加されていることを除けば、fmap とほぼ同じです。Functor の fmap には、引数
が 1 つの関数にしか対応しないという制限があるのです。最大の問題は追加の引数を使用すること

であるため、部分適用を使って解決方法を探ることにしましょう。

▷ **クイックチェック 28-2**

Maybe のことは考えず、座標のペアを直接使用するとしましょう。newYork というペアがある場合、もう 1 つの地点が渡されるのを待つ distanceFromNY という関数を作成するにはどうすればよいでしょうか。

 ## 28.2　コンテキストでの部分適用に<*>を使用する

ここで解決しなければならない問題は、Functor の fmap を一般化して複数の引数に対応させることです。レッスン 5 で説明したように、部分適用は、要求されている数よりも少ない引数で関数を呼び出すことで、残りの引数を関数に待機させるというものです。そしてレッスン 11.2 の「複数の引数を持つ関数」で示したように、Haskell の関数はすべて引数が 1 つの関数です。引数が複数の関数は単に引数が 1 つの関数の連鎖なのです。都市の距離の問題を解決する鍵は、Maybe や IO のコンテキスト内で部分適用を実行できるようにすることにあります。

Functor の<$>には、どうしようもない制限があります。コンテキスト内の関数で部分適用を実行するとしたら、その関数を使用する手立てがないのです。たとえば、maybeInc 関数を作成するためにコンテキスト内で<$>、(+)、そして数字の 1 を使用するとしましょう（リスト 28–5）。

リスト28-5：コンテキストでの部分適用に Functor の<$>演算子を使用する

```
maybeInc = (+) <$> Just 1
```

この関数の型シグネチャを調べてみると、次のように定義されていることがわかります。

```
maybeInc :: Maybe (Integer -> Integer)
```

(+) 演算子は、2 つのオペランドをとる関数です。この場合は、Maybe 型の値で<$>を使用することで、不足している値を待機する関数を（Maybe の中で）作成しています。Maybe 関数が定義されたのはよいとして、この関数を適用する手立てはありません。円と正方形の表現方式を使った説明では、図 28-3 に示す状況に対処するアダプタを見つけ出すという問題を取り上げました。

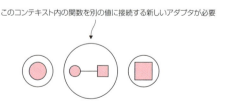

図28-3：コンテキスト内の型をコンテキスト内の関数に接続するための新しいアダプタ型が必要

<*>演算子

Applicative は、<*>演算子であるメソッド（「app」と読みます）を持つ強力な型クラスです。<*>の型シグネチャを調べてみると、この演算子が何をするのかがわかります（図 28-4）。

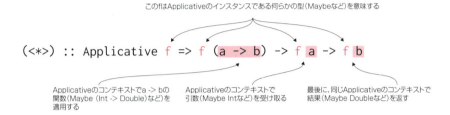

図28-4：<*>演算子の型シグネチャ

Applicative の<*>を利用すれば、関数をコンテキスト内で適用できます。maybeInc を使って Maybe 型の値に 1 を足してみましょう。

```
*Main> maybeInc <*> Just 5
Just 6
*Main> maybeInc <*> Nothing
Nothing
*Main> maybeInc <*> Just 100
Just 101
```

Maybe のコンテキスト内で 2 つの値を組み合わせるという問題が解決されただけでなく、Maybe のコンテキスト内で既存の二項関数を使用する汎用的な手段も見つかりました。

この要領で、Maybe のコンテキスト内で String を結合することもできます。

```
Prelude> (++) <$> Just "cats" <*> Just " and dogs"
Just "cats and dogs"
Prelude> (++) <$> Nothing <*> Just " and dogs"
Nothing
Prelude> (++) <$> Just "cats" <*> Nothing
Nothing
```

部分適用の仕組みを利用すれば、<$>と<*>を使って引数をいくつでもつなぎ合わせることができます。

▷ **クイックチェック 28-3**

同じパターンにしたがって、関数 (*)、div、mod のコンテキスト内で次の 2 つの値を使用してみましょう。

```
val1 = Just 10
val2 = Just 5
```

● <*>を使って都市の距離を計算するプログラムを完成させる

Applicative と<*>により、haversine 関数で 2 つの Maybe 型の値を使用するという問題がついに解決されます。

```
*Main> startingCity = Map.lookup "Carcosa" locationDB
*Main> destCity = Map.lookup "Innsmouth" locationDB
*Main> haversine <$> startingCity <*> destCity
Just 1415.7942372467567
```

とはいえ演算子だらけなので、解析するのが難しいかもしれません。図 28-5 に重要な部分をまとめておきます。

図28-5：<$>と<*>を組み合わせることで、Maybe のコンテキスト内で haversine を計算する

fmap を<*>で拡張できるようになったところで、すべての要素を組み合わせてプログラムを完成させる準備が整いました。このプログラムは、ユーザー入力から 2 つの都市の名前を取得し、その距離を出力します。このプログラムの main はリスト 28-6 のようになります。

リスト28-6：dist.hs プログラムの main

```
main :: IO ()
main = do
  putStrLn "Enter the starting city name:"
  startingInput <- getLine
  let startingCity = Map.lookup startingInput locationDB
  putStrLn "Enter the destination city name:"
  destInput <- getLine
  let destCity = Map.lookup destInput locationDB
  let distance = haversine <$> startingCity <*> destCity
  printDistance distance
```

このプログラムをコンパイルして実行すると、ユーザー入力のエラーもきちんと処理できることがわかります。

```
$ ghc dist.hs
$ ./dist
Enter the starting city name:
Carcosa
Enter the destination city name:
Innsmouth
1415.7942372467567 miles
```

データベースに含まれていない都市でも試してみましょう。

```
$ ./dist
Enter the starting city name:
Carcosa
Enter the destination city name:
Chicago
Error, invalid city entered
```

この例は、Functor と Applicative の価値を具体的に示しています。ここでは欠損値にも対処するプログラムを作成しましたが、条件文を使って値が null かどうかをチェックする必要も、例外処理を考慮に入れる必要もありませんでした。このプログラムの中心的な機能である haversine を、うまくいかなくなるものが何もないかのように記述できれば、さらに申し分ありません。

Haskell の型システムでは、Maybe LatLong が誤って haversine に渡されることはあり得ません。他のほとんどのプログラミング言語では、Java や C#のように静的な型を使用するものであっても、null 値が関数に紛れ込まないようにする方法はありません。Functor と Applicative は、この安全性を補完するために、haversine のような通常の関数を（この安全性を損なうことなく）Maybe 型や IO 型と簡単に結合できるようにします。

● <$>と<*>を使って複数の引数を持つ関数を IO で呼び出す

IO も Applicative のメンバです。このことを具体的に示すために、<$>と<*>を使って単純なコマンドラインツールを作成することにします。この min3.hs というプログラムは、ユーザーが入力した 3 つの数字の中でもっとも小さいものを返します。まず、minOfThree という引数が 3 つの関数を定義します。この関数は、3 つの数字の中でもっとも小さいものを返します（リスト 28–7）。

リスト28–7：minOfThree 関数は 3 つの引数の中でもっとも小さいものを返す

```
minOfThree :: (Ord a) => a -> a -> a -> a
minOfThree val1 val2 val3 = min val1 (min val2 val3)
```

次に、readInt という単純な I/O アクションを作成します。この I/O アクションは、コマンドラ

358 | LESSON 28　Applicative 型クラス：関数をコンテキスト内で使用する

インから Int 型の値を読み取ります（リスト 28–8）。

リスト28–8：<$>を使って readInt アクションを定義する

```
readInt :: IO Int
readInt = read <$> getLine
```

　これで、<$>と<*>を使って、Int 型の値を 3 つ読み取ってもっとも小さいものを返す I/O アクションを作成することができます（リスト 28–9）。

リスト28–9：minOfInts アクションは<*>を使って複数の引数に対処する

```
minOfInts :: IO Int
minOfInts = minOfThree <$> readInt <*> readInt <*> readInt
```

　最後に、このアクションを main で呼び出します（リスト 28–10）

リスト28–10：min3.hs プログラムの main

```
main :: IO ()
main = do
  putStrLn "Enter three numbers"
  minInt <- minOfInts
  putStrLn (show minInt ++ " is the smallest")
```

　min3.hs プログラムをコンパイルして実行してみましょう。

```
$ ghc min3.hs
$ ./min3
Enter three numbers
1
2
3
1 is the smallest
```

　部分適用と<*>のおかげで、引数をいくつでも好きなだけつなぎ合わせることができます。

▷ **クイックチェック 28-4**

　minOfThree を使って、次に示す 3 つの Maybe 型の値から Maybe Int 型の値を取り出してみましょう。

```
Just 10
Just 3
Just 6
```

28.3 <*>を使ってデータをコンテキスト内で作成する

Applicative のもっとも一般的な用途の 1 つが実際に必要になるのは、データを作成したいものの、そのデータに必要な情報がすべて Maybe や IO などのコンテキストに含まれている場合です。たとえば、ビデオゲームのユーザーデータがあるとしましょう（リスト 28-11）。

リスト28-11：ゲームのユーザーデータ

```
data User = User { name :: String
                 , gamerId :: Int
                 , score :: Int } deriving Show
```

ここで注意しなければならないのは、レコード構文を使用しているからといって、そうしなければこのような型を作成できないわけではないことです。例を見てみましょう。

```
*Main> User {name = "Sue", gamerId = 1337, score = 9001}
User {name = "Sue", gamerId = 1337, score = 9001}
*Main> User "Sue" 1337 9001
User {name = "Sue", gamerId = 1337, score = 9001}
```

ここでは、コンテキストに属しているデータからユーザーを作成する状況を 2 つ取り上げます。

● Maybe のコンテキスト内でユーザーを作成する

1 つ目のコンテキストは Maybe です。ソースから必要な情報を収集したいが、データが欠損している可能性がある、と仮定します。リスト 28-12 は、誤って欠損データを送信するかもしれないサーバーからのサンプルデータ（Maybe 型）を示しています。

リスト28-12：ユーザーを作成するのに必要な情報を表す Maybe 型

```
serverUsername :: Maybe String
serverUsername = Just "Sue"

serverGamerId :: Maybe Int
serverGamerId = Just 1337

serverScore :: Maybe Int
serverScore = Just 9001
```

データコンストラクタ User は 3 つの引数を持つ関数として動作するため、このデータからのユーザーの作成には<$>と<*>を使用できます。そのためのコードは次のようになります。

```
*Main> User <$> serverUsername <*> serverGamerId <*> serverScore
Just (User {name = "Sue", gamerId = 1337, score = 9001})
```

ユーザーを作成したいと考えるもう1つのコンテキストは IO です。そこで、ユーザーの値を表す3つの入力行を読み取り、ユーザーデータを出力するコマンドラインツールを作成してみましょう。前節の readInt 関数を再利用すれば、ユーザー入力を直接 Int 型に変換できます（リスト 28-13）。

リスト28-13：Applicative を使って IO の型からユーザーを作成する

```
readInt :: IO Int
readInt = read <$> getLine

main :: IO ()
main = do
  putStrLn "Enter a username, gamerId and score"
  user <- User <$> getLine <*> readInt <*> readInt
  print user
```

ここでのポイントは、通常の String 型と Int 型に対応する User という1つの型だけを定義すればよいことです。Applicative 型クラスのおかげで、同じコードを使ってさまざまなコンテキストでユーザーを簡単に作成することができます。

▷ **クイックチェック 28-5**
ユーザー名が欠損している（Nothing である）ユーザーを作成した結果はどうなるでしょうか。

28.4 まとめ

このレッスンの目的は、Applicative 型クラスを紹介することでした。Applicative の<*>演算子を利用すれば、コンテキストに属している関数を使用できるようになります。たとえば、存在しないかもしれない関数（Maybe (Int -> Double)）がある場合に、同じコンテキストの値（Maybe Int）に適用すると、やはり同じコンテキストの結果（Maybe Double）が得られます。あまり使用されない演算子のように思えるかもしれませんが、複数の引数を持つ関数に対して Functor を拡張できるようにするには、この演算子が不可欠です。Haskell プログラムに部分適用が浸透しているおかげで、コンテキストに属している関数は非常によく使用されています。Applicative がなければ、このような関数を使用することはたいてい不可能です。

28.5 練習問題

このレッスンの内容を理解できたかどうか確認してみましょう。

Q28-1：haversineMaybe（リスト 28-4）の記述は簡単でした。<*>を使用せずに haversineIO 関数を記述してみましょう。この関数の型シグネチャは次のとおりです。

```
haversineIO :: IO LatLong -> IO LatLong -> IO Double
```

Q28-2：haversineIO を、今度は`<*>`を使って書き直してみましょう。

Q28-3：レッスン 27 の RobotPart 型を思い出してください。

```
data RobotPart = RobotPart { name :: String
                           , description :: String
                           , cost :: Double
                           , count :: Int } deriving Show
```

さまざまな RobotPart（少なくとも 5 つ）が含まれたデータベースを使用するコマンドラインアプリケーションを作成してみましょう。このアプリケーションは、ユーザーに 2 つの部分からなる ID を入力させ、もっとも価格の安い部品を返します。partsDB に登録されていない ID をユーザーが入力した場合にも対処してください。

 ## 28.6　クイックチェックの解答

▶ **クイックチェック 28-1**
```
addMaybe :: Maybe Int -> Maybe Int -> Maybe Int
addMaybe (Just x) (Just y) = Just (x + y)
addMaybe _ _ = Nothing
```

▶ **クイックチェック 28-2**
```
distanceFromNY = haversine newYork
```

▶ **クイックチェック 28-3**
```
val1 = (Just 10)
val2 = (Just 5)
result1 = (+) <$> val1 <*> val2
result2 = div <$> val1 <*> val2
result3 = mod <$> val1 <*> val2
```

▶ **クイックチェック 28-4**
```
*Main> minOfThree <$> Just 10 <*> Just 3 <*> Just 6
Just 3
```

▶ **クイックチェック 28-5**
```
*Main> User <$> Nothing <*> serverGamerId <*> serverScore
```

LESSON 29

コンテキストとしてのリスト：
Applicative型クラスをさらに掘り下げる

レッスン29では、次の内容を取り上げます。

- Applicative型クラスの正式な定義
- コンテナまたはコンテキストとしてパラメータ化された型を表現する
- 非決定論的な計算を調べるためにListをコンテキストとして使用する

レッスン28では、<*>演算子を使ってFunctorの<$>演算子の能力を引き上げる方法について説明しました。このレッスンでは、Applicative型クラスをさらに詳しく見ていきます。また、コンテナを表す型とコンテキストを表す型の違いも探ります。そして最後に、リストをコンテキストとして使用することで何が達成できるのかを明らかにします。

 Tips　地元のレストランの朝食メニューで次のサイドメニューが選べるとしましょう。

- コーヒーまたは紅茶
- 卵、パンケーキ、またはワッフル
- トーストまたはビスケット
- ソーセージ、ハム、またはベーコン

あなたが選べる組み合わせをすべてあげるにはどうすればよいでしょうか。Listはどのように役立つでしょうか。

29.1　Applicative型クラス

Applicative型クラスを利用すれば、MaybeやIOなどのコンテキストに属している「関数」を使用できるようになります。レッスン28で示したように、これによりFunctor型クラスがさらに強力なものになります。図29-1に示すように、FunctorはApplicativeのスーパークラスです。

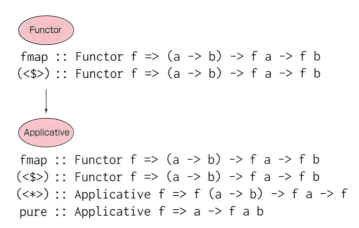

図29-1：FunctorはApplicativeのスーパークラス。Applicativeとその2つの必須メソッドの定義は図29-2に示されている

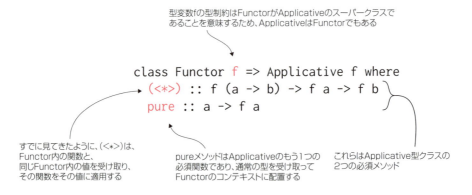

図29-2：Applicativeの型クラス定義

この定義の油断ならない部分は、型変数fに2つの制約があることです。1つ目の制約は、fがFunctorであることを示しています。このため、ApplicativeはFunctorでなければならず、fをApplicativeの代役として定義することになります。メソッドのシグネチャでは、fは何らかのApplicativeの変数です（図29-2）。関数引数もコンテキストに含まれていることを除けば、

演算子<*>の型シグネチャが fmap と同じであることに注目してください。<*>のこの小さな違いにより、Functor 型クラスのメンバ内で大量の関数を連結できるようになります。<$>と<*>を使って Maybe 型で算術演算を行う例をいくつか見てみましょう。

```
Prelude> (*) <$> Just 6 <*> Just 7
Just 42
Prelude> div <$> Just 6 <*> Just 7
Just 0
Prelude> mod <$> Just 6 <*> Just 7
Just 6
```

この解決策が胸にすとんと落ちるかどうかは、Haskell の中置二項演算子をどれくらい使いこなしているかによります。当然ながら、<$>と<*>の使用は、最初は紛らわしく思えるかもしれません。さらにややこしいことに、<$>や fmap とは異なり、<*>にはそれに相当する関数がありません。これらの演算子に手こずっているなら、実践あるのみです。ユニット 1 の例に戻って、引数として使用されている値を Maybe 型の値に置き換えてみてください。fmap と<*>のおかげで、Maybe 型の値に対応するように関数を書き換える必要はありません。

▷ **クイックチェック 29-1**
<$>と<*>を使って 2 つの Maybe String 型の値を++で結合してみましょう。

● pure メソッド

pure メソッドは、Applicative 型クラスのもう 1 つの必須メソッドです。pure は、通常の値または関数を受け取ってコンテキストに配置するための便利なヘルパー関数です。pure を理解するには、GHCi を使っていろいろ試してみるのが一番です。Maybe の例では、pure は Just を返します。

```
Prelude> pure 6 :: Maybe Int
Just 6
```

また、pure を使って関数を Applicative のコンテキストに配置することもできます。たとえば、（Just 5）に 6 を足したい場合は、fmap か pure のどちらかを使用できます。

```
Prelude> (6+) <$> Just 5
Just 11
Prelude> pure (6+) <*> Just 5
Just 11
```

これらはとても単純な例ですが、実際のところ、値を目的の Applicative 型にすばやく変換する手段が必要になるのはよくあることです。本書の表現方式では、pure も重要な役割を果たしま

す（図29–3）。

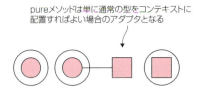

図29–3：pure メソッドは通常の値をコンテキストに配置する手段が常に存在することを意味する

　pure を利用すれば、コンテキストに属していない値をコンテキストに配置するのは造作もないことです。コンテキストでありとあらゆる計算を可能にする上で、このようなアダプタは不可欠です。

▷ **クイックチェック 29-2**
　　"Hello World"という String を IO String に変換してみましょう。

 ## 29.2　コンテナとコンテキスト

　ここまでは、コンテナを表すパラメータ化された型とコンテキストを表すパラメータ化された型の違いをきちんと説明してきませんでした。ここで、これら2つの用語の意味を少し明確にしておく必要があります。というのも、Functor とは異なり、Applicative と次のレッスンのテーマである Monad は、型をコンテキストとして扱わなければ意味をなさないからです。これらの違いを簡単にまとめてみましょう。

- コンテナを表すパラメータ化された型は、データ構造を表す型である。
- パラメータ化された型がコンテキストを表す場合は、型に関する情報がそのデータ構造からわかること以外にも存在することを示唆する。

　どういうことか詳しく説明しましょう。型が**コンテナ**かどうかをテストするもっとも確実な方法は、型の名前に関係なく、その型が何をするのかを説明できるかどうかを試してみることです。たとえば、2要素のタプル (a,b) について考えてみましょう。Hoge という名前の同じ型を実装すると、リスト29–1 のようになります。

リスト29–1：ひどい名前が付いていても同じものであることに変わりはない

```
data Hoge a b = Hoge a b
```

Hoge のようなまったく無意味な名前が付いていても、この型が通常のタプル (a,b) と同じであることに異議を唱えるのは難しそうです。

Data.Map 型は、別の同じような構造を表します。この型を Dictionary、BinarySearchTree、MagicLookupBox という名前で呼ぶことも不可能ではありません。しかし、その型が何を意味するのかを示唆するのは、そのデータ構造自体です。Map に関連する関数がどれもよくわからない言語で書かれていたとしても、その型の用途はすぐに（おそらく最終的には）理解できるはずです。2 要素のタプル (,) と Data.Map はどちらも Functor のインスタンスですが、Applicative のインスタンスではありません。Applicative の真価は、パラメータ化された型において関数を適用できることにあります。コンテナとコンテキストを区別するもう 1 つのよい方法は、「<型>関数を持つことに意味はあるか」と問いかけてみることです。Maybe (a -> b) は (a -> b) の関数であり、部分適用と Nothing 値を使って作成されているため、存在しないことがあります。IO (a -> b) は、IO のコンテキストで動作する何らかの関数です。「Data.Map」関数は何を意味するでしょうか。同様に、「2 要素のタプル」関数は何を意味するでしょうか。これらの質問に答えられるとしたら、これらの型に対する Applicative インスタンスを突き止めるための準備はできています。

一方で、型がコンテキストである場合は、型に関する情報がそのデータ構造からわかること以外にも存在することを意味します。もっとも顕著なケースは IO 型です。パラメータ化された型を最初に紹介したときには、Box 型という概念を用いました（リスト 29-2）。

リスト29-2：単純な Box 型は IO とそれほど違わないように見える

```
data Box a = Box a
```

Box 型は見るからに単純です。しかし、データコンストラクタのレベルでは、Box と IO の間に違いはありません。プログラマから見て、IO は I/O アクションから得られる型をラッピングする単なるデータコンストラクタです（IO 型の意味はそれだけではありませんが、すぐにわかるとは限りません）。

Maybe 型もコンテキストを表す型の 1 つです。リソース制約がある計算を表すパラメータ化された型を作成したいと考えていて、リスト 29-3 のような型を思いついたとしましょう。

リスト29-3：リソースが十分である場合に計算を続行する型

```
data ResourceConstrained a = NoResources | Okay a
```

その内部には、リソースの使用状況を判断するための仕掛けが大量にあるはずですが、型コンストラクタのレベルでは、Maybe 型との違いはありません。この型に関する情報のほとんどは、この型自体に想定されるコンテキストにあります。

コンテナとコンテキストの違いを理解する最善の方法は、例を見てみることです。List はこの例に申し分ありません。List は一般的なデータ構造であるため、コンテナとして理解するのは簡単です。しかし、List はコンテキストも表します。List がどのようにしてコンテナとコンテキス

トを表すのかを理解できれば、Applicative を本当の意味で理解する準備はできています。

▷ **クイックチェック 29-3**

pure (+) <*> (1,2) <*> (3,4) = (1+2,1+4,2+3,2+4) = (3,5,5,6) になるようにしたいとしましょう。この方法がうまくいかないのはなぜでしょうか。

 ## 29.3 コンテキストとしてのリスト

　Haskell のほぼすべての要素を代表する例である List 型は、コンテナであると同時にコンテキストでもあります。コンテナとしての List を理解するのは簡単です。基本的には、List は保持したいデータの型を表すバケットをつなぎ合わせたものです。しかし、List は Applicative のメンバであるため、List をコンテキストと見なす方法があるはずです。

　List がコンテキストである理由は Applicative を使用することにあるため、「List のコンテキストにおいて関数を 2 つ以上の値に適用することの意味は何か」という質問に答えられる必要があります。たとえば、[1000,2000,3000] + [500,20000] は何を意味するでしょうか。単純に考えると、次のようになります。

```
[1000,2000,3000] + [500,20000] = [1000,2000,3000,500,20000]
```

　しかし、単に 2 つのリストを足し合わせているため、これは連結（List の++演算子）です。ここで知りたいのは、List のコンテキストにおいて加算を使って 2 つの値を組み合わせることの意味です。Applicative の観点からは、この文は次のように読めます。

```
pure (+) <*> [1000,2000,3000] <*> [500,20000]
```

　データ構造としての List だけでは、これが何を意味するのかを突き止めるための情報が不十分です。リストのコンテキストにおいて 2 つの値を足し合わせる仕組みを理解するには、List の値に二項関数を適用するという概念を理解するための追加のコンテキストが必要です。

　List をコンテキストとして理解する最善の方法は、**非決定論的**な計算を定義することです。私たちは普段、プログラミングを純粋に決定論的なものとして考えます。つまり、計算の各ステップが正しい順序で次々に実行され、最終的な結果が生成されます。非決定論的な計算では、複数の可能性をすべて一度に計算します。非決定論的に考える場合、List のコンテキストにおける値の加算は、2 つのコンテキストで考え得る値をすべて足し合わせることを意味します。List で<*>を使用した場合の驚くべき結果を見てみましょう。

```
Prelude> pure (+) <*> [1000,2000,3000] <*> [500,20000]
[1500,21000,2500,22000,3500,23000]
```

List のコンテキストで 2 つの Int を足し合わせることは、2 つのリスト内の値の組み合わせと
して考えられるものをすべて足し合わせることを意味します。

● コンテナとしてのリストとコンテキストとしてのリスト

ここで少し時間を割き、コンテナとしてのリストとコンテキストとしてのリストの主な違いを指
摘しておくことにします。

- 「コンテナ」としてのリストは、何らかの型を持つ値のシーケンスである。リストの各要
  素は次の要素を指しているか、空のリストを指している。
- 「コンテキスト」としてのリストは、可能性の集合を表す。コンテキストとしてのリスト
  については、考えられる限りの値を保持できる単一の変数として考えるとよいだろう。

コンテナとしての List をよく知っているからといって油断してはなりません。論理的に考える
上では、Maybe や IO のほうがはるかに単純なコンテキストです。Maybe Int はコンテキストに含
まれている Int 型の値であり、欠損することがあります。IO Int はコンテキストに含まれている
Int 型の値であり、I/O アクションによって生成され、副作用や他の問題を伴うことがあります。
[Int] はコンテキストに含まれている Int 型の値です。[Int] に対して考えられる値は多数存在
するため、List のコンテキストにおいて関数 (Int -> Int -> Int) を適用する際には、非決定
論的に考え、その演算の結果として考えられるものをすべて計算しなければなりません。

● 例：クイズ番組

例として、クイズ番組に参加していて、最初に 3 つのドアの 1 つを選択し、次に 2 つのボックス
のどちらかを選択するとしましょう。ドアの向こうにはそれぞれ 1,000 ドル、2,000 ドル、または
3,000 ドルの賞金があります。どの賞金を獲得できるかはわからないため、ドアをリストとして表
すことにします（リスト 29–4）。

リスト29–4：ドアの賞金に対する非決定論的な選択肢

```
doorPrize :: [Int]
doorPrize = [1000,2000,3000]
```

ドアを選択した後は、2 つのボックスのどちらかを選択します。これらのボックスには、500 ド
ルか 20,000 ドルのどちらかが入っています。これらの選択肢もリストとして表すことができます
（リスト 29–5）。

リスト29-5：ボックスの賞金に対する非決定論的な選択肢

```
boxPrize :: [Int]
boxPrize = [500,20000]
```

　決定論的なコンテキストでは、ドアを1つだけ開き、ボックスを1つだけ選び、賞金を1つだけ獲得することができます。しかし、この問題を非決定論的に考える場合は、ドアとボックスのあらゆる組み合わせを計算することになります。決定論的に考える場合、獲得できる賞金は1つだけです。図29-4は、獲得する賞金を理解するための決定論的な方法と非決定論的な方法を示しています。

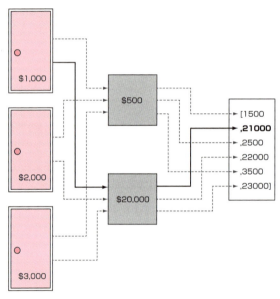

決定論的な計算は1つのパス（太い実線）をたどって1つの答え（太字の賞金）に行き着くことを意味する

非決定論的な計算はすべてのパスを一度にたどってすべての答えに行き着くことを意味する。コンテキストとしてのリストは非決定論的な計算を表す

図29-4：通常は計算を決定論的に考えるため、リストを非決定論的な計算として考えるのは難しい

　決定論的なコンテキストにおける `totalPrize` の計算式を擬似コードで表すと、リスト29-6のようになります（`Applicative` バージョンと比較しやすいように前置の `(+)` を使用しています）。

リスト29-6：決定論的なコンテキストでは、ドアの賞金へのパスは1つしかない（擬似コード）

```
totalPrize :: Int
totalPrize = (+) doorPrize boxPrize
```

　非決定論的なコンテキストでは、獲得することが可能な賞金をすべて検討します。非決定論的な `totalPrize` 関数は図29-5のようになります。

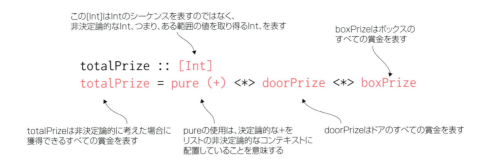

図29-5：非決定論的なコンテキストでは、たった 1 つのパスではなく、考え得るすべてのパスを計算する

`totalPrize` が獲得できるすべての賞金を表すことを GHCi でたしかめてみましょう。

```
*Main> totalPrize
[1500,21000,2500,22000,3500,23000]
```

コンテキスト内で 2 つのリストを足し合わせるときには、考えられる限りのコンテキストを組み合わせることになります。ドアの賞金ごとに、2 つのボックスに入っている賞金の 1 つを選択することができます。`List` のコンテキストにおいて 2 つのリストを足し合わせた結果は、非決定論的なコンテキストにおいて考え得るすべての解を表します。

次に、非決定論的な計算の実際の例をさらに 2 つ見てみましょう。1 つ目の例では、非決定論的な計算を使って素数以外のすべての数を計算することで、素数を簡単に特定できるようにします。2 つ目の例では、非決定論的な計算を使ってテストデータの集合をすばやく生成します。

▷ **クイックチェック 29-4**

ボックスに含まれているのが金額ではなく倍率である場合はどうなるでしょうか。倍率はそれぞれ 10 倍と 50 倍であるとします。

● 例：最初の N 個の素数を生成する

素数とは、1 とその数自体でしか割り切れない数のことです。素数のリストを生成したいとしましょう。`List` の `Applicative` の性質を利用することで、素数のリストを驚くほど簡単に計算する方法があります。基本的な流れは次のようになります。

1. まず、2 から n までのリストを定義する。
2. 非素数（合成数）をすべて洗い出す。
3. リストから合成数ではない要素をすべて抜き出す。

残っている質問は、「合成数はどのようにして計算すればよいか」だけです。**合成数**とは、他の

372 | LESSON 29　コンテキストとしてのリスト：Applicative 型クラスをさらに掘り下げる

数を 2 つ以上掛け合わせた結果として得られる数のことです。リスト [2 .. n] の各要素に同じ
リストを掛ければ、合成数のリストを簡単に作成できます。Applicative を利用すれば簡単です。
たとえば、[2 .. 4] というリストがある場合は、*、pure、<*>を使って、これらの数から作成
できるすべての数からなるリストを組み立てることができます。

```
Prelude> pure (*) <*> [2 .. 4] <*> [2 .. 4]
[4,6,8,6,9,12,8,12,16]
```

　このリストは効率がよくありません。というのも、範囲外の数字と重複する数字が含まれている
からです。正しいリストには、特定の範囲の合成数が 1 つずつ含まれることになります。このコー
ドをもとに、n までの素数をすべてリストアップする関数を記述すると、リスト 29–7 のようにな
ります。

リスト29-7：primesToN 関数は単純だが効率の悪い素数生成アルゴリズム

```
primesToN :: Integer -> [Integer]
primesToN n = filter isNotComposite twoThroughN
  where twoThroughN = [2 .. n]
        composite = pure (*) <*> twoThroughN <*> twoThroughN
        isNotComposite = not . (`elem` composite)
```

　もっとも効率のよい素数生成アルゴリズムではありませんが、実装するのは非常に簡単で、範囲
がそれほど広くなければ十分にうまくいきます。

```
*Main> primesToN 32
[2,3,5,7,11,13,17,19,23,29,31]
```

　このちょっとしたトリックを覚えておくと、素数生成器がすぐに必要な場合に役立つ可能性があ
ります。

● 例：大量のテストデータをすばやく生成する

　レッスン 28 では、Applicative を使って User をさまざまなコンテキストで作成できることを
示しました。その際には、User 型をビデオゲームのユーザーとして使用しました。

```
data User = User { name :: String
                 , gamerId :: Int
                 , score :: Int } deriving Show
```

　レッスン 28 では、Applicative を使って User のインスタンスを IO と Maybe のコンテキスト
で作成しました。List のコンテキストがいかに強力であるかを具体的に示すために、同じことを
大量のテストデータの作成に応用してみましょう。

ユーザー名のリストがあり、一般的なユーザー名と、特定の状況で問題になりそうなユーザー名が含まれているとしましょう。List をコンテキストとして考えた場合、testNames は考え得る名前のリストを表します（リスト 29–8）。

リスト29-8：testNames はデータの一部のユーザー名を表す

```
testNames :: [String]
testNames = [ "John Smith"
            , "Robert'); DROP TABLE Students;--"
            , "Christina NULL"
            , "Randall Munroe" ]
```

ユーザーの ID は testIds を使ってテストします（リスト 29–9）。

リスト29-9：testIds はさまざまな ID 値を表す

```
testIds :: [Int]
testIds = [ 1337
          , 0123
          , 999999 ]
```

また、問題になりそうなスコアもテストできるようにします（リスト 29–10）。

リスト29-10：testScores はテスト用のスコアを表す

```
testScores :: [Int]
testScores = [ 0
             , 100000
             , -99999 ]
```

この例の目的は、これらの値をあらゆる方法で組み合わせたテストデータを生成することです。つまり、考え得るユーザーのリストを非決定論的に計算します。手作業で行うことも可能ですが、そうすると $4 \times 3 \times 3 = 36$ 個のエントリを記述することになります。それに加えて、あとからいずれかのリストに値を追加することにした場合は、かなり手間がかかってしまいます。それよりも、List の Applicative の性質を利用して、テストデータを非決定論的に生成するほうがよさそうです。具体的な方法は、レッスン 28 で IO と Maybe のコンテキストにおいて User 型を作成したときとまったく同じです（リスト 29–11）。

リスト29-11：IO と Maybe で使用したものと同じパターンでテストデータを生成する

```
testData :: [User]
testData = pure User <*> testNames <*> testIds <*> testScores
```

GCHi で試してみると、これらの値から 36 通りの組み合わせが作成されることがわかります。それだけでなく、このリストを更新したい場合は、testNames、testIds、testScores のいずれかに値を追加すればよいだけです。

```
*Main> length testData
36
*Main> take 3 testData
[User {name = "John Smith", gamerId = 1337, score = 0}
,User {name = "John Smith", gamerId = 1337, score = 100000}
,User {name = "John Smith", gamerId = 1337, score = -99999}]
```

List 型を用いた非決定論的な計算は、コンテキストの操作において Applicative 型クラスがいかに強力であるかを示しています。

▷ **クイックチェック 29-5**

testNames にあなたの名前を追加した上でデータを再び生成してください。サンプルの数はいくつになるでしょうか。

 ## 29.4 まとめ

このレッスンの目的は、Applicative 型クラスへの理解を深めることにありました。ここでは、レッスン 28 で取り上げた <*> 演算子と pure 関数を含め、Applicative 型クラスの正式な定義を紹介しました。pure の役割は、通常の値を必要なコンテキストに配置することです。たとえば、Int を Maybe Int に変換します。また、コンテキストとしてのリストを調べることで、コンテナとコンテキストの違いを重点的に見てきました。コンテキストとコンテナの違いは、コンテキストではそのデータ構造から明らかなこと以外にも計算が発生し、その計算について理解することが求められる点にあります。このことはリストにとって何を意味するでしょうか。リストは逐次的なデータのコンテナであるだけでなく、非決定論的な計算を表します。

 ## 29.5 練習問題

このレッスンの内容を理解できたかどうか確認してみましょう。

Q29-1：Applicative が間違いなく Functor よりも強力であることを証明するために、fmap の汎用バージョン allFmap を記述してみましょう。allFmap は Applicative 型クラスのすべてのメンバに対応する fmap を定義します。allFmap は Applicative のすべてのインスタンスでうまくいくため、ここで使用できる関数は Applicative 型クラスの必須メソッドだけです。allFmap の型シグネチャは次のとおりです。

```
allFmap :: Applicative f => (a -> b) -> f a -> f b
```

関数の記述が完了したら、どちらも Applicative のメンバである List と Maybe でテストしてください。

```
*Main> allFmap (+ 1) [1,2,3]
[2,3,4]
*Main> allFmap (+ 1) (Just 5)
Just 6
*Main> allFmap (+ 1) Nothing
Nothing
```

Q29-2：次の式を書き換え、結果が Maybe Int である式に変換してください。ポイントは、pure と <*> 以外は何もコードに追加しない（またはコードから削除しない）ことです。なお、Just コンストラクタや追加の丸かっこは使用できません。

```
example :: Int
example = (*) ((+) 2 4) 6
```

型シグネチャは次のようになります。

```
exampleMaybe :: Maybe Int
```

Q29-3：次の条件をもとに、非決定論的な計算と List を使って、十分な量のビールを用意しておくには何本購入する必要があるかを判断してください。

- 昨晩ビールを購入したが、6本パックと12本パックのどちらだったか覚えていない。
- あなたとルームメイトは昨晩2本ずつビールを飲んだ。
- 今晩2人または（都合がつけば）3人の友人が訪ねてくる。
- 夜遅くまでゲームをする予定なので、1人3〜4本はビールを飲むと考えている。

29.6　クイックチェックの解答

▶ **クイックチェック 29-1**

```
Prelude> (++) <$> Just "Learn" <*> Just " Haskell"
Just "Learn Haskell"
```

▶ **クイックチェック 29-2**

```
hello :: IO String
hello = pure "Hello World"
```

376 | LESSON 29　コンテキストとしてのリスト：Applicative 型クラスをさらに掘り下げる

▶ **クイックチェック 29-3**

　この方法がうまくいかないのは、(3,5,5,6) が (1,2) や (3,4) とはまったく異なる型だからです。最初の型は (a,b,c,d)、他の 2 つの型は (a,b) です。

▶ **クイックチェック 29-4**

```
boxMultiplier :: [Int]
boxMultiplier = [10,50]
newOutcomes :: [Int]
newOutcomes = pure (*) <*> doorPrize <*> boxMultiplier
```

```
*Main> newOutcomes
[10000,50000,20000,100000,30000,150000]
```

▶ **クイックチェック 29-5**

```
testNames = [ "Will Kurt"
            , "John Smith"
            , "Robert'); DROP TABLE Students;--"
            , "Christina NULL"
            , "Randall Munroe"]

testData :: [User]
testData = pure User <*> testNames <*> testIds <*> testScores
```

　サンプルの数は 45 になります。

LESSON 30

Monad型クラス

レッスン 30 では、次の内容を取り上げます。

- Functor と Applicative の制限を理解する
- Monad の (>>=) 演算子を使ってコンテキスト内で関数を連結する
- do 表記を使用せずに IO コードを記述する

このユニットでは、Functor と Applicative という 2 つの重要な型クラスについて説明してきました。これらの型クラスを利用すれば、Maybe や IO などのコンテキスト内で計算を行うというさらに強力な手段が得られます。Functor を利用すれば、コンテキスト内で個々の値を変更することができます。

```
Prelude> (+ 2) <$> Just 3
Just 5
```

Applicative は、コンテキスト内で部分適用を利用できるようにすることで、プログラミングの能力を向上させます。つまり、コンテキスト内で複数の引数を使用できるようになります。

```
Prelude> pure (+) <*> Just 3 <*> Just 2
Just 5
```

このレッスンでは、この流れの最終形態である Monad 型クラスを取り上げます。Monad 型クラスは、さらにもう 1 つの演算子を通じて、目的のコンテキストにおいて任意の計算を実行できるようにします。この型クラスの能力は、ユニット 4 で do 表記を取り上げたときにすでに見ています。do 表記は、Monad 型クラスのメソッドの糖衣構文です（リスト 30–1）。

リスト30-1：do 表記のおさらい

```
main :: IO ()
main = do
  putStrLn "Remember do-notation!"
  putStrLn "It makes things easy!"
```

　Monad 型クラスがなぜ必要なのかを理解するために、このレッスンでは do 表記を無視します。そして、Functor と Applicative がこれほど強力なのに、いったいなぜ Monad が必要なのかについて説明します。とはいえ、do 表記によってプログラミング作業は大幅に楽になるため、次のレッスンで復活させることにします。

　このレッスンでは、まず、比較的単純でありながら、Functor や Applicative を使って解くのが挫折しそうなほど難しい問題を 2 つ取り上げます。続いて、Monad の強力な演算子 bind を紹介し、この演算子を利用することで、これらの問題を簡単に解けることを示します。そして最後に、Monad のメソッドを使って、ユニット 4 で do 表記を使用したときと同じような I/O アクションを記述します。

> **Tips** ユーザー入力から数字を読み取り、その数字を 2 倍にした上でユーザーに表示する I/O アクションがあります。この I/O アクションを、do 表記を使用せずに記述するにはどうすればよいでしょうか。

30.1　Applicative と Functor の制限

　Functor、Applicative、Monad の表現方式に再び戻ると、考えられる 4 つの不一致のうち 3 つが解決されています。Functor の fmap メソッドは、コンテキスト内の値と通常の関数を使用し、結果をコンテキスト内に留めたい場合のアダプタを提供します（図 30-1）。

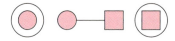

図30-1：Functor が解決する関数とコンテキストの不一致の可視化

　Applicative の<*>演算子は、コンテキスト内の関数をコンテキスト内の値に接続します（図 30-2）。

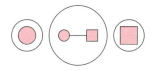

図30-2：Applicative の<*>演算子は関数自体がコンテキストに属している問題を解決する

そして最後に、`Applicative` の `pure` メソッドは、最終的な結果がコンテキストに属していないという問題に対処できるようにします（図 30-3）。

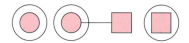

図30-3：Applicative の pure メソッドは結果を常にコンテキストに配置できることを意味する

残っている問題は 1 つです。具体的には、関数の引数がコンテキストに属しておらず、結果がコンテキストに属しているという問題です（図 30-4）。

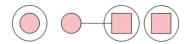

図30-4：解決策が必要な唯一のパターン。解決策は Monad 型クラスによって提供される

この最後のパターンを解決すれば、コンテキスト内のあらゆる関数に対する解決策が揃うことになります。この最後のケースは、最初は変則的なものに見えるかもしれませんが、実際にはよく発生するものです。ここでは、このパターンが発生したときに `Functor` と `Applicative` が助けにならない例を 2 つ取り上げます。

● 2 つの Map.lookup を組み合わせる

ここでは、1 つの `Map` の値にアクセスするためにもう 1 つの `Map` の値を検索しなければならないという一般的な問題について見ていきます。次に示すように、ある値を検索するために別の値が必要になるたびに、この問題が発生します。

- 郵便番号を使って市区町村を特定し、市区町村役場の所在地を調べる。
- 従業員の名前から従業員の ID を特定し、その ID を使ってレコードを検索する。
- ティッカーシンボルを使って企業名を特定し、企業の所在地を調べる。

モバイルゲームプラットフォームでユーザーのクレジットを管理するためのコードを記述しているとしましょう。現在のバージョンでは、各ユーザーは一意なゲーム ID で識別されています。ゲーム ID は `Int` 型の `GamerId` 変数です。以前のバージョンでは、一意な `Username`（`String`）を使ってユーザーをアカウントのクレジットに関連付けていたとしましょう。以前のバージョンで ID として `Username` を使用していたせいで、新規ユーザーのクレジットを調べるために `GamerId` から `Username` を特定し、`Username` を使ってアカウントのクレジットを調べなければならないという状況が続いています。基本的なコードはリスト 30-2 のようになります。

380 | LESSON 30　Monad 型クラス

リスト30-2：2 つの Map.lookup を組み合わせるという問題の基本的なコード

```
import qualified Data.Map as Map

type UserName = String
type GamerId = Int
type PlayerCredits = Int

-- この Map は GamerId に基づいて UserName を取得するためのデータベースを表す
userNameDB :: Map.Map GamerId UserName
userNameDB = Map.fromList [ (1,"nYarlathoTep")
                          , (2,"KINGinYELLOW")
                          , (3,"dagon1997")
                          , (4,"rcarter1919")
                          , (5,"xCTHULHUx")
                          , (6,"yogSOThoth")]

-- この Map は UserName に基づいて PlayerCredits を調べるためのデータベースを表す
creditsDB :: Map.Map UserName PlayerCredits
creditsDB = Map.fromList [ ("nYarlathoTep",2000)
                         , ("KINGinYELLOW",15000)
                         , ("dagon1997",300)
                         , ("rcarter1919",12)
                         , ("xCTHULHUx",50000)
                         , ("yogSOThoth",150000)]
```

　このサンプルデータをもとに、ユーザーの GamerId に基づいてユーザーのクレジットを調べるという問題にさっそく取りかかりましょう。ここで必要なのは、GamerId に基づいて PlayerCredits を調べる関数です。PlayerCredits の値は Maybe PlayerCredits にする必要があります。というのも、GamerId の値が設定されていなかったり、creditsDB にあなたの GamerID のエントリが存在しなかったりすることも十分に考えられるからです。この関数はリスト 30-3 のようになります。

リスト30-3：creditsFromId 関数の型シグネチャ

```
creditsFromId :: GamerId -> Maybe PlayerCredits
```

　この関数を作成するには、2 つの Map.lookup 関数を結合する必要があります。そこで、データベースを抽象化するヘルパー関数を 2 つ作成します。lookupUserName 関数は、GamerID を受け取って Maybe UserName を返します。lookupCredits 関数は、UserName を受け取って Maybe Credits を返します（リスト 30-4）。

リスト30-4：lookupUserName 関数と lookupCredits 関数を結合する

```
lookupUserName :: GamerId -> Maybe UserName
lookupUserName id = Map.lookup id userNameDB
```

```
lookupCredits :: UserName -> Maybe PlayerCredits
lookupCredits username = Map.lookup username creditsDB
```

詳細に進む前に、最終的な関数の型シグネチャを考えておく必要があります。ここで必要なのは、
lookupUserName 関数の結果 Maybe Username を、lookupCredits 関数（UserName -> Maybe
PlayerCredits）に接続することです。この具体的なケースでは、最終的な関数の型シグネチャは
次のようになります。

```
Maybe UserName -> (UserName -> Maybe PlayerCredits) -> Maybe PlayerCredits
```

Applicative と Functor から教わったのは、問題を Maybe などの型で解くことについて、より
抽象的に考えることです。最終的な関数の一般的な形式は次のようになります。

```
Applicative f => f a -> (a -> f b) -> f b
```

Functor ではなく Applicative の制約を前提とするのは、単に Applicative のほうが強力だか
らです。Applicative で問題を解けないとしたら、Functor でも解けません。ここで、Applicative
と Functor が提供するツールをもう一度見てみましょう。

```
(<$>) :: Functor f => (a -> b) -> f a -> f b
(<*>) :: Applicative f => f (a -> b) -> f a -> f b
pure :: Applicative f => a -> f a
```

残念ながら、Applicative のツールをどのように組み合わせたとしても、2 つの関数を結合する
というこのかなり単純な問題は解決されそうにありません。そこで、この問題を解決するために、
lookupCredits のラッパーとして Maybe UserName -> Maybe PlayerCredits という型シグネ
チャを持つ関数を作成します（リスト 30–5）。

リスト30–5：altLookupCredits 関数は Functor または Applicative を使用しない解決策

```
altLookupCredits :: Maybe UserName -> Maybe PlayerCredits
altLookupCredits Nothing = Nothing
altLookupCredits (Just username) = lookupCredits username
```

これで、最終的な creditsFromId 関数を組み立てることができます（リスト 30–6）。

リスト30–6：直接 GamerId から Maybe PlayerCredits へ

```
creditsFromId :: GamerId -> Maybe PlayerCredits
creditsFromId id = altLookupCredits (lookupUserName id)
```

382 | LESSON 30 Monad 型クラス

うまくいくことを GHCi でたしかめてみましょう。

```
*Main> creditsFromId 1
Just 2000
*Main> creditsFromId 100
Nothing
```

この解決策はうまくいきますが、Maybe に対応するためにラッパー関数を記述しなければならない点については警告と見なすべきです。レッスン 28 では、コンテキストに対応するためにラッパー関数を記述せざるを得ない同じようなパターンを取り上げました。その背景には、より強力な型クラスという動機がありました。ですが、この時点では、いくら強力であろうと、さらに別の型クラスが必要であることに納得がいかないかもしれません。

▷ **クイックチェック 30-1**
興味深いことに、同じ目的を果たすように思える次の関数は問題なくコンパイルされます。何が問題なのでしょうか。**ヒント**：GHCi で型シグネチャを調べてみてください。

```
creditsFromIdStrange id = pure lookupCredits <*> lookupUserName id
```

● それほど単純ではない echo I/O アクションを記述する

Maybe の問題がそれほど悪くないように思えるのは、Maybe が取り組みやすいコンテキストだからです。Just と Nothing でパターンマッチングをうまく利用すれば、いつでも Maybe の問題を手動で解くことができます。これに対し、IO 型はそれほどフレンドリなコンテキストではありません。このことを具体的に示すために、echo という単純な I/O アクションを記述するという、一見簡単そうな問題を解いてみましょう。echo アクションは、ユーザー入力を読み取ってすぐに出力する単一のアクションです。このアクションを実装するには、すでによく知っている 2 つの I/O アクションを組み合わせる必要があります。

```
getLine :: IO String
putStrLn :: String -> IO ()
```

そしてもちろん、echo の型シグネチャは次のようになります。

```
echo :: IO ()
```

まず、getLine と putStrLn を組み合わせる必要があります。再びこの問題を型について考えると、同じようなパターンが見えてきます。getLine と putStrLn を結合し、IO String を返す関数が必要です。

```
IO String -> (String -> IO ()) -> IO ()
```

この関数を抽象化すると、次のようになります。

```
Applicative f => f a -> (a -> f b) -> f b
```

これは前項の最終的な型シグネチャとまったく同じです。この問題を解くには、Functor や Applicative よりも明らかに強力な何かが必要です。そこでついに登場するのが、Monad 型クラスです。

▷ **クイックチェック 30-2**

この問題を解くために creditsFromId のような関数を記述できないのはなぜでしょうか。

```
altLookupCredits :: Maybe UserName -> Maybe PlayerCredits
altLookupCredits Nothing = Nothing
altLookupCredits (Just username) = lookupCredits username

creditsFromId :: GamerId -> Maybe PlayerCredits
creditsFromId id = altLookupCredits (lookupUserName id)
```

 ## 30.2　bind 演算子：>>=

ここで必要となる演算子は>>=（「bind」と読みます）です。この演算子の型シグネチャは次のとおりです。

```
(>>=) :: Monad m => m a -> (a -> m b) -> m b
```

(>>=) の型シグネチャこそ、まさに探していたものです。型クラス制約から、(>>=) が Monad 型クラスのメンバであることがわかります。Maybe と IO はどちらも Monad のインスタンスです。つまり、これらの問題は>>=を使って解くことができます。この演算子を利用すれば、creditFromId 関数のより的確な解決策が見つかります（リスト 30–7）。

リスト30–7：パターンマッチングではなく bind を使用する creditsFromId 関数

```
creditsFromId :: GamerId -> Maybe PlayerCredits
creditsFromId id = lookupUserName id >>= lookupCredits
```

384 | LESSON 30 Monad 型クラス

このように、>>=を利用すれば、(a -> m b) 型の関数をつなぎ合わせることができます。Maybe の場合は、lookup を際限なく連結できることを意味します。たとえば、間接化の層がさらに追加されるとしましょう。あなたのモバイルゲーム会社が WillCo Industries によって買収され、GamerId がそれぞれ WillCoId に関連付けられることになったとしましょう（リスト 30–8）。

リスト30–8：ユーザーのクレジットを取得するための lookup にさらに別の Map を追加する

```
type WillCoId = Int

gamerIdDB :: Map.Map WillCoId GamerId
gamerIdDB = Map.fromList [(1001,1),(1002,2),(1003,3),(1004,4),(1005,5),(1006,6)]

lookupGamerId :: WillCoId -> Maybe GamerId
lookupGamerId id = Map.lookup id gamerIdDB
```

このため、WillCoId -> Maybe PlayerCredits 型の新しい関数 creditsFromWCId が必要となります。>>=を使って 3 つの検索関数をすべて連結すれば、この関数を簡単に作成できます（リスト 30–9）。

リスト30–9：>>=を利用すれば、検索関数をいくつでも連結できる

```
creditsFromWCId :: WillCoId -> Maybe PlayerCredits
creditsFromWCId id = lookupGamerId id >>= lookupUserName >>= lookupCredits
```

期待どおりに動作するか GHCi でたしかめてみましょう。

```
*Main> creditsFromWCId 1001
Just 2000
*Main> creditsFromWCId 100
Nothing
```

>>=を使用すると Maybe 関数の連結がずっと簡単になりますが、肝心なのは I/O アクション問題を解くことです。前節では、getLine と putStrLn を結合したいと考えました。しかし、これらのアクションを結合する方法はなく、Maybe 型のときと同じようなラッパーを作成するために IO 型をこじ開ける方法もないため、そこでお手上げになっていました。>>=を利用すれば、echo 関数の作成は造作もないことです。ここまでの知識を echo.hs ファイルにまとめ、どのように動作するかたしかめてみましょう（リスト 30–10）。

リスト30–10：>>=を使って echo 関数を作成する

```
echo :: IO ()
echo = getLine >>= putStrLn

main :: IO ()
main = echo
```

このプログラムをコンパイルして実行すると、期待どおりに動作することがわかります。

```
$ ghc echo.hs
$ ./echo
Hello World!
Hello World!
```

>>=演算子はMonad型クラスの心臓部です。この演算子は比較的単純ですが、パズルの最後のピースです。<$>、<*>、pure、>>=が揃ったところで、必要な計算をどれでもコンテキスト内でつなぎ合わせることができます。

▷ **クイックチェック 30-3**

次に示すreadIntとprintDoubleを1つのI/Oアクションに結合してみましょう。

```
readInt :: IO Int
readInt = read <$> getLine

printDouble :: Int -> IO ()
printDouble n = print (n*2)
```

30.3　Monad型クラス

Applicative型クラスがFunctorの能力を拡張するのと同じように、Monad型クラスはApplicativeの能力を拡張します（図30–5）。

Monad型クラスの定義は次のとおりです。

```
class Applicative m => Monad (m :: * -> *) where
  (>>=) :: m a -> (a -> m b) -> m b
  (>>) :: m a -> m b -> m b
  return :: a -> m a
  fail :: String -> m a
```

型クラスを定義するにあたって重要となるメソッドが4つ示されています。Monadの最小限の定義に必要なメソッドは>>=だけです。すでに説明したように、>>=を利用すれば、通常の値をコンテキストに配置する関数どうしを数珠つなぎにできます。failメソッドは、Monadでエラーが発生した場合に対処します。このメソッドは、MaybeではNothingを返し、IOではI/Oエラーを返します。failについては、Haskellのエラー処理について説明するユニット7で詳しく見ていきます。残っているのは、>>とreturnです。

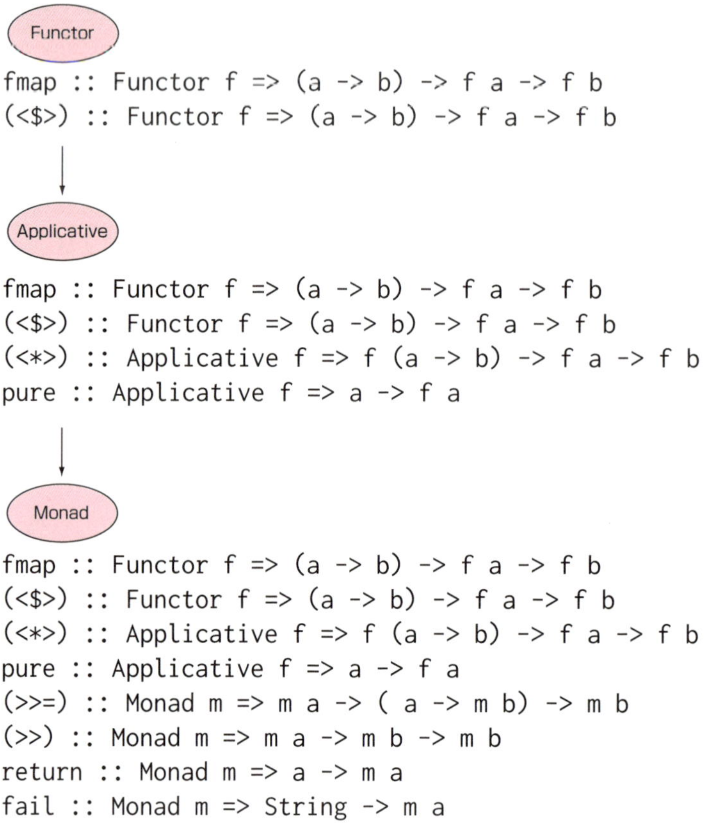

386 | LESSON 30　Monad 型クラス

```
  (Functor)
fmap :: Functor f => (a -> b) -> f a -> f b
(<$>) :: Functor f => (a -> b) -> f a -> f b


  (Applicative)
fmap :: Functor f => (a -> b) -> f a -> f b
(<$>) :: Functor f => (a -> b) -> f a -> f b
(<*>) :: Applicative f => f (a -> b) -> f a -> f b
pure :: Applicative f => a -> f a


  (Monad)
fmap :: Functor f => (a -> b) -> f a -> f b
(<$>) :: Functor f => (a -> b) -> f a -> f b
(<*>) :: Applicative f => f (a -> b) -> f a -> f b
pure :: Applicative f => a -> f a
(>>=) :: Monad m => m a -> ( a -> m b) -> m b
(>>) :: Monad m => m a -> m b -> m b
return :: Monad m => a -> m a
fail :: Monad m => String -> m a
```

図30-5：Functor は Applicative のスーパークラスであり、Applicative は Monad のスーパークラスである

　return メソッドには見覚えがあるはずです。このメソッドを pure と比較すると、ほぼ同じで
あることがわかります。

```
pure :: Applicative f => a -> f a
return :: Monad m => a -> m a
```

　唯一の違いは、pure が Applicative の型制約を持ち、return が Monad の型制約を持つこと
です。実際には、pure と return は同じものであり、歴史的な理由により、異なる名前が付いて
いるだけです。Monad 型クラスは Applicative 型クラスよりも先に定義されたため、return メ
ソッドは往時の名残として存在しているのです。Monad はどれも Applicative でなければならな
いため、return よりも pure を使用するのが理にかなっています。return がうまくいく場所で
は、pure もうまくいきます。とはいえ、Monad のコンテキストでは、pure よりも return を使用
するほうが望ましいことを覚えておいてください。

最後は>>演算子です。図 30–6 をよく見てみると、>>の型シグネチャが少し変わっていることがわかります。

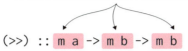

図30–6：>>演算子の型シグネチャは変わっているが、副作用を持つ Monad で役立つ

この演算子は最初の m a 型を捨ててしまうように見えます。実際には、これはまさに>>演算子が行うことです。なぜこのようなことが必要なのでしょうか。IO のように副作用を持つコンテキストでは、この機能が特に役立ちます。ここまでの説明では、このようなコンテキストは IO だけです[1]。putStrLn を使用するときには、何も返されないことを思い出してください。ユーザーに何かを表示し、IO () の結果は捨ててしまうというのはよくあることです。たとえば、echo.hs プログラムを書き換え、何をするのかをユーザーに知らせたいとしましょう（リスト 30–11）。

リスト30–11：echo の冗長バージョンを使って>>のメリットを明らかにする

```
echoVerbose :: IO ()
echoVerbose = putStrLn "Enter a String an we'll echo it!" >>
              getLine >>= putStrLn

main :: IO ()
main = echoVerbose
```

IO を使用するときには、値を返す意味のない I/O アクションを実行する必要があるたびに、>>が役立ちます。

● **Monad を使って Hello Name プログラムを作成する**

これらの要素をどのように組み合わせるのかを具体的に示すために、単純な I/O アクションを記述してみましょう。この I/O アクションは、ユーザーの名前を問い合わせ、"Hello, <名前>!"を出力します。この I/O アクションを実装するには、基本的な関数をつなぎ合わせる必要があります。まず、ユーザー名を問い合わせる I/O アクションは、単に putStrLn と質問で構成されます（リスト 30–12）。

リスト30–12：askForName アクション

```
askForName :: IO ()
askForName = putStrLn "What is your name?"
```

---

[1] IO 以外の型については、ユニット 7 で説明する。

次に必要な I/O アクションは getLine です。その後、getLine の結果を取得して"Hello, <名前>!"文字列を作成する必要があります。この関数は、通常の String -> String 形式の関数です（リスト 30-13）。

リスト30-13：nameStatement 関数は IO String ではなく通常の String を操作する

```
nameStatement :: String -> String
nameStatement name = "Hello, " ++ name ++ "!"
```

続いて、この結果を putStrLn に渡せば、このアクションは完了です。結果は必要ないため、>>を使って askForName と getLine をつなぎ合わせます。

```
(askForName >> getLine)
```

次の部分は少し複雑です。ここでは IO String を使用していますが、この IO String を通常の(String -> String)関数である nameStatement に接続する必要があるからです。nameStatement から IO String を返すことができれば、>>=を使って接続することができます。nameStatement を書き換えようと思えばできないことはありませんが、それよりも一般的な解決策は、nameStatement をラムダでラッピングし、最後に return を使用することです。Haskell の型推論により、型が配置されるコンテキストは自動的に認識されます（図 30-7）。

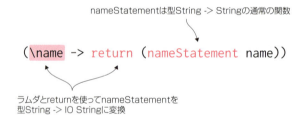

図30-7：ラムダ式と return を使って型 a -> a を型 a -> m a に変換する

▷ **クイックチェック 30-4**

ラムダと return を使って (+ 2) を型 Num a => a -> a から型 Num a => a -> IO a に変換してみましょう。GHCi で :t を使って、正しい型が得られることを必ず確認してください。

プログラムのここまでの部分は次のようになります。

```
(askForName >> getLine) >>= (\name -> return (nameStatement name))
```

最後に、>>=を使って結果を putStrLn に返します。最終的な helloName I/O アクションはリス

ト 30–14 のようになります。

リスト30–14：Monad のメソッドを用いた Hello Name プログラム

```
helloName :: IO ()
helloName = askForName >> getLine >>= (\name -> return (nameStatement name)) >>=
            putStrLn
```

あるいは、次のようにもっと単純に実装することもできます。
```
helloName = askForName >> getLine >>= putStrLn.nameStatement
```
または
```
helloName = askForName >> getLine >>= return.nameStatement >>= putStrLn
```

このコードをテストするには、プログラムにするか、GHCi を使用します。GHCi での結果を見てみましょう。

```
*Main> helloName
What is your name?
Will
Hello, Will!
```

この問題を解くために Monad を使用することの利点は、すべての関数とアクションを比較的簡単に連結できることです。欠点は、`nameStatement` のような I/O 関数をさらに追加しなければならない場合に、これらのラムダが少し鬱陶しくなることです。それに加えて、これらの演算子を行ったり来たりしているうちに混乱することもあります。次のレッスンでは、ユニット 4 の do 表記が Monad のメソッドに対する糖衣構文であることを示します。

 ## 30.4　まとめ

このレッスンの目的は、Monad 型クラスを紹介することでした。Monad 型クラスは、Functor を出発点とするコンテキストでの計算の最終形態です。Monad 型クラスのもっとも重要なメソッドは、>>=演算子です。>>=を利用すれば、型 (a -> m b) の関数を数珠つなぎにできます。この機能は特に IO 型を操作するときに重要となります。 Maybe とは異なり、IO のコンテキストに属している値にパターンマッチングを使ってアクセスするというわけにはいきません。Monad 型クラスは I/O プログラミングを可能にする型クラスです。

30.5 練習問題

このレッスンの内容を理解できたかどうか確認してみましょう。

Q30-1：Monad が間違いなく Functor よりも強力であることを証明するために、レッスン 29 の練習問題と同様に、`<$>` の汎用バージョン allFmapM を記述してみましょう。allFmapM は Monad 型クラスのすべてのメンバに対応する `<$>` を定義します。allFmapM は Monad のすべてのインスタンスでうまくいくため、ここで使用できる関数は Monad 型クラスの必須メソッド（およびラムダ関数）だけです。allFmapM の型シグネチャは次のとおりです。

```
allFmapM :: Monad m => (a -> b) -> m a -> m b
```

Q30-2：Monad が間違いなく Applicative よりも強力であることを証明するために、`<*>` の汎用バージョン allApp を記述してみましょう。allApp は Monad 型クラスのすべてのメンバに対応する `<*>` を定義します。allApp は Monad のすべてのインスタンスでうまくいくため、ここで使用できる関数は Monad 型クラスの必須メソッド（およびラムダ関数）だけです。allApp の型シグネチャは次のとおりです。

```
allApp :: Monad m => m (a -> b) -> m a -> m b
```

この問題は Q30-1 よりも少し複雑です。ヒントが 2 つあります。

- 型シグネチャの観点から排他的に考えてみる。
- 必要であれば `<$>` を使用し、Q29-1 の答えを置き換えてみる。

Q30-3：Maybe に対する（`>>=`）と同じ bind 関数を実装してみましょう。

```
bind :: Maybe a -> (a -> Maybe b) -> Maybe b
```

30.6 クイックチェックの解答

▶ **クイックチェック 30-1**

この関数の問題点は、Maybe が入れ子になった Maybe (Maybe PlayerCredits) を返すことです。

▶ **クイックチェック 30-2**

IO のコンテキストでは、Maybe のコンテキストのように値を取り出す方法はありません。IO の

型を操作するには、Applicative や Functor などのより強力な型が必要です。

▶ クイックチェック 30-3

```
echoDouble :: IO ()
echoDouble = readInt >>= printDouble
```

▶ クイックチェック 30-4

```
(\n -> return ((+ 2) n))
```

LESSON 31

do 表記を使って Monad を扱いやすくする

レッスン 31 では、次の内容を取り上げます。

- do 表記を使って Monad の操作を単純にする
- Monad のメソッドとラムダを do 表記に変換する
- Monad の 1 つのインスタンスのコードをすべての Monad に対して一般化する

Monad 型クラスにより、コンテキストで型を使用するときに高度な抽象化が可能になります。しかし、Monad のメソッドである>>=、>>、return を使用するコードはすぐに煩雑になってしまいます。このレッスンでは、Monad の操作が非常に単純になるツールを 2 つ紹介します。まず、ユニット 4 で引っ張りだこだった do 表記を取り上げ、その内部の仕組みを探ります。その後は、List が Monad として動作する仕組みについて説明します。このリスト内包と呼ばれる機能により、Monad がさらに抽象化され、Monad の操作がますます容易になります。Monad 型クラスのメソッドを理解することは重要ですが、実際には、Monad を使った作業のほとんどは、これらのメソッドを使ってコードを単純化することに関連しています。

レッスン 30 では、ユーザーに名前を問い合わせてメッセージを表示する helloName I/O アクションに取り組みました。

リスト31-1：helloName アクション

```
askForName :: IO ()
askForName = putStrLn "What is your name?"

nameStatement :: String -> String
nameStatement name = "Hello, " ++ name ++ "!"

helloName :: IO ()
helloName = askForName >> getLine >>= (\name -> return (nameStatement name)) >>=
            putStrLn
```

この I/O アクションは Monad 型クラスのメソッドを使って実現することができました。

- `>>`
  I/O アクションの実行と別のアクションとの連結が可能であり、その値を無視することができる。
- `>>=`
  I/O アクションを実行し、その関数の戻り値を（入力を待っている）別の関数に渡すことができる。
- `(\x -> return (func x))`
  通常の関数を IO のコンテキストで動作させる。

IO や Maybe のコンテキストにおいて必要な作業を（基本的には何でも）実行するためのツールが揃ったのはよいとして、残念ながら、リスト 31-1 のコードは煩雑で、読んだり書いたりするのはひと苦労です。ありがたいことに、Haskell には、この問題に対するすばらしい解決策があります。

Monad 型クラスのメソッドを使って関数を作成してみましょう。この関数は、コンテキストでペアの値を受け取り、各ペアの大きいほうの値を返します。型シグネチャは次のとおりです。

```
maxPairM :: (Monad m, Ord a) => m (a,a) -> m a
```

この関数は `IO (a,a)`、`Maybe (a,a)`、`[(a,a)]` で動作するものとします。

31.1 do 表記の再考

実際には、Monad のコードを簡潔にする方法はすでに見ています。do 表記です。do 表記は、`>>`、`>>=`、`(\x -> return (func x))` を使用するための糖衣構文です。リスト 31-1 を do 表記で書き換えると、リスト 31-2 のようになります。

リスト31-2：helloName アクションを do 表記で書き換える

```
helloNameDo :: IO ()
helloNameDo = do
  askForName
  name <- getLine
  putStrLn (nameStatement name)
```

この変換を図解すると、図 31-1 のようになります。

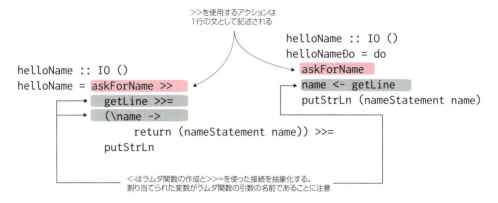

図31-1：Monad のメソッドを do 表記にマッピングする

Monad の演算子から do 表記への変換やその逆の変換の仕組みを理解するのはよい訓練になります。ユニット 4 では、リスト 31-3 に示す単純な Hello World プログラムを取り上げました。

リスト31-3：do 表記を具体的に示すプログラム

```
helloPerson :: String -> String
helloPerson name = "Hello" ++ " " ++ name ++ "!"

main :: IO ()
main = do
  name <- getLine
  let statement = helloPerson name
  putStrLn statement
```

main を脱糖すると、図 31-2 のようになります。

let と<-からラムダ式への変換がよくわからない場合は、ユニット 1 のレッスン 3 をもう一度読んでみるとよいでしょう。複雑なモナド演算には断然 do 表記のほうが望ましいことは言うまでもありません。しかし、echo 関数のような単純なケースでは、たいてい do 表記を使用するよりも >>=を使用するほうが簡単です（リスト 31-4）。

リスト31-4：do よりも>>=のほうが適している単純な I/O アクション

```
echo :: IO ()
echo = getLine >>= putStrLn
```

Haskell を学んでいるときには、do 表記と Monad メソッド／ラムダの間の変換がすんなりとはいかないかもしれませんが、問題はありません。重要なのは、do 表記がちっとも不思議ではないことを理解することです。

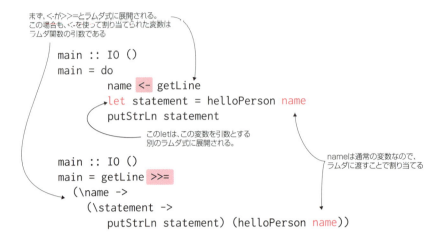

図31-2：do 表記の脱糖

▷ **クイックチェック 31-1**

do 表記を使って echo を書き換えてみましょう。

31.2 do 表記を使って同じコードを異なるコンテキストで再利用する

　ユニット 4 で do 表記を最初に見たときには、同じコードを異なるコンテキストで利用することによってさまざまなプログラムを作成できるという Monad 型クラスの能力を簡単に紹介しました。レッスン 21 の例では、2 枚のピザの単価を比較するためにユーザーに情報を求める I/O プログラムを作成しました。do 表記は Monad のすべてのメンバに対応するため、IO ではなく Data.Map から値が得られる場合に、このプログラムを Monad 型に対応するように書き換えるのは簡単でした。

　Monad により、コードをさまざまなコンテキストで簡単に再利用できることをさらに実証するために、同じコードをさまざまなコンテキストで使用する一連の例を見てみましょう。ここで取り組む問題は、あなたの会社に応募してきた人のデータを処理して、面接に合格したかどうかを判断することです。この例では、IO、Maybe、さらには List のコンテキストでも、まったく同じコードで応募者を処理できることを示します。最終的には、それぞれのコンテキストで再利用したコードを、Monad のすべてのインスタンスでうまくいく 1 つの関数にリファクタリングできます。

● 問題を解決するための準備

　まず、応募者のデータをモデル化する必要があります。応募者（Candidate）はそれぞれ一意な ID によって追跡されます。採用試験では、応募者によるコードレビューと、組織文化との適合性を判断するための面接が行われます。コードレビューと適合性は 5 段階評価で採点されます（リスト

31–5)。

リスト31–5：コードレビューと組織文化との適合性を採点する Grade データ型

```
data Grade = F | D | C | B | A deriving (Eq, Ord, Enum, Show, Read)
```

この会社にはさまざまな研究職があるため、応募者の学歴も追跡することもします。職種によっては、最低限の応募資格があります（リスト 31–6）。

リスト31–6：学歴を表す Degree データ型

```
data Degree = HS | BA | MS | PhD deriving (Eq, Ord, Enum, Show, Read)
```

Candidate の最終的なモデルはリスト 31–7 のようになります。

リスト31–7：面接の内容を表す Candidate データ型

```
data Candidate = Candidate { candidateId :: Int
                           , codeReview :: Grade
                           , cultureFit :: Grade
                           , education :: Degree } deriving Show
```

肝心なのは、応募者が有望な人材どうかを判断することです。応募者が有望な人材である場合は、審査委員会にかける必要があります。応募者が最低条件をクリアしていることを判断する viable 関数はリスト 31–8 のようになります。

リスト31–8：viable 関数は Candidate が最低条件をクリアしているかどうかをチェックする

```
viable :: Candidate -> Bool
viable candidate = all (== True) tests
  where passedCoding = codeReview candidate > B
        passedCultureFit = cultureFit candidate > C
        educationMin = education candidate >= MS
        tests = [passedCoding,passedCultureFit,educationMin]
```

次項では、応募者が有望な人材どうかを 3 つのコンテキストでチェックすることにします。

▷ **クイックチェック 31-2**
Candidate 型を実際に作成し、その応募者が最低条件をクリアしているかどうかを確認してみましょう。

● IO コンテキスト：コマンドラインツールを構築する

最初のコンテキストでは、応募者のデータを手動で入力できるコマンドラインツールを作成します。このタスクはユニット 4 で取り組んだ問題に似ています。唯一の違いは、ユニット 4 では do 表記を少し魔法のように扱ったことです。最初に必要なのは、Int、Grade、Degree の 3 つ型で読み取りを行うシンプルな I/O アクションです。これらのアクションの実装には do 表記を使用でき

398 | LESSON 31　do 表記を使って Monad を扱いやすくする

ますが、これはまさに**>>=**が役立つ状況を示す例です。各アクションには、**getLine** と結果の読み取りを接続し、その結果を **IO** 型として返すための手段が必要です (リスト 31-9)。

リスト31-9：Candidate を構築するための便利な I/O アクション

```
readInt :: IO Int
readInt = getLine >>= (return . read)

readGrade :: IO Grade
readGrade = getLine >>= (return . read)

readDegree :: IO Degree
readDegree = getLine >>= (return . read)
```

　ヘルパーアクションが揃ったところで、応募者のデータを読み取る I/O アクションの作成に取りかかりましょう。このアクションに必要なのは、ユーザーが何を入力すればよいのかを理解するのに役立つ出力を追加することです。

　リスト 31-10 で使用されている do 表記は、ユニット 4 で取り組んだ問題とまさに同じなので、見覚えがあるはずです。

リスト31-10：readCandidate 関数はコマンドラインから応募者のデータを読み取る

```
readCandidate :: IO Candidate
readCandidate = do
  putStrLn "enter id:"
  cId <- readInt
  putStrLn "enter code grade:"
  codeGrade <- readGrade
  putStrLn "enter culture fit grade:"
  cultureGrade <- readGrade
  putStrLn "enter education:"
  degree <- readDegree
  return (Candidate { candidateId = cId
                    , codeReview = codeGrade
                    , cultureFit = cultureGrade
                    , education = degree })
```

　このプログラムの中心的なロジックは、**assessCandidateIO** アクションです。このアクションは、応募者のデータを受け取り、応募者が合格したかどうかをチェックし、合格した場合は**"passed"**という String を返し、不合格の場合は**"failed"**を返します。do 表記を利用すれば、このアクションを記述するのは簡単です（リスト 31-11）。

リスト31-11：assessCandidateIO アクションは応募者が合格したかどうかを知らせる

```
assessCandidateIO :: IO String
assessCandidateIO = do
  candidate <- readCandidate
```

```
  let passed = viable candidate
  let statement = if passed
                  then "passed"
                  else "failed"
  return statement
```

このコードを main にまとめ、プログラムをコンパイルして実行することもできますが、この場合は GHCi を使用するほうが簡単です。

```
*Main> assessCandidateIO
enter id:
1
enter code grade:
A
enter culture fit grade:
B
enter education:
PhD
"passed"
```

Monad 型クラスを利用すれば、Candidate が I/O を想定した設計になっていなくても、IO のコンテキストで簡単に使用できます。

▷ **クイックチェック 31-3**

do 表記を使って readGrade を書き換えてみましょう。

● **Maybe コンテキスト：応募者のマップを操作する**

ユーザーがコマンドラインでデータを 1 つずつ入力するのは、応募者のデータをチェックする方法としては面倒です。次の例では、Data.Map を使って複数の応募者のデータを格納した上で、それらのデータを調べることにします。まず、応募者のデータを作成する必要があります（リスト 31-12）。

リスト31-12：サンプル応募者

```
candidate1 :: Candidate
candidate1 = Candidate { candidateId = 1
                       , codeReview = A
                       , cultureFit = A
                       , education = BA }

candidate2 :: Candidate
candidate2 = Candidate { candidateId = 2
                       , codeReview = C
                       , cultureFit = A
                       , education = PhD }
```

400 | LESSON 31　do 表記を使って Monad を扱いやすくする

```
candidate3 :: Candidate
candidate3 = Candidate { candidateId = 3
                        , codeReview = A
                        , cultureFit = B
                        , education = MS }
```

次に、これらの応募者を candidateDB に追加します（リスト 31-13）。

リスト31-13：サンプル応募者を candidateDB に追加する

```
import qualified Data.Map as Map
...
candidateDB :: Map.Map Int Candidate
candidateDB = Map.fromList [(1,candidate1),(2,candidate2),(3,candidate3)]
```

この例でも、応募者のデータにアクセスし、応募者が見つかった場合は文字列を返します。この場合は、candidateDB を使用することができます。lookup のたびに Maybe 型が返されるため、IO とは異なるコンテキストで問題に取り組むことになります。先の例では、ユーザーとのインタラクションに取り組みましたが、この例では、欠損している可能性がある値をやり取りすることになります。この問題に対処するには、assessCandidateIO に似ているものの、Maybe 型を扱う関数が必要です。

リスト31-14：assessCandidateMaybe と assessCandidateIO の類似性に注目

```
assessCandidateMaybe :: Int -> Maybe String
assessCandidateMaybe cId = do
  candidate <- Map.lookup cId candidateDB
  let passed = viable candidate
  let statement = if passed
                    then "passed"
                    else "failed"
  return statement
```

この時点で、応募者の ID を渡すと、結果が Maybe のコンテキストで返されるはずです。

```
*Main> assessCandidateMaybe 1
Just "failed"
*Main> assessCandidateMaybe 3
Just "passed"
*Main> assessCandidateMaybe 4
Nothing
```

コードが本質的に同じであることに注目してください。というのも、do 表記で<-を使って変数を割り当てた後は、特定のコンテキストに属していない通常の型であるかのように装っているからです。Monad 型クラスと do 表記により、あなたが操作しているコンテキストは抽象化されています。

このことによる直接的な利益は、欠測値のことをまったく考えずに問題に取り組めることです。抽象化には、コンテキスト内の問題をどれも同じように考え始めることができるというさらに大きなメリットがあります。欠損値の論証が容易になるだけでなく、最初からどのコンテキストでも動作するプログラムを設計することができます。

▷ **クイックチェック 31-4**

(Maybe String -> Strin) 型の単純な関数を記述してみましょう。この関数は、結果が存在する場合は"failed"または"passed"を出力し、Nothing コンストラクタでは"error id not found"を出力します。

● List コンテキスト：応募者のリストを処理する

List は Haskell のほぼすべての機能の見本のようなものです。そう考えると、List がやはり Monad のインスタンスであるというのは意外なことではありません。ここでは、このことが何を意味するのかを詳しく見ていきます。その前に、応募者のリストを調べたい場合はどうなるのか見てみましょう（リスト 31-15）。

リスト31-15：応募者のリスト

```
candidates :: [Candidate]
candidates = [candidate1,candidate2,candidate3]
```

List は Monad のインスタンスであるため、他の assessCandidateX 関数を assessCandidateList 関数に変換できるはずです。assessCandidateList 関数を定義してリストを渡すと、有益な結果が得られます（リスト 31-16）。

リスト31-16：List を Monad として使用することで応募者のリストを評価する

```
assessCandidateList :: [Candidate] -> [String]
assessCandidateList candidates = do
  candidate <- candidates
  let passed = viable candidate
  let statement = if passed
                    then "passed"
                    else "failed"
  return statement
```

GHCi で試してみると、応募者が面接に合格したかどうかを確認するためにリストの各応募者がチェックされ、合否を示すリストが返されることがわかります。

```
*Main> assessCandidateList candidates
["failed","failed","passed"]
```

この場合も、assessCandidateX 関数の基本的なロジックを変更する必要はほとんどありません

402 LESSON 31 do 表記を使って Monad を扱いやすくする

でした。Monad 型クラスのメソッドを使ってリストを操作する場合は、リスト全体を 1 つの値として扱うことができます。Haskell を知らない人は、`assessCandidateList` 関数の本体をすらすら読めるかもしれませんが、きっと 1 つの値に対する関数であると思い込むでしょう。map などのリスト関数を使って同じコードを記述しようと思えばできないことはありません（リスト 31-17）。

リスト31-17：リストに特化した方法で応募者を評価する

```
assessCandidates :: [Candidate] -> [String]
assessCandidates candidates = map (\x -> if x
                                         then "passed"
                                         else "failed") passed
  where passed = map viable candidates
```

しかし、このコードには抽象化に関する問題が 2 つあります。1 つは、問題をリストの観点から考えざるを得ないことです。Haskell をよく知らない人に同じコードを見せた場合は、map が使用されていることがかえって混乱を招くでしょう。もう 1 つは（そしてこちらのほうが重要ですが）、このコードを他のコンテキストの型に合わせて一般化する手立てがないことです。assessCandidates のコードは assessCandidateIO や assessCandidateMaybe のコードとはまったく違っていますが、やっていることはまったく同じです。

次項では、Monad の観点から問題について考えてみます。そのようにすると、ここまで見てきた 3 つのコンテキストに対応する一般的な解決策を簡単に構築できることがわかります。

▷ **クイックチェック 31-5**

`assessCandidateList` は空のリストに対処するでしょうか。

● すべてを 1 つにまとめる：モナド関数を記述する

ここまでは、do 表記と Monad 型クラスに焦点を合わせることで、コンテキストを抽象化しながら問題に取り組むことができました。

- IO String と通常の String の不一致について考えずに、IO 型に対するコードを記述することができる。
- Maybe に対するコードを記述し、欠損値のことは忘れてしまうことができる。
- List に対するコードを記述し、単一の値であるかのように装うことができる。

しかし、Monad 型クラスには、もう 1 つ別の利点があります。この利点は、プログラムを記述するときにコンテキストのことを忘れてしまう結果として生じるものです。本節で記述したアクションと 2 つの関数（assessCandidateIO、assessCandiateMaybe、assessCandidateList）のコードはどれもほぼ同じです。Monad 型クラスを利用すると、特定のコンテキストで問題に取り組むのが容易になるだけでなく、どのコンテキストでもうまくいく単一の解決策が得られるのです。

31.2 do 表記を使って同じコードを異なるコンテキストで再利用する | 403

これら 3 つのコンテキストで同じコードを使用するときの制限は、型シグネチャがかなり制約されることだけです。IO、Maybe、List はすべて Monad のインスタンスであるため、一般化された関数である assessCandidate の定義で型クラス制約を使用することができます。すごいのは、assessCandidateList 関数の型シグネチャを変更するだけでよいことです（リスト 31–18）。

リスト31-18：モナド関数 assessCandidate は IO、Maybe、List でうまくいく

```
assessCandidate :: Monad m => m Candidate -> m String
assessCandidate candidates = do
  candidate <- candidates
  let passed = viable candidate
  let statement = if passed
                  then "passed"
                  else "failed"
  return statement
```

この関数を 3 つのコンテキストで使用できることを GHCi で実証してみましょう。

```
*Main> assessCandidate readCandidate
enter id:
1
enter code grade:
A
enter culture fit grade:
B
enter education:
PhD
"passed"

*Main> assessCandidate (Map.lookup 1 candidateDB)
Just "failed"

*Main> assessCandidate (Map.lookup 2 candidateDB)
Just "failed"

*Main> assessCandidate (Map.lookup 3 candidateDB)
Just "passed"

*Main> assessCandidate candidates
["failed","failed","passed"]
```

ここまで見てきた例の多くが示しているように、Monad 型クラスを利用すれば、通常の型に対するコードを記述し、IO、Maybe、List といったコンテキストで使用するというさらに効果的な手段が得られます。Monad を利用することで、いずれかのコンテキストで動作するコードを、すべてのコンテキストで動作するように一般化する方法は以上となります。

31.3 まとめ

このレッスンの目的は、Monad を操作するための do 表記について説明することにありました。do 表記はすでにユニット 4 全体で使用してきたので、十分に経験した状態で取り組むことができました。とはいえ、脱糖したモナドコードを理解することはやはり重要です。そうしたコードは、Monad を操作するときの問題をデバッグしたり理解したりする上で大きく役立つことがあるからです。また、do 表記を使った IO 型に対するコードを、Maybe 型に対するコードに簡単に書き換えられることもわかりました。それだけでも有益ですが、このことは、Monad のすべてのインスタンスで動作する、より汎用的なコードの記述が可能であることも意味します。

31.4 練習問題

このレッスンの内容を理解できたかどうか確認してみましょう。

Q31-1：レッスン 21 では、ピザの単価を計算するために次のプログラムを使用しました。

```
main :: IO ()
main = do
  putStrLn "What is the size of pizza 1"
  size1 <- getLine
  putStrLn "What is the cost of pizza 1"
  cost1 <- getLine
  putStrLn "What is the size of pizza 2"
  size2 <- getLine
  putStrLn "What is the cost of pizza 2"
  cost2 <- getLine
  let pizza1 = (read size1, read cost1)
  let pizza2 = (read size2, read cost2)
  let betterPizza = comparePizzas pizza1 pizza2
  putStrLn (describePizza betterPizza)
```

このコードを脱糖し、do 表記の代わりに >>=、>>、return、ラムダ式を使って書き換えてみましょう。

Q31-2：レッスン 21 では、do 表記が IO 型に特化したものではないことを説明しました。Maybe 型に対する関数は次のように定義されていました。

```
maybeMain :: Maybe String
maybeMain = do
  size1 <- Map.lookup 1 sizeData
  cost1 <- Map.lookup 1 costData
  size2 <- Map.lookup 2 sizeData
```

```
    cost2 <- Map.lookup 2 costData
    let pizza1 = (size1,cost1)
    let pizza2 = (size2,cost2)
    let betterPizza = comparePizzas pizza1 pizza2
    return (describePizza betterPizza)
```

この関数を書き換えて List 型に対応させてみましょう（おかしな結果が出力されたとしても心配しないでください）。

Q31-3：Q31-2 の maybeMain 関数をリファクタリングし、Monad のすべてのインスタンスに対応させてみましょう。型シグネチャを変更し、関数の本体から型固有の部分を削除する必要があります。

 ## 31.5　クイックチェックの解答

▶ **クイックチェック 31-1**

```
echo :: IO ()
echo = do
  val <- getLine
  putStrLn val
```

▶ **クイックチェック 31-2**

```
testCandidate :: Candidate
testCandidate = Candidate   { candidateId = 1
                            , codeReview = A
                            , cultureFit = A
                            , education = PhD }
```

```
*Main> viable testCandidate
True
```

▶ **クイックチェック 31-3**

```
readGradeDo :: IO Grade
readGradeDo = do
  input <- getLine
  return (read input)
```

▶ **クイックチェック 31-4**

```
failPassOrElse :: Maybe String -> String
failPassOrElse Nothing = "error id not found"
failPassOrElse (Just val) = val
```

406 | LESSON 31　do 表記を使って Monad を扱いやすくする

▶ **クイックチェック 31-5**

もちろんです。assessCandidateList に空のリストを渡すと、空のリストが返されます。

LESSON 32

リストモナドとリスト内包

レッスン 32 では、次の内容を取り上げます。

- do 表記を使ってリストを生成する
- guard を使って do 表記の結果をフィルタリングする
- リスト内包を使って do 表記をさらに単純化する

レッスン 31 で示したように、List は Monad のインスタンスです。その際には、応募者のリストを処理するために List を Monad として使用する単純な例に取り組みました（リスト 32-1）。

リスト32-1：レッスン 31 の assessCandidateList 関数

```
assessCandidateList :: [Candidate] -> [String]
assessCandidateList candidates = do
  -- <-を使って応募者のリストを 1 人の応募者のように扱うことができる
  candidate <- candidates
  -- viable 関数の引数は 1 人の応募者
  let passed = viable candidate
  -- ここでも複数の応募者の計算結果を 1 つの Candidate での演算のように扱う
  let statement = if passed
                    then "passed"
                    else "failed"
  -- 結果はリストとして返される
  return statement
```

List を Monad として使用する際には、興味深いことに、<-を使ってリストを変数に割り当てると、リストが 1 つの値であるかのように扱われます。このコードの残りの部分は 1 人の応募者を処理しているように見えますが、最終的な結果は、リスト内のすべての応募者にロジックを適用したときと同じです。

List を Applicative として使用したときには、非決定論的な計算の例に最初は戸惑いました。たとえば、2 つのリストと pure (*) を使ってリストを<*>で掛け合わせると、2 つのリストに含まれている値のあらゆる組み合わせが得られます。

```
Prelude> pure (*) <*> [1 .. 4] <*> [5,6,7]
[5,6,7,10,12,14,15,18,21,20,24,28]
```

MonadとしてのListなんてますますわけがわからなくなりそうだ、と考えたかもしれませんが、実際には、意外になじみやすいことがわかります。MonadとしてのList（リストモナド）では、複雑なリストを簡単に構築することができます。リストモナドは、C#のLINQや、Pythonなどの言語のリスト内包に相当します。実際には、リストの生成をさらに容易なものにするために、リストに対するdo表記をさらに単純化する方法が存在します。

Tips　未満の奇数の2乗からなるリストを作成するもっとも簡単な方法は何でしょうか。

32.1　リストモナドを使ってリストを生成する

リストモナドの主な用途は、リストをすばやく生成することです。図32-1は、リストモナドを使って2の累乗のリストを作成する例を示しています。

```
powersOfTwo :: Int -> [Int]
powersOfTwo n = do
  value <- [1 .. n]
  return (2^value)
```

<-を使って値を割り当てると、それらの値がそのコンテキストに含まれていないかのように装うことができる。この場合、コンテキストは[Int]であるため、値をIntとして扱うことができる

値のリストを操作しているが、単一の値であるかのように指数を増やしていくことができる。Monadクラスのポイントはコンテキスト内の型を通常の型であるかのように扱える点にある

図32-1：ListをMonadとして考えることによりリストを生成する

この関数を使って2の1乗から10乗までのリストを作成してみましょう。

```
*Main> powersOfTwo 10
[2,4,8,16,32,64,128,256,512,1024]
```

この定義では、リスト全体を単一の値として扱えることがわかります。そして、期待どおりの結果が得られています。ユニット1で示したように、この問題をmapで解くことも可能です。

```
powersOfTwoMap :: Int -> [Int]
powersOfTwoMap n = map (\x -> 2^x) [1 .. n]
```

しかし、この場合は List をリストデータ構造として考えるため、リストのコンテキストは抽象化されません。この例では、map を使用するバージョンのほうがおそらく読んだり書いたりするのがずっと簡単でしょう。しかし、もっと複雑なリストを生成するようになれば、1 つの値を変換する方法に集中できることが助けになるかもしれません。do 表記を使ってリストを生成する例をもう少し見てみましょう。

2 つのリストを結合するのは簡単です。2 の累乗と 3 の累乗のペアが n 個必要であるとしましょう（リスト 32–2）。

リスト32–2：do 表記を使ってペアのリストを作成する

```
powersOfTwoAndThree :: Int -> [(Int,Int)]
powersOfTwoAndThree n = do
  value <- [1 .. n]              -- リストを単一の値として扱う
  let powersOfTwo = 2^value      -- powersOfTwo は 2 の累乗のリストを表す単一の値
  let powersOfThree = 3^value    -- powersOfThree は 3 の累乗のリストを表す単一の値
  -- 1 つのペアを返しているように見えるが、実際にはペアのリストを返している
  return (powersOfTwo,powersOfThree)
```

さっそく 2 の累乗と 3 の累乗のペアからなるリストを作成してみましょう。

```
*Main> powersOfTwoAndThree 5
[(2,3),(4,9),(8,27),(16,81),(32,243)]
```

この例では、1 つのリスト（value）を使って 2 の累乗を生成しています。2 つのリストを作成してそれらを同じようにペアにした場合、結果は異なるものになります。偶数と奇数の n 個の組み合わせを生成する関数は次のようになります。

```
allEvenOdds :: Int -> [(Int,Int)]
allEvenOdds n = do
  evenValue <- [2,4 .. n]   -- evenValue はリストを表す単一の値
  oddValue <- [1,3 .. n]    -- oddValue はリストを表す単一の値
  -- evenValue と oddValue は<-を使って作成されるため、このペアは
  -- evenValue と oddValue のあらゆる組み合わせを表す
  return (evenValue,oddValue)
```

GHCi で試してみると、サイズが n のリストではなく、偶数と奇数のあらゆる組み合わせが得られることがわかります。

```
*Main> allEvenOdds 5
[(2,1),(2,3),(2,5),(4,1),(4,3),(4,5)]
*Main> allEvenOdds 6
[(2,1),(2,3),(2,5),(4,1),(4,3),(4,5),(6,1),(6,3),(6,5)]
```

▷ **クイックチェック 32-1**

do 表記を使って 1〜10 の整数とそれらの 2 乗のペアを生成してみましょう。

● guard 関数

もう 1 つの便利なトリックはリストのフィルタリングです。この場合も filter を使用することが可能ですが、Monad を操作するときには、そのコンテキストの外側の値について推論できるようにしておきたいところです。Control.Monad モジュールには、リスト内の値をフィルタリングできる guard という関数が定義されています。guard を使用するには、Control.Monad をインポートする必要があります。guard を使って偶数を生成する方法は次のようになります。

```
evensGuard :: Int -> [Int]
evensGuard n = do
  value <- [1 .. n]
  guard(even value)    -- guard は条件を満たさない値をすべて除外する
  return value
```

do 表記では、Monad のメソッドを使用することで、どれだけ複雑なリストでも簡単に生成できますが、そのためのもっと使いやすいインターフェイスが存在します。

▷ **クイックチェック 32-2**

guard と do 表記を使って filter を記述してみましょう。

 ## 32.2 リスト内包

読者が Python プログラマである場合は、このような方法でのリストの生成を少し冗長に感じていることでしょう。Python では、リストの生成に**リスト内包**という特別な構文を使用します。Python のリスト内包を使って 2 の累乗を生成する方法は次のようになります。

```
>>> [2**n for n in range(10)]
[1, 2, 4, 8, 16, 32, 64, 128, 256, 512]
```

Python のリスト内包では、リストを条件付きでフィルタリングすることもできます。0〜9 の 2 乗のうち偶数だけを残す方法は次のようになります。

> Column **guard 関数と Alternative 型クラス**
>
> guard の型シグネチャを調べてみると、少し変わった関数であることがわかります。注目すべきは、見たことのない型クラス制約が指定されていることです。
>
> ```
> guard :: GHC.Base.Alternative f => Bool -> f ()
> ```
>
> Alternative 型クラスは Applicative のサブクラスです。つまり、Alternative のインスタンスはすべて Applicative のインスタンスでなければなりません。しかし、Applicative とは異なり、Alternative は Monad のスーパークラスではありません。つまり、すべての Monad が Alternative のインスタンスというわけではありません。guard に関して言うと、Alternative の鍵を握るメソッドは empty です。このメソッドは、Monoid の mempty と同じように動作します。List と Maybe はどちらも Alternative のインスタンスです。List の empty 値は [] であり、Maybe の empty 値は Nothing です。ただし、IO は Alternative のインスタンスではありません。IO 型で guard を使用することはできません。
>
> guard を最初に知ったときには、魔法のように思えるかもしれません。きっと内部では不純な処理が実行されているに違いありません。ですが意外なことに、guard は完全な純粋関数です。本書では取り上げませんが、Monad に慣れてきたら、guard を自分で実装できるかどうかたしかめてみてください。do 表記を >>=、>>、ラムダに変換すると、guard を理解するのに大いに役立ちます。また、guard を理解すると、>> の微妙な部分について多くのことがわかります。初心者にとって特にためになる訓練ではありませんが、Monad の操作に慣れてきたらぜひ取り組んでみてください。

```
>>> [n**2 for n in range(10) if n**2 % 2 == 0]
[0, 4, 16, 36, 64]
```

do 表記と List をいろいろ試してきたので、親近感を覚えますが、これまで見てきたものよりもずっとコンパクトです。最後の Python のリスト内包に相当する Haskell の do 表記バージョンはリスト 32–3 のようになります。

リスト32–3：evenPowersOfTwo 関数は Python のリスト内包をエミュレートする

```
evenSquares :: [Int]
evenSquares = do
  n <- [0 .. 9]
  let nSquared = n^2
  guard(even nSquared)
  return nSquared
```

Python プログラマは少し驚くかもしれませんが、リスト内包は Monad の具体的な応用にすぎません。もちろん、evenSquares 関数は Python のリスト内包よりもはるかに冗長です。Haskell のここまでの説明からすると、「Haskell は〜よりも冗長である」というのは意外なことでしょう。Haskell は負けじとばかり、リストに合わせて do 表記をさらに改良しています。それが Haskell の

リスト内包です。

　Haskell のリスト内包では、リストの生成が do 表記よりもさらに単純になります。図 32-2 は、powersOfTwo 関数を do 表記からリスト内包に変換する方法を示しています。

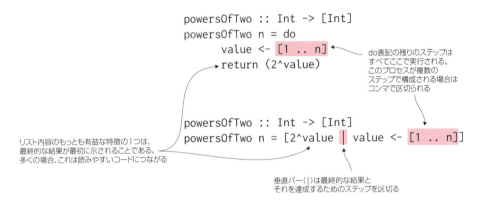

図32-2：リスト内包により、リストを生成するための do 表記はさらに単純になる

この変換は比較的単純です。変換後の powersOfTwoAndThree は次のようになります。

```
powersOfTwoAndThree :: Int -> [(Int,Int)]
powersOfTwoAndThree n = [ (powersOfTwo,powersOfThree)
                        | value <- [1 .. n]
                        -- do 表記とほぼ同じだが、行がコンマで区切られており、
                        -- 改行は純粋にオプションである
                        , let powersOfTwo = 2^value
                        -- 明確さを期して長い変数名を使用している
                        -- 通常は、リスト内包をワンライナーに保つために
                        -- 短い変数名が使用される
                        , let powersOfThree = 3^value ]
```

リスト内包のほうがはるかに扱いやすい理由の 1 つは、最初に結果が示され、その後にリストの生成方法が示されることです。リスト内包が何をしているかは、その先頭部分を調べればたいてい簡単に理解できます。

```
allEvenOdds :: Int -> [(Int,Int)]
allEvenOdds n = [(evenValue,oddValue) | evenValue <- [2,4 .. n]
                                      , oddValue <- [1,3 .. n]]
```

guard 関数は完全にリスト内包を抽象化したものです。

```
evensGuard :: Int -> [Int]
evensGuard n = [value | value <- [1 .. n], even value]
```

リスト内包はリストモナドの操作をさらに容易にするすばらしい手段です。それだけではなく、リスト内包を他の言語で使用してきた場合は、モナドコードの記述をすでに経験していることになります。モナドと言えば Haskell ですが、ユニット 1 で取り上げた関数型プログラミングの基本要素（ファーストクラス関数、ラムダ式、クロージャ）をサポートしている言語であれば、モナドが存在していても何ら不思議ではありません。これらをサポートしている言語では、リスト内包システムを構築できるはずです。`>>=`、`>>`、`return` を実装するだけでよいのです。

▷ **クイックチェック 32-3**

次の単語の 1 文字目を大文字にし、先頭に `Mr.` を追加するリスト内包を作成してみましょう。**ヒント**：`Data.Char` の `toUpper` を使用します。

```
["brown","blue","pink","orange"]
```

 ## 32.3　Monad は単なるリストではない

次のレッスンでは、リストを操作するための SQL 形式のインターフェイスを作成することで、リストでの処理をさらに抽象化します。ずっとリストモナドについて検討してきたので、モナドはリストのためにあると考えるようになっているかもしれません。ですが、ユニット 4 を忘れてはなりません。あまり説明しませんでしたが、そのレッスンで記述したコードのほとんどの行は Monad 型クラスを使用しています。

このユニットを終える頃には、Monad で考える 2 つの方法（IO と List）がすっかり身についているはずです。ここでの目標は、コンテキストでの操作という概念がいかに強力な抽象化であるかを示すことにあります。IO では、コンテキストでの操作を使って、I/O に必要な純粋ではないステートフルなコードを、安全で予測可能なプログラムから切り離しました。List では、Monad 型クラスを使用することで、複雑なデータの生成がずっと簡単になることを確認しました。また、Maybe 型に対応するプログラムを記述するために、Monad を使用する例をいろいろ見てきました。それにより、欠損値を扱う複雑なプログラムを記述する一方で、欠損値をどのように扱うかについてまったく考えずに済みました。これら 3 つのコンテキストは大きく異なっていますが、それでも Monad 型クラスを利用すれば、それらのコンテキストについてまったく同じように考えることができます。

32.4 まとめ

このレッスンでは、List が Monad のメンバとしてどのように振る舞うのかを調べながら、Monad 型クラスをさらに詳しく説明しました。Haskell を学んでいる多くの人は、Python プログラミング言語でよく使用されているリスト内包が Monad に相当することを知って驚くかもしれません。リスト内包はどれも do 表記に簡単に変換できます。そして、do 表記を使用しているコードは >>= とラムダに簡単に脱糖できます。Monad 型クラスのすごいところは、リスト内包で使用されるロジックを抽象化し、Maybe 型と IO 型にシームレスに適用できるようにすることです。

32.5 練習問題

このレッスンの内容を理解できたかどうか確認してみましょう。

Q32-1：リスト内包を使ってカレンダーの日付のリストを生成してみましょう。ここでは、各月の日数がわかっているものと仮定します。たとえば、1月の 1 .. 31 で始まり、2月の 1 .. 28 が続く、といった具合になります。

Q32-2：Q32-1 の問題を do 表記に書き換え、さらに Monad のメソッドとラムダに書き換えてみましょう。

32.6 クイックチェックの解答

▶ クイックチェック 32-1

```
valAndSquare :: [(Int,Int)]
valAndSquare = do
  val <- [1 .. 10]
  return (val,val^2)
```

▶ クイックチェック 32-2

```
guardFilter :: (a -> Bool) -> [a] -> [a]
guardFilter test vals = do
  val <- vals
  guard(test val)
  return val
```

32.6 クイックチェックの解答 | 415

▶ **クイックチェック 32-3**

```
import Data.Char

answer :: [String]
answer = [ "Mr. " ++ capVal
         | val <- ["brown","blue","pink","organge","white"]
         , let capVal = (\(x:xs) -> toUpper x:xs) val ]
```

LESSON 33

演習：HaskellでのSQL形式のクエリ

レッスン33では、次の内容を取り上げます。

- Monad型クラスを使ってリストに対するSQL形式のクエリを作成する
- 1つのMonad（Listなど）に対して書かれた関数を一般化する
- 関数を型で整理する

　レッスン32では、MonadとしてのListを、Pythonで非常によく使用されているリスト内包と
しても理解できることを示しました。このレッスンでは、ListとMonadの用途をさらに広げて、
リスト（および他のモナド）に対するSQL形式のインターフェイスを作成します。SQLはリレー
ショナルデータベースの主要なクエリ言語として使用されており、データどうしの関係を簡潔な構
文で表すことができます。たとえば、教師に関するデータがある場合は、英語を教えている教師を
次のようにして検索することができます。

```
SELECT teacherName FROM teacher
INNER JOIN course ON teacher.id = course.teacherId
WHERE course.title = "English";
```

　これにより、2つのデータセット（teacherテーブルとcourseテーブル）を結合し、目当ての情
報を簡単に取り出すことができます。ここで構築するのは、（.NETのLINQをもじった）HINQと
いうツールです。HINQでは、データをリレーショナルに検索できます。HINQの実装では、Monad
型クラスを包括的に利用します。最終的には、次のようなクエリツールが完成します。

- リレーショナルデータでクエリを実行するためのおなじみのインターフェイスをHaskell
  で提供する。
- 強く型指定されている。
- 遅延評価を使用することで、クエリを実行せずにやり取りできる。

- 他のHaskell関数からシームレスに呼び出すことができる。

まず、リストでのSELECTクエリを作成することから始めます。続いて、WHERE関数を使ってクエリをフィルタリングする方法を確認し、最後に、Monadの中で複雑なデータを簡単に結合できるJOIN関数を作成します。

33.1　作業を始めるための準備

まず、基本的なデータで準備します。ここで必要なものはすべて hinq.hs というファイルに保存することにします。リストをリレーショナルデータベースのテーブルのように扱うにはどうすればよいかを確認したいので、生徒（student）、教師（teacher）、科目（course）、履修（enrollment）に基づく例を使用することにします。図33-1は、この例の設定を示しています。

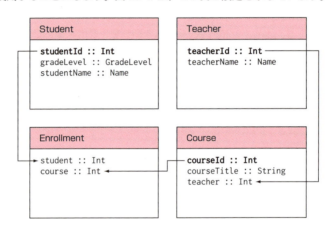

図33-1：この例で操作する基本データ間の関係

まず、生徒をモデル化することから始めます。各生徒の名前は firstName、lastName として定義します（リスト33-1）。

リスト33-1：単純な Name データ型とその Show インスタンス

```
data Name = Name { firstName ::String, lastName :: String }

instance Show Name where
  show (Name first last) = mconcat [first," ",last]
```

次に、各生徒の学年を定義します（リスト33-2）。

リスト33-2：GradeLevel データ型は生徒の学年を表す

```
data GradeLevel = Freshman | Sophomore | Junior | Senior
                  deriving (Eq,Ord,Enum,Show)
```

これら 2 つのデータに加えて、一意な生徒 ID を追加します。生徒を表す Student データ型はリスト 33-3 のようになります。

リスト33-3：Student データ型

```
data Student = Student { studentId :: Int
                       , gradeLevel :: GradeLevel
                       , studentName :: Name } deriving Show
```

さらに、この例で使用する生徒のリストも定義します（リスト 33-4）。

リスト33-4：クエリを実行できる生徒のリスト

```
students :: [Student]
students = [ (Student 1 Senior (Name "Audre" "Lorde"))
           , (Student 2 Junior (Name "Leslie" "Silko"))
           , (Student 3 Freshman (Name "Judith" "Butler"))
           , (Student 4 Senior (Name "Guy" "Debord"))
           , (Student 5 Sophomore (Name "Jean" "Baudrillard"))
           , (Student 6 Junior (Name "Julia" "Kristeva")) ]
```

リストの準備ができたところで、基本的な操作（SELECT と WHERE）の構築に取りかかることができます。ここでは、SELECT と WHERE に加えて、共通のプロパティに基づいて 2 つのリストを結合できる JOIN 関数も作成します。

型で考えると、これら 3 つの関数を次のように推論できます。SELECT 関数では、選択の対象となるプロパティを表す関数と、選択するアイテムのリストを受け取る必要があります。この関数の結果は、選択されたプロパティのリストになります。この関数の型シグネチャは図 33-2 のようになります。

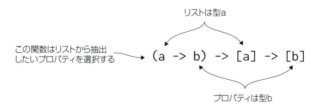

図33-2：SELECT 関数の型シグネチャ

WHERE 関数では、テスト関数とリストを受け取り、リストに残った値だけを返します。テスト関数は単なる a -> Bool の関数です。WHERE 関数の型シグネチャは図 33-3 のようになります。

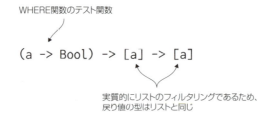

図33-3：WHERE 関数の型シグネチャ

　JOIN 関数では、型が異なる可能性がある 2 つのリストと、各リストからプロパティを取り出す 2 つの関数を受け取ります。ここで重要となるのは、これらのプロパティを比較するには、それらのプロパティが同じ型で、かつ Eq のインスタンスでなければならないことです。JOIN 関数の結果は、元のリストで一致した値のタプルが含まれたリストになります。この関数の型シグネチャは次のようになります（この型シグネチャについては、実装時に詳しく説明します）。

```
Eq c => [a] -> [b] -> (a -> c) -> (b -> c) -> [(a,b)]
```

　次節では、SELECT 関数と WHERE 関数の実装に取りかかります。それにより、リストで単純なクエリを簡単に実行できるようになります。

33.2　リストに対する基本的なクエリ：SELECT と WHERE

　最初に実装するのは、SELECT 関数と WHERE 関数です。SQL の SELECT 句では、テーブルからプロパティを選択できます。

```
SELECT studentName FROM students;
```

　このクエリを実行すると、students テーブルから生徒全員の名前が取り出されます。HINQ のクエリでは、SELECT 関数を実行すると、生徒のリストから全員の名前が取り出されます。SQL の WHERE 句を利用すれば、指定された値に基づいて SELECT の条件を設定できます。

```
SELECT * FROM students WHERE gradeLevel = 'Senior';
```

　この SQL 文は、students テーブルのエントリのうち、学年が Senior である生徒のエントリをすべて選択します。ほとんどのデータベースでは、学年を文字列として表さなければなりませんが、Haskell では特別な型を使用できることに注目してください。

さっそく、これらを関数として実装してみましょう。HINQ では、すべての関数の先頭にアンダースコア（_）を付けます。本書ではまだモジュールを取り上げておらず、競合を回避したいという理由もありますが、where が予約済みのキーワードだからでもあります。

● _select 関数を実装する

実装するのがもっとも簡単な操作は_select です。この関数は fmap のように動作するため、この場合は Monad の構文を使用するだけで済みます（リスト 33-5）。

リスト33-5：_select 関数は単なる fmap である

```
_select :: (a -> b) -> [a] -> [b]
_select prop vals = do
  val <- vals
  return (prop val)
```

GHCi を使って students リストからプロパティを選択してみましょう。

```
*Main> _select (firstName . studentName) students
["Audre","Leslie","Judith","Guy","Jean","Julia"]
*Main> _select gradeLevel students
[Senior,Junior,Freshman,Senior,Sophomore,Junior]
```

この例では、_select 関数がプロパティを 1 つしか選択できないように見えるかもしれませんが、ラムダを利用すれば、1 つの関数で 2 つのプロパティを選択できます。

```
*Main> _select (\x -> (studentName x, gradeLevel x)) students
[(Audre Lorde,Senior),(Leslie Silko,Junior),(Judith Butler,Freshman),
(Guy Debord,Senior),(Jean Baudrillard,Sophomore),(Julia Kristeva,Junior)]
```

関数型プログラミングのトリックの数々を学んだ後でも、ファーストクラス関数とラムダ関数の結合がどれほど強力であるかをつい忘れてしまいがちです。

注目すべき点がもう 1 つあります。この_select 関数は、その型シグネチャのせいで、fmap ほどの威力はありません。_select を文字どおり_select = fmap として定義すれば、Functor 型クラスのすべてのメンバでうまくいくようになります。このレッスンでは後ほど、コードの（ただし Monad に対する）リファクタリングに取り組みますが、型シグネチャがいかに重要であるかを覚えておいてください。

● _where 関数を実装する

_where 関数も驚くほど単純です。ここで作成するのは、テスト関数とリストを受け取る guard の単純なラッパーです。guard を使用するには、Control.Monad のインポートが必要であることを思い出してください。_where 関数は単なる guard 関数ではないため、_select 関数よりも複雑

です（_selectの場合はfmapとして定義しようと思えばできないことはありません）。<-による割り当てを使ってリストを単一の値であるかのように扱い、テスト関数とguardを使ってテストにパスしなかった結果を除外します（リスト33-6）。

リスト33-6：_where関数ではクエリのフィルタリングが可能

```
import Control.Monad
...
_where :: (a -> Bool) -> [a] -> [a]
_where test vals = do
  val <- vals
  guard (test val)
  return val
```

_where関数を試してみるために、文字列（String）が特定の文字で始まっているかどうかをテストするヘルパー関数を作成してみましょう（リスト33-7）。

リスト33-7：startsWithを使ってStringが特定の文字で始まっているかどうかをチェックする

```
startsWith :: Char -> String -> Bool
startsWith char string = char == (head string)
```

さっそく_whereと_selectを使って名前がJで始まる生徒だけを選択してみましょう。

```
*Main> _where (startsWith 'J' . firstName) (_select studentName students)
[Judith Butler,Jean Baudrillard,Julia Kristeva]
```

_selectと_whereの基礎を理解したところで、リレーショナルクエリの中心的な要素であるJOINに取りかかりましょう。

33.3　Courseデータ型とTeacherデータ型の結合

2つのデータセットを結合するには、さらにデータを作成する必要があります。次に取り組むのは、教師と科目です。教師を表すTeacherデータ型はteacherIdとteacherNameで構成されます（リスト33-8）。

リスト33-8：Teacherデータ型

```
data Teacher = Teacher { teacherId :: Int, teacherName :: Name } deriving Show
```

この例で使用する教師のリストはリスト33-9のようになります。

リスト33-9：教師のリスト

```
teachers :: [Teacher]
teachers = [ Teacher 100 (Name "Simone" "De Beauvior")
           , Teacher 200 (Name "Susan" "Sontag") ]
```

科目を表す Course データ型は、courseId、courseTitle、teacher で構成されます。teacher は Int 型であり、その科目を教える教師の ID（teacherId）を表します（リスト 33-10）。

リスト33-10：Course データ型は Teacher を ID で参照する

```
data Course = Course { courseId :: Int
                     , courseTitle :: String
                     , teacher :: Int } deriving Show
```

この場合も、サンプルデータが必要です（リスト 33-11）。

リスト33-11：科目のリスト

```
courses :: [Course]
courses = [Course 101 "French" 100, Course 201 "English" 200]
```

次に必要なのは、これら 2 つのデータセットの結合です。SQL 用語で言うと、この場合の結合は、一致したペアだけを結合する**内部結合**（INNER JOIN）を表します。教師とその教師が受け持つクラスのペアを取得する SQL クエリは次のようになります。

```
SELECT * FROM teachers
INNER JOIN courses
ON (teachers.teacherId = courses.teacher);
```

_join 関数では、一方のリストのデータともう一方のリストのデータを比較し、指定されたプロパティの値が等しいかどうかをチェックすると仮定します。この場合、型シグネチャはかなり大きなものになります。_join 関数に 2 つのリストを渡すと、それらのリストを結合するためのプロパティを関数が選択し、結合されたリストを返します。図 33-4 に示されている型シグネチャは、このプロセスを理解するのに役立つはずです。

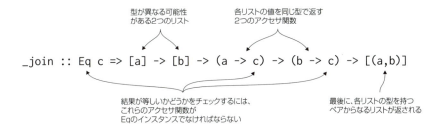

図33-4：_join 関数の型シグネチャ

_join 関数を作成する方法は、データベースの作成に使用される関係代数の結合の仕組みと同じです。まず、2 つのリストの**直積**を計算します。直積自体は、SQL の**クロス結合**（CROSS JOIN）と同じで、あらゆる組み合わせのペアを表します。この関数では、結果を返す前にペアをフィルタリングします。このフィルタリングは、この関数に渡されるプロパティに基づいて実施されます（図33–5）。

```
<-を使って各リストを単一の値であるかのように扱う

_join data1 data2 prop1 prop2 = do
    d1 <- data1
    d2 <- data2
    let dpairs = (d1,d2)
    guard ((prop1 (fst dpairs)) == (prop2 (snd dpairs)))
    return dpairs
```

続いて、これら2つのリストからペアを作成する。do表記では、d1とd2のあらゆるペアを表すことを思い出そう

guardは渡された2つのプロパティが一致したペアだけを選択することを意味する

最後に、一致したペアだけが含まれたリストを返す

図33–5：_join 関数はプロパティの照合に基づいて 2 つのデータセットを結合する

_join 関数を使って teachers と courses を結合してみましょう。

```
*Main> _join teachers courses teacherId teacher
[(Teacher {teacherId = 100, teacherName = Simone De Beauvior},
Course {courseId = 101, courseTitle = "French", teacher = 100}),
(Teacher {teacherId = 200, teacherName = Susan Sontag},
Course {courseId = 201, courseTitle = "English", teacher = 200})]
```

クエリ言語の主な要素が揃ったところで、_select、_where、_join を使いやすい形式にまとめることにします。

33.4　HINQ のインターフェイスとサンプルクエリの構築

クエリの組み立てをもう少し簡単にしてみましょう。リスト 33–12 は、これらの関数を使って英語の教師のリストを取得する例を示しています。

リスト33–12：_join、_select、_where の組み合わせを簡単にする方法が必要

```
joinData = (_join teachers courses teacherId teacher)
whereResult = _where ((== "English") . courseTitle . snd) joinData
selectResult = _select (teacherName . fst) whereResult
```

この方法はうまくいきますが、ここで必要なのは SQL クエリのように使用できるクエリです。通常、SQL クエリは次のような構造になります。

```
SELECT <要素> FROM <データ> WHERE <テスト>
```

データは 1 つのリストか、2 つのリストを結合したデータのどちらかになります。このため、クエリを次のような構造に変更したくなります。

```
(_select (teacherName . fst))
(_join teachers courses teacherId teacher)
(_where ((== "English") .courseTitle . snd))
```

このようなクエリを実現するには、ラムダ関数を使ってコードの構造を変更する必要があります。そこで、_hinq という関数を作成します。この関数は、_select クエリ、_join クエリ、_where クエリを適切な順番で受け取り、ラムダを使ってクエリ全体を再構築します（リスト 33–13）。

リスト33–13：_hinq 関数はクエリの再構築を可能にする

```
_hinq selectQuery joinQuery whereQuery = (\joinData ->
                                           (\whereResult ->
                                               selectQuery whereResult)
                                           (whereQuery joinData)
                                          ) joinQuery
```

クエリの実行には、この _hinq 関数を使用します。このコードは明らかに SQL や LINQ を完全に再現しているとは言えませんが、それらにかなり近いものであり、2 つのリストの結合をリレーショナルクエリと同じように考えることができます。_hinq 関数を使って先ほどのクエリを再現すると、リスト 33–14 のようになります。

リスト33–14：_hinq 関数を使って Haskell で SQL を近似する

```
finalResult :: [Name]
finalResult = _hinq (_select (teacherName . fst))
                    (_join teachers courses teacherId teacher)
                    (_where ((== "English") .courseTitle . snd))
```

ただし、小さな問題がまだ 1 つ残っています。finalResult から（英語の教師だけではなく）すべての教師のファーストネームを取り出したいとしましょう。この場合、_where 関数は必要ありません。すべてのテストを自動的に True にする (_ -> True) を利用すれば、この問題を解決することができます（リスト 33–15）。

リスト33-15：_where がない場合の 1 つの解決策

```
teacherFirstName :: [String]
teacherFirstName = _hinq (_select firstName)
                        finalResult
                        (_where (\_ -> True))
```

　この方法はうまくいきますが[1]、常に True になる文を忘れずに渡さなければならないというのはおもしろくありません。そして、Haskell はデフォルト引数をサポートしていません。WHERE 句なしのクエリに簡単に対処できるようにするにはどうすればよいでしょうか。その答えは、2 つのコンストラクタを持つ HINQ 型を使用することです。

 ## 33.5　クエリを表す HINQ 型を作成する

　ここでは、クエリを表す HINQ 型を作成します。クエリは SELECT 句、JOIN 句または通常のデータ、WHERE 句で構成されるか、最初の 2 つの句で構成されることがわかっています。このため、WHERE 句なしでクエリを実行することが可能です。ただし、作業に取りかかる前に、_select、_where、_join の 3 つの関数に少し手を加えておく必要があります。現時点では、これらの関数はどれも List を操作しますが、この部分を一般化して Monad を操作するように変更できます。この修正に関しては、型シグネチャの制約を弱めるだけでよく、コードを変更する必要はまったくありません。ただし、型クラス制約を追加する必要があります。また、guard 関数が動作するのは Alternative 型クラスのインスタンスです。Alternative は Applicative のサブクラスであり、(Monoid と同様に) 型に対する empty 要素の定義を含んでいます。List と Maybe はどちらも Alternative のメンバですが、IO はメンバではありません。Alternative 型クラスを使用するには、Control.Applicative モジュールをインポートする必要があります。HINQ クエリの能力を拡張するリファクタリング後の型シグネチャはリスト 33-16 のようになります。

リスト33-16：_select、_where、_join はすべてのモナドに対応する

```
import Control.Applicative

_select :: Monad m => (a -> b) -> m a -> m b
_where :: (Monad m, Alternative m) => (a -> Bool) -> m a -> m a
_join :: (Monad m, Alternative m, Eq c) => m a -> m b ->
         (a -> c) -> (b -> c) -> m (a,b)
```

---

[1] 訳注：finalResult はすでにフィルタリングされているため、teacherFirstName は (すべての教師ではなく) 英語の教師のファーストネームしか返さない。

リスト 33-16 はまさにモナドコードの記述がなぜそれほど有益なのかを物語っています。最初は、この問題を解くために List 型を使用しました。しかし、型シグネチャを変更するだけで、このようなコードの一般化が可能になるのです。`map` や `filter` といったリスト固有の関数を使用していた場合は、はるかに多くのリファクタリング作業が必要になります。型がリファクタリングされたところで、実行したいと考えているクエリを表す汎用的な HINQ 型は図 33-6 のようになります。

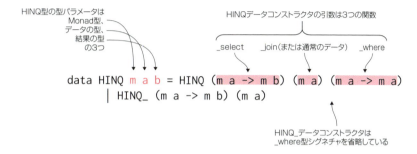

図33-6：HINQ データ型

このコンストラクタは、_selector と _join の型シグネチャと、場合によっては_where の型シグネチャを使用しています。HINQ 型を受け取ってクエリを実行する runHINQ 関数を定義してみましょう（リスト 33-17）。

リスト33-17：runHINQ 関数は HINQ クエリを実行する

```
runHINQ :: (Monad m, Alternative m) => HINQ m a b -> m b
runHINQ (HINQ sClause jClause wClause) = _hinq sClause jClause wClause
runHINQ (HINQ_ sClause jClause) = _hinq sClause jClause (_where (\_ -> True))
```

HINQ 型を使用するもう 1 つの利点は、元の長い型定義が明確になることです。さっそく、クエリをいくつか実行して、どうなるか見てみましょう。

33.6　HINQ クエリを実行する

HINQ 型を定義したので、実行したいと考えるかもしれないさまざまなクエリを調べることにします。まず、英語の教師のクエリを振り返ってみましょう。完全な HINQ クエリとその型シグネチャは次のようになります。

```
query1 :: HINQ [] (Teacher, Course) Name
query1 = HINQ (_select (teacherName . fst))
              (_join teachers courses teacherId teacher)
              (_where ((== "English") .courseTitle . snd))
```

LESSON 33 演習：Haskell での SQL 形式のクエリ

Haskell は遅延評価を使用するため、このクエリを定義するだけでは実行されません。これは願ってもないことです。というのも、（やはり遅延評価を使用する）.NET LINQ の振る舞いがエミュレートされるため、結果が必要になるまではクエリが実行される心配をせずに、高価な計算をやり取りできることを意味するからです。HINQ のもう 1 つの利点は、強く型指定されることです。Haskell の型チェッカーのエラーをもとに、クエリのバグを簡単に特定できます。型推論のおかげで、簡単なクエリでは型を省略することを常に選択できます。query1 を実行して結果を見てみましょう。

```
*Main> runHINQ query1
[Susan Sontag]
```

同じデータセットから教師の名前を選択したい場合は、HINQ_ を使って WHERE 句を省略することができます。

```
query2 :: HINQ [] Teacher Name
query2 = HINQ_ (_select teacherName) teachers
```

このクエリは teachers 自体で_select を使用するのと同じですが、非常に単純なケースでも HINQ 型がうまくいくことを示しています。期待どおりの結果が得られることを GHCi でたしかめてみましょう。

```
*Main> runHINQ query2
[Simone De Beauvior,Susan Sontag]
```

HINQ のようなツールのもっとも一般的な用途は List ですが、Monad と Alternative のすべてのメンバに対応するようにリファクタリングしたことを思い出してください。次項では、Maybe 型でのクエリの例を見てみましょう。

● HINQ を Maybe 型で使用する

Maybe Teacher や Maybe Course が必要になるような状況は容易に想像できます。リストに値が含まれていないからといって、teachers と courses の結合が必要にならないとは限りません。possibleTeacher と possibleCourse の例を見てみましょう（リスト 33-18）。

リスト33-18：Monad に対応するように記述されているため、Maybe 型のクエリが可能

```
possibleTeacher :: Maybe Teacher
possibleTeacher = Just (head teachers)

possibleCourse :: Maybe Course
possibleCourse = Just (head courses)
```

Maybe 型でのクエリの実行は、クエリが失敗しなかった場合にのみ結果が得られることを意味します。クエリが失敗するのは、データが欠損している場合か、一致するデータが見つからない場合です。英語の教師のクエリを Maybe 型に合わせて書き換えると、リスト 33-19 のようになります（ここではフランス語の教師を選択しています）。

リスト33-19：Maybe 型のクエリの例

```
maybeQuery1 :: HINQ Maybe (Teacher,Course) Name
maybeQuery1 = HINQ (_select (teacherName . fst))
                   (_join possibleTeacher possibleCourse teacherId teacher)
                   (_where ((== "French") .courseTitle . snd))
```

Maybe のコンテキストでも、リレーショナルに考え、クエリを実行し、結果を取得することができきます。

```
*Main> runHINQ maybeQuery1
Just Simone De Beauvior
```

科目が欠損している場合でも、クエリを安全に実行できます（リスト 33-20）。

リスト33-20：Maybe 型のデータを結合し、欠損値に簡単に対処できる

```
missingCourse :: Maybe Course
missingCourse = Nothing

maybeQuery2 :: HINQ Maybe (Teacher,Course) Name
maybeQuery2 = HINQ (_select (teacherName . fst))
                   (_join possibleTeacher missingCourse teacherId teacher)
                   (_where ((== "French") .courseTitle . snd))
```

データが欠損していても安全に処理されることを GHCi でたしかめてみましょう。

```
*Main> runHINQ maybeQuery2
Nothing
```

最後に、HINQ を使って複数の結合を伴うより複雑な問題を解いてみることにします。

● すべての履修者を取得するために複数のリストを結合する

次に、科目の履修者を特定するためのクエリに取り組みます。このクエリを実行するには、履修を表すデータ型が必要です。この Enrollment データ型は、生徒の ID と科目の ID で構成されます（リスト 33-21）。

リスト33-21：Enrollment データ型は Student を Course に関連付ける

```
data Enrollment = Enrollment { student :: Int, course :: Int } deriving Show
```

430 | LESSON 33 演習：Haskell での SQL 形式のクエリ

すべての履修者を表すために、それぞれが生徒の ID と科目の ID のペアである履修者のリストを作成します（リスト 33-22）。

リスト33-22：履修者のリスト

```
enrollments :: [Enrollment]
enrollments = [ (Enrollment 1 101)
              , (Enrollment 2 101)
              , (Enrollment 2 201)
              , (Enrollment 3 101)
              , (Enrollment 4 201)
              , (Enrollment 4 101)
              , (Enrollment 5 101)
              , (Enrollment 6 201) ]
```

すべての生徒の名前とその生徒が履修している科目の名前がペアになったリストを取得したいとしましょう。このクエリを実現するには、students と enrollments を結合し、その結果を courses と結合する必要があります。HINQ_クエリを使用すれば、すべての生徒の履修を 1 回で取得できます。このクエリは型推論を利用するのに格好の例です。クエリでの型の結合は複雑になることがあり、型シグネチャを完全に書き出すのはそう簡単ではないかもしれません。ありがたいことに、この作業全体を型推論に肩代わりさせることができます。リスト 33-23 のクエリは、生徒が履修している科目のリストを取得するために students と enrollments を結合します。

リスト33-23：生徒の名前と生徒が履修している科目を取得する

```
studentEnrollmentsQ = HINQ_ (_select (\(st,en) -> (studentName st, course en)))
                            (_join students enrollments studentId student)
```

このクエリでは型シグネチャについて考えないことにしましたが、結果が名前と ID であることはわかっています。このクエリを実行する際には、結果の型を明確にしておくことができます（リスト 33-24）。

リスト33-24：studentEnrollmentsQ クエリを実行する

```
studentEnrollments :: [(Name, Int)]
studentEnrollments = runHINQ studentEnrollmentsQ
```

このクエリが期待どおりに実行されたことを GHCi でたしかめてみましょう。

```
*Main> studentEnrollments
[(Audre Lorde,101),(Leslie Silko,101),(Leslie Silko,201),(Judith Butler,101),
(Guy Debord,201),(Guy Debord,101),(Jean Baudrillard,101),(Julia Kristeva,201)]
```

ここで、英語を履修している生徒のリストを取得したいとしましょう。このクエリを実現するには、studentEnrollments と courses の結合が必要です。英語を履修している生徒の名前を選択

するクエリはリスト 33–25 のようになります。

リスト33–25：studentEnrollments と courses を結合する

```
englishStudentsQ = HINQ (_select (fst . fst))
                        (_join studentEnrollments courses snd courseId)
                        (_where ((== "English") . courseTitle . snd))
```

_where 関数は courses のデータを使用していますが、_select 関数が選択するのはその科目を
履修している生徒の名前だけです。これで、このクエリを実行して englishStudents リストを取
得することができます（リスト 33–26）。

リスト33–26：英語を履修している生徒を取得するために englishStudentsQ クエリを実行する

```
englishStudents :: [Name]
englishStudents = runHINQ englishStudentsQ
```

HINQ では、3 つのリストをリレーショナルデータベースのテーブルであるかのように結合する
ことができます。

また、関数内で HINQ を使用することで、データを取得するための汎用的なツールを作成するこ
ともできます。getEnrollments という関数を定義したいとしましょう。この関数は、ある科目を
履修している生徒全員をリストアップします。科目の名前は最後に使用したクエリに渡すことがで
きます（リスト 33–27）。

リスト33–27：getEnrollments 関数は履修データを取得する

```
getEnrollments :: String -> [Name]
getEnrollments courseName = runHINQ courseQuery
  where courseQuery = HINQ (_select (fst . fst))
                          (_join studentEnrollments courses snd courseId)
                          (_where ((== courseName) . courseTitle . snd))
```

この関数が期待どおりに動作することを GHCi でたしかめてみましょう。

```
*Main> getEnrollments "English"
[Leslie Silko,Guy Debord,Julia Kristeva]
*Main> getEnrollments "French"
[Audre Lorde,Leslie Silko,Judith Butler,Guy Debord,Jean Baudrillard]
```

実装はこれで完成です。Monad の能力を利用して、SQL や LINQ と同様のリレーショナルクエ
リエンジンをうまくエミュレートできました。これらのクエリは読みやすいだけでなく、システム
の効率性や堅牢性を強化するために遅延評価と強力な型システムを利用しています。さらに、新し
いデータ型が必要になったとしても、Monad と Alternative を実装していれば、新しいデータ型
でも HINQ をそのまま利用することができます。実装に使用したコードのほとんどは Monad 型クラ

スを使用しています。Monad 型、HINQ 型、遅延評価、ファーストクラス関数を組み合わせて利用することで、強力なクエリエンジンを一から構築することができました。

33.7 まとめ

このレッスンでは、次の内容を確認しました。

- `List` に対する `_select` と `_where` を簡単に実装する方法。
- 2 つのリストの直積を使ってデータベースの結合を再現する方法。
- 通常は `List` に対する関数を `Monad` に対する関数に簡単に変更できること。
- ラムダ関数を使って関数の呼び出し方を変更する方法。
- `HINQ` データ型を使った HINQ クエリの操作の単純化。

● HINQ クエリの拡張

HINQ クエリの基礎を理解したところで、これらのクエリを Haskell 流に拡張してみましょう。HINQ に対して `Semigroup` と `Monoid` を実装できるかどうかたしかめてみてください。`Monoid` については、HINQ 型をリファクタリングして空のクエリを追加する必要があるかもしれません。HINQ に対して `Monoid` を実装できれば、HINQ クエリのリストを 1 つのクエリに結合することができます。

UNIT

6　コードの整理とプロジェクトのビルド

　ここまでは、本書においてもっとも難しいトピックに取り組んできました。ここからは、ここまでの知識を実際に応用することに焦点を合わせます。このユニットを読み終える頃には、一般的なプログラミングプロジェクトを Haskell で難なく構築できるようになるはずです。

　このユニットでは、コードの整理とプロジェクトのビルドというテーマに取り組みます。これらは経験豊富なプログラマならよく知っていることです。Haskell はまだいくつかの切り札を隠し持っていますが、ここまで説明してきたものに比べれば、不可解なものは何もありません。

　このユニットでは、Haskell のモジュールシステムを紹介します。意外なことに、Haskell のモジュールの目的ほど独特なものはありません。他のプログラミング言語と同様に、Haskell のモジュールは関数を 1 つの名前空間のもとでグループ化し、再利用可能なコードにまとめるのに役立ちます。その後は、Haskell のビルドシステムである stack を取り上げます。stack はプロジェクトのビルドを自動化するのに役立つ一般的な（ただし堅牢な）ビルドシステムです。ここで取り上げる興味深い（ただし、特に難題というわけではない）トピックの 1 つは、Haskell の QuickCheck テストライブラリです。QuickCheck はプログラマが定義した一連のプロパティに基づいてコードのテストケースを自動的に生成します。

　このユニットを最後まで読めば、Haskell でのコーディングが日常的なソフトウェア開発に近いものに思えてくるはずです。このユニットでは最後に、素数を扱うためのライブラリを構築します。いろいろな意味で、他のプログラミング言語でライブラリを構築するのと何も変わらないことがわかるでしょう。

LESSON 34

Haskell コードをモジュールにまとめる

レッスン 34 では、次の内容を取り上げます。

- プログラムの作成時に `Main` モジュールが暗黙的に使用されることを理解する
- モジュールを使って関数の名前空間を作成する
- プログラムを複数のファイルに分割する
- モジュールから関数を選択的にインポートする

本書ではここまで、Haskell に関連する興味深いトピックを幅広く取り上げてきました。しかし、もっとも基本的なトピックである「関数用の名前空間の作成」については説明していませんでした。Haskell は、モジュールシステムを使って関数用のさまざまな名前空間を作成し、コードをはるかにうまく整理できるようにします。Haskell のモジュールシステムの仕組みは、Ruby や Python といった言語のモジュールや、Java や C#といった言語の名前空間と同じです。

本書では、Haskell のモジュールシステムをすでに使用しています。`import` を使用するたびに、プログラムに新しいモジュールをインポートしているからです。それに加えて、`[]`、`length`、`(:)` などの組み込みの関数や型はすべて、`Prelude` という自動的にインポートされる標準モジュールに含まれています。`Prelude` の完全なドキュメントは Hackage で見つかります[1]。

本書ではこれまで、モジュールを意図的に避けてきました。コードはすべて同じファイルにまとめ、関数が競合しそうな場合は一意な名前を付けていました。このレッスンでは、単純なコマンドラインツールを例に、コードをモジュールにまとめる作業に取り組みます。このコマンドラインツールは、ユーザーに単語の入力を求め、その単語が回文かどうかを示します。理想的には、テキストが回文かどうかを判断する関数と `main` I/O アクションのファイルは、それぞれ別にしておくべきです。そのようにすると、コードがうまく整理され、将来コードを追加してプログラムを拡張するのが容易になります。まず、プログラムを 1 つのファイルとして記述し、続いて、コードを 2

---

[1] https://hackage.haskell.org/package/base/docs/Prelude.html

つのファイルに分割します。

書籍を表す型と雑誌を表す型があります。これらの型には同じ名前のフィールドが含まれていますが、それぞれまったく別のものを表します。

```
data Book = Book
  { title :: String
  , price :: Double }

data Magazine = Magazine
  { title :: String
  , price :: Double }
```

問題は、どちらの型もレコード構文を使って書かれていることです。レコード構文は `title` 関数と `price` 関数のアクセサを自動的に生成します。同じ名前を持つ 2 つの関数の定義を試みているため、残念ながらエラーになります。ただし、`bookTitle` や `bookPrice` のような名前は付けたくありません。この競合を解決するにはどうすればよいでしょうか。

34.1　Prelude の関数と同じ名前の関数を記述したらどうなるか

　まず、本書でたびたび使用してきたデフォルトの `head` 関数を改良してみましょう。`Prelude` では、`head` はリスト 34-1 のように定義されています。

リスト34-1：Prelude での head の定義

```
head         :: [a] -> a
head (x:_)   = x
head []      = errorEmptyList "head"  -- errorEmptyList はエラーをスローするための
                                      -- List 固有の方法
```

　`head` 関数には、空のリストに適用されるとエラーになるという問題があります。Haskell では、これは理想的ではありません。この点については、レッスン 38 でエラー処理を取り上げるときにさらに詳しく見ていきます。`head` がエラーをスローするのは、意味のある値を返せないことがよくあるためです。Lisp や Scheme などの言語では、`head` を空のリストで呼び出したときの結果として空のリストが返されます。しかし、Haskell の型システムでは、このようなことは認められません（空のリストの型はたいていリスト内の値とは異なる型です）。しかし、`Monoid` 型クラスのメンバを使用するように `head` を制約すれば、この問題を解決することが可能です。レッスン 17 で示したように、`Monoid` 型クラスはリスト 34-2 のように定義されています。

34.1　Preludeの関数と同じ名前の関数を記述したらどうなるか　437

リスト34-2：Monoid型クラスの定義

```
class Monoid m where
  mempty :: m
  mappend :: m -> m -> m
  mconcat :: [m] -> m
```

Monoidのメンバはどれも mempty 要素を定義しなければなりません。mempty 要素は、Monoidのインスタンスにとって空の値を表します。List は Monoid のインスタンスであり、mempty は単に空のリスト（[]）です。Monoid のメンバでは、リストが空のときに mempty 要素を返すことができます。head のより安全な新しい定義はリスト 34-3 のようになります。

リスト34-3：すでに名前が付いている関数を誤って作成している

```
head :: Monoid a => [a] -> a
head (x:xs) = x
head [] = mempty
```

このコードをファイルに保存すれば、問題なくコンパイルされます。ただし、既存の関数の名前を「誤って」使用しています。というのも、あなたがいつも使用している head は Prelude モジュールの一部だからです。新しい head 関数をテストするには、Monoid のメンバが値として含まれているリストが必要です。この場合は、複数のリストからなる空のリストを使用します（リスト34-3）。リストの要素は Monoid のインスタンスでなければならないことを思い出してください。

リスト34-4：Monoid のインスタンスを値に持つリストの例

```
example :: [[Int]]
example = []
```

このコードは問題なくコンパイルされますが、GHCi で head を呼び出そうとすると問題が発生します。このコードを GHCi で実行するときには、head という関数がすでに存在するため、次のようなエラーになります。

```
Ambiguous occurrence 'head'
It could refer to either 'Prelude.head'
                    ...
                    or 'Main.head', defined at ...
```

問題は、head という名前の関数が 2 つあり、どちらを使うか Haskell が判断できないことです。'Prelude.head' は、ここまで使用してきた Prelude モジュールの head 関数であり、'Main.head' は、あなたが記述した head 関数です（Haskell では、この関数用の Main モジュールが自動的に作成されます）。モジュールを使用していることを Haskell に明示的に伝えないと、Haskell は Main モジュールが使用されていると想定します。このモジュールを明示的に作成するには、ファイルの

先頭にリスト 34-5 のコードを追加します。

リスト34-5：コード用のモジュールを明示的に定義する

```
module Main where       -- 元のコードと異なるのはここだけ

head :: Monoid a => [a] -> a
head (x:xs) = x
head [] = mempty

example :: [[Int]]
example = []
```

 リスト 34-5 のコードを GHCi でテストするには、モジュール名を Main 以外に変更するか、次のダミーコードを追加する必要があります。

```
main :: IO ()
main = return ()
```

どちらの head を意味しているのかを明示的に指定するには、関数名をモジュール名で修飾します。リスト 34-5 の head を指定するには Main.head、デフォルトの Prelude の head を指定するには Prelude.head を使用します。GHCi で試してみましょう。

```
*Main> Main.head example
[]
*Main> Prelude.head example
*** Exception: Prelude.head: empty list
```

次節では、モジュールのレパートリーを広げるために、2 つのファイルに分割された単純なプログラムを構築します。

▷ **クイックチェック 34-1**

オブジェクトの長さを変数として格納する必要があるとしましょう。

```
length :: Int
length = 8
```

Prelude の既存の length 関数と競合することなくこの値を使用するにはどうすればよいでしょうか。

34.2　モジュールを使ってプログラムを複数のファイルに分割する

　ここでは、ユーザー入力から単語を読み取り、その単語が回文かどうかを示す単純なプログラムを構築します。最初は、1 つのファイルに含まれたプログラムを手早く作成します。このプログラムでは、racecar は回文と判断されますが、Racecar は回文と判断されません。次に、コードを 2 つのファイルに分割します。1 つ目のファイルはメインプログラムロジックを含んでおり、2 つ目のファイルは回文を正しく判断するためのコードがすべて含まれたライブラリとなります。

　関連する関数のグループを別のモジュールに分けるのは一般によい作法です。メインモジュールは主にプログラムの実行に関連するものにし、回文を判定するためのロジックはすべて別のファイル（ライブラリ）に分けておくべきです。こうしておけば、ライブラリ関数の位置を追跡しやすくなります。加えて、Java や C#のクラスでプライベートメソッドを使用できるのと同じように、関数をモジュールで隠蔽できるようになります。こうすることでカプセル化が可能になるため、利用可能にする関数だけをエクスポートすればよくなります。

● Main モジュールを作成する

　ここまでは、ファイル名にはまるで無頓着でした。ですが、コードを正しく整理することについて検討するからには、ファイル名にもっと注意を払う必要があります。ユニット 4 で示したように、Java プログラムに main メソッドが含まれているように、Haskell プログラムにもそれぞれ main 関数が含まれています。通常、main 関数は Main モジュールに含まれると考えます。Haskell の規約では、モジュールはそのモジュールと同じ名前のファイルに配置されることになっています。回文プログラムを作成する際には、Main.hs という名前のファイルで作業を開始すべきです（リスト 34–6）。

リスト34–6：Main モジュールのバージョン 1

```
module Main where    -- モジュール名を明示的に宣言

-- isPalindrome の単純な実装
isPalindrome :: String -> Bool
isPalindrome text = text == reverse text

-- main IO アクションでは、ユーザー入力を読み取り、入力が回文かどうかをチェックし、
-- 結果を出力する
main :: IO ()
main = do
  print "Enter a word and I'll let you know if it's a palindrome!"
  text <- getLine
  let response = if isPalindrome text
                 then "it is!"
                 else "it's not!"
  print response
```

440 | LESSON 34 Haskell コードをモジュールにまとめる

このプログラムをコンパイルして実行するか、GHCi にロードすると、この回文プログラムが思っ
たほど堅牢ではないことがわかります。

```
*Main> main
"Enter a word and I'll let you know if it's a palindrome!"
racecar
"it is!"
*Main> main
"Enter a word and I'll let you know if it's a palindrome!"
A man, a plan, a canal: Panama!
"it's not!"
```

このプログラムは、racecar を回文として正しく識別するものの、A man, a plan, a canal:
Panama!の識別には失敗しています。そこで、文字列の前処理を行い、ホワイトススペースと句読
点を取り除き、大文字と小文字を無視する必要があります。これまでは、そのためのコードを単に
同じファイルに追加していました。しかし、次の 2 つの理由により、回文コードは別のファイルへ
移動するのが理にかなっています。1 つは、main が簡潔になることです。もう 1 つは、回文コー
ドを他のプログラムで再利用しやすくなることです。

● 改善された isPalindrome コードを専用のモジュールに配置する

そこで、回文コードを別のモジュールに配置することにします。このモジュールの名前は
Palindrome であるため、コードを配置するファイルの名前は Palindrome.hs になるはずです。
Palindrome モジュールには、その名も isPalindrome という関数が配置されます。この関数は Main
モジュールで使用されることになります。isPalindrome のより堅牢なバージョンを作成したいの
で、このモジュールにはヘルパー関数（stripWhiteSpace、stripPunctuation、toLowerCase、
preprocess）も配置されます。Palindrome.hs ファイルのコードはリスト 34-7 のようになり
ます。

リスト34-7：Palindrome.hs ファイル

```
-- モジュールの名前が Palindrome で、isPalindrome 関数をエクスポートすることを宣言
module Palindrome(isPalindrome) where

-- Data.Char モジュール全体をインポートすることも可能だが、
-- 必要なのは指定された 3 つの関数だけである
import Data.Char (toLower,isSpace,isPunctuation)

-- コードの残りの部分は本書の他のコードと同じ
stripWhiteSpace :: String -> String
stripWhiteSpace text = filter (not . isSpace) text


stripPunctuation :: String -> String
stripPunctuation text = filter (not . isPunctuation) text
```

34.2 モジュールを使ってプログラムを複数のファイルに分割する | 441

```
toLowerCase :: String -> String
toLowerCase text = map toLower text

preprocess :: String -> String
preprocess = stripWhiteSpace . stripPunctuation . toLowerCase

isPalindrome :: String -> Bool
isPalindrome text = cleanText == (reverse cleanText)
  where cleanText = preprocess text
```

何が行われているのかをよく理解できるよう、このファイルをステップごとに見ていきましょう。Palindrome モジュールの定義は次のように開始することもできました。

```
module Palindrome where
```

デフォルトでは、このようにすると、Palindrome.hs ファイルに定義されている関数がすべてエクスポートされます。ただし、エクスポートしたいのは isPalindrome だけです。そこで、モジュール名の後に、エクスポートしたい関数を丸かっこで囲んで指定します。

```
module Palindrome(isPalindrome) where
```

エクスポート関数は次の形式で指定することもできます。このようにすると、エクスポートする関数を追加しやすくなります。

```
module Palindrome
  ( isPalindrome
  ) where
```

現時点では、Palindrome モジュールからエクスポートされるのは isPalindrome だけです。

ヘルパー関数を作成するには、Data.Char モジュールの関数がいくつか必要です。これまでは、モジュールの関数を使用するたびにモジュール全体を無造作にインポートしてきました。しかし、関数を選択的にエクスポートできるということは、関数を選択的にインポートできるということです。リスト 34-8 の import 文は、ここで必要となる 3 つの関数だけをインポートします。

リスト34-8：Data.Char モジュールの一部の関数だけをインポートする

```
import Data.Char (toLower,isSpace,isPunctuation)
```

この方法で関数をインポートすることの最大のメリットは、コードの読みやすさが改善され、修飾付きインポートを使用しないときに予想外の名前空間の競合が発生する可能性が低くなることです。

ファイルの残りの部分は、これまでの Haskell ファイルのものと同じです。ヘルパー関数はどれも比較的わかりやすいものばかりです（リスト 34-9）。

442 | LESSON 34 Haskell コードをモジュールにまとめる

リスト34-9：回文を正しく検出するためのモジュールコード

```
-- テキストからホワイトスペースを取り除く
stripWhiteSpace :: String -> String
stripWhiteSpace text = filter (not . isSpace) text

-- 句読点をすべて取り除く
stripPunctuation :: String -> String
stripPunctuation text = filter (not . isPunctuation) text

-- 文字列全体を小文字にする
toLowerCase :: String -> String
toLowerCase text = map toLower text

-- 関数合成を使ってこれらをまとめる
preprocess :: String -> String
preprocess = stripWhiteSpace . stripPunctuation . toLowerCase

-- 大幅に改善された isPalindrome
isPalindrome :: String -> Bool
isPalindrome text = cleanText == (reverse cleanText)
  where cleanText = preprocess text
```

Palindrome モジュールには、main が含まれていません。というのも、このモジュールは関数のライブラリだからです。main がなくても、このファイルを GHCi にロードしてテストすることができます。

```
*Main> isPalindrome "racecar"
True
*Main> isPalindrome "A man, a plan, a canal: Panama!"
True
```

Palindrome モジュールを理解したところで、Main モジュールに戻って、このモジュールをリファクタリングしてみましょう。

▷ **クイックチェック 34-2**

Palindrome モジュールの宣言を変更し、preprocess 関数もエクスポートするようにしてみましょう。

● Palindrome モジュールを Main モジュールで使用する

Palindrome モジュールを使用するには、他のモジュールと同じように、Main にインポートする必要があります。すぐにわかるように、モジュールが Main と同じフォルダに存在する場合は、Main をコンパイルすると他のモジュールも自動的にコンパイルされます。

isPalindrome の既存の定義を Main にそのまま残しておきたいとしましょう。これまでは、使用したいモジュールを名前付きでインポートするために import qualified Module as X を使

34.2　モジュールを使ってプログラムを複数のファイルに分割する | 443

用してきました（import qualified Data.Text as T など）。修飾付きインポートから as X の部分を取り除くと、そのモジュールの関数を参照するためにモジュール自体の名前を使用することになります。リファクタリング後の Main の最初の部分はリスト 34–10 のようになります。

リスト34–10：Palindrome モジュールの修飾付きインポート

```
module Main where
import qualified Palindrome
```

続いて、isPalindrome の呼び出しをすべて Palindrome.isPalindrome に変更すれば、準備は完了です（リスト 34–11）。

リスト34–11：修飾付きの関数 Palindrome.isPalindrome を使用する

```
let response = if Palindrome.isPalindrome text
```

リファクタリング後の Main.hs 全体はリスト 34–12 のようになります。

リスト34–12：Palindrome.hs ファイルを使用する Main.hs ファイル

```
module Main where
import qualified Palindrome

isPalindrome :: String -> Bool
isPalindrome text = text == (reverse text)

main :: IO ()
main = do
  print "Enter a word and I'll let you know if it's a palindrome!"
  text <- getLine
  let response = if Palindrome.isPalindrome text
                 then "it is!"
                 else "it's not!"
  print response
```

このプログラムのコンパイルは驚くほど簡単です。GHC を使って Main.hs ファイルをコンパイルすると、モジュールが自動的に検索されます。

```
$ ghc Main.hs
[1 of 2] Compiling Palindrome       ( Palindrome.hs, Palindrome.o )
[2 of 2] Compiling Main             ( Main.hs, Main.o )
Linking Main ...
```

最後に、Main 実行ファイルを実行してみましょう。

```
$ ./Main
"Enter a word and I'll let you know if it's a palindrome!"
A man, a plan, a canal, Panama!
"it is!"
```

この単純な例では、単純なモジュールが同じフォルダに含まれています。次のレッスンでは、stack を取り上げます。stack は Haskell の人気の高い高性能なビルドツールです。何か複雑なプログラムをビルドする場合は、必ず stack を使用してください。とはいえ、複数のファイルからなるプログラムを手動でコンパイルする方法を理解しておいて損はありません。

▷ **クイックチェック 34-3**

Main.isPalindrome が不要になったので、残しておきたくないとしましょう。Main.isPalindrome のコードを削除する場合、Palindrome.isPalindrome のような修飾が不要になるようにコードをリファクタリングするにはどうすればよいでしょうか。

34.3　まとめ

このレッスンの目的は、モジュールを使って Haskell プログラムを整理する方法を理解することにありました。プログラムのほとんどの部分が Main モジュールに自動的に含まれることがわかりました。次に、プログラムを複数のファイルに分割し、1 つのプログラムとしてコンパイルする方法を確認しました。また、モジュールから特定の関数をエクスポートし、残りの部分を隠しておく方法もわかりました。

34.4　練習問題

このレッスンの内容を理解できたかどうか確認してみましょう。

Q34-1：ユニット 4 では、テキストデータの操作では String よりも Data.Text を優先すべきであることに言及しました。このレッスンのプロジェクト（Main モジュールと Palindrome モジュール）をリファクタリングし、String の代わりに Data.Text を使用するようにしてみましょう。

Q34-2：ユニット 4 のレッスン 25 では、画像のグリッチを行うプログラムを記述しました。このプログラムを見直し、画像のグリッチングに関連するコードを Glitch モジュールにまとめてみましょう。

34.5　クイックチェックの解答

▶ **クイックチェック 34-1**

値を `Main.length` のように修飾する必要があります。

```
length :: Int
length = 8
doubleLength :: Int
doubleLength = Main.length * 2
```

▶ **クイックチェック 34-2**

```
module Palindrome(isPalindrome,preprocess) where
```

▶ **クイックチェック 34-3**

`import qualified Palindrome` を `import Palindrome` に変更し、`Palindrome.isPalindrome` から `Palindrome.` 部分を削除します。

LESSON 35

stackを使ってプロジェクトをビルドする

レッスン35では、次の内容を取り上げます。

- Haskell の stack ビルドツールを使用する
- stack プロジェクトをビルドする
- stack によって生成された主なファイルを設定する

　プログラミング言語を習得した後、本格的なプロジェクトに取り組むにあたってもっとも重要なことの1つは、ビルドを正しく自動化することです。一般的な選択肢の1つは、GNU Make などのツールを使用することです。しかし、多くの言語には専用のビルドツールがあります。Java には Ant や Maven といった実務レベルのツールがあり、Scala には sbt があり、Ruby には rake があります。Haskell の学術的な背景からすると、Haskell にも強力なビルドツールが存在するのは意外なことかもしれません。この stack というビルドツールが Haskell エコシステムに追加されたのは比較的最近のことですが、途轍もない影響をもたらしています。stack は Haskell プロジェクトのさまざまな部分を自動化し、管理します。

- GHC をプロジェクトごとにインストールできるようにすることで、常に正しいバージョンが使用されるようにする。
- パッケージとそれらの依存ファイルのインストールに対処する。
- プロジェクトのビルドを自動化する
- プロジェクトの構成とテストを支援する。

　このレッスンでは、stack を使ったプロジェクトの作成とビルドの基礎を取り上げます。レッスン34では、Haskell のモジュールを使ってコードを複数のファイルに分割する方法を確認しました。このレッスンでも同じプロジェクトをビルドしますが、変更点が2つあります。1つは、`String`ではなく `Data.Text` を使用することです。ユニット4で言及したように、実際にテキストを操作

するときは String よりも Data.Text を優先すべきです。もう 1 つは、モジュールをコンパイルするのではなく、stack を使用することです。stack は（レッスン 1 で推奨した）Haskell Platform に含まれていますが、別途ダウンロードすることもできます[1]。stack は GHC と GHCi のインストールに対処するため、stack を理解した後は、Haskell の環境を整えるためにインストールしなければならない唯一のツールになるでしょう。

> Tips　すべての言語と同様に、Haskell も常に変化しています。今日書いたコードが今後 5 年間ビルドされるようにするにはどうすればよいでしょうか。

35.1　新しい stack プロジェクトを開始する

最初に、stack の update コマンドを使って stack を最新の状態にしておく必要があります。

```
$ stack update
```

stack を実行するのが初めての場合（あるいは、しばらく実行していなかった場合）、この処理に少し時間がかかるでしょう。stack を使ってプロジェクトをビルドする環境はクリーンな状態でなければならないため、初めて実行するタスクの多くは数分ほどかかることがあります。ですが安心してください。必要なリソースは stack によってきちんと管理されるため、stack を使い始めた後は、そうしたタスクの多くがより高速に実行されるようになるはずです。

　stack が最新の状態になったら、プロジェクトを作成できます。プロジェクトの作成には、new コマンドを使用します。ここでは、プロジェクトの名前として palindrome-checker を使用することにします。

```
$ stack new palindrome-checker
```

このコマンドを実行すると、stack が新しいプロジェクトを作成します。このコマンドが終了した後、palindrome-checker という新しいフォルダが作成されているはずです。このフォルダを調べてみると、次のファイルとフォルダが見つかります。

---

[1]　https://docs.haskellstack.org/

```
app                            src                    test
ChangeLog.md                   LICENSE                package.yaml
palindrome-checker.cabal       README.md              Setup.hs
stack.yaml
```

次に、stack が自動的に作成したものを調べてみましょう。

35.2　プロジェクトの構造を理解する

`stack new` コマンドを実行すると、stack がテンプレートに基づいて新しいプロジェクトを作成します。この場合はテンプレートの引数を指定しなかったため、stack はデフォルトのテンプレートを使用します。このレッスンではデフォルトのテンプレートを使用しますが、実際には多くのテンプレートが用意されており[2]、その中から選択することもできます。

● 自動的に生成されるファイル

プロジェクトのルートフォルダには、stack によって自動的に作成された次のファイルがあります。

- ChangeLog.md
- LICENSE
- package.yaml
- palindrome-checker.cabal
- README.md
- Setup.hs
- stack.yaml

この時点で主な関心の対象となるのは、プロジェクトの構成ファイルである `palindrome-checker.cabal` です。このファイルには、プロジェクトのメタデータがすべて含まれています。最初の部分には、プロジェクトの名前、バージョン、説明といった基本的な情報が含まれています。

```
name:            palindrome-checker
version:         0.1.0.0
description:     Please see the README on GitHub at ...
homepage:        https://github.com/githubuser/palindrome-checker#readme
bug-reports:     https://github.com/githubuser/palindrome-checker/issues
author:          Author name here
maintainer:      example@example.com
```

---

[2] https://github.com/commercialhaskell/stack-templates

```
copyright:      2019 Author name here
license:        BSD3
license-file:   LICENSE
build-type:     Simple
extra-source-files:
    README.md
    ChangeLog.md
```

　palindrome-checker.cabal ファイルには、ライブラリファイルがプロジェクトのどこに格納されているか、使用しているライブラリ、使用している Haskell 言語のバージョンに関する情報が含まれたセクションがあります。

```
library
  exposed-modules: Lib
  other-modules: Paths_palindrome_checker
  hs-source-dirs: src
  build-depends: base >=4.7 && <5
  default-language: Haskell2010
```

　このセクションにおいてもっとも重要な行は、hs-source-dirs と exposed-modules です。hs-source-dirs の値は、ライブラリファイルが置かれているプロジェクトのサブフォルダを示します。デフォルトの値は src であることがわかります。このフォルダがすでに生成されていることに注目してください。exposed-modules の値は、使用しているライブラリを示します。デフォルトでは、stack によって Lib モジュールが作成され、src/Lib.hs として配置されます。exposed-modules に値を追加するには、次に示すように、新しい値を別々の行に配置し、コンマで区切ります。

```
exposed-modules: Lib
        ,Palindrome
        ,Utils
```

　stack を使用するのが初めてで、特にプロジェクトが小さい場合は、すべてのライブラリ関数を src/Lib.hs に配置するとよいでしょう。build-depends については後ほど説明します。ほとんどの場合、default-language の値について検討する必要はありません。

　また、実行ファイルのビルドに使用するファイルの配置先、Main モジュールが格納されているフォルダの名前、プログラムの実行時に使用するデフォルトのコマンドライン引数に関する情報も含まれています。

```
executable palindrome-checker-exe
  main-is: Main.hs
  other-modules: Paths_palindrome_checker
  hs-source-dirs: app
  ghc-options: -threaded -rtsopts -with-rtsopts=-N
  build-depends: base >=4.7 && <5
               , palindrome-checker
  default-language: Haskell2010
```

　stack はライブラリのコードとプログラムのコードを別々のフォルダに配置します。`hs-source-di`
`rs` の値は、プログラムの Main モジュールが格納されているフォルダの名前を指定します。`.cabal`
ファイルの `library` セクションと同様に、`executable` セクションは `main` が格納されているファ
イルを `main-is` の値で示します。この場合も、（`hs-source-dirs` によって指定されている）app
フォルダが stack によって自動的に作成され、その中に `Main.hs` ファイルが配置されます。

　`.cabal` ファイルには他にも情報が含まれていますが、新しいプロジェクトを作成するのに必要
となる基本的な部分は以上です。次項では、stack によって生成されたフォルダとコードの一部を
調べ、これ以降、プロジェクトに取り組むにあたって重要となる`.cabal` ファイルの情報を指摘す
ることにします。

▷ **クイックチェック 35-1**
　プロジェクトの作成者としてあなたの名前を設定してみましょう。

● app フォルダ、src フォルダ、test フォルダ
　stack は次の 3 つのフォルダも自動的に作成します。

- app
- src
- test

　前項で示したように、app フォルダには実行ファイルが配置され、src フォルダにはライブラリ
モジュールが配置されます。test フォルダも作成されていますが、このフォルダについてはレッ
スン 36 で詳しく説明することにします。これら 2 つのフォルダには、stack によって自動的に作
成された `app/Main.hs` ファイルと `src/Lib.hs` ファイルも含まれています。これらのファイルと
フォルダは、最小限の Haskell プロジェクトのテンプレートの役割を果たします。

　`Main.hs` ファイルの内容はリスト 35-1 のとおりです。

リスト35-1：stack によって生成されたデフォルトの Main モジュール

```
module Main where
import Lib

main :: IO ()
main = someFunc
```

Main.hs は単純なファイルですが、stack プロジェクトの考え方のガイドラインとなります。この Main モジュールは、Lib モジュールをインポートし、someFunc を呼び出すだけの main I/O アクションを定義しています。someFunc はどこにあるのでしょうか。この関数は Lib モジュールに定義されています。Lib モジュールは src/Lib.hs に含まれています（リスト 35-2）。

リスト35-2：stack によって生成されたデフォルトの Lib モジュール

```
module Lib
    ( someFunc
    ) where

someFunc :: IO ()
someFunc = putStrLn "someFunc"
```

someFunc は"someFunc"を出力するだけの単純な関数です。単純ではあるものの、これら 2 つのファイルにより、stack を使ってプロジェクトをビルドするためのしっかりとした土台が築かれています。Main モジュールのロジックは最小限のものであり、Lib モジュールで定義されているライブラリ関数に依存しています。さっそく、レッスン 34 のプロジェクトを stack 用に変換してみましょう。

▷ **クイックチェック 35-2**

stack でのプロジェクトのビルドはまだ取り上げていませんが、このプロジェクトを実行したとき、デフォルトのコードでは何が行われるでしょうか。

35.3 コードを記述する

さっそく Palindrome モジュールに取りかかりましょう。レッスン 34 とは異なり、今回は String 型ではなく Data.Text 型を扱うライブラリを記述します。ここでは stack を使用するため、このファイルは src フォルダに配置する必要があります。Palindrome.hs ファイルを作成する代わりに、自動的に作成された Lib.hs ファイルを書き換えることにします。このような単純なプログラムでは、ユーティリティをすべて 1 つのモジュールにまとめることができます（リスト 35-3）。

リスト35-3：レッスン 34 の Palindrome を Text 対応に書き換える

```
{-# LANGUAGE OverloadedStrings #-}
module Lib
    ( isPalindrome
    ) where

import qualified Data.Text as T
import Data.Char (toLower,isSpace,isPunctuation)
```

```
stripWhiteSpace :: T.Text -> T.Text
stripWhiteSpace text = T.filter (not . isSpace) text

stripPunctuation :: T.Text -> T.Text
stripPunctuation text = T.filter (not . isPunctuation) text

preProcess :: T.Text -> T.Text
preProcess = (stripWhiteSpace . stripPunctuation . T.toLower)

isPalindrome :: T.Text -> Bool
isPalindrome text = cleanText == (T.reverse cleanText)
  where cleanText = preProcess text
```

次に、Main モジュールを記述する必要があります。今回は、修飾付きインポートは使用しません（ただし、コードを Data.Text に対応させるために小さな変更が必要となります）。Main は実行ファイルをビルドするのに不可欠であるため、app フォルダに配置されます（このことはプロジェクトの .cabal ファイルで宣言されています）。自動生成された Main.hs ファイルをリスト 35–4 のように書き換えます。

リスト35–4：回文チェッカー用に Main.hs ファイルを書き換える

```
{-# LANGUAGE OverloadedStrings #-}
module Main where

import Lib
import Data.Text as T
import Data.Text.IO as TIO

main :: IO ()
main = do
  TIO.putStrLn "Enter a word and I'll let you know if it's a palindrome!"
  text <- TIO.getLine
  let response = if isPalindrome text
                 then "it is!"
                 else "it's not!"
  TIO.putStrLn response
```

完成まであとひと息です。最後に、.cabal ファイルを編集し、依存しているモジュールをすべて stack に知らせる必要があります。Main.hs ファイルと Lib.hs ファイルでは、Data.Text を使用しています。このため、palindrome-checker.cabal の library セクションと executable セクションの両方で、依存ファイルのリストに text パッケージを追加する必要があります（リスト 35–5）。

リスト35-5：palindrome-checker.cabal ファイルを編集する

```
library
  exposed-modules: Lib
  other-modules: Paths_palindrome_checker
  hs-source-dirs: src
  build-depends: base >=4.7 && <5
               , text
  default-language: Haskell2010

executable palindrome-checker-exe
  main-is: Main.hs
  other-modules: Paths_palindrome_checker
  hs-source-dirs: app
  ghc-options: -threaded -rtsopts -with-rtsopts=-N
  build-depends: base >=4.7 && <5
               , palindrome-checker
               , text
  default-language: Haskell2010
```

プロジェクトをビルドする準備はこれで完了です。

▷ **クイックチェック 35-3**

元の Palindrome.hs ファイルで Palindrome モジュールの名前を Palindrome のままにしたい場合、.cabal ファイルで何を変更する必要があるでしょうか。

 ## 35.4　プロジェクトのビルドと実行

これでようやく、すべてをプロジェクトにまとめてビルドする準備が整いました。最初に実行するコマンドは setup です。プロジェクトのフォルダへ移動し、このコマンドを実行します。

```
$ cd palindrome-checker
$ stack setup
```

stack setup コマンドにより、stack が GHC の正しいバージョンを使用するように設定されます。このような単純なプロジェクトではそれほど大きな問題ではありませんが、Haskell は目まぐるしく変化しているため、プロジェクトの記述とプロジェクトのビルドに同じバージョンの GHC が使用されるようにすることが重要となります。使用したい GHC のバージョンは、stack resolver のバージョンを選択することによって間接的に指定されます。stack resolver は `stack.yaml` ファイルで設定されます。

```
resolver: lts-13.26
```

本書の執筆には、GHC 8.0.1 を使用する stack resolver のバージョン lts-7.9 を使用しています[3]。デフォルトでは、stack は最新の resolver を使用します。ほとんどの場合はそれで問題ありませんが、本書のプロジェクトのビルドがうまくいかない場合は、resolver を lts-7.9 に変更するとうまくいく可能性があります。現在の resolver のバージョンは Stackage[4] で確認できます。特定の resolver に関する情報を確認したい場合は、Stackage の URL に resolver のバージョンを追加します[5]。

続いて、次のコマンドを使ってプロジェクトをビルドします。

```
$ stack build
```

stack を初めて使用する、あるいはプロジェクトを初めてビルドする場合は、このコマンドの実行に少し時間がかかります。2 回目以降は、ビルドはもっと高速になるはずです。

このコマンドの実行が終了したら、プロジェクトを実行する準備はできています。これまでは、GHC を使って実行ファイルを手動でコンパイルすれば、他のプログラムと同じように実行することができました。stack を使用する場合は、exec コマンドに実行ファイルの名前を指定する必要があります。実行ファイルの名前は palindrome-checker.cabal ファイルに次のように定義されています。

```
executable palindrome-checker-exe
```

executable セクションの executable の右側にあるのが実行ファイルの名前です。デフォルトでは、<プロジェクト名>-exe になります。

```
$ stack exec palindrome-checker-exe
Enter a word and I'll let you know if it's a palindrome!
A man, a plan, a canal: Panama!
it is!
```

プログラムはちゃんと動作しています!

● 簡単な改善：LANGUAGE プラグマを取り除く

このプログラム（そして Data.Text を扱う大規模なプログラム）には、もどかしい部分が 1 つあります。すべてのファイルに OverloadedStrings プラグマを追加しなければならないことです。ありがたいことに、stack には、この問題を修正する方法があります。palindrome-checker.cabal

---

[3] **訳注**：検証には、GHC 8.6.3/8.6.5 と stack resolver lts-13.26 を使用している。

[4] https://www.stackage.org/

[5] lts-7.9 の場合は、https://www.stackage.org/lts-7.9。

ファイルに次の行を追加すると、`OverloadedStrings` 言語拡張がプロジェクト全体に適用されるようになるのです。

`palindrome-checker.cabal` ファイルの `library` セクションと `executable` セクションの `default-language: Haskell2010` の後に、次の行を追加します。

```
extensions: OverloadedStrings
```

このようにすると、プラグマを追加したりコンパイラフラグを指定したりする必要がなくなります。コードからプラグマを削除した上でプロジェクトを再びビルドすると、プログラムが正常に動作するはずです。

35.5 まとめ

このレッスンの目的は、Haskell プロジェクトのビルドと管理に stack ツールを使用する方法について説明することでした。ここでは、新しい stack プロジェクトを作成し、自動的に作成されたファイルやフォルダを調べました。続いて、レッスン 34 のコードを stack のプロジェクトフォルダに別々のファイルとして配置しました。最後に、繰り返しが可能な、確実な方法で palindrome-checker プロジェクトをビルドしました。

35.6 練習問題

このレッスンの内容を理解できたかどうか確認してみましょう。

Q35-1：このプロジェクトに次の変更を加えてみましょう。

- プロジェクトの作成者、説明、管理者のメールを正しく設定する。
- `Lib.hs` の定義を stack によって作成された元の定義に戻す。
- `isPalindrome` のコードを `src/Palindrome.hs` ファイルの `Palindrome` モジュールに追加する。
- `OverloadedStrings` をプロジェクトレベルで設定する。

Q35-2：ユニット 4 のレッスン 21 のコードをリファクタリングし、2 枚のピザの単価を比較するプログラムを stack プロジェクトに変換してみましょう。元のプログラムファイルのサポートコードはすべて、`Lib.hs` または追加のライブラリモジュールに配置されるはずです。

35.7　クイックチェックの解答

▶ **クイックチェック 35-1**

プロジェクトの `.cabal` ファイルの `author` 行を次のように変更します。

```
author: Will Kurt
```

▶ **クイックチェック 35-2**

このプログラムは `"someFunc"` を出力するはずです。

▶ **クイックチェック 35-3**

`exposed-modules` の値を `Palindrome` に変更します。

```
library
  hs-source-dirs: src
  exposed-modules: Palindrome
```

LESSON 36

QuickCheck を使ったプロパティテスト

レッスン 36 では、次の内容を取り上げます。

- stack ghci を使った stack プロジェクトとのやり取り
- stack test を使ったテストの実行
- QuickCheck を使ったプロパティテスト
- stack install を使ったパッケージのインストール

　レッスン 35 では、Haskell の強力なビルドツールである stack を紹介しました。その際には
プロジェクトのビルド方法を確認しましたが、ちょっとばかりずるをしました。というのも、モ
ジュールを説明するときに書いたコードをコピーして貼り付けたからです。このレッスンでは、
palindrome-checker プロジェクトを再びビルドしますが、今回はプロジェクトを最初から構築す
るのかのように取り組みます。このレッスンでは、コードをテストすることに焦点を合わせます。
本書のここまでのレッスンでは、関数を手動でテストしてきました。stack を利用すれば、最初から
テストを自動化できます。このレッスンでは、まず、GHCi と stack を使ってモジュールを手動で
テストします。次に、stack test を使って単純なユニット（単体）テストを実行します。最後に、
プロパティテストを取り上げ、QuickCheck というすばらしいツールを紹介します。QuickCheck
を利用すれば、多くのテストをすばやく生成できます。

　このユニットの内容が、ここまで取り上げてきた Haskell のどのトピックよりもなじみやすい
ものであることに気づいているかもしれません。テストのためのより強力なアプローチである
QuickCheck でさえ（どこかで見たような覚えがあるかもしれませんが）、面白さや便利さに比べれ
ば難しさは気になりません。このように親近感を覚えるのは、stack の大部分が、本番コードのリ
リースとメンテナンスに携わる現場のソフトウェアエンジニアによって開発されているためです。
stack を利用すれば、テスト駆動開発やビヘイビア駆動開発など、ソフトウェアエンジニアリング
に対する標準的なアプローチを簡単にサポートできます。stack などのツールのおかげで、Haskell
を実際のソフトウェアに利用できる機会はかつてないほど増えています。このレッスンの目的は、

Haskell と stack を使ったソフトウェア開発を簡単に紹介することにあります。詳しい情報が知りたい場合は、「The Haskell Tool Stack」[1] と「Stackage」[2] を参照してください。

Tips　stack を使ってプロジェクトを開発する際、コードとのやり取りを可能にし、コードを思いどおりに動作させるにはどうすればよいでしょうか。

36.1　新しいプロジェクトを開始する

　新しい palindrome-checker プロジェクトを開始し、ちょっとの間、まったく新しい問題に取り組んでいるふりをしてください。問題自体はすでに取り組んできたものと同じなので、このコードで何をするのかについて考える必要はなく、stack を使ったプログラムの開発について考えることに集中できます。このレッスンの焦点はテストにあるため、このプロジェクトを palindrome-testing と呼ぶことにします。このプロジェクトを作成するためのコマンドは次のとおりです。

```
$ stack new palindrome-testing
```

　Main モジュールに取りかかる前に、このプロジェクトで使用する機能を `src/Lib.hs` として構築する方法から見ていきましょう。ここでは `Lib` を上書きするため、stack によって自動的に作成されたデフォルトの `Main` を整理しておく必要があります。そこで、デフォルトの `someFunc` 関数を単純な"Hello World!"に置き換えます（リスト 36–1）。

リスト36–1：Lib.hs に集中的に取り組むための Main.hs の簡単なリファクタリング

```haskell
module Main where

import Lib

main :: IO ()
main = putStrLn "Hello World!"
```

　palindrome-checker プロジェクトのほとんどの部分は `src/Lib.hs` で定義され、最終的に `Main` で使用されるライブラリ関数を作成します。まず、このプロジェクトがまったく新しいものであるように装い、`isPalindrome` 関数のもっとも単純なバージョンから実装することにします（リスト36–2）。

---

[1] https://docs.haskellstack.org/

[2] https://www.stackage.org/

リスト36-2：isPalindrome 関数のもっとも単純な定義

```
module Lib
    ( isPalindrome
    ) where

isPalindrome :: String -> Bool
isPalindrome text = text == reverse text
```

多少なりともコードを記述したので、stack を使ってコードとのやり取りとテストを開始できます。

▷ **クイックチェック 36-1**

Lib モジュールに追加する関数はほんのわずかであり、最終的にすべての関数をエクスポートするとしましょう。この場合、このモジュールをより効率よく定義する方法はどのようなものになるでしょうか。

36.2　さまざまな種類のテスト

　コードのテストについて考えるときには、一般に、バグが含まれているかもしれない部分ごとにユニット（単体）テストを実施することを検討します。しかし、コードのテストが具体的にユニットテストを意味するとは限りません。作成した関数を試してみるためにコードを GHCi にロードするたびに、あなたはそのコードをテストしています。単にテストを手動で行っているだけです。まず、GHCi と stack を使ってコードを手動でテストする方法を確認します。続いて、`stack test` コマンドを使って単純なユニットテストを自動的に実行します。そして最後に、**プロパティテスト**を取り上げます。プロパティテストはユニットテストに代わる Haskell の強力な機能です。ユニットテストが基本的に手動でのテストを自動化するものであるとすれば、プロパティテストはユニットテストを自動化するものです。

　このレッスンでのアプローチは、どちらかと言えば、従来のものと同じです。つまり、コードを記述し、手動でテストします。コードのより形式的なテストを記述するのはその後になります。

　とはいえ、Haskell がそもそもこのアプローチを要求しているわけではありません。テスト駆動開発（TDD）のほうがよければ、このレッスンを逆向きにたどって、先にすべてのテストを記述してもよいのです。Ruby の RSpec によって広く知られるようになったビヘイビア駆動開発を選択することにした場合も、Haskell には RSpec に相当する Hspec というテストライブラリがあります（このレッスンでは Hspec を取り上げませんが、このユニットを最後まで読めば、簡単に実装できるはずです）。

● 手動でのテストと stack からの GHCi の呼び出し

　ここでは stack を使用しているため、GHCi の使い方が少し異なります。まず、すべてのものを正常に動作させるために、プロジェクトのセットアップとビルドを実行します。

462 | LESSON 36 QuickCheck を使ったプロパティテスト

```
$ cd palindrome-testing
$ stack setup
...
$stack build
...
```

　stack がプロジェクトのために作成する環境は、安全で、再現可能な、独立した環境です。このた
め、プロジェクトを操作するためにコマンドラインから ghci を実行するわけにはいきません。と
いうのも、プロジェクトはそれぞれ専用のライブラリを使用するように設定されており、プロジェ
クトが要求するバージョンの GHC がインストールされている可能性もあるからです。プロジェク
トと安全にやり取りするには、stack ghci を使用する必要があります。

```
$ stack ghci
*Main Lib>
```

　プロジェクトをビルドして上記を実行すると、表示されたプロンプトから Main モジュールと Lib
モジュールがロードされたことがわかります。コードはこのプロンプトからテストできます。

```
*Main Lib> isPalindrome "racecar"
True
*Main Lib> isPalindrome "cat"
False
*Main Lib> isPalindrome "racecar!"
False
```

　そして、ここで最初のエラーが見つかります。文字列"racecar!"は回文のはずですが、そうで
はないと判定されています。コードに戻って、この問題を修正してみましょう（リスト 36-3）。

リスト36-3：対話型のテストに基づいて isPalindrome 関数を修正する（Lib.hs）

```
isPalindrome :: String -> Bool
isPalindrome text = cleanText == reverse cleanText
  where cleanText = filter (not . (== '!')) text
```

　新しいコードをテストするために stack build を再び実行する必要はありません。:q コマンド
に続いて stack ghci コマンドを実行するだけです。変更がコードファイルに対するものだけで、
設定への変更がない場合は、:r コマンドを入力すると、GHCi を終了せずにコードを読み直すこと
ができます。

```
*Main Lib> :r
*Main Lib> isPalindrome "racecar!"
True
```

36.2 さまざまな種類のテスト | 463

修正したコードがうまくいくことがわかります。

▷ **クイックチェック 36-2**
sam I mas が回文かどうかテストしてみましょう。

● ユニットテストの作成と stack test の使用

上記の手動によるテストは、新しいアイデアを検討している場合には申し分ありませんが、プログラムが複雑になるにしたがい、テストを自動化したくなるでしょう。ありがたいことに、stack にはテストを実行するためのコマンドが組み込まれています。test フォルダを見てみると、Spec.hs というファイルが自動的に生成されていることがわかります。Main.hs や Lib.hs と同様に、ここでも stack がコードを自動的に生成しています（リスト 36–4）。

リスト36–4：stack によって生成された Spec.hs ファイルの内容

```
main :: IO ()
main = putStrLn "Test suite not yet implemented"
```

Haskell にはユニットテスト用のパッケージがありますが（Ruby の RSpec と同様の Hspec や、Java の JUnit と同様の HUnit など）、ここでは、単純なユニットテストフレームワークを独自に作成することにします。といっても、assert という I/O アクションを定義するだけです。このアクションは、Bool 型の値（この場合は関数のテスト）を受け取り、成功または失敗のメッセージを出力します（リスト 36–5）。

リスト36–5：ユニットテストのための単純な関数（Spec.hs）

```
assert :: Bool -> String -> String -> IO ()
assert test passStatement failStatement = if test
                                          then putStrLn passStatement
                                          else putStrLn failStatement
```

次に、main にテストをいくつか追加します。また、Lib モジュールをインポートする必要もあります。最初のテストスイートはリスト 36–6 のようになります。

リスト36–6：単純なユニットテストを定義する（Spec.hs）

```
import Lib

assert :: Bool -> String -> String -> IO ()
assert test passStatement failStatement = if test
                                          then putStrLn passStatement
                                          else putStrLn failStatement

main :: IO ()
main = do
  putStrLn "Running tests..."
```

464 | LESSON 36　QuickCheck を使ったプロパティテスト

```
  assert (isPalindrome "racecar") "passed 'racecar'" "FAIL: 'racecar'"
  assert (isPalindrome "racecar!") "passed 'racecar!'" "FAIL: 'racecar!'"
  assert ((not . isPalindrome) "cat") "passed 'cat'" "FAIL: 'cat'"
  putStrLn "done!"
```

これらのテストを実行するには、`stack test` コマンドを使用します。

```
$ cd palindrome-testing
$ stack test
...
Running tests...
passed 'racecar'
passed 'racecar!'
passed 'cat'
done!
```

上出来です。次に、最後にピリオドが付いた `racecar.` のテストを追加してみましょう（リスト 36-7）。

リスト36-7：main I/O アクションにテストをもう 1 つ追加する（Spec.hs）

```
  assert (isPalindrome "racecar.") "passed 'racecar.'" "FAIL: 'racecar.'"
```

テストを再び実行すると、`isPalindrome` 関数がテストに失敗することがわかります。

```
Running tests...
passed 'racecar'
passed 'racecar!'
passed 'cat'
FAIL: 'racecar.'
done!
```

この問題のいまいちな解決策を思いついたあなたは、`isPalindrome` の定義を再び変更します（リスト 36-8）。

リスト36-8：isPalindrome 関数の問題に対する最小限の修正（Lib.hs）

```
isPalindrome :: String -> Bool
isPalindrome text = cleanText == reverse cleanText
  where cleanText = filter (not . (`elem` ['!','.'])) text
```

すでにわかっているように、この問題に対する正しい解決策は、`isPunctuation` を `Data.Char` で使用することです。とはいえ、この反復的なバグ修正は（たいていそれほど単純ではありませんが）ごく一般的なアプローチです。テストを再び実行すると、このバグが修正されたことがわかります。

```
Running tests...
passed 'racecar'
passed 'racecar!'
passed 'cat'
passed 'racecar.'
done!
```

しかし、この修正には納得がいきません。テストしていない句読点が他にも存在することがわかっているからです。この `isPunctuation` のほうがましであることはわかっていますが、この解決策をテストするには、race-car、:racecar:、racecar?など、幅広い可能性について検討しなければなりません。次節では、**プロパティテスト**と呼ばれる Haskell の強力なテストを紹介します。プロパティテストを利用すれば、ユニットテストを 1 つ 1 つ作成するという面倒な作業の大部分が自動化されます。

▷ **クイックチェック 36-3**

:racecar:のテストを追加して、テストスイートを再び実行してみましょう。

 ## 36.3　QuickCheck によるプロパティテスト

プロパティテストについて説明する前に、ライブラリを少し整理しておきましょう。`isPalindrome` の `cleanText` 部分はすぐに大きくなってしまうため、`preprocess` 関数としてリファクタリングすることにします（リスト 36–9）。

リスト36–9：コードを整理する（Lib.hs）

```
module Lib
    ( isPalindrome
    , preprocess
    ) where

preprocess :: String -> String
preprocess text = filter (not . (`elem` ['!','.'])) text

isPalindrome :: String -> Bool
isPalindrome text = cleanText == reverse cleanText
  where cleanText = preprocess text
```

これにより、テストを実際に行う関数は `preprocess` になります。`preprocess` をテストしたいところですが、すでに見てきたように、ユニットテストはすぐに手に負えなくなってしまいます。まだ何かを見落としている可能性があります。

● プロパティのテスト

　抽象的に言えば、preprocess 関数についてテストしたいのは、この関数が特定の性質（プロパティ）を持っているかどうかです。主にテストしたいのは、特定の入力に対する出力が「句読点不変」であるかどうかです。こじゃれた言い方をしましたが、要するに、入力文字列に句読点が含まれているかどうかに留意しない、ということです。

　そこで、このプロパティを表現する関数を作成します。Spec.hs ファイルで Data.Char（isPunctuation）をインポートし、リスト 36-10 の関数を定義する必要があります。

リスト36-10：関数でテストしたいプロパティを表現する（Spec.hs）

```
import Data.Char (isPunctuation)

prop_punctuationInvariant text = preprocess text == preprocess noPuncText
  where noPuncText = filter (not . isPunctuation) text
```

　リスト 36-10 のコードは、ここで基本的に実現しようとしていることを次のように表現しています。

---

text で preprocess を呼び出すと、句読点が含まれていないバージョンの text で
preprocess を呼び出したときと同じ答えが得られるはずである

　このプロパティが定義されたのはよいとして、このプロパティをテストする方法がまだありません。text に対して考え得るさまざまな値を自動的に取得する方法が必要です。そこで登場するのが QuickCheck ライブラリです。

▷ クイックチェック 36-4

　prop_reverseInvariant というプロパティを記述してみましょう。このプロパティは、isPalindrome の結果が入力を逆の順序にしても変わらないという明白な事実を検証します。

● QuickCheck

　Haskell の QuickCheck ライブラリは、プロパティテストの概念に基づいて構築されています。prop_punctuationInvariant 関数はプロパティの最初の例です。具体的には、関数が備えているはずのプロパティを指定すると、QuickCheck がそれらの値を自動的に生成して関数でテストし、指定されたプロパティをその関数が満たしているかどうかを検証します。先の単純なユニットテストをプロパティテストに置き換えてみましょう。

　まず、palindrome-testing.cabal ファイルの build-depends に QuickCheck を追加します（リスト 36-11）。

36.3 QuickCheck によるプロパティテスト | 467

リスト36-11：palindrome-testing.cabal ファイルを変更する

```
test-suite palindrome-testing-test
  type: exitcode-stdio-1.0
  main-is: Spec.hs
  hs-source-dirs: test
  other-modules: Paths_palindrome_testing
  ghc-options: -threaded -rtsopts -with-rtsopts=-N
  build-depends: base >=4.7 && <5
               , palindrome-testing
               , QuickCheck
  default-language: Haskell2010
```

次に、`Spec.hs` ファイルに `Test.QuickCheck` をインポートします。QuickCheck を使用するには、`main` の中で、プロパティに対して `quickCheck` 関数を呼び出します（リスト 36-12）。

リスト36-12：Spec.hs ファイルで quickCheck 関数を使用する

```
import Test.QuickCheck
...
main :: IO ()
main = do
  quickCheck prop_punctuationInvariant
  putStrLn "done!"
```

テストを実行すると、（期待どおりに）失敗することがわかります。

```
*** Failed! Falsifiable (after 4 tests and 2 shrinks):
"\187"
done!
```

`prop_punctuationInvariant` 関数をテストするときに、QuickCheck が値として `\187`（Unicode の句読点）を試しています。ある意味、QuickCheck は大量のユニットテストを自動的に作成しています。QuickCheck がバグをどれくらいうまく捕捉するのかを明らかにするために、試しに句読点を取り除いて `preprocess` 関数が `\187` をうまく処理するようにしてください（リスト 36-13）。

リスト36-13：QuickCheck からの結果に基づいて preprocess 関数を修正する（Lib.hs）

```
preprocess :: String -> String
preprocess text = filter (not . (`elem` ['!','.','\187'])) text
```

テストを再び実行すると、QuickCheck が依然として失敗することがわかります。

```
*** Failed! Falsifiable (after 11 tests and 2 shrinks):
";"
done!
```

QuickCheck は（慎重に選択されるとはいえ）ランダムな値を使用するため、実際のテストでは異なるエラーになることがあります。

今度はセミコロン（;）が問題になっています。

isPunctuation を使ってコードを正しくリファクタリングしてみましょう（リスト36–14）。

リスト36–14：句読点の問題を正しく修正する（Lib.hs）

```
import Data.Char(isPunctuation)

preprocess :: String -> String
preprocess text = filter (not . isPunctuation) text
```

stack test を実行すると、ついにテストが成功します。

```
OK, passed 100 tests.
done!
```

このメッセージから、QuickCheck が指定されたプロパティに対して 100 種類の文字列を戦略的に試し、すべて成功したことがわかります。100 個のテストで安心しても大丈夫でしょうか。quickCheckWith を使って 1,000 個のテストを行ってみましょう。この場合は、レコード構文[3]を使って関数に渡されている標準的な引数値を更新する必要があります（リスト 36–15）。

リスト36–15：QuickCheck にテストの個数を指定する（Spec.hs）

```
main :: IO ()
main = do
  quickCheckWith stdArgs { maxSuccess = 1000} prop_punctuationInvariant
  putStrLn "done!"
```

テストを実行すると、QuickCheck がやはり成功することがわかります。そして、これだけの数の入力を試したことがより安心感につながるかもしれません。

```
OK, passed 1000 tests.
done!
```

ここでは isPalindrome 関数に対するプロパティテストを 1 つ定義しただけですが、ユニットテストを無数に記述する必要がなくなっています。

---

[3] レッスン 12 を参照。

▷ **クイックチェック 36-5**

クイックチェック 36-4 で定義した `prop_reverseInvariant` に対する `quickCheck` テストを追加してみましょう。

● **QuickCheck が対応する型の範囲を広げる**

QuickCheck については、テストする入力値の生成に注意を払う必要があります。QuickCheck を使って自動的にテストできる型はすべて `Arbitrary` 型クラスのインスタンスです（`Arbitrary` の実装の詳細は割愛します）。悪い知らせは、`Arbitrary` のインスタンスである基本的な型の数が限られていることです。よい知らせは、QuickCheck によってカバーされる型の範囲を大幅に広げるパッケージをインストールできることです。

たとえば `Data.Text` は、デフォルトでは `Arbitrary` のインスタンスではなく、QuickCheck ではテストできません。ただし、quickcheck-instances パッケージをインストールすれば、この問題に対処できます。このパッケージは `stack install` コマンドを使ってインストールできます。

```
$ cd palindrome-testing
$ stack install quickcheck-instances
```

これにより、palindrome-testing プロジェクトに新しいパッケージがインストールされます。

まず、`String` ではなく `Data.Text` を使用するように `Lib.hs` ファイルをリファクタリングしてみましょう。

リスト36–16：Data.Text を使用するように Lib モジュールをリファクタリングする（Lib.hs）

```
module Lib
    ( isPalindrome
    , preprocess
    ) where

import Data.Char(isPunctuation)
import Data.Text as T

preprocess :: T.Text -> T.Text
preprocess text = T.filter (not . isPunctuation) text

isPalindrome :: T.Text -> Bool
isPalindrome text = cleanText == T.reverse cleanText
  where cleanText = preprocess text
```

palindrome-testing.cabal ファイルの `library` セクションの `build-depends` に `text` を忘れずに追加してください。

470 | LESSON 36　QuickCheck を使ったプロパティテスト

リスト36-17：palindrome-testing.cabal ファイルを編集する

```
library
  ...
  build-depends: base >=4.7 && <5
               , text
```

Spec.hs ファイルも同様にリファクタリングします（リスト 36-18）。

リスト36-18：Data.Text を使用するように Spec.hs をリファクタリングする

```
import Lib
import Data.Char(isPunctuation)
import Test.QuickCheck
import Test.QuickCheck.Instances
import Data.Text as T

prop_punctuationInvariant text = preprocess text == preprocess noPuncText
  where noPuncText = T.filter (not . isPunctuation) text

main :: IO ()
main = do
  quickCheckWith stdArgs { maxSuccess = 1000} prop_punctuationInvariant
  putStrLn "done!"
```

このテストを実行するには、`palindrome-testing.cabal` ファイルの `test-suite` セクションの `build-depends` に `text` と `quickcheck-instances` を追加する必要があります（リスト 36-19）。

リスト36-19：palindrome-testing.cabal ファイルを編集する

```
test-suite palindrome-testing-test
  ...
  build-depends: base >=4.7 && <5
               , palindrome-testing
               , text
               , quickcheck-instances
```

最後に、リファクタリングしたコードをテストします。

```
$ stack test
...
OK, passed 1000 tests.
done!
```

　ここで、プロパティテストのもう1つの利点が明らかになります。このリファクタリングは比較的簡単でした。これに対し、ユニットテストを1つ1つ記述していて、それらすべてのテストで型を変更しなければならないとしたら、どれはど手間がかかるか想像してみてください。

36.4　まとめ

このレッスンの目的は、Haskell コードのテスト方法を説明することにありました。まず、`stack ghci` コマンドを使ってテストを手動で行いました。stack 内で GHCi を使用すると、コードが期待どおりにビルドされます。手動でのテストに続いて、`stack test` コマンドを使って一連の単純なユニットテストを実行しました。最後に、QuickCheck を使ってプロパティテストを作成することで、それらのユニットテストを一般化しました。

36.5　練習問題

このレッスンの内容を理解できたかどうか確認してみましょう。

Q36-1：この palindrome-testing プロジェクトを完成させ、レッスン 35 のコードと同じものにしてみましょう。続いて、`preprocess` を完全にテストするプロパティテストを実装し、ホワイトスペースの有無や大文字と小文字の違いが問題にならないことを確認してください。

36.6　クイックチェックの解答

▶ クイックチェック 36-1

```
module Lib where

isPalindrome :: String -> Bool
isPalindrome text = text == reverse text
```

▶ クイックチェック 36-2

```
*Main Lib> isPalindrome "sam I mas"
True
```

▶ クイックチェック 36-3

```
assert (isPalindrome ":racecar:") "passed ':racecar:'" "FAIL: ':racecar:'"
```

`:racecar:` は句読点が含まれていても回文であるため、このテストは成功します。

▶ クイックチェック 36-4

```
prop_reverseInvariant text = isPalindrome text == (isPalindrome (reverse text))
```

472 | LESSON 36　QuickCheck を使ったプロパティテスト

▶ クイックチェック **36-5**

```
main :: IO ()
main = do
  quickCheckWith stdArgs { maxSuccess = 1000} prop_punctuationInvariant
  quickCheck prop_reverseInvariant
  putStrLn "done!"
```

LESSON 37

演習：素数ライブラリの作成

レッスン 37 では、次の内容を取り上げます。

- stack を使って新しいプロジェクトを作成する
- 素数を扱う基本的なライブラリ関数を作成する
- stack test と QuickCheck を使ってバグをチェックする
- エラーを修正するためにコードをリファクタリングする
- プロジェクトに新しい関数とテストを追加する

このユニットでは、回文を扱うプログラムの作成という問題に取り組んできました。この最後のレッスンでは、新しい問題に取り組むことで、モジュールを作成するためのすべての作業と stack に関する知識を復習します。今回は、次に示す 3 つの基本的な問題に焦点を合わせた上で、素数を扱うプログラムを作成します。

- 指定された数字よりも小さい素数をリストアップする
- 指定された数字が素数かどうかを判定する
- 指定された数字を素因数に分解する

まず、素数のリストを作成する方法が必要です。このリストの型シグネチャは次のようになります。

```
primes :: [Int]
```

素数のリストを作成するには、素数以外の数字を除外する素数のふるいを使用します。型に関して言うと、素数候補のリスト（[Int]）を受け取り、素数だけのリスト（[Int]）を返します。このフィルタリングを実行する関数は sieve です。

```
sieve :: [Int] -> [Int]
```

　素数のリストがあれば、指定された数字がこのリストの要素かどうかをチェックすることで、素数かどうかを簡単に判定できます。通常は、単に Int -> Bool の関数として考えるところですが、素数かどうかのチェックにおいて有効と見なしたくない数字（負数）が存在するため、Maybe Bool を返すことにします。

```
isPrime :: Int -> Maybe Bool
```

　最後に、指定された数字を素因数分解します。isPrime が Maybe Bool を返すのと同じ問題があるため、この primeFactors 関数では、素因数のリストを表す Maybe [Int] を返すことにします。

```
primeFactors :: Int -> Maybe [Int]
```

　stack を使ってこのプロジェクト全体を構築し、その過程でプログラムの設計に役立つテストを組み立てていきます。このレッスンの主な目的は stack を使ってプロジェクトをビルドすることの基礎をしっかりと理解することにあるため、このレッスンのコードは比較的簡単なものにとどめてあります。

 ## 37.1　新しいプロジェクトを開始する

　これまでと同様に、最初の作業は、stack new コマンドを使って新しいプロジェクトを作成することです。このプロジェクトを primes と呼ぶことにします。

```
$ stack new primes
```

　このコマンドの実行が完了すると、新しいプロジェクトが作成されているはずです。新しいプロジェクトのフォルダへ移動してみましょう。

```
$ cd primes
```

　stack によって作成されたファイルとフォルダをもう一度確認しておきましょう。フォルダは次の3つです。

- **app**

  main モジュールはここで定義される。デフォルトで Main.hs が含まれている。

- **src**

  ライブラリファイルはすべてここに配置される。デフォルトで Lib.hs が含まれている。

- **test**

  テストコードはすべてここに配置される。デフォルトで Spec.hs が含まれている。

stack によって作成される主なファイルは、次の 4 つです（図 37–1）。

- **primes.caba**

  設定のほとんどを行うファイル。

- **LICENSE**

  このソフトウェアを使用するときのライセンスを説明する。

- **stack.yaml**

  stack によって使用される追加の設定データを含んでいる。

- **Setup.hs**

  cabal システムによって使用されるファイル（無視してかまわない）。

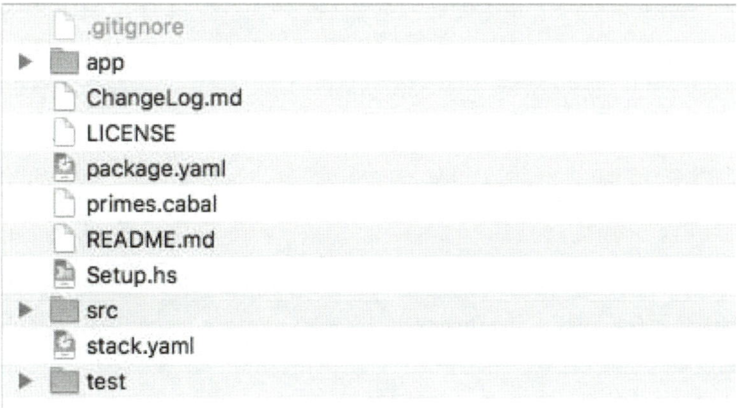

図37-1：stack によって作成される主なファイル

これらのファイルが作成されれば、コードの記述に取りかかる準備は万全です。

37.2　デフォルトのファイルを変更する

　stack により、出発点として役立つ app/Main.hs ファイルと src/Lib.hs ファイルが生成されています。これらのファイルには、このプロジェクトでは必要のないサンプルコードが含まれています。ここでの主な関心はライブラリ関数であるため、まず、app/Main.hs ファイルの内容を書き換え、ここで作成する Primes モジュールをインポートする以外は実質的に何もしないコードに変更します（リスト 37-1）。

リスト37-1：app/Main.hs ファイルの Main モジュール

```
module Main where

import Primes     -- この後、Lib.hs ファイルを Primes.hs に変更する

main :: IO ()
main = return ()  -- someFunc を削除し、空のタプルを返すようにする
```

　次に、src/Lib.hs ファイルを変更します。このプロジェクトでは素数を扱うための関数ライブラリを作成するため、このファイルの名前を Primes.hs に変更し、モジュール名を Primes に変更します。また、他の関数で使用するダミーの素数リストも作成します。さしあたり、すべての数からなるリストを作成しておき、あとでリファクタリングすることにします（リスト 37-2）。

リスト37-2：src/Lib.hs を src/Primes.hs に変更する

```
module Primes where

primes :: [Int]
primes = [1 .. ]
```

　また、ライブラリファイルの名前を変更したことを stack に忘れずに伝えなければなりません。primes.cabal ファイルを開いて、library セクションの exposed-modules の値をリスト 37-3 のように変更します。

リスト37-3：ライブラリモジュールの変更を反映させるために primes.cabal を変更する

```
library
  exposed-modules: Primes
  other-modules: Paths_primes
  hs-source-dirs: src
  build-depends: base >=4.7 && <5
  default-language: Haskell2010
```

　サニティチェックとして、プロジェクトをセットアップしてビルドしてみましょう。

```
$ stack setup
...
$ stack build
...
```

この時点では、それほど複雑な作業はありません。エラーが発生した場合は、スペルミスをしたか、変更したファイルの保存を忘れている可能性があります。

 ## 37.3　基本的なライブラリ関数を作成する

　基本的な準備が整ったところで、コードの記述に取りかかりましょう。最初に必要な作業は、他の関数で使用する素数リストの生成です。ユニット 5 では、`Applicative` 型の`<*>`演算子を使って素数のリストを生成する方法を示しました。しかし、この方法は効率的ではありません。そこで今回は、よりも効率的な**エラトステネスのふるい**と呼ばれるアルゴリズムを使用します。このアルゴリズムは、数値のリストを反復的に処理しながら素数ではないものをすべて除外するという仕組みになっています。1 つ目の素数である 2 から始めて、2 で割り切れる他の数をすべて除外します。リストの次の数字は 3 なので、残っている数のうち 3 で割り切れるものをすべて除外します。10 未満の素数を見つけ出す手順は次のようになります。

1. 2〜10 のリスト（[2,3,4,5,6,7,8,9,10]）で作業を開始します。
2. 次の数は 2 なので、2 を素数リストへ移動し、リストから 2 で割り切れる数を除外すると、[2] と [3,5,7,9] になります。
3. 次の数は 3 なので、3 を素数リストへ移動し、リストから 3 で割り切れる数を除外すると、[2,3] と [5,7] になります。
4. 5 でも同じことを繰り返すと、[2,3,5] と [7] になります。
5. そうすると最後に 7 が残るので、[2,3,5,7] と [] になります。

　この関数は再帰を使って実装できます。多くの再帰関数と同様に、リストの最後に到達した場合は、処理が終了したことがわかります。それ以外の場合は、上記の手順を繰り返します。Haskell での `sieve` 関数はリスト 37-4 のようになります。

リスト37-4：エラトステネスのふるいの再帰実装（Primes.hs）

```
sieve :: [Int] -> [Int]
sieve [] = []
sieve (nextPrime:rest) = nextPrime : sieve noFactors
  where noFactors = filter (not . (== 0) . (`mod` nextPrime)) rest
```

478 | LESSON 37　演習：素数ライブラリの作成

stack ghci コマンドを使って新しい関数を試してみましょう。

```
*Main Primes> sieve [2 .. 20]
[2,3,5,7,11,13,17,19]
*Main Primes> sieve [2 .. 200]
[2,3,5,7,11,13,17,19,23,29,31,37,41,43,47,53,59,61,67,71,73,79,83,89,97,101,103,
107,109,113,127,131,137,139,149,151,157,163,167,173,179,181,191,193,197,199]
```

sieve が定義されたからといって、まだ終わりではありません。この関数は、isPrime など他の
関数で使用する素数のリストを生成するために使用されます。

● 素数を定義する

リスト 37–5 に示すように、ダミーの primes 変数を sieve によって生成された素数のリストに
置き換えるのは簡単です。

リスト37–5：素数のリストを生成する（Primes.hs）

```
primes :: [Int]
primes = sieve [2 .. ]
```

これにより、Int 型の最大値よりも小さい素数からなるリストが生成されます。理論的には願っ
てもないことですが、Int 型の maxBound がどれくらい大きいのか GHCi でたしかめてみましょう。

```
*Main Primes> maxBound :: Int
9223372036854775807
```

素数の計算方法が大幅に効率化されたとしても、これだけの素数をテストするとなるとやはり相
当な時間がかかるため、このライブラリのユーザーがこのアルゴリズムを使って大量の素数をテス
トできるようにするのはやめたほうがよさそうです。さらに、maxBound よりも小さい素数の数は
およそ 2×10^{16} です。単純に考えて、Int 型の値ごとに 4 バイトが使用されるとすれば、このリ
ストを格納するのに 800 ペタバイト以上が必要です。このような場合は遅延評価が大きな助けに
なりますが、このライブラリのユーザーが誤って大量のメモリを要求できる状態にしておくのはよ
くありません。

そこで、検索する素数に合理的な上限を設けることにします。この単純な例では、素数の上限を
10,000 に設定します（リスト 37–6）。

リスト37–6：sieve を使って素数の合理的なリストを生成する（Primes.hs）

```
primes :: [Int]
primes = sieve [2 .. 10000]
```

新しい素数リストを GHCi で試してみましょう。

```
*Main Primes> length primes
1229
*Main Primes> take 10 primes
[2,3,5,7,11,13,17,19,23,29]
```

　素数の上限を（100,000 などに）引き上げることにした場合は、やっかいな状況になります。素数リストを最初に使用するときには、答えが返ってくるまでに相当な時間がかかるでしょう。こうなるのは遅延評価にまつわる複雑な問題のせいですが、リストを使用していることにも原因があります。ほとんどのプログラミング言語では、sieve を配列として実装し、この配列の値をその場で更新したいと考えます。ユニット 7 では、同じことを Haskell で実現する方法を紹介します。

● isPrime 関数を定義する

　素数のリストを定義したので、isPrime 関数の定義は簡単なことに思えます。特定の値が素数のリストに含まれているかどうかをチェックするだけです。そこで、次のような型シグネチャを定義します。

```
isPrime :: Int -> Bool
```

ですが、そう簡単にはいきません。極端なケースが 2 つあります。

- 負数はどうなるか
- ふるいのサイズよりも大きい値はどうなるか

　これらの問題にどのように対処すればよいでしょうか。1 つの解決策は、単に False を返すことです。しかし、これは正しい解決策ではなさそうです。最大の問題は、この関数のユーザーによって指定された数字が素数として有効であっても、かなり大きい場合は、正しい答えが返されないことです。それに加えて、-13 が素数ではないことはたしかですが、4 が素数ではないこととは意味が異なります。4 が素数ではないのは、合成数だからです。合成数とは、2 つ以上の素数の積（この場合は 2×2）である数字のことです。-13 が素数ではないのは、一般に、負数は素数と見なされないためです。

　この問題は Maybe を使用するのにうってつけです。数字がふるいの範囲に含まれている素数の場合は Just True を返し、ふるいの範囲に含まれている合成数の場合は Just False を返します。この少し複雑な isPrimes 関数はリスト 37-7 のようになります。

リスト37-7：isPrime 関数のより堅牢なバージョン（Primes.hs）

```
isPrime :: Int -> Maybe Bool
isPrime n | n < 0 = Nothing
          | n >= last primes = Nothing
          | otherwise = Just (n `elem` primes)
```

これまでは、Maybe 型を null 値として考えてきましたが、このように他の欠損値にも使用できることがわかります。この場合、結果が Just False になるのは、さまざまな理由で結果が意味をなさない場合です。

isPrime 関数を Primes.hs ファイルに追加したら、GHCi でテストしてみましょう。

```
*Main Primes> isPrime 8
Just False
*Main Primes> isPrime 17
Just True
*Main Primes> map isPrime [2 .. 20]
[Just True,Just True,Just False,Just True,Just False,Just True,Just False,
Just False,Just False,Just True,Just False,Just True,Just False,Just False,
Just False,Just True,Just False,Just True,Just False]
*Main Primes> isPrime (-13)
Nothing
```

isPrime 関数の定義は思った以上に複雑だったので、テストもより厳格なものにしてみましょう。

37.4　コードのテストを記述する

次の作業は、単に GHCi を使用すること以外のテストに着手することです。つまり、レッスン 36 で取り上げたテストスイート QuickCheck を使用します。まず、基本的な準備として、primes.cabal ファイルを編集し、test-suite セクションに QuickCheck を追加する必要があります。今回は、QuickCheck がデフォルトで対応する Int 型を使用するため、quickcheck-instances パッケージは必要ありません (リスト 37-8)。

リスト37-8：primes.cabal ファイルの test-suite セクションに QuickCheck を追加する

```
test-suite primes-test
  ...
  build-depends: base >=4.7 && <5
               , primes
               , QuickCheck
```

次に変更するファイルは、test/Spec.hs です。まず、必要なインポートを追加します（リスト 37-9）。

リスト37-9：test/Spec.hs ファイルに必要なインポートを追加する

```
import Test.QuickCheck
import Primes

main :: IO ()
main = putStrLn "Test suite not yet implemented"
```

37.4　コードのテストを記述する | 481

　テストはまだ作成していませんが、それでも stack test コマンドを実行してすべてが正常に動作することを確認しておくべきです。

```
$ stack test
Test suite not yet implemented
```

　このメッセージが表示されたら、すべてが正常に動作しています。次は、isPrime 関数の基本的なプロパティを定義する必要があります。

● isPrime 関数のプロパティを定義する

　最初に定義するプロパティは、Maybe 型が正しく扱われるかどうかを確認する基本的なプロパティです。数字が素数リストに含まれている数字よりも大きいか、0 よりも小さい場合は、Nothing 値が返されるはずであることを思い出してください。それ以外の数字には Just 値が返されます。そこで、Data.Maybe モジュールをインポートし、Maybe 型の値が Just 値かどうかをすばやくチェックする isJust 関数を使用できるようにします。この prop_validPrimesOnly テストの定義はリスト 37–10 のようになります。

リスト37-10：Nothing 値と Just 値を取得する prop_validPrimesOnly プロパティ（Spec.hs）

```
import Data.Maybe

prop_validPrimesOnly val = if val < 0 || val >= last primes
                           then result == Nothing
                           else isJust result
  where result = isPrime val
```

　このテストに必要な残りの作業は、新しいテストを実行するように main I/O アクションを変更することだけです（リスト 37–11）。

リスト37-11：prop_validPrimesOnly プロパティを main に追加する（Spec.hs）

```
main :: IO ()
main = do
  quickCheck prop_validPrimesOnly
```

　このテストスイートを実行する前に、テストをさらにいくつか追加します。

■ 素数と判定されたものが実際に素数かどうかをテストする

　isPrime 関数が満たさなければならないもっとも顕著なプロパティは、この関数が素数と判定する数字が実際に素数であることです。そこで、2 から始めて、入力された数字よりも小さいすべての数字からなるリストを生成し、このリストをフィルタリングすることで、その数字で割り切れる値が 1 つでも含まれているかどうかを確認します。このテストでは、isPrime 関数が（素数であることを示す）Just True を返すケースだけを考慮します。この prop_primesArePrime プロパ

482 | LESSON 37　演習：素数ライブラリの作成

ティの定義はリスト 37–12 のようになります。

リスト37-12：素数と判定される数字が実際に素数かどうかをテストする（Spec.hs）

```
prop_primesArePrime val = if result == Just True
                          then length divisors == 0
                          else True
  where result = isPrime val
        divisors = filter ((== 0) . (val 'mod')) [2 .. (val - 1)]
```

　この方法による素数の検証は素数を生成する方法ほど効率的ではありませんが、このテストはたまにしか実行しないため、問題はありません。このテストはプロパティテストがいかに強力であるかを示す格好の例です。このテストはあまり効率的ではありませんが、幅広い入力値を簡単に検証できます。

■ 素数ではないと判定されたものが合成数であることをテストする

　isPrime 関数に対して最後に追加するテストは、prop_primesArePrime とは逆のテストです。isPrime 関数が Just False を返す場合に、入力された数字よりも小さく、その数字で割り切れる数が少なくとも 1 つ存在することをチェックします（リスト 37–13）。

リスト37-13：素数ではないと判定される数字が合成数かどうかをテストする（Spec.hs）

```
prop_nonPrimesAreComposite val = if result == Just False
                                 then length divisors > 0
                                 else True
  where result = isPrime val
        divisors = filter ((== 0) . (val 'mod')) [2 .. (val - 1)]
```

　このテストも関数が満たさなければならないプロパティのよい例です。単に合成数の例をいくつかテストするのではなく、「素数ではない」ことが何を意味するのかを定義しているからです。

■ テストを実行する

　残っている作業は、main に quickCheck の呼び出しを追加することだけです。今回は、quickCheckWith を呼び出し、100 個ではなく 1,000 個のテストを実行します。Int 型の入力として考えられる数字は大量にあるため、必ず十分な数の数字をチェックしてください（リスト 37–14）。

リスト37-14：追加のプロパティをテストするために main を変更する（Spec.hs）

```
main :: IO ()
main = do
  quickCheck prop_validPrimesOnly
  quickCheckWith stdArgs { maxSuccess = 1000} prop_primesArePrime
  quickCheckWith stdArgs { maxSuccess = 1000} prop_nonPrimesAreComposite
```

　さっそくテストを実行すると、何かを見落としていることが判明します。

```
+++ OK, passed 100 tests.
+++ OK, passed 1000 tests.
*** Failed! Falsifiable (after 1 test):
0
```

テストが失敗したのは、0が合成数ではないからです。Nothingが返される数字について検討したときに、0よりも小さい数字に決めたことを思い出してください。しかし、このプロパティテストは興味深い問題を突き付けています。0は合成数でも素数でもありません（その意味では、1もそうです）。では、どうすればよいでしょうか。おそらくプロパティテストのもっともよいところは、答えがあらかじめ書き出されていることです。isPrime関数では、素数に対してJust Trueを返し、合成数に対してJust Falseを返すと決めましたが、この決定には次のような意味があります。Just Falseが返されたら、入力として使用された数字が合成数であると想定しても安全です。プロパティテストは、あなたの考えに間違いがあることを明らかにし、正しい解決策がどのようなものであるかを理解するのに役立ちます。

● バグを修正する

このバグを修正するのは簡単です。isPrime関数を修正し、0ではなく2よりも小さいすべての値に対してNothingを返すようにする必要があります（リスト37-15）。

リスト37-15：isPrime関数のバグを修正する（Primes.hs）

```
isPrime :: Int -> Maybe Bool
isPrime n | n < 2 = Nothing
          | n >= last primes = Nothing
          | otherwise = Just (n `elem` primes)
```

また、prop_validPrimesOnlyプロパティを変更し、この修正を反映させる必要もあります（リスト37-16）。

リスト37-16：isPrime関数を更新した後、prop_validPrimesOnlyを更新する（Spec.hs）

```
prop_validPrimesOnly val = if val < 2 || val >= last primes
                           then result == Nothing
                           else isJust result
  where result = isPrime val
```

さっそくテストを実行すると、すべてOKになることがわかります。

```
+++ OK, passed 100 tests.
+++ OK, passed 1000 tests.
+++ OK, passed 1000 tests.
```

素数のリストアップと検出の機能が完成したところで、「数字を素因数に分解する」という少し

興味深い問題に進みましょう。

37.5　数字を素因数分解するコードを追加する

最後に追加するのは、ある数字の素因数をすべて生成する関数です。素因数とは、次に示すように、掛け合わせたときに元の数字が得られる素数のことです。

```
4 = [2,2]
6 = [2,3]
18 = [2,3,3]
```

isPrime 関数のときと同じ理由により、素因数のリストは Maybe 型にする必要があります。たとえば、数字が負数である、あるいはもっとも大きい素数よりも大きい場合が考えられるからです。

まず、この関数の安全ではないバージョンとして、Maybe 型のリストではなく通常のリストを返す関数を作成します。アルゴリズムは単純です。数字と素数のリストを出発点とし、その数字がリストの各素数で割り切れるかどうかをチェックします。割り切れない場合は、その素数をリストから削除します。この関数は再帰を使って定義できます（リスト37–17）。

リスト37–17：素因数分解アルゴリズムの安全ではないバージョン（Primes.hs）

```
unsafePrimeFactors :: Int -> [Int] -> [Int]
unsafePrimeFactors 0 [] = []
unsafePrimeFactors n [] = []
unsafePrimeFactors n (next:primes) =
  if n `mod` next == 0
  then next:unsafePrimeFactors (n `div` next) (next:primes)
  else unsafePrimeFactors n primes
```

そして、この安全ではない関数を、欠損値を返したい状況に対処するコードでラッピングします（リスト37–18）。

リスト37–18：unsafePrimeFactors 関数をラッピングして安全な関数にする（Primes.hs）

```
primeFactors :: Int -> Maybe [Int]
primeFactors n | n < 2 = Nothing
               | n >= last primes = Nothing
               | otherwise = Just (unsafePrimeFactors n primesLessThanN)
  where primesLessThanN = filter (<= n) primes
```

次に、新しい関数に対するテストを追加します。素因数分解のもっとも顕著なプロパティは、これらの素因数の積が元の値になることです。このアルゴリズムは `prop_factorsMakeOriginal` プロパティを使ってテストします（リスト37–19）。

37.5　数字を素因数分解するコードを追加する | 485

リスト37-19：素因数の積が元の値になることを確認する（Spec.hs）

```
prop_factorsMakeOriginal val = if result == Nothing
                               then True
                               else product (fromJust result) == val
  where result = primeFactors val
```

ただし、どういうわけか結果に非素数値が含まれていることも考えられます。リスト 37–20 の
`prop_allFactorsPrime` プロパティは、すべての素因数が実際に素数であることをテストします。
`isPrime` 関数はすでにテスト済みなので、このテストに自由に使用できます。

リスト37-20：すべての素因数が素数であることを確認する（Spec.hs）

```
prop_allFactorsPrime val = if result == Nothing
                           then True
                           else all (== Just True) resultsPrime
  where result = primeFactors val
        resultsPrime = map isPrime (fromJust result)
```

最後の作業は、`main` アクションを更新することです（リスト 37–21）。

リスト37-21：プロパティテストをすべて実行する最終的な main アクション（Spec.hs）

```
main :: IO ()
main = do
  quickCheck prop_validPrimesOnly
  quickCheckWith stdArgs { maxSuccess = 1000} prop_primesArePrime
  quickCheckWith stdArgs { maxSuccess = 1000} prop_nonPrimesAreComposite
  quickCheck prop_factorsMakeOriginal
  quickCheck prop_allFactorsPrime
```

これら 5 つのプロパティテストを実行すると（この場合は 2,300 個のユニットテストに相当しま
す）、コードが期待どおりに動作することがわかります。

```
+++ OK, passed 100 tests.
+++ OK, passed 1000 tests.
+++ OK, passed 1000 tests.
+++ OK, passed 100 tests.
+++ OK, passed 100 tests.
```

stack を使った 2 つ目のプロジェクトはこれで完成です。今回は、すべてを一度に確認しました。
ここまで見てきたように、stack は Haskell でのコーディングをはるかに取り組みやすいものにす
る有益なツールです。次のユニットでは、実際のサンプルコードのすべてに stack を使用します。

37.6 まとめ

このレッスンでは、次の内容を確認しました。

- 新しい stack プロジェクトの作成
- デフォルトのソースファイルと設定の変更
- 基本的なライブラリコードの記述と GHCi での手動によるテスト
- バグをチェックするためのプロパティテストの実装
- QuickCheck と `stack test` を使った関数でのエラーの特定
- バグを修正するためのコードのリファクタリング
- 新しいコードとテストに基づくライブラリ関数の拡張

● 素数ライブラリの拡張

　この例を拡張するもっとも簡単な方法は、素数かどうかのチェック、素因数分解、または両方でユーザーが数字をテストできるようにするコードを `Main.hs` ファイルに追加することです。どちらの関数で結果が `Nothing` になるケースに対処してみるのもおもしろそうです。これらの拡張は、たとえば次のようなものになります。

```
$ stack exec primes-exe
Enter a number to check if it's prime:
5
It is prime!

$ stack exec primes-exe
Enter a number to Factor:
100000000000
Sorry, this number is not a valid candidate for primality testing
```

　少し難題ですが、より高度な素数チェックアルゴリズムについて考えてみてもよいでしょう。たとえば、ミラー＝ラビン素数判定法と呼ばれる確率的素数テストがあります。このアルゴリズムを実装すると、`isPrime` 関数がずっと大きな入力に対応できるようになります。このアルゴリズムの概要は Wikipedia で確認できます[1]。

---

[1] https://en.wikipedia.org/wiki/Miller%E2%80%93Rabin_primality_test
https://ja.wikipedia.org/wiki/ミラー–ラビン素数判定法

7 実践Haskell

　最後のユニットへようこそ! 参照透過性の基礎や関数型プログラミングの利点を学ぶことから始めて、ついにここまで来ました。この最後のユニットは、他のユニットとは趣が異なります。このユニットの目標は、Haskell の学習から実戦的なコーディングへスムーズに移行できるようにすることです。(筆者を含め) Haskell を学んでいる人の多くは、この学習から実践への移行に思った以上に苦労しているようです。

　学習から実践への移行を容易にするために、このユニットでは、幅広いタスクの知識を身につけることで、より大規模で複雑なプログラムを構築するためのしっかりとした土台を築きます。まず、Haskell でのエラー処理の仕組みを理解し、続いて、Either という便利な型を紹介します。

　次に、実践的なプロジェクトを 3 つ構築します。まず、RESTful API を使って、Haskell で単純なHTTP リクエストを作成します。ほとんどのプログラマが日々取り組んでいる作業の中で、HTTPの操作が占める割り合いは増える一方です。Web 開発に興味がなかったとしても、Web からデータを取得する必要に迫られるのは時間の問題です。次に、このプロジェクトの結果をもとに、Aesonライブラリを使って Haskell で JSON データを解析する方法について見ていきます。JSON はおそらく現在もっとも普遍的なデータフォーマットであり、一般的なプログラミングプロジェクトの多くで JSON の解析が必要になります。その後は、道具貸出図書館というコミュニティサービスのためのコマンドラインツールを構築しながら、Haskell で SQL データベースを操作する方法を学びます。このアプリケーションは、データベースでの基本的な CRUD (Create、Read、Update、Delete) タスクをすべてカバーします。

　このユニットの最後のレッスンでは、従来の配列アルゴリズムに取り組みます。このようなアルゴリズムでは、通常は Haskell を使用することを考えません。このレッスンでは、STUArray 型を使ってステートフルな (遅延評価を使用しない) ソートアルゴリズムを実装します。このアルゴリズムは他の非関数型言語を使用したときと同じように動作するはずです。純粋な関数型言語でバブルソートを正しく実装できるとしたら、Haskell をどのような目的にも使用できます。

LESSON 38

Haskell のエラーと Either 型

レッスン 38 では、次の内容を取り上げます。

- error 関数を使ってエラーをスローする
- エラーのスローが危険であることを理解する
- エラー処理の手段として Maybe 型を使用する
- Either 型を使ってより巧妙なエラーを処理する

Haskel がこれほど効果的である理由のほとんどは、この言語が安全で、予想可能で、信頼できることに基づいています。Haskell は多くの問題を緩和または除去しますが、実践的なプログラミングにおいてエラーは避けられない部分です。このレッスンでは、Haskell でのエラー処理についてどのように考えればよいのかを学びます。Haskell は例外をスローする従来のアプローチに対して否定的です。というのも、コンパイラでキャッチできないランタイムエラーの温床になるからです。Haskell でもエラーをスローすることは可能ですが、プログラムで発生するさまざまな問題を解決するならもっとよい方法があります。本書ではすでに、そのうちの 1 つである Maybe 型に多くの時間を割いてきました。Maybe 型の問題点は、何かがうまくいかなかったことを伝える手段が限られていることです。Haskell には、さらに強力な Either という型があります。この型を利用すれば、エラーに関する情報を提供するために任意の値を使用できます。

このレッスンでは、Haskell の error 関数、Maybe 型、そして Either 型を使って、プログラムで発生する例外を処理します。まず、head 関数を調べます。head は最初に覚える関数の 1 つですが、その実装には重大な問題があります。head を安易に使用すると、Haskell の型システムではキャッチできないランタイムエラーが発生するのです。そこで、head がうまくいかないケースに対処する方法をいくつか紹介します。この問題はおなじみの Maybe 型を使ってうまく解決できることがあります。そして、ここで紹介する Either 型を利用すれば、より情報利得の高いエラーを提供できます。最後に、数字が素数かどうかをチェックする単純なコマンドラインツールを構築します。Either 型と独自のエラーデータ型を使ってエラーを表現し、それらのエラーをユーザーに

表示します。

従業員の ID 番号を表すリストがあるとしましょう。従業員 ID は 0 よりも大きく 10000 よりも小さくなければなりません。特定の ID が使用されているかどうかをチェックする `idInUse` 関数があります。この `idInUse` 関数を使って、ユーザーがデータベースに登録されていないことと、指定された番号が有効な従業員 ID の範囲に含まれていないことを区別する関数を記述するにはどうすればよいでしょうか。

38.1　head 関数、部分関数、エラー

　本章で最初に紹介した関数の 1 つは `head` でした。この関数は、（リストが存在する場合に）リストの最初の要素を返します。この関数の問題点は、リストに最初の要素が存在しない（空のリストである）場合にどうなるかです。図 38-1 を見てください。

　最初の印象では、`head` は非常に有益な関数のように見えます。Haskell で記述する再帰関数の多くはリストを使用するものであり、リストの最初の要素にアクセスするのは一般的な要件だからです。

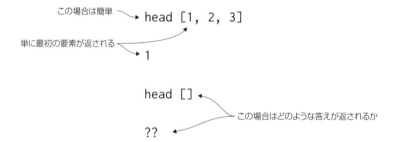

図38-1：空のリストで head を呼び出すという問題はどのように解決できるか

　しかし、`head` には大きな問題が 1 つあります。`head` を空のリストで呼び出すとエラーになることです。

```
Prelude> head [1]
1
Prelude> head []
*** Exception: Prelude.head: empty list
```

　ほとんどのプログラミング言語では、このような例外をスローするのは一般的な作法です。Haskell では、例外をスローするとコードが予測可能ではなくなるため、これは大きな問題です。Haskell

を使用することの主な利点の 1 つは、プログラムがより安全で予測可能なものになることです。し
かし、head 関数やその型シグネチャには、突然失敗するかもしれないことを匂わせるものは何も
ありません。

```
head :: [a] -> a
```

　ここまでは、Haskell プログラムがコンパイルされる場合は期待どおりに動作する可能性が高い
ことをじかにたしかめてきました。しかし、問題なくコンパイルされるものの実行時にエラーにな
るコードを簡単に記述できてしまう点で、head はこのルールに違反しています。
　たとえば、head と tail を使って再帰関数 myTake を単純に実装したとしましょう（リスト
38–1）。

リスト38–1：使用時にちょっとしたことでエラーになるが問題なくコンパイルされる関数

```
myTake :: Int -> [a] -> [a]
myTake 0 _ = []
myTake n xs = head xs : myTake (n-1) (tail xs)
```

　このコードをコンパイルしてみましょう。ただし今回は、コードの潜在的な問題を警告するコ
ンパイラフラグ-Wall を設定します。stack を使用する場合は、.cabal ファイルの executable
セクションにある ghc-options に-Wall を追加します。レッスン 35 で説明したように、stack
プロジェクトの名前が palindrome-checker であるとすれば、プロジェクトのルートフォルダで
palindrome-checker.cabal ファイルを開き、executable セクションの ghc-options のリス
トに-Wall を追加します。-Wall フラグを追加すると、プログラムのコンパイル時にチェックされ
る警告がすべて設定されます[1]。

```
executable palindrome-checker-exe
  main-is: Main.hs
  other-modules: Paths_palindrome-checker
  hs-source-dirs: app
  ghc-options: -threaded -rtsopts -with-rtsopts=-N -Wall
  build-depends: base >=4.7 && <5
               , palindrome-checker
  default-language: Haskell2010
```

　ファイルの内容を変更したら、GHCi を再起動する必要があります（それにより、プロジェクト
が自動的にリビルドされます）。プロジェクトをビルドしても、コンパイルエラーはまったく発生
しません。しかし、このコードにエラーを生成させるのは簡単です。

---

[1]　**訳注**：ダウンロードサンプルでは、このレッスンのコードは headaches プロジェクトに含まれている。

```
*Main Lib> myTake 2 [1,2,3] :: [Int]
[1,2]
*Main Lib> myTake 4 [1,2,3] :: [Int]
[1,2,3,*** Exception: Prelude.head: empty list
```

このコードが稼働していて、ユーザーからのリクエストを処理するとしましょう。Haskell を使用しているときは特にそうですが、このような失敗はユーザーをがっかりさせます。

head がなぜこれほど危険なのかを理解するために、パターンマッチングを使用するまったく同じ関数と比較してみましょう（リスト 38-2）。

リスト38-2：myTake と同じだがコンパイル時に警告を生成する関数

```
myTakePM :: Int -> [a] -> [a]
myTakePM 0 _ = []
myTakePM n (x:xs) = x : myTakePM (n-1) xs
```

このコードの振る舞いは myTake と同じですが、-Wall フラグを設定した上でコンパイルすると、参考になるエラーが出力されます。

```
Pattern match(es) are non-exhaustive
In an equation for 'myTakePM':
    Patterns not matched: p [] where p is not one of {0}
```

このエラーは、空のリストに対するパターンが myTakePM 関数に含まれていないことを示しています。この関数のコードは head を使用するコードと同じですが、空のリストに対するパターンのことを GHC に警告させることができます[2]。

 Note 大規模なプロジェクトでこれらの警告を見逃したくない場合は、-error フラグを設定した上でコンパイルするとよいでしょう。このフラグを設定すると、警告が見つかるたびにエラーが生成されるようになります。

▷ **クイックチェック 38-1**

myTakePM を修正するのに必要なパターンは次のうちどれでしょうか。

```
myTakePM _0 [] = []

myTakePM _ [] = []

myTakePM 0 (x:xs) = []
```

---

[2] **訳注**：これ以降のコンパイルでは、-Wal フラグは設定していない。

head 関数と部分関数

head 関数は**部分関数**の例です。レッスン 2 で説明したように、Haskell の関数はどれも、引数を受け取り、結果を返さなければなりません。部分関数はこのルールに違反しませんが、重大な欠陥が 1 つあります。部分関数では、入力の定義が完全ではないのです。たとえば head 関数は、空のリストに対して未定義となります。

ソフトウェアのほぼすべてのエラーは部分関数の結果です。プログラムに想定外の入力が渡された場合、そのプログラムにはその入力を処理する手立てがありません。この問題に対する無難な解決策は、エラーをスローすることです。Haskell でのエラーのスローは簡単です。error 関数を呼び出すだけです。エラーをスローする myHead 関数を見てみましょう（リスト 38-3）。

リスト38-3：エラーをスローする例（myHead 関数）

```
myHead :: [a] -> a
myHead [] = error "empty list"   -- 空のリストと照合されるたびにエラーをスロー
myHead (x:_) = x
```

Haskell では、エラーのスローを検討するのはよい作法ではありません。というのも、myTake で示したように、コンパイラにはチェックできないバグが簡単に紛れ込んでしまうからです。実際には、head は決して使用しないようにし、代わりにパターンマッチングを使用すべきです。コードにおいて head と tail を使用している部分をパターンマッチングに置き換えると、コンパイラがエラーを生成できるようになります。

肝心なのは、部分関数全般についてどうすればよいかです。部分関数をすべての値でうまくいく関数に変換する方法があれば理想的です。もう 1 つの一般的な部分関数は、0 に対して未定義となる (/) です。ただし、この場合、Haskell は別の解決策を提供することでエラーのスローを回避します。

```
Prelude> 2 / 0
Infinity
```

これは 0 による除算という問題に対するなかなかよい解決策ですが、いくつかの特殊なケースのためだけに存在しているように見えます。ここで必要なのは、エラーが発生するかもしれない場合に、型を使ってそれらのエラーを捕捉する方法です。コンパイラは、よりエラーが起きにくいコードを記述する上で助けになることがあります。

▷ **クイックチェック 38-2**

Prelude に含まれている次の 3 つの部分関数がそれぞれ失敗する入力は何でしょうか。

- maximum
- succ
- sum

38.2 Maybe を使って部分関数に対処する

本書では、部分関数に対処するもっとも効果的な方法の 1 つをすでに見ています。そう、Maybe です。本書で使用してきた Maybe の例の多くは、他のプログラミング言語では Null 値になるものです。しかし、Maybe は部分関数を完全な関数に変換する合理的な手段となります。maybeHead 関数のコードを見てみましょう（リスト 38–4）。

リスト38–4：Maybe を使って head を完全な関数にする

```
maybeHead :: [a] -> Maybe a
maybeHead [] = Nothing
maybeHead (x:_) = Just x
```

maybeHead を使用すれば、リストの head を安全に取得できます。

```
*Main Lib> maybeHead [1]
Just 1
*Main Lib> maybeHead []
Nothing
```

ユニット 5 で説明したように、Maybe は Monad のインスタンスであり（ということはつまり Functor と Applicative のインスタンスでもあります）、Maybe のコンテキストで値を計算することができます。Functor 型クラスを利用すれば、<$>を使って関数を Maybe 型の値に適用できることを思い出してください。maybeHead 関数を使用する例を見てみましょう。この例では、この関数が生成する値で演算を行うために<$>を使用します。

```
*Main Lib> (+2) <$> maybeHead [1]
Just 3
*Main Lib> (+2) <$> maybeHead []
Nothing
```

Applicative 型クラスは<*>演算子を提供するため、これらの関数をコンテキスト内で連結することができます。これは複数の引数を持つ関数でよく使用される方法です。<$>と<*>を使って maybeHead の結果を Just [] とコンスする方法を見てみましょう。

```
*Main Lib> (:) <$> maybeHead [1,2,3] <*> Just []
Just [1]
*Main Lib> (:) <$> maybeHead [] <*> Just []
Nothing
```

maybeHead を<$>と<*>で結合すれば、myTake のより安全なバージョンを記述できます（リスト

38–5）。

リスト38–5：head の代わりに maybeHead を使用するより安全な myTake 関数

```
myTakeSafer :: Int -> Maybe [a] -> Maybe [a]
myTakeSafer 0 _ = Just []
myTakeSafer n (Just xs) = (:) <$> maybeHead xs
                              <*> myTakeSafer (n-1) (Just (tail xs))
```

myTakeSafer 関数が本来ならエラーとなる入力にもうまく対応することを GHCi で確認してみましょう。

```
*Main Lib> myTakeSafer 3 (Just [1,2,3])
Just [1,2,3]
*Main Lib> myTakeSafer 6 (Just [1,2,3])
Nothing
```

このように、myTakeSafer は（完全なリストを返す take とは異なるものの）期待どおりに動作します。Safe ではなく Safer という名前にしたのは、残念ながら、tail も部分関数だからです。

 38.3 Either 型

本書では、Maybe の威力を伝えるために多くの時間を割いてきましたが、Maybe には大きな制限が 1 つあります。記述するプログラムが複雑になればなるほど、Nothing の結果を解釈するのが難しくなることです。レッスン 37 では、isPrime 関数を定義しました。次に示すのは、isPrime を単純化したものです。

```
primes :: [Int]
primes = [2,3,5,7]            -- 素数かどうかの判定に使用する素数のリスト

maxN :: Int
maxN = 10                     -- 素数かどうかをチェックする数字の最大値

isPrime :: Int -> Maybe Bool
isPrime n
  | n < 2 = Nothing           -- 数字が 2 よりも小さい場合は
                              -- 素数かどうかをチェックしない
  | n > maxN = Nothing        -- 数字が maxN よりも大きい場合は
                              -- 素数かどうかはわからない
  | otherwise = Just (n `elem` primes)  -- 数字が有効な候補である場合は
                              -- 素数かどうかをチェック
```

496 | LESSON 38 Haskell のエラーと Either 型

　この関数の型シグネチャを Int -> Maybe Bool にしたのは、エッジケースにも対処したいからです。ここでの主な課題は、isPrime の False 値の意味を「数字は合成数である」にしたいことです。しかし、問題が 2 つあります。1 つは、0 や 1 などの数字が合成数でも素数でもないことです。もう 1 つは、数字の大きさを isPrime 関数が制限していることであり、数字が大きすぎて計算できないという理由では False を返したくありません。

　isPrime を自分のソフトウェアで使用しているとしましょう。isPrime 9997 を呼び出すと、結果として Nothing が返されます。この Nothing は何を意味するのでしょうか。その意味を突き止めるには、ドキュメントを調べなければならないでしょう（ドキュメントがあれば、の話ですが）。エラーのよいところは、エラーメッセージが返されることです。Maybe は安全性を大きく向上させますが、Nothing に（Null 値と同じように）明白な解釈が存在しない限り、その効果は限られています。幸いなことに、Haskell には Maybe と同じような型がもう 1 つあります。この型を利用すれば、安全性を確保した上で、より表現豊かなエラーを作成できます。

　ここで調べるのは Either という型です。Maybe 型よりもほんの少し複雑ですが、その定義は面食らうものかもしれません。

```
data Either a b = Left a | Right b
```

　Either には、Left と Right という紛らわしい名前のデータコンストラクタがあります。エラー処理に関しては、Left コンストラクタはエラーが発生しているケース、Right コンストラクタはエラーが発生していないケースと考えればよいでしょう。あまり一般的ではありませんが、Either をもう少しわかりやすく定義すると、次のようになります。

```
data Either a b = Fail a | Correct b
```

　実際には、Right コンストラクタは Maybe の Just とまったく同じように機能します。Maybe との主な違いは、Left のほうが Nothing よりも多くの情報を提供できることです。また、Either には 2 つの型パラメータがあり、エラーメッセージの送信に対する型と、実際のデータに対する型を指定できます。例として、Either を使ってより安全な head 関数を作成してみましょう（リスト 38–6）。

リスト38–6：Either を使って記述されたより安全な head 関数

```
eitherHead :: [a] -> Either String a
eitherHead [] = Left "There is no head because the list is empty"
eitherHead (x:_) = Right x
```

　Left コンストラクタの引数が String 型であるのに対し、Right コンストラクタがリストの最初の要素の値を返すことに注目してください。次に、テストに使用するサンプルリストをいくつか

定義します。

```
intExample :: [Int]
intExample = [1,2,3]

intExampleEmpty :: [Int]
intExampleEmpty = []

charExample :: [Char]
charExample = "cat"

charExampleEmpty :: [Char]
charExampleEmpty = ""
```

Either の動作の仕組みと実際に返される型を GHCi で確認してみましょう。

```
*Main Lib> eitherHead intExample
Right 1
*Main Lib> eitherHead intExampleEmpty
Left "There is no head because the list is empty"
*Main Lib> eitherHead charExample
Right 'c'
*Main Lib> eitherHead charExampleEmpty
Left "There is no head because the list is empty"
```

Either 型も Monad のメンバなので（よって、Functor と Applicative のメンバでもあります）、<$>を使って intExample の head の値に 1 を足してみましょう。

```
*Main Lib> (+ 1) <$> (eitherHead intExample)
Right 2
*Main Lib> (+ 1) <$> (eitherHead intExampleEmpty)
Left "There is no head because the list is empty"
```

Either 型が Maybe の安全性とエラーメッセージによる明瞭さを兼ね備えていることがわかります。

▷ **クイックチェック 38-3**
<$>と<*>を使って intExample の 1 つ目の要素と 2 つ目の要素の値を足し合わせてみましょう。

● Either を使って素数チェッカーを構築する

Either 型の使い方を具体的に示すために、数字が素数かどうかをチェックする基本的なコマンドラインツールを構築することにします。Either 型を使用することに焦点を合わせるために、isPrime 関数は最小限のものにとどめます。まず、エラーメッセージには String 型を使用します。

498 | LESSON 38　Haskell のエラーと Either 型

次に、Either にどれでも好きな型を使用できることを利用して、独自のエラー型を作成します。

　Either のよいところは、エラーメッセージを 1 つに限定する必要がなく、いくつでも好きなだけ定義できることです。新しい isPrime 関数では、入力した数字が素数チェックの有効な候補であるかどうか、あるいは入力した数字が大きすぎるかどうかをユーザーに知らせます（リスト 38-7）。

リスト38-7：数字が無効である場合に複数のメッセージを使用する isPrime 関数

```
isPrime :: Int -> Either String Bool
isPrime n
  | n < 2 = Left "Numbers less than 2 are not candidates for primes"
  | n > maxN = Left "Value exceeds limits of prime checker"
  | otherwise = Right (n `elem` primes)
```

さっそく、この関数を GHCi でテストしてみましょう。

```
*Main Lib> isPrime 5
Right True
*Main Lib> isPrime 6
Right False
*Main Lib> isPrime 100
Left "Value exceeds limits of prime checker"
*Main Lib> isPrime (-29)
Left "Numbers less than 2 are not candidates for primes"
```

　ここまでは、Either で 2 つの型を使用できることを利用せず、もっぱら Left コンストラクタで String 型を使用してきました。ほとんどのプログラミング言語では、クラスを使ってエラーを表すことができます。そのようにすると、具体的な種類のエラーをモデル化しやすくなります。Either でも同じことが可能です。まず、エラーを独自の型にまとめてみましょう（リスト 38-8）。

リスト38-8：エラーを型として表すための PrimeError 型

```
data PrimeError = TooLarge | InvalidValue
```

　次に、この型を Show のインスタンスにすることで、エラーメッセージを簡単に出力できるようにします（リスト 38-9）。

リスト38-9：PrimeError を Show のインスタンスにする

```
instance Show PrimeError where
  show TooLarge = "Value exceed max bound"
  show InvalidValue = "Value is not a valid candidate for prime checking"
```

　これらのエラーメッセージを表示できるようにするために、新しい PrimeError 型を使って isPrime 関数をリファクタリングします（リスト 38-10）。

38.3 Either 型 | 499

リスト38-10：PrimeError を使用するように isPrime 関数を変更する

```
isPrime :: Int -> Either PrimeError Bool
isPrime n
  | n < 2 = Left InvalidValue
  | n > maxN = Left TooLarge
  | otherwise = Right (n `elem` primes)
```

このようにすると、コードがはるかに読みやすくなります。それに加えて、エラー処理に簡単に再利用できるデータ型が定義されています。新しい **isPrime** 関数を GHCi でテストしてみましょう。

```
*Main Lib> isPrime 99
Left Value exceed max bound
*Main Lib> isPrime 0
Left Value is not a valid candidate for prime checking
```

次に、**Either** の結果を **String** 型に変換する **displayResult** 関数を作成します（リスト 38-11）。

リスト38-11：isPrime 関数の結果を変換して読みやすくする displayResult 関数

```
displayResult :: Either PrimeError Bool -> String
displayResult (Right True) = "It's prime"
displayResult (Right False) = "It's composite"
displayResult (Left primeError) = show primeError
```

最後に、ここまでの内容を **main** I/O アクションにまとめます（リスト 38-12）。

リスト38-12：ユーザー入力が素数かどうかをチェックする main アクション

```
main :: IO ()
main = do
  print "Enter a number to test for primality:"
  n <- read <$> getLine
  let result = isPrime n
  print (displayResult result)
```

では、このプロジェクトをビルドして実行してみましょう。

```
$ stack build
$ stack exec primechecker-exe
"Enter a number to test for primality:"
6
"It's composite"

$ stack exec headaches-exe
"Enter a number to test for primality:"
5
"It's prime"
```

```
$ stack exec headaches-exe
"Enter a number to test for primality:"
213
"Value exceed max bound"

$ stack exec headaches-exe
"Enter a number to test for primality:"
0
"Value is not a valid candidate for prime checking"
```

PrimeError 型を使って、OOP 言語でのエラーのモデル化という高度な手法を再現することができました。Either のすばらしい点は、Left コンストラクタの型が何でもよいため、表現できるものに制限がないことです。関数を返したければ、そうしたってよいのです。

38.4 まとめ

　このレッスンの目的は、Haskell での安全なエラー処理の方法を理解することにありました。まず、空のリストが使用されたときに head が error 関数を使ってエラーをスローする仕組みを調べました。型チェッカーや GHC の警告では、これが問題であることは示されません。head がどのような入力に対しても結果を返すとは限らない部分関数であることが根本的な原因だからです。この問題は Maybe 型を使って解決できます。Maybe 型がコードの安全性を向上させることはたしかですが、Maybe 型を使用するとエラーが理解しにくいものになることがあります。このレッスンでは最後に、エラーの安全な処理と、エラーに関する詳細な情報の提供という 2 つの利点を併せ持つ Either 型を取り上げました。

38.5 練習問題

　このレッスンの内容を理解できたかどうか確認してみましょう。

Q38-1：addStrInts という関数を作成してみましょう。この関数は、String 型として表された 2 つの整数（Int）を受け取り、それらを足し合わせます。この関数の戻り値の型は Either String Int です。Right コンストラクタはその結果を返しますが、2 つの引数を Int として解析できることが前提となります（そのチェックには Data.Char の isDigit を使用します）。次の 3 つのケースでは、Left コンストラクタがそれぞれ異なる結果を返します。

- 1 つ目の引数が解析できない
- 2 つ目の引数が解析できない

- どちらの引数も解析できない

Q38-2：次の 3 つはすべて部分関数です。指定された型を使って各関数のより安全なバージョンを実装してください。

- `succ`：`Maybe`
- `tail`：`[a]` （型は同じに保つ）
- `last`：`Either` (`last` は空のリストと無限の長さのリストで失敗する。無限の長さのリストでは上限を使用する)

38.6　クイックチェックの解答

▶ **クイックチェック 38-1**

次のパターンを追加する必要があります。

```
myTakePM _ [] = []
```

▶ **クイックチェック 38-2**

- `maximum`：空のリストで失敗する
- `succ`：型の `maxBound` で失敗する
- `sum`：無限の長さのリストで失敗する

▶ **クイックチェック 38-3**

```
*Main Lib> (+) <$> eitherHead intExample <*> eitherHead (tail intExample)
Right 3
```

LESSON 39

HaskellでのHTTPリクエストの作成

レッスン 39 では、次の内容を取り上げます。

- Haskell を使って Web ページを取得する
- ヘッダーを設定し、HTTPS を使用することで、より複雑なリクエストを生成する
- Haskell の新しい型やライブラリにどのように取り組めばよいかを理解する

このレッスンでは、Haskell で HTTP リクエストを作成し、結果をファイルに保存する方法について説明します。ここで取得するのは、NOAA (National Oceanic and Atmospheric Administration) の Climate Data API のデータです。この API を使用するには、カスタム HTTP リクエストを送信する必要があります。このリクエストには、SSL と認証用のカスタムヘッダーを使用します。そこで、このレッスンでは `Network.HTTP.Simple` ライブラリを使用します。このライブラリを利用すれば、リクエストが単純になるだけでなく、カスタム HTTP リクエストの作成も可能になります。まず、このライブラリを使って特定の URL から Web ページを取得する方法について説明します。次に、NOAA API 用のリクエストを作成します。最終的には、次のレッスンで使用する JSON データをこの API から取得します。

実行時に `https://www.reddit.com` のホームページを取得してローカルの `.html` ファイルに書き込む Haskell プログラムを作成するにはどうすればよいでしょうか。

39.1 プロジェクトを準備する

このレッスンでは、現代のプログラミングにおいてもっとも一般的なタスクの 1 つである、HTTP リクエストの作成について見ていきます。このプロジェクトの目的は、気象関連の幅広いデータに

504 | LESSON 39　Haskell での HTTP リクエストの作成

アクセスできる NOAA Climate Data API にリクエストを送信するスクリプトを作成することです。
NOAA Climate Data API の Web サイト[1]には、この API が提供するエンドポイントのリストが含
まれています。

- `/datasets`：利用可能なデータセットを示す
- `/locations`：調査可能な場所を示す
- `/stations`：気候観測所に関する情報を提供する
- `/data`：生データへのアクセスを提供する

　NOAA API の完全なラッパーを構築するプロジェクトは、1 つのレッスンには到底収まりませ
ん。そこで、最初のステップとして、`/datasets` エンドポイントから結果を取得することに専念し
ます。`/datasets` エンドポイントは、データをリクエストするにあたって`/data` エンドポイント
に渡さなければならない基本的なメタデータを提供します。メタデータの例を見てみましょう。

```
"uid":"gov.noaa.ncdc:C00822",
"mindate":"2010-01-01",
"maxdate":"2010-12-01",
"name":"Normals Monthly",
"datacoverage":1,
"id":"NORMAL_MLY"
```

　メタデータの取得は API 全体から見ればほんの一部にすぎません。しかし、Haskell を使って
HTTP リクエストを操作する方法を基本的に理解してしまえば、このプロジェクトを簡単に拡張で
きるようになります。リクエストを送信した後は、返されたデータを JSON ファイルに書き出しま
す。このタスク自体は簡単ですが、その過程で、Haskell での実践的な作業がどのようなものであ
るかがわかるでしょう。
　まず、「http-lesson」という新しい stack プロジェクトを作成します。プロジェクトの作成とビ
ルドの手順を簡単におさらいしておきましょう。

```
$ stack update
$ stack new http-lesson
$ cd http-lesson
$ stack setup
$ stack build
```

　この単純なプロジェクトでは、すべてのコードを app/Main.hs ファイルに含まれている Main
モジュールに追加することにします。

---

[1]　https://www.ncdc.noaa.gov/cdo-Web/Webservices/v2#gettingStarted

このプロジェクトでは、JSON データを取得してファイルに保存するために NOAA Climate Data API を使用します。次のレッスンでは、この JSON データを解析します。この API は自由に使用できますが、API トークンを取得しておく必要があります。API トークンを取得するには、https://www.ncdc.noaa.gov/cdo-Web/token にアクセスし、申請フォームにメールアドレスを入力します。そうすると、トークンがすぐに送られてくるはずです。この API を使ってアクセスできるデータセットを確認するには、そのためのリクエストを送信します。

API トークンを取得したら、さっそくプロジェクトのコーディングに取りかかりましょう。

● 最初のコード

まず、`Main` モジュールにインポート文を追加する必要があります。`Data.ByteString` と `Data.ByteString.Lazy` をインポートしている点に注目してください（リスト 39–1）。複数のテキスト型や `ByteString` 型のインポートは、実践的な Haskell ではごく一般的なことです。この場合、これら 2 つのモジュールをインポートするのは、このプロジェクトで使用するライブラリによって要求される `ByteString` が正格型と遅延型に分かれているためです。また、レッスン 25 で説明したように、これら 2 つのモジュールの操作を容易にするために `Char8` モジュールもインポートします。最後に、HTTP リクエストの作成に使用する `Network.HTTP.Simple` モジュールも追加します。

リスト39–1：app/Main.hs ファイルのインポート

```haskell
module Main where

import qualified Data.ByteString as B
import qualified Data.ByteString.Char8 as BC
import qualified Data.ByteString.Lazy as L
import qualified Data.ByteString.Lazy.Char8 as LC
import Network.HTTP.Simple
```

先へ進む前に、これらのインポートをサポートするために `http-lesson.cabal` ファイルの `build-depends` セクションを更新しておく必要があります。`Data.ByteString` のインポートに対して `bytestring`、`Network.HTTP.Simple` のインポートに対して `http-conduit` を追加します。また、`OverloadedStrings` 拡張も追加しておくと、`ByteStrings` の操作がはるかに容易になります。

リスト39–2：プロジェクトの.cabal ファイルを変更する

```
executable http-lesson-exe
  main-is: Main.hs
  other-modules: Paths_http_lesson
  hs-source-dirs: app
  ghc-options: -threaded -rtsopts -with-rtsopts=-N
  build-depends: base >=4.7 && <5
```

```
                   , http-lesson
                   , bytestring
                   , http-conduit
 default-language: Haskell2010
 extensions: OverloadedStrings
```

http-conduit の依存リソースはすべて stack によって自動的にダウンロードされるため、stack install コマンドを明示的に実行する必要はありません。

次に、必要なデータのための変数を Main に追加します。ここで関心があるのは、NOAA Climate Data API のデータセットをすべて取得するための HTTP リクエストだけです（リスト 39-3）。

リスト39-3：HTTP リクエストの作成に役立つ変数

```
myToken :: BC.ByteString
myToken = "<API トークン>"

noaaHost :: BC.ByteString
noaaHost = "www.ncdc.noaa.gov"

apiPath :: BC.ByteString
apiPath = "/cdo-Web/api/v2/datasets"
```

また、このコードがコンパイルされるようにするためのプレースホルダコードを main アクションに追加しておく必要もあります（リスト 39-4）。

リスト39-4：main アクションのプレースホルダコード

```
main :: IO ()
main = print "hi"
```

▷ **クイックチェック 39-1**

.cabal ファイルに OverloadedStrings 拡張を追加しなかった場合、OverloadedStrings をサポートするにあたって Main.hs ファイルをどのように変更すればよいでしょうか。

39.2　HTTP.Simple モジュールを使用する

基本的な要素が揃ったところで、HTTP リクエストの作成に取りかかることができます。ここで使用する Network.HTTP.Simple モジュールは http-conduit パッケージの一部です。名前からもわかるように、HTTP.Simple は単純な HTTP リクエストの作成を容易にするモジュールです。リクエストの送信には、httpLBS 関数を使用します（LBS は「Lazy ByteString」を表します）。通常は、Request データ型のインスタンスを作成し、この関数に渡さなければなりません。しかし、httpLBS 関数は入力として正しい型が渡されるようにするために OverloadedStrings をうまく利

用します。参考までに、よく知られている Hacker News サイト[2]からデータを取得する簡単な例を見てみましょう。

```
*Main Lib> import Network.HTTP.Simple
*Main Lib Network.HTTP.Simple> response = httpLBS "http://news.ycombinator.com"
```

このコードを GHCi に入力すると、HTTP リクエストを作成しているにもかかわらず、response 変数がその場で設定されることがわかります。一般に、HTTP リクエストにはそれとわかるほど時間がかかりますが、これはリクエストの作成自体がそういうものだからです。この変数がその場で設定されるのは、遅延評価のおかげです。リクエストを定義したのはよいとして、まだリクエストを使用していません。再び response と入力すると、大量の出力が生成されることがわかります。

```
*Main Lib Network.HTTP.Simple> response
... 大量の出力 ...
```

レスポンスのさまざまな要素にアクセスする必要があります。最初にチェックするのは、レスポンスのステータスコードです。ステータスコードは、リクエストが成功したかどうかを示す HTTP コードです。

> **Column　一般的な HTTP コード**
>
> 次に、一般的な HTTP ステータスコードをいくつかあげておきます。
>
> - 200 OK：リクエストが正常に処理された
> - 301 Moved Permanently：リクエストされたリソースは移動している
> - 404 Not Found：リソースが見つからない

Network.HTTP.Simple モジュールには、getResponseStatusCode という関数が含まれています。この関数はレスポンスのステータスを返します。この関数を GHCi で実行すると、すぐに問題にぶつかります。

```
*Main Lib Network.HTTP.Simple> getResponseStatusCode response

<interactive>:6:23: error:
    No instance for (Control.Monad.IO.Class.MonadIO Response)
      arising from a use of 'response'
```

---

[2] https://news.ycombinator.com
訳注：この例では、OverloadedStrings 拡張が追加されているものと仮定している。

何が起きたのでしょうか。問題は、次の型シグネチャからわかるように、`getResponseStatusCode`関数が通常のレスポンス型を期待していることにあります。

```
getResponseStatusCode :: Response a -> Int
```

しかし、HTTPリクエストを作成するには、`IO`を使用しなければなりません。つまり、`response`変数は`IO (Response a)`型です。

> **Column** **HTTP.Simple に代わる一般的な選択肢**
>
> `Network.HTTP.Simple`はとても扱いやすいモジュールですが、単純すぎるきらいがあります。Haskellには、HTTPリクエストを作成するためのパッケージが他にもいろいろあります。よく使用されているパッケージの1つは`wreq`です。`wreq`はよいライブラリですが、Haskellの抽象概念の1つである Lens を理解していることが要求されます。Haskellのパッケージには、新たな興味深い抽象概念を使用するという共通点があることを指摘しておきます。ユニット5の`Monad`に関する説明が気に入っているとしたら、このことが Haskell コードを記述するモチベーションの1つになるかもしれません。しかし、初心者は API からデータを取得したいだけで、新しい概念を覚えている余裕はないかもしれません。このため、抽象化がもてはやされていることが、かえって困惑を招くことも考えられます。
>
> https://hackage.haskell.org/package/wreq

この問題を解決する方法は2つあります。1つ目の方法は、Functorの`<$>`演算子を使用することです。

```
*Main Lib Network.HTTP.Simple> getResponseStatusCode <$> response
200
```

`<$>`演算子が純粋関数をコンテキストに配置することを思い出してください。結果の型を調べてみると、やはりコンテキストに含まれていることがわかります。

```
*Main Lib Network.HTTP.Simple> :t getResponseStatusCode <$> response
getResponseStatusCode <$> response
  :: Control.Monad.IO.Class.MonadIO f => f Int
```

2つ目の方法は、`response`の割り当てに`=`ではなく`<-`を使用することです。`do`表記を使用するときと同様に、このようにすると、コンテキスト内の値を純粋な値であるかように扱うことができます。

```
*Main Lib Network.HTTP.Simple> response <- httpLBS "http://news.ycombinator.com"
*Main Lib Network.HTTP.Simple> getResponseStatusCode response
200
```

HTTPリクエストの基礎を理解したところで、もっと複雑なリクエストの作成に進みましょう。

▷ **クイックチェック 39-2**

`getResponseHeaders`という関数も存在します。`<$>`と`<-`を使ってレスポンスのヘッダーを取得してみましょう。

 ## 39.3 HTTPリクエストを作成する

`httpLBS`関数の単純な使い方は便利ですが、変更しなければならない部分がいくつかあります。APIにリクエストを送信するには、HTTPではなくHTTPSを使用する必要があります。また、ヘッダーを通じてトークンを渡す必要もあります。単にURLをリクエストに書き込むというわけにはいきません。さらに、次の作業も必要です。

- ヘッダーにトークンを追加する。
- リクエストのホストとパスを指定する。
- リクエストにGETメソッドを使用する。
- リクエストをSSL接続に対応させる。

そこで、リクエストに対してこれらのプロパティを設定する関数をいくつか使用します。リクエストを構築するコードはリスト39-5のようになります。このリクエストの作成は単純なものですが、本書でまだ取り上げていない`$`演算子が使用されています。この演算子は、コードを自動的に丸かっこで囲みます（詳細については、次ページのコラム「`$`演算子」を参照してください）。

リスト39-5：NOAA APIに対するHTTPSリクエストを構築する

```
buildRequest :: BC.ByteString -> BC.ByteString -> BC.ByteString
             -> BC.ByteString -> Request

buildRequest token host method path = setRequestMethod method
                                    $ setRequestHost host
                                    $ setRequestHeader "token" [myToken]
                                    $ setRequestPath path
                                    $ setRequestSecure True
                                    $ setRequestPort 443
                                    $ defaultRequest


request :: Request
request = buildRequest myToken noaaHost "GET" apiPath
```

> **Column** $演算子

$演算子のもっとも一般的な用途は、丸かっこの自動的な作成です。開きかっこが$演算子の位置で始まり、関数定義の終わりが閉じかっこになると考えればよいでしょう（必要であれば、複数行の定義にも対応します）。たとえば、2 + 2 を 2 倍にしたいとしましょう。この演算を正しく実行するには、丸かっこを追加する必要があります。

```
Prelude> (*2) 2 + 2
6
Prelude> (*2) (2 + 2)
8
```

あるいは、次のように記述することもできます。

```
Prelude> (*2) $ 2 + 2
8
```

別の例も見てみましょう。

```
Prelude> head (map (++"!") ["dog","cat"])
"dog!"
Prelude> head $ map (++"!") ["dog","cat"]
"dog!"
```

Haskell が初めての人は特にそうですが、$があると Haskell コードの解析が難しくなることがよくあります。実際には、$は頻繁に使用されており、コードを丸かっこだらけにするよりも$を使用するほうがよいと考えるようになるでしょう。$は魔法でも何でもありません。型シグネチャを調べてみれば、その仕組みがわかります。

```
($) :: (a -> b) -> a -> b
```

引数は単に関数と値です。種明かしをすると、$は二項演算子なので、他の関数よりも優先順位が低くなります。関数の引数が丸かっこで囲まれているかのように評価されるのは、そのためです。

リスト 39-5 の興味深い部分は、リクエストの状態を変更する方法にあります。`setRequestXxx` 関数がずらりと並んでいますが、これらの関数はどのようにして値を設定するのでしょうか。これらの set 関数の型シグネチャを調べてみると、何が起きているのかがよくわかります。

```
*Main Lib> :t setRequestMethod
setRequestMethod :: BC.ByteString -> Request -> Request

*Main Lib> :t setRequestHeader
setRequestHeader:: HeaderName -> [BC.ByteString] -> Request -> Request
```

これは状態を持つ関数型ソリューションの 1 つです。setRequestXxx 関数はそれぞれ、設定の対象となるパラメータと既存のリクエストデータを引数として受け取ります。まず、最初のリクエストである defaultRequest は、Network.HTTP.Simpl モジュールによって提供されます。次に、変更されたパラメータに基づいて新しいリクエストデータを作成し、最後に、変更されたリクエストを返します。この種のソリューションについては（これよりもはるかに冗長ですが）、ユニット 1 ですでに見ています。buildRequest 関数を書き換えて、let 句を使って状態を明示的に制御することも可能です。関数呼び出しの順序が逆になっている点に注目してください（リスト 39–6）。

リスト39–6：状態を変数として保存する buildRequest 関数

```
buildRequest token host method path =
  let state1 = setRequestPort 443 defaultRequest
  in let state2 = setRequestSecure True state1
    in let state3 = setRequestPath path state2
      in let state4 = setRequestHeader "token" [myToken] state3
        in setRequestHost host state4
```

$演算子を使って各 setRequestXxx 関数を次の関数の引数にするほうが、ずっとコンパクトなコードになります。できる限り簡潔なコードにこだわるのが Haskell 使いです。とはいえ、最初のうちは読むのが難しいコードになることがあります。

39.4　すべてを 1 つにまとめる

ここまでのコードを main I/O アクションにまとめてみましょう。リクエストを httpLBS 関数に渡した後、ステータスを取得して 200 かどうかを確認します。ステータスが 200 である場合は、getResponseBody 関数を使ってデータをファイルに書き出します。ステータスが 200 ではない場合は、リクエストが失敗したことをユーザーに知らせます。ファイルへの書き出しでは、Char8 バージョンの LC.writeFile ではなく、遅延バージョンの ByteString を使用することが重要となります。レッスン 25 で言及したように、Unicode を含んでいるかもしれないバイナリデータを書き出すときには、Char8 のインターフェイスを使用しないように注意する必要があります。そうしないと、データが壊れてしまうことがあります（リスト 39–7）。

リスト39–7：リクエストしたデータを JSON ファイルに書き出す最終的な main アクション

```
main :: IO ()
main = do
  response <- httpLBS request
  let status = getResponseStatusCode response
  if status == 200
  then do
    print "saving request to file"
    let jsonBody = getResponseBody response
```

```
        L.writeFile "data.json" jsonBody
    else print "request failed with error"
```

REST API を使ってデータを取得し、ファイルに書き出す基本的なアプリケーションはこれで完成です。といっても、Haskell を使って作成できる HTTP リクエストの「味見」をしたにすぎません。ぜひ `http-client` ライブラリの完全なドキュメント[3]を読んでみてください。

39.5　まとめ

このレッスンの目的は、Haskell での HTTP リクエストの作成がどのようなものであるかをざっと紹介することにありました。また、HTTP リクエストの作成方法に加えて、Haskell で新しいライブラリを調べる方法についても説明しました。

39.6　練習問題

このレッスンの内容を理解できたかどうか確認してみましょう。

Q39-1：`buildRequestNOSSL` という関数を作成してみましょう。この関数の機能は `buildRequest` 関数と同じですが、SSL をサポートしないという違いがあります。

Q39-2：何か問題が起きたときのコードの出力を改善してみましょう。`getResponseStatus` 関数は `statusCode` と `statusMessage` を含んだデータ型を返します。`statusCode` の値が 200 以外の場合は適切なエラーを出力するように `main` を修正してください。

39.7　クイックチェックの解答

▶ **クイックチェック 39-1**
LANGUAGE プラグマを使用します。

```
{-# LANGUAGE OverloadedStrings -#}
```

---

[3] https://haskell-lang.org/library/http-client

39.7 クイックチェックの解答 | 513

▶ **クイックチェック 39-2**

```
方法 1：
*Main Lib> import Network.HTTP.Simple
*Main Lib Network.HTTP.Simple> response = httpLBS "http://news.ycombinator.com"
*Main Lib Network.HTTP.Simple> getResponseHeaders <$> response

方法 2：
*Main Lib Network.HTTP.Simple> response <- httpLBS "http://news.ycombinator.com"
*Main Lib Network.HTTP.Simple> getResponseHeaders response
```

LESSON 40

Aesonを使ったJSONデータの処理

レッスン 40 では、次の内容を取り上げます。

- Haskell のデータ型を JSON に変換する
- JSON を Haskell のデータ型に変換する
- `DeriveGeneric` 拡張を使って必要なクラスを実装する
- `ToJSON` と `FromJSON` のカスタムインスタンスを記述する

このレッスンでは、JSON を操作します。JSON はデータの格納や送信にもっともよく使用されている方法の 1 つです。JSON フォーマットは単純な JavaScript オブジェクトに端を発しており、HTTP API を使ったデータの送信に非常によく使用されています。このフォーマットはとても単純であるため、Web 以外の環境でも広く導入されており、データの格納や構成ファイルの作成といったタスクで頻繁に使用されています。図 40-1 は、Google Analytics API で使用されている JSON オブジェクトの例を示しています。

レッスン 39 では、NOAA Climate Data API で提供されているデータセットの情報を含んだ JSON データをダウンロードし、ファイルに保存しました。このレッスンでは、この JSON ファイ

 Tips ユーザーを表すデータ型があるとしましょう。

```
data User = User
  { userId :: Int
  , userName :: T.Text
  , email :: T.Text
  }
```

他の言語ですでに経験しているかもしれませんが、オブジェクトを JSON に変換するプロセスはシリアライズ、JSON をオブジェクトに変換するプロセスはデシリアライズと呼ばれます。ユーザーを表すデータ型がある場合、このデータ型でのシリアライズとデシリアライズの方法はどのようなものになるでしょうか。

```
                              JSONオブジェクトは
                              単純なフィールドと値の集まり
               {
                 "reportRequests":;[
                    {
                     "viewId":"XXXX",          他のJSONオブジェクトのリスト
                     "dataRanges":[
                        {                              JSONの型の種類は
                         "startDate":"2015-06-15",     限られており、多くの
                         "endDate":"2015-06-30"        場合はString表現が
                        }],                            使用される
   JSONオブジェクトは
   波かっこで囲まれる     "metrics":[
                        {
                         "espression":"ga:sessions"
                        }],
                     "dimensions":[
                        {
                         "name":"ga:browser"
                        }]
                    }]
               }
```

図40-1：Google Analytics API の JSON データの例

ルを開いてデータソースを出力する簡単なコマンドラインアプリケーションを作成します。作業を始める前に、JSON の扱い方を知っておく必要があります。そこで、JSON に変換できるデータ型と、ダウンロードした JSON データを表すデータ型を作成します。

40.1　プロジェクトを準備する

　Haskell で JSON を扱うときの主な課題は、JSON が単純な型をいくつかサポートしているだけであることです。JSON がサポートしているのは、オブジェクト、文字列、数値（厳密には浮動小数点数）、ブーリアン、リストの 5 つです。多くのプログラミング言語では、ディクショナリのようなデータ構造を使って JSON をサポートしています。ここでは、それよりもはるかに適切なソリューションを Haskell に提供する Aeson ライブラリを使用します。このライブラリを利用すれば、Haskell の高機能なデータ型と JSON との相互変換が可能になります。

　Aeson ライブラリは、Haskell のデータ型と JSON との相互変換に encode と decode の 2 つの関数を使用します。これらの関数を使用するには、データを（encode の場合は）ToJSON、（decode の場合は）FromJSON という 2 つの型クラスのインスタンスにする必要があります。ここでは、そのための 2 つの方法を具体的に見ていきます。1 つ目の方法では、言語拡張を利用することで、これらの型クラスを自動的に継承します。2 つ目の方法では、これらの型クラスを独自に実装します。

　Aeson ライブラリの使い方を理解した後は、NOAA からダウンロードした JSON データを表す

データ型を作成します。NOAA Climate Data API からの JSON レスポンスは入れ子のオブジェクトで構成されているため、このデータを操作するための少し複雑なデータ型を実装します。最後に、すべてのコードをまとめて、JSON ファイルの内容を出力できるようにします。

● stack プロジェクトを準備する

　このレッスンでは、json-lesson という stack プロジェクトを使用します。レッスン 39 と同様に、コードはすべて Main モジュールにまとめることにします。最初の作業は、Main.hs ファイルを準備することです。まず、基本的なモジュールをインポートします。JSON の操作には、よく知られている Aeson ライブラリを使用します[1]。このレッスンで扱うテキストデータの形式はすべて、Haskell でテキストを表すときの望ましい方法である Data.Text になります。また、ヘルパーとして ByteString と Char8 をインポートする必要もあります。何か意味のある型に変換されるまでは、JSON はデフォルトで ByteString として表現されます。このレッスンに必要なインポートがすべて含まれた最初の Main.hs ファイルはリスト 40-1 のようになります。

リスト40-1：Main.hs ファイル

```
module Main where
import Data.Aeson
import Data.Text as T
import Data.ByteString.Lazy as B
import Data.ByteString.Lazy.Char8 as BC
import GHC.Generics


main :: IO ()
main = print "hi"
```

　また、これらのライブラリのパッケージを json-lesson.cabal ファイルに追加する必要もあります。OverloadedStrings 拡張を忘れずに追加してください。このレッスンでは、新しい拡張も使用します（リスト 40-2）。

リスト40-2：build-depends に言語拡張を追加する

```
build-depends: base >=4.7 && <5
             , json-lesson
             , aeson
             , bytestring
             , text
default-language: Haskell2010
extensions: OverloadedStrings
          , DeriveGeneric
```

　では、JSON を Haskell でモデル化する方法を調べてみましょう。

---

[1]　Aeson（アイソーン）はギリシャ神話の英雄イアーソーンの父。

40.2　Aesonライブラリを使用する

　Haskellを使ってJSONを操作するときの主な課題は、JSONでは型があまり考慮されず、データのほとんどが文字列として表されることです。Aesonのすばらしい点は、Haskellの強力な型システムをJSONデータに適用できるようにすることです。Haskellの能力や型関連の安全性を少しも損なうことなく、広く導入されている柔軟なデータフォーマットを簡単に操作できます。

　Aesonの処理の大部分は2つの単純明快な関数に依存しています。`decode`関数は、JSONデータをHaskellのデータ型に変換します。この関数の型シグネチャは次のとおりです。

```
decode :: FromJSON a => ByteString -> Maybe a
```

　ここで注目すべき点が2つあります。1つは、戻り値の型が`Maybe`であることです。レッスン38で言及したように、`Maybe`はHaskellのエラーを処理するためのよい方法です。ここで考慮すべきエラーは、JSONデータを正しく解析することに関連しています。解析がうまくいかなくなる理由はそれこそさまざまです。たとえば、JSONデータが不正な形式になっていたり、期待している型と一致しなかったりすることが考えられます。JSONデータの解析時に問題が起きた場合は、`Nothing`値が返されます。また、レッスン38で説明したように、問題について知らせることができる点で、たいてい`Either`型のほうが効果的です。Aesonには、`eitherDecode`という関数も定義されています。この関数は`Left`コンストラクタを使ってより情報利得の高いエラーメッセージを提供します（`Left`がエラーに使用されるコンストラクタであることを思い出してください）。

```
eitherDecode :: FromJSON a => ByteString -> Either String a
```

　注目すべきもう1つの点は、`Maybe`（または`Either`）の型パラメータが型クラス`FromJSON`によって制約されていることです。型を`FromJSON`のインスタンスにすると、JSONデータをその型の`Maybe`インスタンスに変換できるようになります。データを`FromJSON`のインスタンスにする方法については、次節で説明します。

　Aesonのもう1つの重要な関数は`encode`です。この関数は、`decode`とは逆の機能を実行します。`encode`の型シグネチャは次のとおりです。

```
encode :: ToJSON a => a -> ByteString
```

　`encode`関数は、`ToJSON`のインスタンスである型を受け取り、`ByteString`として表されたJSONオブジェクトを返します。`ToJSON`は`FromJSON`と同等の型です。型が`FromJSON`と`ToJSON`の両方のインスタンスである場合、その型とJSONとの相互変換は簡単です。次節では、データをこれらの型クラスのインスタンスにする方法について見ていきます。

▷ **クイックチェック 40-1**

`encode` の戻り値の型が `Maybe ByteString` ではなく `ByteString` であるのはなぜでしょうか。

40.3 データ型を FromJSON と ToJSON のインスタンスにする

Aeson の目的は、Haskell のデータ型と JSON データとの相互変換を容易にすることです。JSON がサポートする型の種類が限られていることを考えると、なおのこと興味深い問題です。JSON がサポートしているのは、数値（厳密には浮動小数点数）、文字列、ブーリアン、値の配列です。この目的を達成するために、Aeson は `FromJSON` と `ToJSON` の 2 つの型を使用します。`FromJSON` 型では、JSON の解析と Haskell のデータ型への変換が可能です。`ToJSON` では、Haskell のデータ型から JSON への変換が可能です。Aeson を利用すれば、多くの状況下で、これらの変換を非常に簡単に行うことができます。

● **簡単な方法**

Haskell の多くのデータ型では、`ToJSON` と `FromJSON` の実装は非常に簡単です。まず、`Book` 型を `ToJSON` と `FromJSON` の両方のインスタンスにする方法から見ていきましょう。`Book` 型は非常に単純で、タイトルを表す `Text` 型の値、著者を表す `Text` 型の値、出版年を表す `Int` 型の値で構成されています（リスト 40–3）。このレッスンでは後ほど、もう少し複雑な型を取り上げます。

リスト40–3：単純な Book 型

```
data Book = Book { title :: T.Text
                 , author :: T.Text
                 , year :: Int } deriving Show
```

Book 型を `ToJSON` と `FromJSON` の両方のインスタンスにする簡単な方法があります。この方法を利用するには、`DeriveGeneric` という言語拡張を使用する必要があります。この言語拡張は Haskell によるジェネリックプログラミングのサポートを改善します。それにより、型クラス定義のジェネリックインスタンスの記述が可能になり、余分なコードを書かなくても、新しいデータを特定のクラスのインスタンスに簡単に変換できるようになります。`DeriveGeneric` 拡張を利用すれば、`FromJSON` と `ToJSON` のインスタンスを簡単に作成できます。プログラマに必要なのは、`deriving` 文に `Generic` を追加することだけです（リスト 40–4）。

リスト40–4：Book 型に deriving Generic を追加する

```
data Book = Book { title :: T.Text
                 , author :: T.Text
                 , year :: Int } deriving (Show,Generic)
```

520 | LESSON 40 Aeson を使った JSON データの処理

さらに、Book を FromJSON と ToJSON のインスタンスとして宣言する必要もあります。といっても、リスト40-5の2行のコードを追加するだけです（where 句や追加の定義は必要ありません）。

リスト40-5：Book 型を FromJSON と ToJSON のインスタンスにする

```
instance FromJSON Book
instance ToJSON Book
```

これらの型クラスの威力を具体的に示すために、Book 型をエンコードする例を見てみましょう（リスト40-6）。

リスト40-6：Book 型を JSON に変換する

```
myBook :: Book
myBook = Book {author="Will Kurt",title="Learn Haskell",year=2017}

myBookJSON :: BC.ByteString
myBookJSON = encode myBook
```

さっそく GHCi でテストしてみましょう。

```
*Main Lib> myBook*Main Lib>
Book {title = "Learn Haskell", author = "Will Kurt", year = 2017}
*Main Lib> myBookJSON

"{\"year\":2017,\"author\":\"Will Kurt\",\"title\":\"Learn Haskell\"}"
```

また、逆の変換も簡単です。JSON データを表す ByteString を Book 型に変換してみましょう（リスト40-7）。

リスト40-7：書籍の JSON 表現を Book に変換する

```
rawJSON :: BC.ByteString
rawJSON = "{\"author\":\"Emil Ciroan\",\"title\":\"A Short History of Decay\",
\"year\":1949}"

bookFromJSON :: Maybe Book
bookFromJSON = decode rawJSON
```

GHCi でテストしてみると、この JSON 表現から Book が正常に作成されたことがわかります。

```
*Main Lib> bookFromJSON
Just (Book { title = "A Short History of Decay", author = "Emil Ciroan",
 year = 1949})
```

これが Aeson の威力です。通常は型情報がほとんど含まれていない JSON 文字列から、Haskell

のデータ型をうまく作成することができました。多くの言語では、JSON の解析はハッシュテーブルかキーと値からなるディクショナリが返されることを意味します。Aeson のおかげで、JSON から何かもっと効果的なものを手に入れることができます。

結果が Just コンストラクタで囲まれていることに注目してください。というのも、エラーを解析すると、このデータ型のインスタンスの作成が不可能になる可能性が高いためです。JSON の形式が誤っていて変換がうまくいかない場合は、Nothing が返されます（リスト 40–8）。

リスト40-8：型と一致しない JSON の解析

```
wrongJSON :: BC.ByteString
wrongJSON = "{\"writer\":\"Emil Cioran\",\"title\":\"A Short History of Decay\",
\"year\":1949}"

bookFromWrongJSON :: Maybe Book
bookFromWrongJSON = decode wrongJSON
```

このコードを GHCi にロードすると、結果は期待どおりに Nothing になります。

```
*Main Lib> bookFromWrongJSON
Nothing
```

この結果は、Maybe の制限を示すよい例でもあります。この場合は、わざとエラーになるようなコードを記述しているため、この JSON 表現の解析がうまくいかないことはわかっています。しかし、現実のプロジェクトでは、このようなエラーはかなり顰蹙を買います。JSON データを調べたいのになかなかアクセスできない場合は特にうんざりしてしまいます。そこで、より多くの情報を提供する eitherDecode を代わりに使用するという手があります。

```
*Main Lib> eitherDecode wrongJSON :: Either String Book
Left "Error in $: key \"author\" not present"
```

これなら、解析がなぜ失敗したのかがよくわかります。

DeriveGeneric を使用すると Aeson の操作が非常に簡単になりますが、この拡張をいつでも利用できるとは限りません。場合によっては、Aeson にデータの解析方法を理解させるための手助けが必要になることもあります。

▷ **クイックチェック 40-2**

Generic を使って ToJSON と FromJSON を次の型で実装してみましょう。

```
data Name = Name { firstName :: T.Text
                 , lastName :: T.Text
                 } deriving (Show)
```

522 | LESSON 40　Aeson を使った JSON データの処理

● FromJSON と ToJSON のインスタンスを独自に記述する

先の例では、最初にデータ型を定義し、そのデータ型を JSON に対応させていました。実際には、他の誰かの JSON データを扱うことも同じようによくあります。リスト 40–9 は、他の誰かのサーバーでエラーが発生したために、JSON リクエストへのレスポンスとして返されるエラーメッセージの例を示しています。

リスト40-9：こちらからは手出しできない JSON データの例

```
sampleError :: BC.ByteString
sampleError = "{\"message\":\"oops!\",\"error\": 123}"
```

Aeson を使用するには、独自のデータ型を使ってこのリクエストをモデル化する必要があります。そのようにすれば、問題が起きたことがすぐにわかります。このエラーメッセージに対する最初のモデルはリスト 40–10 のようになります。

リスト40-10：残念ながら Haskell を使ってこの JSON をモデル化することはできない

```
data ErrorMessage = ErrorMessage { message :: T.Text
                                 , error :: Int      -- エラーの原因
                                 } deriving Show
```

ここでの問題は、**error** という名前のプロパティを定義できないことです。というのも、Haskell にはすでに **error** という関数があるからです。この競合を回避するために型を書き換えてみましょう（リスト 40–11）。

リスト40-11：うまくいくが、元の JSON と一致しない Haskell コード

```
data ErrorMessage = ErrorMessage { message :: T.Text
                                 , errorCode :: Int
                                 } deriving Show
```

残念ながら、**ToJSON** と **FromJSON** からの自動的な派生を試みるとしたら、プログラムが期待するフィールドは **error** ではなく **errorCode** になります。元の JSON を管理している場合は、フィールドの名前を変えるという手もありますが、この場合はそうではありません。この問題に対する別の解決策が必要です。

ErrorMessage 型を **FromJSON** のインスタンスにするには、**parseJSON** というメソッドを定義する必要があります（リスト 40–12）。

リスト40-12：ErrorMessage を FromJSON のインスタンスにする parseJSON メソッド

```
instance FromJSON ErrorMessage where
  parseJSON (Object v) = ErrorMessage <$> v .: "message" <*> v .: "error"
```

このコードは複雑なので、少しずつ見ていきましょう。最初の部分は、定義しなければならないメソッドとその引数を示しています。

```
parseJSON (Object v)
```

(Object v)は解析の対象となるJSONオブジェクトです。丸かっこの中のvだけを取得する場合は、そのJSONオブジェクトの値にアクセスすることになります。次に理解しなければならないのは中置演算子です。このパターンは、ユニット5でApplicativeの一般的な使い方について説明したときに見たものと同じです。

```
ErrorMessage <$> value <*> value
```

おさらいとして、ErrorMessageの値がMaybeのコンテキストに含まれているとしましょう（リスト40-13）。

リスト40-13：ErrorMessageをMaybeのコンテキストで構築するための値

```
exampleMessage :: Maybe T.Text
exampleMessage = Just "Opps"

exampleError :: Maybe Int
exampleError = Just 123
```

ErrorMessageを作成したい場合は、<$>と<*>を組み合わせることで、このErrorMessageをMaybeのコンテキスト内で安全に作成することができます。

```
*Main Lib> ErrorMessage <$> exampleMessage <*> exampleError
Just (ErrorMessage {message = "Opps", errorCode = 123})
```

このパターンはMonadのすべてのインスタンスでうまくいきます。この場合、値を操作するのはMaybeではなくParserのコンテキストです。となると、最後の謎は、(.:)とは何かです。この謎を解き明かすために、この演算子の型を調べてみましょう。

```
(.:) :: FromJSON a => Object -> Text -> Parser a
```

この演算子はObject（JSONオブジェクト）と何らかのテキストを引数として受け取り、コンテキストとして解析される値を返します。たとえば次のコードは、JSONオブジェクトのmessageフィールドの解析を試みています。

```
v .: "message"
```

524 | LESSON 40　Aeson を使った JSON データの処理

　結果として、`Parser` コンテキスト内の値が得られます。解析にコンテキストが必要なのは、解析時に問題が起きれば失敗する可能性があるからです。

▷ **クイックチェック 40-3**

　`Generic` を使用せずに `Name` 型を `FromJSON` のインスタンスにしてみましょう。

```
data Name = Name { firstName :: T.Text
                 , lastName :: T.Text
                 } deriving (Show)
```

　`ErrorMessage` 型が `FromJSON` のインスタンスになったところで、JSON リクエストに対する `ErrorMessage` の最終的な解析はリスト 40-14 のようになります。

リスト40-14：カスタム FromJSON 型を使って JSON を解析する

```
sampleErrorMessage :: Maybe ErrorMessage
sampleErrorMessage = decode sampleError
```

　GHCi でテストしてみると、期待どおりに動作することがわかります。

```
*Main Lib> sampleErrorMessage
Just (ErrorMessage {message = "oops!", errorCode = 123})
```

　そしてもちろん、`ToJSON` のインスタンスも作成する必要があります。次に示すように、メッセージを作成するための構文は異なります（リスト 40-15）。

リスト40-15：ErrorMessage を ToJSON のインスタンスにする toJSON メソッド

```
instance ToJSON ErrorMessage where
  toJSON (ErrorMessage message errorCode) = object [ "message" .= message
                                                   , "error" .= errorCode
                                                   ]
```

　またしても少し複雑なコードになっています。今回は、`toJSON` メソッドを定義しています。このメソッドがデータコンストラクタを受け取り、その 2 つの引数でパターンマッチングを行うことがわかります。

```
toJSON (ErrorMessage message errorCode)
```

　次に、`object` 関数を使って JSON オブジェクトを作成し、`ErrorMessage` の値を JSON オブジェクトの正しいフィールドに渡しています。

```
object [ "message" .= message
       , "error"   .= errorCode
       ]
```

ここでも新しい演算子 (.=) が登場しています。この演算子は、ErrorMessage の値を JSON オブジェクトのフィールドと照合するキーと値のペアを作成します。

▷ **クイックチェック 40-4**
Generic を使用せずに Name を ToJSON のインスタンスにしてみましょう。

```
data Name = Name { firstName :: T.Text
                 , lastName :: T.Text
                 } deriving (Show)
```

これで、サーバーから返される JSON データと同じように、JSON データを独自に作成することができます（リスト 40–16）。

リスト40-16：ToJSON のインスタンスをテストするためのエラーメッセージを作成する

```
anErrorMessage :: ErrorMessage
anErrorMessage = ErrorMessage "Everything is Okay" 0
```

さっそく GHCi でテストしてみると、うまくいくことがわかります。

```
*Main Lib> encode anErrorMessage
"{\"error\":0,\"message\":\"Everything is Okay\"}"
```

JSON データを Haskell で操作するための基礎をすべてマスターしたところで、もう少し複雑な問題を調べてみましょう。

40.4　NOAA データを読み取る

レッスン 39 では、HTTP.Simple を使って JSON データをファイルに保存しました。NOAA のデータセットのリストは data.json というファイルに保存されています。レッスン 39 のコードを実行していない場合は、同じデータを本書の GitHub リポジトリからダウンロードできます[2]。ここでは、このファイルを読み取り、データセットの名前を出力することにします。このファイルは JSON が単純な型ではないことを示しています。リスト 40–17 に示すように、JSON データは入れ

---

[2]　https://gist.github.com/willkurt/9dc14babbffea1a30c2a1e121a81bc0a
訳注：data.json ファイルを json-lesson フォルダにコピーしておく必要がある。

526 | LESSON 40　Aeson を使った JSON データの処理

子になっています。

リスト40-17：NOAA の JSON データは入れ子の構造になっている。

```
{
  "metadata":{
    "resultset":{
      "offset":1,
      "count":11,
      "limit":25
    }
  },
  "results":[
    {
      "uid":"gov.noaa.ncdc:C00861",
      "mindate":"1763-01-01",
      "maxdate":"2017-02-01",
      "name":"Daily Summaries",
      "datacoverage":1,
      "id":"GHCND"
    },
    ...
```

　このレスポンス全体を NOAAResponse データ型としてモデル化します。NOAAResponse は
Metadata と NOAAResult の 2 つの型で構成されています。Metadata には、Resultset とい
う別の型が含まれています。NOAAResult には、実際の値が含まれています。

　まず、最終的な目的である基本的な結果から見ていきましょう。この部分には、複雑な型はまった
く含まれていません。元の JSON データの results には id 値が含まれているため、FromJSON の
カスタムインスタンスを実装する必要があります。results に対するデータ型はリスト 40-18 の
ようになります。Aeson の Result 型と区別するために NOAAResult という名前を付けています。

リスト40-18：データセットの名前を出力するための NOAAResult 型

```
data NOAAResult = NOAAResult { uid :: T.Text
                             , mindate :: T.Text
                             , maxdate :: T.Text
                             , name :: T.Text
                             , datacoverage :: Double
                             , resultId :: T.Text } deriving Show
```

　元の JSON データは resultId ではなく id を使用しているため、NOAAResult を FromJSON の
カスタムインスタンスにする必要があります（リスト 40-19）。この場合はデータを読み取るだけ
なので、ToJSON のインスタンスを作成する必要はありません。

リスト40-19：NOAAResult を FromJSON のカスタムインスタンスにする

```
instance FromJSON NOAAResult where
  parseJSON (Object v) = NOAAResult <$> v .: "uid"
                                    <*> v .: "mindate"
                                    <*> v .: "maxdate"
                                    <*> v .: "name"
                                    <*> v .: "datacoverage"
                                    <*> v .: "id"
```

次に、Metadata 型を定義する必要があります。Metadata 型の最初の部分は Resultset です。ありがたいことに、FromJSON のカスタムインスタンスを実装する必要はありません。Resultset 型を定義し、deriving (Generic) を追加し、FromJSON のインスタンスにするだけです（リスト 40–20）。

リスト40-20：Generic を使って Resultset を FromJSON のインスタンスにする

```
data Resultset = Resultset { offset :: Int
                           , count :: Int
                           , limit :: Int } deriving (Show,Generic)

instance FromJSON Resultset
```

Metadata データ型自体は、Resultset 型の値を含んでいるだけなので、定義するのは簡単です（リスト 40–21）。

リスト40-21：Metadata データ型

```
data Metadata = Metadata { resultset :: Resultset
                         } deriving (Show,Generic)

instance FromJSON Metadata
```

最後に、これらの型をまとめて NOAAResponse 型を定義します。他の型と同様に、値の名前絡みの問題はないため、FromJSON 型クラスから派生させることができます（リスト 40–22）。

リスト40-22：NOAAResponse データ型

```
data NOAAResponse = NOAAResponse { metadata :: Metadata
                                 , results :: [NOAAResult]
                                 } deriving (Show,Generic)

instance FromJSON NOAAResponse
```

ここでの目標は、JSON ファイルに含まれているデータセットの名前をすべて出力することです。そこで、printResults という I/O アクションを定義します。データは Maybe 型であるため、解析

528 | LESSON 40 Aeson を使った JSON データの処理

が失敗するケースに対処する必要があります。そこで、エラーが発生した場合はメッセージを出力
します。それ以外の場合は、Control.Monad モジュールの forM_関数を使って結果を反復的に処
理しながらデータセットの名前を出力します。forM_関数は mapM_関数と同じように動作しますが、
データを逆の順序で処理し、データをマッピングするために forM_を使用します（リスト40-23）。

リスト40-23：結果を出力する

```
import Control.Monad
...
printResults :: Maybe [NOAAResult] -> IO ()
printResults Nothing = print "error loading data"
printResults (Just results) = do
  forM_ results $ \result -> do
    let dataName = name result
    print dataName
```

　最後に、main を記述します。この I/O アクションでは、ファイルを読み取り、JSON データを
解析し、結果を出力します（リスト40-24）。

リスト40-24：すべての要素を main にまとめる

```
main :: IO ()
main = do
  jsonData <- B.readFile "data.json"
  let noaaResponse = decode jsonData :: Maybe NOAAResponse
  let noaaResults = results <$> noaaResponse
  printResults noaaResults
```

　では、このプロジェクトを GHCi にロードして（あるいは、stack build を実行し）、どうなる
か見てみましょう。

```
*Main Lib> main
"Daily Summaries"
"Global Summary of the Month"
"Global Summary of the Year"
"Weather Radar (Level II)"
"Weather Radar (Level III)"
"Normals Annual/Seasonal"
"Normals Daily"
"Normals Hourly"
"Normals Monthly"
"Precipitation 15 Minute"
"Precipitation Hourly"
```

　というわけで、Haskell を使って複雑な JSON ファイルを正しく解析することができました。

40.5 まとめ

　このレッスンの目的は、Haskell を使って JSON ファイルの解析と作成を行う方法について説明することでした。ここでは、よく知られている Aeson ライブラリを使用しました。このライブラリを利用すれば、Haskell のデータ型と JSON との相互変換が可能になります。データ型と JSON との相互変換には、`FromJSON` と `ToJSON` の 2 つの型クラスが使用されます。最良のシナリオでは、`DeriveGeneric` 言語拡張を使ってこれらのクラスを自動的に継承することができます。最悪のシナリオでは、Aeson によるデータ型の変換を手助けする必要がありますが、その場合もこれらの型クラスからの派生は比較的簡単です。

40.6 練習問題

　このレッスンの内容を理解できたかどうか確認してみましょう。

Q40-1：`NOAAResponse` 型を `ToJSON` のインスタンスにしてみましょう。この場合は、`NOAAResponse` 型によって使用されている型もすべて `ToJSON` のインスタンスにする必要があります。

Q40-2：`IntList` という Sum 型を作成し、`DerivingGeneric` を使って `ToJSON` のインスタンスにしてみましょう。既存の `List` 型を使用せず、最初から記述してください。次に、`IntList` の例を示します。

```
intListExample :: IntList
intListExample = Cons 1 $
                 Cons 2 EmptyList
```

40.7 クイックチェックの解答

▶ クイックチェック 40-1
　データ型から JSON への変換が失敗することはあり得ないからです。問題が起きるのは、データ型に変換できない JSON データがある場合だけです。

▶ クイックチェック 40-2
```
data Name = Name { firstName :: T.Text
                 , lastName :: T.Text
                 } deriving (Show,Generic)

instance FromJSON Name
instance ToJSON Name
```

530 | LESSON 40 Aeson を使った JSON データの処理

▶ **クイックチェック 40-3**

```
instance FromJSON Name where
  parseJSON (Object v) = Name <$> v .: "firstName" <*> v .: "lastName"
```

▶ **クイックチェック 40-4**

```
instance ToJSON Name where
  toJSON (Name firstName lastName) = object [ "firstName" .= firstName
                                            , "lastName" .= lastName
                                            ]
```

LESSON 41

Haskell でのデータベースの使用

レッスン 41 では、次の内容を取り上げます。

- Haskell から SQLite データベースに接続する
- SQL の行を Haskell のデータ型に変換する
- Haskell を使ってデータベースで CRUD 操作を行う

このレッスンでは、Haskell を使ってデータベースを操作する方法について説明します。具体的には、SQLite3 という RDBMS と sqlite-simple という Haskell ライブラリを使って、道具貸出図書館[1]のためのコマンドラインインターフェイスを構築します。この作業では、RDBMS の基本的な CRUD タスクをすべて実行する必要があります。CRUD プロセスは次の 4 つのタスクで構成されます。

- **Create**：データベースに新しいデータを追加する
- **Read**：データベースからデータを取得する
- **Update**：データベース内の既存のデータを変更する
- **Delete**：データベースからデータを削除する

データベースとのやり取りには、sqlite-simple ライブラリを使用します。このライブラリはデータベースを半分抽象化したようなものです。つまり、低レベルの接続の詳細の多くは抽象化されますが、引き続き大量の SQL クエリを記述することになります。sqlite-simple ライブラリによるもっとも重要な抽象化は、SQL クエリを Haskell の一連のデータ型に変換することです。

このレッスンのプロジェクトについてざっと説明しましょう。道具貸出図書館の準備を行っている友人がいるとしましょう。この友人は、インベントリの追跡と図書館からの道具（以下、ツール）

---

[1]　**訳注**：アメリカの図書館の中には、さまざまな道具を貸し出す tool-lending library（道具貸出図書館）と呼ばれるサービスを併設しているところがある。

の貸し出しを基本的に管理するシステムを必要としています。RDBMS 側から見た場合、このプロジェクトは tools、users、checkedout の 3 つのテーブルを使用します。Haskell 側から見た場合、関心の対象となるのはユーザーとツールのモデル化だけです。最終的には、次の操作をサポートするコマンドラインアプリケーションが完成します。

- ユーザーとツールの一覧表示
- 貸し出されたツールと貸し出し可能なツールの一覧表示
- データベースへの新しいユーザーの追加
- ツールの返却
- ツールが貸し出された回数と最近の貸し出し頻度の記録

このレッスンでは、Haskell を使ったデータベース操作の大部分をカバーします。

 ## 41.1 プロジェクトを準備する

このレッスンでは、すべてのコードを「db-lesson」という名前の stack プロジェクトにまとめます。stack new db-lesson コマンドを使って、このプロジェクトを作成してください。このユニットでは、話を単純に保つために、すべてのコードを Main モジュールにまとめます（ただし、このプロジェクトをリファクタリングして複数のファイルに分割するのは簡単です）。まず、app/Main.hs ファイルから見ていきましょう。最初のコードには、このレッスンで使用するモジュールのインポート文が含まれています（リスト 41–1）。

リスト41-1：app/Main.hs ファイルの最初のコード

```haskell
module Main where

import Control.Applicative
import Database.SQLite.Simple          -- SQLite の操作に使用するライブラリ
import Database.SQLite.Simple.FromRow  -- FromRow はここで重要となる型クラス
import Data.Time                       -- このレッスンでは日付型の使い方も調べる

main :: IO ()
main = print "db-lesson"
```

プロジェクトの.cabal ファイルの build-depends に sqlite-simple と time を追加する必要があります。sqlite-simple パッケージには、SQLite の操作に使用するモジュールが含まれています。time パッケージには、日付の管理に役立つモジュールが含まれています。また、このプロジェクトでは、OverloadedStrings 拡張も使用します。というのも、文字列の多くは sqlite-simple ライブラリによって SQL クエリとして解釈されるからです（リスト 41–2）。

リスト41-2：db-lesson.cabal ファイルの build-depends を変更する

```
build-depends: base >=4.7 && <5
             , db-lesson
             , time
             , sqlite-simple
extensions: OverloadedStrings
```

これらのコードをすべて追加したら、`stack setup` コマンドと `stack build` コマンドを実行してプロジェクトを正しく設定してください。

 ## 41.2　SQLite とデータベースを準備する

このレッスンでは、RDBMS として、インストールと準備が簡単な SQLite3 を使用します。SQLite3 は https://www.sqlite.org/index.html からダウンロードできます。SQLite3 は簡単にデプロイできるように設計されているため、（まだインストールしていない場合は）簡単にセットアップできるはずです。

このプロジェクトでは、`users`、`tools`、`checkedout` の 3 つのテーブルからなるデータベースを使用します。`checkedout` テーブルは、ツールがどのユーザーに貸し出されたかを表します。図41-1 は、テーブルがどのように構成されているのかを示す ER 図を示しています。

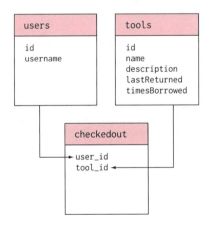

図41-1：データベースの構成

まず、サンプルデータを定義することから始めます。データベースを構築するコードはリスト41-3 のようになります。このコードを `build_db.sql` というファイルに保存し、db-lesson プロジェクトのルートフォルダに配置してください。

534 | LESSON 41 Haskell でのデータベースの使用

リスト41-3：データベースを構築するコード（build_db.sql）

```sql
DROP TABLE IF EXISTS checkedout;
DROP TABLE IF EXISTS tools;
DROP TABLE IF EXISTS users;

CREATE TABLE users (
    id INTEGER PRIMARY KEY,
    username TEXT
    );

CREATE TABLE tools (
    id INTEGER PRIMARY KEY,
    name TEXT,
    description TEXT,
    lastReturned TEXT,     -- SQLite は日付型をサポートしない
    timesBorrowed INTEGER
    );

CREATE TABLE checkedout (
    user_id INTEGER,
    tool_id INTEGER
    );

INSERT INTO users (username) VALUES ('willkurt');

INSERT INTO tools (name,description,lastReturned,timesBorrowed)
VALUES ('hammer','hits stuff','2017-01-01',0);

INSERT INTO tools (name,description,lastReturned,timesBorrowed)
VALUES ('saw','cuts stuff','2017-01-01',0);
```

　SQLite を実行するには、コマンドラインから **sqlite3** を呼び出す必要があります。また、データベースの名前（tools.db）を指定する必要もあります。さらに、パイプを使って build.sql ファイルを渡す必要もあります。

```
$ sqlite3 tools.db < build_db.sql
```

　データベースをチェックするには、**sqlite3** コマンドにデータベースファイルへのパスを指定します。次に、SQL クエリを使ってすべてが正常にインストールされたことを確認します。**sqlite>** プロンプトは、この RDBMS を対話形式で使用していることを表します。

```
$ sqlite3 tools.db
sqlite> select * from tools;
1|hammer|hits stuff|2017-01-01|0
2|saw|cuts stuff|2017-01-01|0
```

41.2 SQLite とデータベースを準備する | 535

このプロジェクトの目標は SQLite を Haskell から操作することなので、`sqlite` コマンドを再び使用することはありません。必要であれば、いつでも `sqlite` コマンドを使って実行したコードの結果をダブルチェックできます。

● Haskell データ

Haskell を使って SQLite のような RBDMS を操作するときの課題の 1 つは、一般に、Haskell の型のほうが RDBMS の型よりも表現豊かであることです。たとえば、SQLite は日付を表す型をまったくサポートしていません。JSON データを扱ったときにも似たような問題にぶつかりました。データベースでのデータの作成に進む前に、このプロジェクトのデータを Haskell の視点から眺めてみましょう。Tool データ型の定義はリスト 41–4 のようになります。

リスト41–4：Tool 型の定義（Main.hs）

```
data Tool = Tool { toolId :: Int
                 , name :: String
                 , description :: String
                 , lastReturned :: Day
                 , timesBorrowed :: Int }
```

Tool 型の定義には、これまで見たことのない Day という型が使用されています。Day 型は `Data.Time` モジュールの一部です。このモジュールには、時間に関連するさまざまな関数が含まれています。例として、`getCurrentTime` 関数を使って現在の時刻を取得し、`utctDay` 関数を使って Day 型に変換してみましょう。

```
*Main Lib> getCurrentTime
2019-06-30 11:05:12.218684 UTC
*Main Lib> utctDay <$> getCurrentTime
2019-06-30
```

モデル化が必要なもう 1 つの型は User です。User 型は Tool 型よりもずっと単純であり、id と userName の値を含んでいるだけです（リスト 41–5）。

リスト41–5：User 型

```
data User = User { userId :: Int
                 , userName :: String }
```

User 型と Tool 型があれば、データベースから取得したデータで計算を行うことが可能です。もっとも一般的な計算は、ユーザーとツールに関するデータを表示することです。これらの型を Show のインスタンスにすることで、結果を思いどおりに表示できるようにしてみましょう（リスト 41–6）。

リスト41-6：User と Tool を Show のインスタンスにする

```
instance Show User where
  show user = mconcat [ show $ userId user, ".) ", userName user ]

instance Show Tool where
  show tool = mconcat [ show $ toolId tool , ".) "
                     , name tool
                     , "\n description: "
                     , description tool
                     , "\n last returned: "
                     , show $ lastReturned tool
                     , "\n times borrowed: "
                     , show $ timesBorrowed tool
                     , "\n" ]
```

結果を出力する際には、次のように表示されるはずです。

```
1.) willkurt

1.) hammer
 description: hits stuff
 last returned: 2017-01-01
 times borrowed: 0
```

データベースを操作するための準備はこれで完了です。

▷ **クイックチェック 41-1**

文字列を結合するにあたって++よりも `mconcat` が優先されるのはなぜでしょうか。

 1　入力する文字の数が少ない
 2　++がうまくいくのはリストだけで、テキストではうまくいかない
 3　`mconcat` を使用すると、テキスト型を使ったリファクタリングが容易になる

41.3　データの作成：ユーザーの挿入とツールの貸し出し

　CRUD プロセスでカバーされる 4 つの操作の 1 つ目は作成です。前節では、SQL を直接使ってテーブルとデータを作成しました。本節では、Haskell を使って同じことを行います。データベースにデータを挿入するには、データベースに接続し、SQL 文字列を作成し、その SQL を実行する必要があります。

● データベースに新しいユーザーを追加する

　この時点では、データベースに含まれているユーザーは 1 人だけです。ユーザーを追加するためのコマンドが必要です。まず、`userName` を受け取ってデータベースに挿入する `addUser` アクショ

ンを作成します。ユーザーをデータベースに挿入する作業には、execute コマンドを使用します。ユーザーをデータベースに挿入するためのクエリ文字列には、このクエリ文字列に値を安全に渡すための (?) が含まれています。ユーザーを挿入するには、データベースに対して接続を確立する必要もあります。この接続は、クエリとそのパラメータとともに、execute コマンドに渡されます（リスト 41-7）。

リスト41-7：addUser アクションはデータベースに接続してユーザーを挿入する

```
addUser :: String -> IO ()
addUser userName = do
  -- 最初にデータベースに対して接続を開かなければならない
  conn <- open "tools.db"
  -- 接続、クエリ、クエリパラメータを使ってコマンドを実行
  -- Only コンストラクタはパラメータとして単一要素のタプルを作成するために使用される
  execute conn "INSERT INTO users (username) VALUES (?)" (Only userName)
  print "user added"
  close conn  -- 使い終えた接続を閉じることが重要となる
```

Only コンストラクタは、単一要素のタプルを作成するために使用されます。このコンストラクタが必要なのは、execute コマンドが決まったサイズのタプルが渡されることを期待するためです。

出発点としてはまずまずですが、このプロジェクトのコードのほとんどはデータベースへのアクセスを必要とするため、この I/O アクションの大部分を繰り返す必要があります。そこで、この部分を抽象化し、データベースに対する接続の開始と終了を自動的に行う withConn アクションを作成します（リスト 41-8）。

リスト41-8：withConn アクションはデータベースに対する接続を抽象化する

```
withConn :: String -> (Connection -> IO ()) -> IO ()
withConn dbName action = do
  conn <- open dbName
  action conn
  close conn
```

このアクションは、引数として文字列とアクションを受け取ります。文字列はデータベースの名前であり、アクションは引数として接続を受け取ります。結果として、IO () 型のアクションが返されます。これで、Haskell からユーザーをデータベースに追加できるようになりました。

▷ **クイックチェック 41-2**
withConn を使用するように addUser をリファクタリングしてみましょう。

● **ツールの貸し出し**

次に、データベースに登録する貸し出し（checkout）を作成します。リスト 41-9 に示す checkout アクションは、引数として userId と toolId の両方を要求します。このアクションのコードは addUser アクションのものと似ていますが、値を 2 つ渡す必要があります。

リスト41-9：checkout アクションは checkedout テーブルに userId と toolId を追加する

```
checkout :: Int -> Int -> IO ()
checkout userId toolId = withConn "tools.db" $ \conn -> do
  execute conn
      "INSERT INTO checkedout (user_id,tool_id) VALUES (?,?)" (userId,toolId)
```

　(userId,toolId) が通常のタプルで、Only コンストラクタが不要である点に注目してください。

　checkout と addUser を定義したところで、このアプリケーションで実行したい主な操作のベースとなる部分が完成しました。これらのアクションをテストすることは可能ですが、SQLite を開いてデータベースが変化していることを確認する以外に、結果が正しいかどうかを確認する方法はありません。次節では、データベースからデータを読み込み、Haskell のデータ型に変換します。

41.4　データベースからのデータの読み込みと FromRow 型クラス

　Haskell で SQL を扱うときの課題は、生データから Haskell のデータ型のインスタンスを簡単に作成する方法が必要であることです。sqlite-simple ライブラリには、このタスクを可能にする FromRow という型クラスが含まれています。FromRow 型クラスの定義に含まれているのは、プログラマが実装しなければならない fromRow というメソッドだけです（リスト 41-10）。

リスト41-10：FromRow 型クラスの定義

```
class FromRow a where
  fromRow :: RowParser a
```

　fromRow メソッドは型 a の RowParser を返します。a は FromRow のインスタンスを作成している型と同じです。fromRow メソッドは直接使用するのではなく、データを取得する関数によって使用されます。FromRow を実装している場合は、クエリを一連のデータ型に簡単に変換できます。

● データを FromRow のインスタンスにする

　FromRow のインスタンスの作成は、レッスン 40 の FromJSON のインスタンスの作成と同じです。この場合は、データ型をどのように作成すればよいかを RowParser に伝える必要があります。ここで重要となるのは、SQLite.Simple の field という関数です。この関数は、行のデータを型コンストラクタによって使用される値に変換するために、SQLite.Simple の内部で使用されます。User と Tool を FromRow のインスタンスにする方法はリスト 41-11 のようになります。

リスト41-11：User と Tool を FromRow のインスタンスにする

```
instance FromRow User where
  fromRow = User <$> field <*> field

instance FromRow Tool where
  fromRow = Tool <$> field <*> field <*> field <*> field <*> field
```

41.4　データベースからのデータの読み込みと FromRow 型クラス　539

User と Tool が FromRow のインスタンスになったので、データベースに対してクエリを実行し、それらを直接ユーザーとユーザーのリストに変換することができます。

● ユーザーとツールを出力する

データを取得するには、query、query_という関連する 2 つの関数を使用します（アンダースコアに注意してください）。これらの型シグネチャを調べてみると、何が違うのかがわかります。

```
query :: (ToRow q, FromRow r) => Connection -> Query -> q -> IO [r]
query_ :: FromRow r => Connection -> Query -> IO [r]
```

これら 2 つの関数の型シグネチャは同じですが、アンダースコアバージョンは引数が 1 つ少なくなっています。query 関数は、クエリ文字列とそのクエリのパラメータが渡されることを想定しています。query_関数は、引数としてパラメータを持たないクエリを想定しています。また、Query という型に注目してください。ここまではクエリを文字列として扱ってきましたが、これはひとえに変換を自動的に行う OverloadedStrings 拡張のおかげです。

▷ **クイックチェック 41-3**

query と query_の 2 つの関数が必要なのはなぜでしょうか。

ユーザーとツールの出力には、これらのクエリを使用します。ユーザーを出力する printUsers アクションはリスト 41–12 のようになります。取得する型を指定しなければならない点に注目してください。

リスト41-12：printUsers アクションはデータベースから取得したユーザーを出力する

```
printUsers :: IO ()
printUsers = withConn "tools.db" $ \conn -> do
  resp <- query_ conn "SELECT * FROM users;" :: IO [User]
  mapM_ print resp
```

printUsers アクションは、User が Show のインスタンスであることを利用して、ユーザーを期待どおりに表示します。ユーザーを表示できるようになったところで、ユーザーの追加をテストしてみましょう。

```
*Main Lib> printUsers
1.) willkurt
*Main Lib> addUser "test user"
"user added"
*Main Lib> printUsers
1.) willkurt
2.) test user
```

次の作業はツールを出力することです。この場合の問題点は、複数のクエリを実行する可能性が

540 | LESSON 41 Haskell でのデータベースの使用

あることだけです。

- ツールをすべて表示する
- 貸し出されたツールを表示する
- 貸し出し可能なツールを表示する

　そこで、printToolQuery というヘルパーアクションを作成します。このアクションは、クエリを受け取り、そのクエリによって返されたツールを出力します。printTool クエリアクションと他のクエリアクションのコードはリスト 41-13 のようになります。

リスト41-13：データベースに対してツールクエリを実行するための一般的な方法

```
printToolQuery :: Query -> IO ()
printToolQuery q = withConn "tools.db" $ \conn -> do
  resp <- query_ conn q :: IO [Tool]
  mapM_ print resp

printTools :: IO ()
printTools = printToolQuery "SELECT * FROM tools;"

printAvailable :: IO ()
printAvailable = printToolQuery $
  mconcat [ "select * from tools "
          , "where id not in "
          , "(select tool_id from checkedout);" ]

printCheckedout :: IO ()
printCheckedout = printToolQuery $
  mconcat [ "select * from tools "
          , "where id in "
          , "(select tool_id from checkedout);" ]
```

　これらのアクションを GHCi でテストし、先ほどの checkout アクションが期待どおりに動作することを確認してみましょう。

```
*Main Lib> printTools
1.) hammer
 description: hits stuff
 last returned: 2017-01-01
 times borrowed: 0

2.) saw
 description: cuts stuff
 last returned: 2017-01-01
 times borrowed: 0

*Main Lib> checkout 1 2
```

```
*Main Lib> printCheckedout
2.) saw
 description: cuts stuff
 last returned: 2017-01-01
 times borrowed: 0
```

このプロジェクトを完成させるにあたって残っている主な作業は 2 つです。1 つは、ツールを返却できるようにする必要があることです。もう 1 つは、それらのツールが返却されたら、データベースのデータを更新する必要があることです。更新は CRUD プロセスの次のステップなので、データを更新する方法から見てみましょう。

41.5　既存のデータを更新する

ツールが返却されたら、2 つの更新を行う必要があります。1 つは、`timesBorrowed` の既存の値に 1 を足すことです。もう 1 つは、`lastReturned` の値を現在の日付に更新することです。そのためには、データベースの既存の行を更新する必要があります。エラーを確実に回避したい場合は、これがもっとも複雑なステップとなります。

最初の作業は、ID に基づいてデータベースからツールを選択することです。リスト 41-14 の `selectTool` アクションは、`connect` と `toolId` を受け取ってツールを検索し、`IO (Maybe Tool)` という少し複雑な型の値を返します。`IO` は、データベースの操作が常に `IO` のコンテキストで発生することを意味します。`Maybe` 型が使用されているのは、不正な ID が渡された場合は空の結果が返される可能性があるためです。さらに、ヘルパー関数 `firstOrNothing` も定義します。

リスト41-14：ID に基づいてツールを安全に選択する

```haskell
selectTool :: Connection -> Int -> IO (Maybe Tool)
selectTool conn toolId = do
  resp <- query conn
    "SELECT * FROM tools WHERE id = (?)" (Only toolId) :: IO [Tool]
  return $ firstOrNothing resp

firstOrNothing :: [a] -> Maybe a
firstOrNothing [] = Nothing
firstOrNothing (x:_) = Just x
```

`firstOrNothing` 関数は、クエリによって返された結果のリストを調べ、そのリストが空の場合は `Nothing` を返します。リストが空ではない場合は、最初の結果を返します（ID は一意であるため、おそらく結果は 1 つだけです）。

ツールを取得した後は、そのツールを更新する必要があります。現在の日付を取得するには I/O アクションが必要であるため、更新関数を純粋に保つために、現在の日付を表す値は更新関数に渡

542 | LESSON 41　Haskell でのデータベースの使用

されるものと想定します。更新関数 updateTool は、既存のツールを受け取り、lastReturned と timesBorrowed の値が更新された新しいツールを返します。これには、レッスン 12 で説明したレコード構文を使用します（リスト 41-15）。

リスト41-15：updateTool 関数はツールを更新する

```
updateTool :: Tool -> Day -> Tool
updateTool tool date = tool
  { lastReturned = date
  , timesBorrowed = 1 + timesBorrowed tool
  }
```

次に必要なのは、Maybe Tool の更新内容を挿入する手段です。ツールは Maybe Tool 型であるため、テーブルを更新するのは Maybe 値が Nothing ではない場合に限定する必要があります。この updateOrWarn アクションは、Maybe 値が Nothing の場合は該当するアイテムが見つからなかったことを通知します。Nothing ではない場合は、データベーステーブルの該当するフィールドを更新します（リスト 41-16）。

リスト41-16：updateOrWarn アクションはデータベースを安全に更新する

```
updateOrWarn :: Maybe Tool -> IO ()
updateOrWarn Nothing = print "id not found"
updateOrWarn (Just tool) = withConn "tools.db" $ \conn -> do
  let q = mconcat [ "UPDATE TOOLS SET "
                  , "lastReturned = ?,"
                  , " timesBorrowed = ? "
                  , "WHERE ID = ?;" ]
  execute conn q (lastReturned tool, timesBorrowed tool, toolId tool)
  print "tool updated"
```

最後に、これらのステップをすべてつなぎ合わせる必要があります。最後のアクション updateToolTable では、toolId を受け取り、現在の日付を取得し、テーブル内のツールを更新するために必要な作業を実行します（リスト 41-17）。

リスト41-17：updateToolTable アクションは tools テーブルを更新する

```
updateToolTable :: Int -> IO ()
updateToolTable toolId = withConn "tools.db" $ \conn -> do
  tool <- selectTool conn toolId
  currentDay <- utctDay <$> getCurrentTime
  let updatedTool = updateTool <$> tool <*> pure currentDay
  updateOrWarn updatedTool
```

updateToolTable アクションを利用すれば、tools テーブルを安全に更新できます。また、データの更新中にエラーが発生した場合は、そのことが通知されます。最後の作業は、ツールが返却された場合に、checkedout テーブルから該当する行を削除することです。

> **ToRow 型クラス**
>
> ToRow 型クラスを使用することも可能ですが、この型クラスはデータ型をタプルに変換するものなので、あまり有用ではありません。データの作成と更新の例で示したように、作成の場合は必要な情報がすべて揃っていませんし、更新に必要なのはデータの一部だけだからです。参考までに、`Tool` を `ToRow` のインスタンスにする方法は次のようになります。
>
> ```
> instance ToRow Tool where
>   toRow tool = [ SQLInteger $ fromIntegral $ toolId tool
>                , SQLText $ T.pack $ name tool
>                , SQLText $ T.pack $ description tool
>                , SQLText $ T.pack $ show $ lastReturned tool
>                , SQLInteger $ fromIntegral $ timesBorrowed tool ]
> ```
>
> `SQLText` コンストラクタと `SQLInteger` コンストラクタはそれぞれ Haskell の `Text` 型と `Integer` 型を SQL データに変換します。実際には、`ToRow` を使用する機会は `FromRow` よりもずっと少ないでしょう。それでも、`ToRow` の存在を知っておいて損はありません。

41.6　データベースからデータを削除する

　CRUD プロセスの最後のステップは削除です。データの削除は単純です。データを作成するときと同じように execute アクションを使用します。リスト 41–18 の checkin アクションは、引数として toolID を受け取り、checkedout テーブルから該当する行を削除します。各ツールの貸し出しは一度に 1 人のユーザーに限られるため、必要な情報は toolID だけです。

リスト41-18：checkin アクションはツールを返却する

```
checkin :: Int -> IO ()
checkin toolId = withConn "tools.db" $ \conn -> do
  execute conn "DELETE FROM checkedout WHERE tool_id = (?);" (Only toolId)
```

　前節で言及したように、ツールをただ返却するのではなく、そのツールの情報が更新されるようにする必要があります。最後のデータベースアクションは checkinAndUpdate であり、checkin に続いて updateToolTable を呼び出します。

リスト41-19：checkinAndUpdate アクションは返却時にツールの情報を更新する

```
checkinAndUpdate :: Int -> IO ()
checkinAndUpdate toolId = do
  checkin toolId
  updateToolTable toolId
```

Haskell を使ってデータベースを操作するための CRUD プロセスの各ステップは以上となります。基本的な要素がすべて揃ったところで、コマンドラインインターフェイスの残りの部分を完成させ、ツールを貸し出してみましょう。

41.7　すべてを 1 つにまとめる

データベースの操作に必要なコードはすべて記述されています。残っている作業は、これらのアクションを便利なインターフェイスにまとめることだけです。データベースの更新の大部分では、ユーザー名かツール ID の入力を要求するプロンプトが必要です。この振る舞いを実装する I/O アクションはリスト 41-20 のようになります。

リスト41-20：データベースアクションを整理する

```
promptAndAddUser :: IO ()
promptAndAddUser = do
  print "Enter new user name"
  userName <- getLine
  addUser userName

promptAndCheckout :: IO ()
promptAndCheckout = do
  print "Enter the id of the user"
  userId <- pure read <*> getLine
  print "Enter the id of the tool"
  toolId <- pure read <*> getLine
  checkout userId toolId

promptAndCheckin :: IO ()
promptAndCheckin = do
  print "enter the id of tool"
  toolId <- pure read <*> getLine
  checkinAndUpdate toolId
```

続いて、ユーザーにプロンプトを表示するアクションを 1 つのアクションにまとめることができます。このアクションは、ユーザーからコマンドを受け取り、そのコマンドを実行します。`quit` 以外のコマンドがそれぞれ>>演算子を使って `main` を呼び出すことに注目してください。>>演算子は、アクションを実行し、その結果を捨て、次のアクションを実行します。このようにすると、ユーザーがプログラムを終了するまで、新たな入力を要求できるようになります（リスト 41-21）。

リスト41-21：performCommand アクションはユーザーが入力できるコマンドをひとまとめにする

```
performCommand :: String -> IO ()
performCommand command
  | command == "users" = printUsers >> main
  | command == "tools" = printTools >> main
```

41.7 すべてを１つにまとめる | 545

```
  | command == "adduser" = promptAndAddUser >> main
  | command == "checkout" = promptAndCheckout >> main
  | command == "checkin" = promptAndCheckin >> main
  | command == "in" = printAvailable >> main
  | command == "out" = printCheckedout >> main
  | command == "quit" = print "bye!"
  | otherwise = print "Sorry command not found" >> main
```

▷ **クイックチェック 41-4**

>>の代わりに>>=を使用できないのはなぜでしょうか。

　1　使用できるし、うまくいく。

　2　>>は main が引数を受け取ることを示唆するが、main は引数を受け取らない。

　3　>>=は Haskell の有効な演算子ではない。

　最後に、main を書き換えます。必要なコードのほとんどを別々の部分に分解できたので、main アクションは最小限のものになります（リスト 41–22）。

リスト41-22：最終的な main アクション

```
main :: IO ()
main = do
  print "Enter a command"
  command <- getLine
  performCommand command
```

　注意深い読者は、performCommand が main を呼び出し、main が performCommand アクションを実行する再帰的なコードになっていることに気づいたかもしれません。ほとんどの言語では、このようなコードはスタックオーバーフローになるでしょう。しかし、Haskell は賢いため、このようなコードに対処できます。Haskell はこれらの関数が最後にもう一方の関数を呼び出すことに気づいて、これらの呼び出しを安全に最適化できます。

　では、このプログラムをビルドして、テストしてみましょう。

```
$ stack exec db-lesson-exe
"Enter a command"
users
1.) willkurt
"Enter a command"
adduser
"Enter new user name"
test user
"user added"
"Enter a command"
tools
1.) hammer
```

546 | LESSON 41 Haskell でのデータベースの使用

```
 description: hits stuff
 last returned: 2017-01-01
 times borrowed: 0

2.) saw
 description: cuts stuff
 last returned: 2017-01-01
 times borrowed: 0

"Enter a command"
checkout
"Enter the id of the user"
1
"Enter the id of the tool"
2
"Enter a command"
out
2.) saw
 description: cuts stuff
 last returned: 2017-01-01
 times borrowed: 0

"Enter a command"
checkin
"enter the id of tool"
2
"tool updated"
"Enter a command"
in
1.) hammer
 description: hits stuff
 last returned: 2017-01-01
 times borrowed: 0

2.) saw
 description: cuts stuff
 last returned: 2017-02-26
 times borrowed: 1

"Enter a command"
quit
"bye!"
```

すべての CRUD 操作が Haskell でうまく実装されています。友人が道具貸出図書館で利用できる便利なツールはこれで完成です。

41.8 まとめ

このレッスンの目的は、SQLite.Simple モジュールを使って単純なデータベース駆動のアプリケーションをどのように作成するのかについて説明することでした。FromRow のインスタンスを使って SQLite3 データベースのデータを Haskell のデータ型に簡単に変換できることがわかりました。また、Haskell を使ったデータベースのデータの作成、読み取り、更新、削除の方法もわかりました。最後に、道具貸出図書館の管理に関連するさまざまなタスクを実行できる、単純なアプリケーションを開発しました。

41.9 練習問題

このレッスンの内容を理解できたかどうか確認してみましょう。

Q41-1：addTool という I/O アクションを作成してみましょう。このアクションは、addUser と同じように、データベースにツールを追加します。

Q41-2：addtool コマンドを追加してみましょう。このコマンドは、ユーザーに新しいツールの情報を入力させ、Q41-1 で作成した addTool アクションを使ってそのツールを追加します。

41.10 クイックチェックの解答

▶ クイックチェック 41-1

答えは 3 です。このレッスンでは String を使用していますが、多くの場合は Text 型を使用するほうが適切です。mconcat は主な文字列型（String、Text、ByteString）のすべてでうまくいきます。このため、型を変更するためのコードのリファクタリングが型シグネチャの変更と同じくらい簡単になります。

▶ クイックチェック 41-2

```
addUser :: String -> IO ()
addUser userName = withConn "tools.db" $ \conn -> do
  execute conn "INSERT INTO users (username) VALUES (?)" (Only userName)
  print "user added"
```

▶ クイックチェック 41-3

Haskell での型の扱い方が主な理由です。Haskell は変数引数をサポートしていません。2 つの関数を作成するもう 1 つの方法は、引数の集合とパターンマッチングを表す Sum 型を使用すること

548 | LESSON 41　Haskell でのデータベースの使用

です。

▶ **クイックチェック 41-4**

　答えは 2 です。>>=を使用するときには、引数をコンテキストで渡すことになります。>>を使用するのは、アクションを連結し、出力を捨ててしまう場合です。

LESSON 42

Haskell での効率的でステートフルな配列

レッスン 42 では、次の内容を取り上げます。

- **UArray** による効率的な格納と取得
- **STUArray** による配列でのステートフルな計算
- ステートフルな関数の純粋関数としてのカプセル化

本書を読んだ後、GooMicroBook の人事担当者から面接の打診があったとしましょう。あなたはぜひ面接を受けたいと答えますが、好きなプログラミング言語によるコーディングレビューがあることを知ります。「どんなプログラミング言語でも?」と熱っぽくたずねると、人事担当者はどのプログラミング言語を使ってもかまわないことを請け合います。うれしくなったあなたは、コーディングレビューを Haskell で受けることにします。

面接官が部屋に入ってきて、ホワイトボードでアルゴリズムを解いてみて、と言います。この数か月間、寝ても覚めても Haskell のことばかり考えてきたあなたは、プログラミングの腕前を披露したくてうずうずしています。面接官の最初の問題は、お決まりの「リンクリストの実装」です。ホワイトボードに飛びついたあなたは、次のコードを書きます。

```
data MyList a = EmptyList | Cons a (MyList a)
```

あなたが「できました」と言ったとき、少し驚いたようすの面接官を見て、あなたはほくそ笑みます。あなたは Haskell のすばらしさや純粋関数の価値、型がいかに強力であるかを夢中になって説明します。あなたの説明を静かに聞いていた面接官は、自分の博士号の研究テーマが型理論だったことなどおくびにも出さずに、感心したことを伝え、「それでは、この問題をみごとに解いたことだし、次は簡単な問題にしましょう」と言います。あなたは Haskell の腕前をさらに誇示しようと身構えています。いよいよ **Monad** の出番かもしれません。「単純でつまらないかもしれませんが、ぜひインプレースのバブルソートを実装してみてください」。不意に、あなたは Haskell が最善の

選択肢ではなかったかもしれないことに気づきます。

　Haskell を使ったバブルソートの記述には、大きな問題がいくつかあります。まず、ここまではメインのデータ構造としてリストを使いまくってきましたが、この種の問題では、リストは配列ほど効率がよくありません。それよりも問題なのは、「インプレース」という条件です。つまり、配列のコピーを作成するわけにはいきません。本書で記述してきたコードのほとんどは、データ構造の状態を関数的な方法で変更することに依存しています。つまり、データ構造の新しいバージョンを作成し、元のバージョンは捨ててしまいます。大部分の問題では、この方法はそれなりに効率的で、記述するのも簡単です。配列のソートでは、効率性という理由により、データ構造の状態をどうしても変更しないわけにはいきません。

　ありがたいことに、このレッスンを読めば、こうした状況に備えることができます。本書では最後に、Haskell では不可能に思える問題に取り組みます。そう、効率のよいインプレースの配列アルゴリズムです。まず、Haskell の正格な（遅延ではない）配列型である `UArray` を取り上げます。次に、`STUArray` 型を利用すれば、配列でミューテーション（変化、変更）を実行するためのコンテキストが得られることを示します。そして最後に、これらを組み合わせてバブルソートアルゴリズムを実装します。バブルソートアルゴリズム自体はあまり効率のよいソートアルゴリズムではありませんが、リストを使って記述した場合よりもはるかに高速に実行できます。

ステートフルなミューテーションを使用するとコードにバグが紛れ込むことがよくあります。しかし、ステートフルなミューテーションは効率のよい配列ベースのアルゴリズムのほとんどに不可欠です。Haskell がステートフルなプログラムを避ける理由は、参照透過性の原則にすぐに違反してしまうからです。同じ入力が与えられたら、関数は常に同じ出力を返さなければなりません。

しかし、オブジェクト指向言語であっても、完璧なカプセル化は望ましいものであり、場合によっては可能です。オブジェクトの内部ではステートフルな変更が行われるかもしれませんが、プログラマはそのことに気づかず、参照透過性のルールを維持することができます。型を使ってステートフルなコードを完全にカプセル化できるとしたら、Haskell プログラムでステートフルなコードを安全に使用する方法があるのではないでしょうか。

42.1　UArray 型を使って効率のよい配列を作成する

バブルソート問題では、効率に関する 3 つの問題に直面します。

- 値を検索する演算に関しては、リストは本質的に配列よりも低速である。
- 実際には、遅延評価はパフォーマンスにとって大きな問題になることがある。
- インプレースのソートにはミューテーションが必要である（ステートフルプログラミング）。

42.1　UArray 型を使って効率のよい配列を作成する　551

最初の 2 つの問題は、UArray 型を使って解決できます。ここでは、UArray 型がどのようにしてこれらの問題を改善するのかを詳しく取り上げ、UArray 型の作成の基礎を理解します。

● 遅延リストの非効率性

1 つ目の問題は、配列型が必要であることです。本書のここまでの部分では、もっぱらリストを使用してきました。しかし、ソートのような問題では、多くの場合、リストはあまりにも非効率です。こうした非効率性の理由の 1 つは、リストの要素に直接アクセスできないことです。ユニット 1 では、リストの要素を検索するための!!演算子について説明しました。大きなリストを作成する場合は、この検索のパフォーマンスが非常に悪いことがわかります（リスト 42-1）。

リスト42-1：1,000 万個の値からなるリストの例

```
aLargeList :: [Int]
aLargeList = [1 .. 10000000]
```

少し前に説明したように、GHCi では、:set +s を使って時間を計ることができます。

```
Prelude> :set +s
Prelude> aLargeList !! 9999999
10000000
(0.05 secs, 460,064 bytes)
```

この値を検索するのに 0.05 秒（50 ミリ秒）もかかっています。HTTP リクエストと比較すればそれほど低速ではありませんが、要素を 1 つ取り出すにしては時間がかかりすぎです。

配列には、UArray 型を使用します。比較のために、同じサイズの UArray を作成してみましょう（リスト 42-2）。配列の構築については次節で説明します。

リスト42-2：やはり 1,000 万個の値からなる UArray

```
import Data.Array.Unboxed

aLargeArray :: UArray Int Int
aLargeArray = array (0,9999999) []
```

UArray の検索演算子である!を使って GHCi で同じテストを実行すると、ほぼあっという間に終わることがわかります。

```
Prelude Data.Array.Unboxed> aLargeArray ! 9999999
0
(0.00 secs, 456,024 bytes)
```

UArray の U は「非ボックス化」(unboxed) を表します。非ボックス化配列は遅延評価を使用しません (正格評価を使用します)。この点については、ユニット 4 で Text 型と ByteString を取り

552 | LESSON 42　Haskell での効率的でステートフルな配列

上げたときに確認しました。遅延評価は強力ですが、非効率性の主な原因の 1 つです。

　遅延評価のパフォーマンスの問題を調べるために、aLargeList に少し手を加えた aLargeListDou bled を見てみましょう (リスト 42-3)。

リスト42-3：aLargeList の値を 2 倍にするとパフォーマンスに影響がおよぶ

```
aLargeListDoubled :: [Int]
aLargeListDoubled = map (*2) aLargeList
```

　GHCi で:set +s を使ってテストすると、aLargeListDoubled の長さを調べようとしたらどうなるかがわかります。

```
Prelude> length aLargeListDoubled
10000000
(1.58 secs, 1,680,461,376 bytes)
```

　リストの長さを取得するのに 1.58 秒もかかっています。さらにびっくりするのは、この演算を実行するためにメモリを 1.68 ギガバイトも使用していることです。リストデータ構造に内在する非効率性だけでは、システムリソースをこれほど消費する説明はつきません。この問題をさらに調べるために、GHCi（同じセッション）で同じコードをもう一度実行してみましょう。

```
Prelude> length aLargeListDoubled
10000000
(0.07 secs, 459,840 bytes)
```

　何が起きているのかを理解するには、遅延評価の仕組みを思い出す必要があります。リストでの計算は、実際に必要になるまでは 1 つも実行されません。これには、リストそのものの生成も含まれます。aLargeList を定義すると、Haskell はこのリストを生成するのに必要な計算を記憶します。このリストの値を 2 倍にした aLargeListDoubled を作成した時点でも、Haskell はやはり何も評価しません。最後に、このリストの長さを出力すると、Haskell が重い腰を上げてリストの構築に取りかかり、各値を 2 倍にする必要があることを思い出します。Haskell が実行を計画するこれらの計算（技術的には**サンク**と呼ばれます）はすべてメモリに格納されます。リストが小さい場合は、パフォーマンスへの影響は気づかない程度ですが、リストが大きい場合は、サンクがパフォーマンスにどのような影響をおよぼすのかを確認することができます。1,000 万個の文字は、テキストとしては特に大量ではありません。Data.Text が String よりも強く推奨されるのはそのためです。

　非ボックス化された配列の難点は、プリミティブ型（Int、Char、Bool、Double）にしか対応しないことです。Haskell にはより汎用的な Array 型があり、List と同じように任意の型に対応しますが、Array は遅延評価に基づくデータ構造です。このレッスンのテーマはコンピュータサイエンスの代表的なアルゴリズムのパフォーマンスであり、UArray は間違いなくそのために使用さ

れるデータ型です。UArray 型を使用するには、各自のモジュールの先頭で Data.Array.Unboxed モジュールをインポートする必要があります。このレッスンでは、st-lesson というプロジェクトを作成し、すべてのコードを Main モジュールに入力することにします。なお、.cabal ファイルの build-depends に array を追加する必要があります。

● UArray を作成する

ほとんどのプログラミング言語と同様に、Haskell で配列を作成するときには、そのサイズを指定しなければなりません。そしてほとんどの言語とは異なり、インデックスを何にするか決めなければなりません。UArray には型パラメータが 2 つあります。1 つ目の型パラメータはインデックスの型を表し、2 つ目の型パラメータは値の型を表します。インデックスに使用できる型については少し柔軟性があり、Enum と Bounded のメンバである型を使用することができます。つまり、インデックスとして Char や Int を使用することは可能ですが、(Enum のインスタンスではない) Double や (Bounded のインスタンスではない) Integer を使用することはできません。インデックスを Bool 型にしようと思えばできないことはありませんが、その場合は常に 2 要素の配列になります。ほとんどの場合、インデックスは Int 型で、値は 0 から length - 1 までになるでしょう。UArray を作成するには、array 関数を使用します。この関数の引数は次の 2 つです。

- 1 つ目の引数は、インデックスの下限と上限を表すタプルのペアの値
- 2 つ目の引数は、インデックスと値のペアからなるリスト

ペアのリストにおいて指定しなかった値には、デフォルト値が設定されます。Int 型の場合は 0、Bool 型の場合は False になります。リスト 42–4 は、0 始まりのインデックスを持つ Bool 型の配列を作成する例を示しています。1 つの値だけが True に設定されており、残りの値はデフォルトの False になります。

リスト42–4：0 始まりのインデックスを持つ Bool 型の配列を作成する

```
zeroIndexArray :: UArray Int Bool
zeroIndexArray = array (0,9) [(3,True)]
```

UArray の値を検索するには、! 演算子を使用します（リストの !! 演算子と同様です）。GHCi でテストすると、ペアのリストにおいて指定しなかった値がすべて False に設定されていることがわかります。

```
*Main Lib> zeroIndexArray ! 5
False
*Main Lib> zeroIndexArray ! 3
True
```

554 | LESSON 42 Haskell での効率的でステートフルな配列

R や Matlab といった言語で数学的な計算を行っている場合は、配列で 1 始まりのインデックスを使用しているはずです。数学的計算をターゲットとするほとんどのプログラミング言語は、数学の配列の添字に合わせて、配列で 1 始まりのインデックスを使用します。Haskell では、配列のインデックスを変更するのは簡単です。インデックスの上限と下限として異なるペアを渡すだけです。1 始まりのインデックスを使用する Bool 型の配列を定義し、値をすべて True に設定する方法はリスト 42–5 のようになります。すべてのペアの値が True のリストを生成するには、zip 関数と cycle 関数を組み合わせて使用します。

リスト42–5：1 始まりのインデックスを使用する配列

```
oneIndexArray :: UArray Int Bool
oneIndexArray = array (1,10) $ zip [1 .. 10] $ cycle [True]
```

GHCi でテストすると、値がすべて True に設定されていることと、この UArray のインデックスが 1 から 10 までであることがわかります。

```
*Main Lib> oneIndexArray ! 1
True
*Main Lib> oneIndexArray ! 10
True
```

他のプログラミング言語と同様に、インデックスの範囲外の値にアクセスしようとした場合はエラーになります。

```
*Main Lib> oneIndexArray ! 0
*** Exception: Ix{Int}.index: Index (0) out of range ((1,10))
```

▷ **クイックチェック 42-1**

次の型シグネチャを持つ配列を作成してみましょう。この配列は 5 つの要素で構成され、0 始まりのインデックスを使用し、2 つ目と 3 つ目の要素は True に設定されます。

```
qcArray :: UArray Int Bool
```

● UArray を更新する

UArray の値にアクセスできるようになったのはよいとして、この配列を更新できるようにする必要もあります。UArray を更新するには、他の関数型データ構造と同じように、値が適切に変更された配列のコピーを作成します。4 つのバケットに入った豆の数を表す配列があるとしましょう（リスト 42–6）。

リスト42–6：バケットに入った豆の数を表す UArray

```
beansInBuckets :: UArray Int Int
beansInBuckets = array (0,3) []
```

　初期値を表すペアのリストとして空のリストを渡しているため、この UArray の値は 0 に初期化されています。

```
*Main Lib> beansInBuckets ! 0
0
*Main Lib> beansInBuckets ! 2
0
```

▷ **クイックチェック 42-2**

値が 0 に初期化されると想定するのではなく、明確に 0 で初期化してみましょう。

　（最初のバケットをバケット 0 として）バケット 1 に 5 粒の豆、バケット 3 に 6 粒の豆を追加したいとしましょう。このタスクには (//) 演算子を使用することができます。この演算子に対する 1 つの引数は UArray、2 つ目の引数は新しいペアのリストです。結果として、更新された値が含まれた新しい UArray が得られます（リスト 42–7）。

リスト42–7：//演算子を使って UArray を関数的に更新する

```
updatedBiB :: UArray Int Int
updatedBiB = beansInBuckets // [(1,5),(3,6)]
```

GHCi でテストすると、これらの値が更新されていることがわかります。

```
*Main Lib> updatedBiB ! 1
5
*Main Lib> updatedBiB ! 2
0
*Main Lib> updatedBiB ! 3
6
```

　次に、すべてのバケットに 2 粒の豆を追加したいとしましょう。既存の値を更新したくなるのはよくあることです。このタスクには、accum 関数を使用することができます。この関数は引数として二項関数、UArray、そしてこの関数を適用する値のリストを受け取ります。すべてのバケットに 2 粒の豆を追加する例は次のようになります。

```
*Main Lib> accum (+) updatedBiB $ zip [0 .. 3] $ cycle [2]
array (0,3) [(0,2),(1,7),(2,2),(3,8)]
```

データのリストを使用する場合の主な問題の 1 つがこれで解決されました。UArray を利用すれば、効率的な検索が可能になるだけでなく、より効率的なデータ構造も得られます。しかし、懸案となっている問題がまだ 1 つ残っています。本当の意味で効率的な配列ベースのアルゴリズムのほとんどは「インプレース」です。ソートアルゴリズムとしてはもっとも効率がよくないバブルソートでさえ、新しい配列を使用する必要はまったくありません。配列をインプレースで更新するときには、更新を行うために配列のコピーを作成する必要はないのです。しかし、このようなことが可能になるのは配列がそもそもステートフルだからです。UArray を使用したときには、ミュータブルな状態を人工的に再現することができました。多くの場合、これはデータ構造に変更を加えるための望ましい方法となります。しかし、効率を理由として状態を扱っているとしたら、これはひどい解決策です。

▷ **クイックチェック 42-3**
各バケットの豆の数を 3 倍にしてみましょう。

42.2　STUArray を使って状態を変化させる

ほとんどの場合、Haskell はプログラマにコードからステートフル性を取り除かせます。結果として、パフォーマンスをほぼ同じに保った上で、より安全で予測可能なコードが得られます。しかし、ほとんどの配列アルゴリズムには、このことは当てはまりません。そうした状況で状態を変化させる手段が Haskell にないとしたら、幅広い基本的なアルゴリズムにとって、Haskell は立ち入ることのできない聖域になってしまいます。

実際には、Haskell にはこの問題に対する解決策があります。STUArray という特別な UArray を使用するのです。STUArray は ST というより汎用的な型を使用します。ST 型により、ステートフルな非遅延型のプログラミングが可能になります。このレッスンでは STUArray だけを取り上げますが、ここで示す配列を操作するための解決策は、より幅広いステートフルプログラムに合わせて拡張できることを覚えておいてください。

STUArray を使用するには、次のインポート文を追加する必要があります。

```
import Data.Array.ST
import Control.Monad
import Control.Monad.ST
```

STUArray は Monad のインスタンスです。ユニット 5 では、Functor、Applicative、Monad などの型クラスについて詳しく説明しました。これらすべての型クラスの目的は、コンテキスト内で任意の計算を実行できるようにすることです。本書では、この点に関してさまざまな例を見てきました。

- `Maybe` 型は欠損値のコンテキストをモデル化する。
- `List` 型は非決定論的な計算のコンテキストを表すために使用できる。
- `IO` 型を利用すれば、エラーになりやすいステートフルな I/O コードを純粋関数から切り離すことができる。
- `Either` 型は `Maybe` 型よりも適切にエラーを処理する方法を提供する。

`IO` 型と同様に、`STUArray` 型は、Haskell では本来禁止されている計算を安全なコンテキストで実行できるようにします。I/O アクションと同様に、`STUArray` を使用する場合は、`do` 表記を用いて `STUArray` のコンテキストで型を通常のデータであるかのように扱います。

`STUArray` のポイントは、`UArray` の値を変更する能力にあります（図 42-1）。これにより、状態を許可するプログラミング言語と同じレベルの効率性が実現されます。値をその場（インプレース）で変更できれば、メモリを大幅に節約できます。また、変更のたびにデータ構造の新しいコピーを作成せずに済むことは、時間の節約につながります。アルゴリズムの教科書に載っているのと同じように効率的なバブルソートを記述するためのポイントは、これらの点にあります。

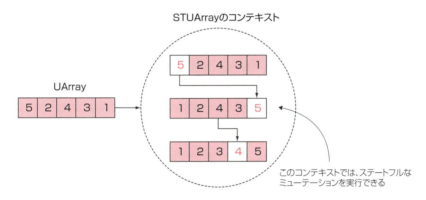

図42-1：`STUArray` はステートフルなミューテーションを可能にするコンテキストである

`STUArray` 型と `ST` 型を全般的に理解する上で重要な点が 1 つあります。これらの型は、ここまで必死に取り組んできた関数の純粋性をすべて投げ捨てることができるようなハックではありません。`STUArray` はステートフルなプログラミングを実行できるようにするために存在しますが、あなたの関数を使用する人にとって、ステートフル性と純粋なコードの区別がつかないような状況であることが前提となります。データ構造での変更の大部分は、本書で取り組んできた関数型データ構造を使用する場合でも、それ相応に効率的で、非常に安全な方法で行うことができます。

ここでは、`STUArray` の使い方を示すために、`listToSTUArray` という関数を記述します。この関数は `Int` 型のリストを `STUArray` 型に変換します。`listToSTUArray` の最初のバージョンでは、リストと同じサイズの空の `STUArray` を作成します（リスト 42-8）。この作業をモナドで行うことを除けば、固定サイズの空の配列を初期化するのと同じです。`STUArray` 型は `newArray` 関数を使

558 | LESSON 42　Haskell での効率的でステートフルな配列

用します。この関数は、配列の下限と上限を表すペアと、配列を初期化するための値を受け取ります。

リスト42-8：listToSTUArray 関数の最初のバージョン

```
listToSTUArray :: [Int] -> ST s (STUArray s Int Int)
listToSTUArray vals = do
  let end = length vals - 1      -- end は通常の変数なので、let を使って割り当てる
  stArray <- newArray (0,end) 0  -- stArray は<-を使って割り当てられるミュータブルな配列
  return stArray                 -- 最後に配列をそのコンテキストに戻す必要がある
```

次に、リストを順番に処理するためのループを追加して、stArray の値を更新する必要があります。これには、Control.Monad の forM_アクションを使用します。forM_アクションは引数としてデータとそのデータに適用する関数を受け取ります。このアクションは Python などの言語のfor...in ループを再現するのに役立ちます。

一般的な for ループを再現する方法を具体的に示すために、インデックスのリストと (!!) 演算子を使ってリストの値を取得します（リスト 42-9）。これらのインデックスとリストの値に zip を適用するほうが効率的ですが、リスト 42-9 のコードのほうが、よりステートフルな言語を使用しているような感覚が得られます。残っているのは、リストの値を stArray に書き出すことだけです。これには、writeArray 関数を使用します。この関数は引数として STUArray、インデックス、値を受け取ります。writeArray 関数は、ステートフルなミューテーションを元の配列に対して実行し、元の配列をコピーしません。

リスト42-9：リストを STUArray にコピーする

```
listToSTUArray :: [Int] -> ST s (STUArray s Int Int)
listToSTUArray vals = do
  let end = length vals - 1
  myArray <- newArray (0,end) 0
  forM_ [0 .. end] $ \i -> do   -- forM_アクションはほとんどの言語の for ループを再現する
    let val = vals !! i          -- リストでの val の検索はステートフルではないため、
                                 -- let を使って割り当てる
    writeArray myArray i val    -- writeArray 関数は配列のデータを書き換える
  return myArray
```

この forM_ループでは、他のステートフルなプログラミング言語で記述するものと同様のコードを記述しています。

このコードを GHCi でテストすると、大きな問題が 1 つあることを除けば、うまく動作することがわかります。

```
*Main Lib> listToSTUArray [1,2,3]
<<ST action>>
```

IO 型を使用したときと同様に、STUArray を通じて ST を使用すると、プログラムがコンテキス

トに配置されます。しかし、IO 型とは異なり、このコードがステートフルであることを示す明確な方法はありません。ありがたいことに、IO 型とは異なり、STUArray を使用するときには、コンテキストから値を取り出す方法があります。

42.3　ST のコンテキストから値を取り出す

　IO 型の最初の説明では、どちらかと言えば危険な I/O コードをコンテキストに封じ込めてしまえることがわかりました。STUArray は IO に似ていますが、STUArray のコンテキストはずっと安全です。まず、コードでは状態を扱うことになりますが、参照透過性は維持されたままとなります。listToSTUArray を同じ入力で実行するたびに、まったく同じ出力が得られます。このことは、参照透過性と、オブジェクト指向プログラミング言語でのカプセル化に関する重要なポイントを浮き彫りにします。オブジェクト指向プログラミングのカプセル化は、実装上の詳細をユーザーから完全に隠蔽するオブジェクトの特性を意味します。オブジェクト指向プログラミングにおいても、カプセル化を損なうようなステートフル性は有害です。問題は、状態の変化が正しくカプセル化されるようにするメカニズムが、オブジェクト指向プログラミングに組み込まれていないことです。listToSTUArray 関数のコードでは、ステートフル性はコンテキストに含まれるため、ステートフルなコードが強制的にカプセル化されます。STUArray によってカプセル化が適用されるため、プログラマが IO と同じ制限を受けることはありません。runSTUArray という関数を使用すれば、STUArray から値を取り出すことができます（図 42-2）。

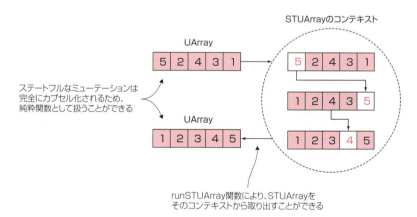

図42-2：IO とは異なり、STUArray のコンテキストから値を取り出すことが可能

　runSTUArray 関数の型シグネチャは次のとおりです。

```
runSTUArray :: ST s (STUArray s i e) -> UArray i e
```

560 | LESSON 42 Haskell での効率的でステートフルな配列

runSTUArray 関数により、コンテキストと純粋なコードの両方が手に入ります。ステートフルなコードを安全なコンテキストに封じ込める一方で、純粋なコードとして扱うことができます。新しい関数 listToUArray はリスト 42-10 のようになります。この関数はステートフルプログラミングに基づいていますが、純粋関数のように見えます。

リスト42-10：listToUArray は純粋関数として扱うことができる

```
listToUArray :: [Int] -> UArray Int Int
listToUArray vals = runSTUArray $ listToSTUArray vals
```

このプログラムを GHCi で実行すると、今回は意味のある結果が得られます。

```
*Main Lib> listToUArray [1,2,3]
array (0,2) [(0,1),(1,2),(2,3)]
```

ここで理解しなければならないのは、runSTUArray 関数の使用はいんちきでもなければ、危険なステートフルコードが純粋なプログラムに紛れ込むわけでもないことです。STUArray を使用する場合は完全なカプセル化が維持されるため、STUArray のコンテキストから抜け出したとしても、レッスン 2 で説明した関数の基本ルールにはまったく違反しません。コードは安全で予測可能なままです。

ここで注目すべき点が 1 つあります。Haskell では、listToSTUArray のような中間関数の記述を避けるのが一般的であることです。代わりに、通常はリスト 42-11 のような listToUArray 関数を記述します。

リスト42-11：STUArray と runSTUArray を使用する一般的な方法

```
listToUArray :: [Int] -> UArray Int Int
listToUArray vals = runSTUArray $ do
  let end = length vals - 1
  myArray <- newArray (0,end) 0
  forM_ [0 .. end] $ i -> do
    let val = vals !! i
    writeArray myArray i val
  return myArray
```

listToUArray 関数のこのバージョンでは、2 つの関数定義が 1 つに組み合わされています。

> **Column　ST 型**
>
> ST 型は STUArray 型の振る舞いを一般化します。STUArray 型は、newArray、readArray、writeArray の 3 つのアクションに大きく依存します。ST 型では、これらは newSTRef、readSTRef、writeSTRef というより汎用的な関数に置き換えられます。同様に、runSTUArray の代わりに runST が使用されます。単純な例として、swapST 関数を見てみましょう。この関数は、2 要素のタプルにおいて、2 つの変数の値をステートフルに入れ替えます。
>
> ```
> import Data.STRef
>
> swapST :: (Int,Int) -> (Int,Int)
> swapST (x,y) = runST $ do
>   x' <- newSTRef x
>   y' <- newSTRef y
>   writeSTRef x' y
>   writeSTRef y' x
>   xfinal <- readSTRef x'
>   yfinal <- readSTRef y'
>   return (xfinal,yfinal)
> ```
>
> STUArray と同様に、完全にカプセル化されたステートフルな計算を実装できるようにすることが、すべての ST 型の主な目的となります。

 ## 42.4　バブルソートを実装する

どうやらバブルソートを Haskell で記述するための準備が整ったようです。バブルソートをよく知らない読者のために説明しておくと、このアルゴリズムの仕組みは次のようになります。

1. 配列の先頭を出発点として、値をその次の値と比較する。
2. 1 つ目の値が 2 つ目の値よりも大きい場合は、それらの値を入れ替える。
3. もっとも大きな値が配列の一番後ろに運ばれていくまで、この手順を繰り返す。
4. 配列に残っている $n-1$ 個の要素で、このプロセスを繰り返す。

このアルゴリズムを図解すると、図 42-3 のようになります。

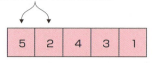

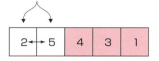

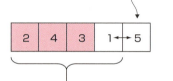

図42-3：バブルソートアルゴリズム

　まず、ソートの対象となる `UArray` を作成します。先ほどの `listToUArray` 関数と同様の `listArray` 関数を使用しますが、この場合は入力として下限と上限のペアも指定する必要があります（リスト 42-12）。

リスト42-12：listArray を使ってサンプルデータを作成する

```
myData :: UArray Int Int
myData = listArray (0,5) [7,6,4,8,10,2]
```

▷ **クイックチェック 42-4**

`listToUArray` 関数を使って `myData` を定義してみましょう。

　`bubbleSort` 関数を実装するには、新しい関数をいくつか紹介する必要があります。まだ取り上げていなかったのは、既存の `UArray` を `STUArray` のコンテキストで使用する方法です。コンテキストに配置したからといって、`UArray` をステートフルであるかのように扱えるわけではありません。そのように扱うには、`thaw` という関数を使用する必要があります。この関数は、`UArray` を解凍して操作できるようにします。また、`bounds` 関数も使用します。この関数は配列の下限と上限を表すペアを提供することで、配列の終端がどこにあるかを把握できるようにします。`STUArray` には、`readArray` という関数があります。この関数は配列からステートフルな値を読み取ります。

最後に、whenという興味深い関数を使用します。この関数はほとんどのプログラミング言語に含まれているthenのないifのように機能します。bubbleSort関数の実装はリスト42-13のようになります。

リスト42-13：bubbleSort関数の実装

```
bubbleSort :: UArray Int Int -> UArray Int Int
bubbleSort myArray = runSTUArray $ do
  stArray <- thaw myArray              -- UArray を STUArray として解凍
  let end = (snd . bounds) myArray     -- 配列の終端は bounds タプルの second 部分
  forM_ [1 .. end] $ i -> do
    forM_ [0 .. (end - i)] $ j -> do
      val <- readArray stArray j       -- readArray を使って STUArray から値を取得
      nextVal <- readArray stArray (j + 1)
      let outOfOrder = val > nextVal
      when outOfOrder $ do             -- when 関数により、条件が満たされた場合にのみ
                                       -- 分岐が可能
        writeArray stArray j nextVal
        writeArray stArray (j + 1) val
  return stArray
```

では、bubbleSort関数をmyDataで試してみましょう。

```
*Main Lib> bubbleSort myData
array (0,5) [(0,2),(1,4),(2,6),(3,7),(4,8),(5,10)]
```

Haskellでの基本的なアルゴリズムの実装はこれで完成です。この実装のもっともよい部分は、今ではすっかり気に入っているHaskellの機能を1つもあきらめる必要がないことです（もちろんバブルソートとして）効率のよいプログラムが記述されているだけでなく、このコードは予測可能であり、参照透過性を維持しています。

42.5 まとめ

このレッスンの目的は、ステートフルで効率のよいアルゴリズムをHaskellで記述する方法を理解することにありました。まず、UArray型について説明しました。この型を利用すれば、Haskellにおいて正格に評価される配列を作成することができます。UArray型の欠点は、やはり他の関数型データ構造と同じように状態を扱わなければならないことです。次に、STUArray型について説明しました。この型を利用すれば、I/Oプログラミングを実行できるようにするIO型の場合とほぼ同じように、ステートフルプログラミングを実行できるようになります。STUArrayのコンテキストのおかげで、完全なカプセル化が強制的に維持されます。実際には、完全なカプセル化は参照透過性と同じです。このため、STUArrayを通常のUArrayに戻すことができます。これにより、最

終的にはステートフルなコードの振る舞いが純粋関数と同じになるため、純粋関数のように扱うことができます。

42.6 練習問題

このレッスンの内容を理解できたかどうか確認してみましょう。

Q42-1：一般的なアルゴリズムの実装においてもっとも重要な操作の 1 つは、**クロスオーバー**（交叉）という操作を通じて `Bool` 型の 2 つの配列を組み合わせることです。クロスオーバーは入力として同じサイズの配列のペアを受け取ります。次に限界値条件を選択し、先頭と末尾を入れ替えます。最終的な値は、この新しい配列のペアになります。リストを使った例を見てみましょう（`True` に 1、`False` に 0 を使用します）。

```
([1,1,1,1,1],[0,0,0,0,0])
```

インデックス 3 を限界値としてクロスオーバーを実行した場合、結果は次のようになります。

```
[1,1,1,0,0]
```

結果が `UArray` 型で、クロスオーバー自体は `STUArray` 型を使って実行される `crossOver` 関数を実装してみましょう。

Q42-2：入力として `UArray Int Int` を受け取る関数を記述してみましょう。この入力は 0 と他の値が組み合わされたものになります。この関数 `replaceZeros` は、0 の値がすべて-1 に置き換えられた配列を返します。

42.7 クイックチェックの解答

▶ クイックチェック 42-1

```
qcArray :: UArray Int Bool
qcArray = array (0,4) [(1,True),(2,True)]
```

▶ クイックチェック 42-2

```
beansInBuckets' :: UArray Int Int
beansInBuckets' = array (0,3) $ zip [0 .. 3] $ cycle [0]
```

▶ クイックチェック 42-3

```
accum (*) updatedBiB $ zip [0 .. 3] $ cycle [3]
```

42.7 クイックチェックの解答 | 565

▶ **クイックチェック 42-4**

```
myData' :: UArray Int Int
myData' = listToUArray [7,6,4,8,10,2]
```

APPENDIX A

あとがき：次のステップ

　Haskell 本を執筆する上で最大の課題が適用範囲の決定であることは間違いありません。Haskell のもっともすばらしいと同時におそろしい部分は、覚えなければならないことが無限にあるように思えることです。残念ながら、興味深い内容の多くが省略されているような印象を与えずに Haskell 本を執筆することは不可能です。

　本書では、Haskell と関数型プログラミング全般をしっかり理解するための基礎固めに終始してきました。よい知らせは、ここまで読んできたあなたには、この旅を続けるための選択肢がいろいろあることです。ここでやめたとしても、ソフトウェア、プログラミング、コンピューティングの世界に対する視野が大きく広がっていると筆者は確信しています。本書で取り上げた内容をさらに追求したい読者のために、ここではどの方向にもっとも興味があるのかに応じて、次にどこへ向かえばよいかを示すことにします。

A.1　Haskell をさらに詳しく調べる

　ユニット 5 の Functor、Applicative、Monad のレッスンを楽しんだ読者には、よい知らせがあります。これらは Haskell という氷山の一角にすぎません。Haskell のその他多くの型クラスやトピックも、同じようなレベルの抽象化と、プログラムについて考える新しい方法を提供しています。これらを引き続き調べるのにうってつけの場所は、Haskell wiki の一部である Typeclassopedia[1] です。本書の主な目的の 1 つは、Haskell のより抽象的な型クラスをしっかり理解してもらうことにあります。そうすれば、引き続き自分で調べることができるからです。Typeclassopedia の内容は、本書で取り上げている興味深い型クラスを出発点として、より強力で抽象的な型クラスへと進みます。

　本書で取り上げることができなかったトピックの 1 つは、Haskell の並列／並行プログラミングです。C++ などの言語で並列プログラミングを行った経験がある場合は、非同期計算を呼び出す

---

[1] https://wiki.haskell.org/Typeclassopedia

ときに状態が維持されるようにするのがどれだけやっかいであるか知っているはずです。Haskell の純粋な関数型プログラミングへのこだわりには、Haskell コードの並列化がはるかに容易になるという大きな利点があります。このトピックは、Simon Marlow のすばらしい著書『Parallel and Concurrent Programming in Haskell』（O'Reilly Media、2013 年）[2]によって徹底的に解説されています。同書を最後まで読めば、並列／並行プログラミングにすぐに取りかかれるはずです。

筆者が Haskell の勉強を開始して以来最大の変化は、この言語が「本物」のプログラミング言語に向かって大きく前進していることです。本番環境のコードを Haskell で記述するソフトウェアエンジニアの数は増える一方です。Haskell につい最近追加された stack ビルドシステムがその証拠です。Haskell のパッケージやライブラリを調べたい場合は、FP Complete のライブラリページ[3]から始めるとよいでしょう。このページには、Haskell プログラミングに利用できる基本的なパッケージやツールの多くが含まれています。

 ## A.2　Haskell よりも強力な型システム

Haskell に関してもっとも興味があるのはその強力な型システムである、という場合は、よい知らせがあります。Haskell をベースとするいくつかの言語が存在し、型エンベロープをさらに推し進めようとしているからです。興味深い 2 つの例は、Idris と Liquid Haskell です。どちらの言語も、プログラムで使用される型により詳細で強力な制約を適用できるようにすることで、Haskell の型を拡張します。`head` が部分関数であることをコンパイラが警告できるようになる、あるいは型レベルでリストのサイズを指定できるようになるとしたらどうでしょうか。これらのチェックはどちらも Haskell の型システムの能力を超えるものですが、Idris や Liquid Haskell では可能です。

● Idris：依存型を使ったプログラミング

Idris は依存型を持つプログラミング言語です。Haskell がファーストクラス関数を使用するのと同じように、Idris はファーストクラス型を使用します。このため Idris では、Haskell で関数を操作するときと同じように、型を計算したり操作したりできます。これにはどのような威力があるのでしょうか。Haskell の `foldl` に関連する問題の 1 つは、`foldl` のほうがたいてい `foldr` よりも直観的であるにもかかわらず、無限の長さを持つリストに対応しないことです。このため、`foldl` は図らずも部分関数となります。なぜなら、リストが無限かどうかをチェックすることは不可能であり、無限リストは `foldl` が未定義のときの値だからです。この問題を解決できるのは、リストが有限であることを保証できる場合です。この問題は Haskell の型システムの能力を超えていますが、Idris の依存型を利用すれば、リスト引数が有限でなければならないことを指定できます。

---

[2]　https://www.oreilly.com/library/view/parallel-and-concurrent/9781449335940/『Haskell による並列・並行プログラミング』（オライリージャパン、2014 年）

[3]　https://haskell.fpcomplete.com/tutorial/libraries

Idris の詳細については、Idris の公式ドキュメント[4] を参照してください。また、Edwin Brady 著『Type-Driven Development with Idris』(Manning、2017 年) という本も出版されています。

● **Liquid Haskell：証明可能型**

Liquid Haskell は、型レベルで論理述語を使ってプログラムの正しい振る舞いを確実にするという方法で Haskell の型システムを拡張します。これらの型は**ふるい型**と呼ばれます。Idris と同様に、Liquid Haskell の型システムは、型システムを通じて部分関数を取り除く、という仕組みになっています。プログラムに想定される制約はコンパイル時にチェックされます。たとえば Liquid Haskell では、0 による除算を型レベルで不可能にすることが可能です。すばらしいことに、0 による除算を「コンパイル時に捕捉できる」ようになります。Liquid Haskell の詳細については、このプロジェクトのホームページ[5] を参照してください。

A.3　他の関数型プログラミング言語

おそらく本書を読んで関数型プログラミングがすっかり気に入ったことと思いますが、Haskell があなたにとって最善の言語であるかどうかを決めかねているかもしれません。成熟した強力な関数型プログラミング言語は他にもいろいろ存在するため、ぜひ調べてみてください。これらの言語の中でもっとも純粋なのは間違いなく Haskell ですが、そのことが欠点になることもあります。

関数型プログラミング言語は、Lisp ファミリと ML ファミリの 2 つに大きく分けることができます。Haskell は、どれも似たような型システムを使用する ML 系の関数型プログラミング言語の代表格です (ただし、型システムにはそれぞれの言語の特徴があります)。Lisp 言語は一般に動的な型付けを使用し、丸かっこと前置演算子に大きく依存します。関数型プログラミングに興味がある場合は、ぜひ Lisp ファミリの言語と ML ファミリの言語を両方ともマスターしてください。Lisp ファミリと ML ファミリには多くの共通点がありますが、プログラムに関する考え方は異なります。

● **Lisp ファミリにおいて推奨されるプログラミング言語**

Lisp 言語を使用するのが初めての人がもっとも驚くのは、あふれんばかりの丸かっこの数です。Lisp はすべてのプログラムを計算木として表します。入れ子になった丸かっこは、これらの計算木を表すのにうってつけなのです。計算木は、プログラムの高度な操作をデータとして扱う手段となります。多くの Lisp 言語の特徴の 1 つは、コンパイル時のコードの生成を可能にするマクロの概念です。この概念により、Lisp プログラマは独自の構文を必要なときに定義できるようになります。Lisp でカスタム DSL (Domain-Specific Language) を記述したところ、たった数行のコードで済んだ、というのはよくあることです。次に、Lisp を詳しく調べるのに適した選択肢をいくつか紹介

---

[4]　https://www.idris-lang.org/documentation/

[5]　https://ucsd-progsys.github.io/liquidhaskell-Blog/

します。

■ Racket

Racket[6] は Lisp の Scheme 方言の流れを汲むプログラミング言語です。Racket はおそらく Lisp ファミリのもっとも純粋な現代表現であり、すばらしいコミュニティによってサポートされています。Haskell と同様に、プログラミング言語の理論を調べるために Racket を使用しているコミュニティの規模からすると、その商用コミュニティは小さな規模にとどまっています。このような学術的な傾向を持つにもかかわらず、Racket のコミュニティは Racket に取り組むための準備や Racket の習得を容易にするために尽力しています。

■ Clojure

Clojure は、群を抜いて商業的に成功しているプログラミング言語です。Clojure は JVM の上に位置しているため、Java のすべてのライブラリにアクセスできます。現実のソフトウェアに携わっている開発者からなる巨大なコミュニティが Clojure を使用しています。Lisp はおもしろそうだが、コードをリリースすることと物事をなし遂げることがもっとも大事である、という場合は、Clojure コミュニティがあなたを待っています。Clojure の詳細については、ホームページ[7] を参照してください。

■ Common Lisp

Common Lisp は、現時点では残念ながら少し古くなっていますが、これまでに作成されたプログラミング言語の中でもっとも強力なものの 1 つです。Common Lisp は、コードをできるだけ抽象化することに主眼を置いたプログラミング言語であり、（筆者の見解では）もっとも表現豊かなプログラミング言語です。大きな欠点は、現在の実際のアプリケーションに使用するのが難しいことです。この言語を詳しく調べる場合は、きっとその虜になってしまうでしょう。Common Lisp については、Peter Seibel 著『Practical Common Lisp』（Apress、2005 年）[8]がお勧めです。

● ML ファミリに置いて推奨されるプログラミング言語

Haskell は ML ファミリの関数型プログラミング言語の 1 つです。ML 言語の最大の特徴は、その強力な型システムです。遅延評価を使用し、純粋な関数型プログラミングを適用し、モナドといった抽象概念に大きく依存する Haskell は、間違いなくもっとも挑戦的な ML 言語です。本書の内容はだいたいわかったが、Haskell は少し難しすぎてなかなか手が出ない、という場合は、このグループで気に入った言語が見つかるかもしれません。ML ファミリには、Miranda や Standard ML など、Haskell と同じように学術的なベースを持つ言語が多数含まれています。ここでは、代わりにより実践的な言語を紹介することにします。

---

[6] https://racket-lang.org/

[7] https://clojure.org/

[8] 『実践 Common Lisp』（オーム社、2008 年）

A.3 他の関数型プログラミング言語 | 571

■ F#

F#プログラミング言語は、OCaml という ML 言語の Microsoft .NET 実装です。F#はマルチパラダイム型のプログラミング言語であり、関数型プログラミングとオブジェクト指向プログラミングを強力にサポートしています。C#などの言語を使用している.NET プログラマである場合は、Haskell と.NET エコシステムの利点の多くを組み合わせるのに F#がうってつけであることがわかるでしょう。Microsoft によってサポートされている F#には、多くの実践的な作業を可能にするすばらしいドキュメントとさまざまなライブラリやツールが揃っています。詳細については、F#のホームページ[9] を参照してください。

■ Scala

F#と同様に、Scala は強力な型システム、関数型プログラミング、オブジェクト指向プログラミングを組み合わせたものです。Scala は JVM と Clojure の上で動作するため、この環境でサポートされている膨大な数のライブラリを利用できます。Scala は非常に柔軟な言語であり、冗長性を抑えた形式の Java から、モナドやファンクタを用いたコードまで、どのようなものでも記述できます。Scala にはすばらしい開発者コミュニティがあり、関数型プログラミングの仕事をしたいと考えている場合はおそらくぴったりです。Scala のツールやリソースは実際の業務に使用されている他のプログラミング言語のものに匹敵します。Scala の詳細については、Scala の Web サイト[10] を参照してください。

■ Elm、PureScript

Elm と PureScript は、同じ目的を掲げる 2 つのプログラミング言語です。その目的とは、JavaScript にコンパイルできる Haskell に類似した言語の作成です。Elm プログラミング言語は、関数型プログラミングを使った JavaScript ユーザーインターフェイスの作成に焦点を合わせています。Elm の Web サイト[11] には、参考になる例が大量に含まれています。PureScript[12]（TypeScript と混同しないように）は、JavaScript にコンパイルされる Haskell のような言語の作成に焦点を合わせています。PureScript の構文や使い方は Haskell のものに似ており、本書を読んだばかりなので、すんなり取り組めるはずです。

---

[9]　http://fsharp.org/

[10]　https://www.scala-lang.org/

[11]　https://elm-lang.org/

[12]　http://www.purescript.org/

練習問題の解答

　コードのすばらしい点は、正しい結果が得られることに関する限り、間違った答えが存在しないことです。以下の練習問題の解答については、単に各問題への解答として考えられるものの1つであると考えてください。Haskell では特にそうですが、正しい解決策への道筋はたくさんあります。正しい結果が得られる別の答えを見つけた場合は、それが正しい解決策です。

ユニット 1

● レッスン 2

Q2-1：Haskell の if 文では必ず値を返さなければならないからです。

Q2-2

```
inc x = x + 1
double x = x*2
square x = x^2
```

Q2-3：

```
ex3 n = if n `mod` 2 == 0
        then n - 2
        else 3*n+1

-- または

ifEven n = if even n
           then n - 2
           else 3 * n + 1
```

574 | 付録 B 練習問題の解答

● レッスン 3

Q3-1：

```
simple = (\x -> x)

makeChange = (\owed given ->
                if given - owed > 0
                then given - owed
                else 0)

inc = (\x -> x+1)
double = (\x -> x*2)
square = (\x -> x^2)
```

Q3-2：

```
counter x = (\x -> x + 1)
              ((\x -> x + 1)
               ((\x -> x) x))
```

● レッスン 4

Q4-1：結果が等しい場合はファーストネームを比較する必要があることに注意。

```
compareLastNames name1 name2 = if result == EQ
                                 then compare (fst name1) (fst name2)
                                 else result
  where result = compare (snd name1) (snd name2)
```

Q4-2：

```
dcOffice name = nameText ++ " PO Box 1337 - Washington DC, 20001"
  where nameText = (fst name) ++ " " ++ (snd name) ++ ", Esq."

getLocationFunction location = case location of
  "ny" -> nyOffice
  "sf" -> sfOffice
  "reno" -> renoOffice
  "dc" -> dcOffice
  _ -> (\name -> (fst name) ++ " " ++ (snd name))
```

● レッスン 5

Q5-1：

```
ifEven myFunction x = if even x
                       then myFunction x
                       else x
```

```
inc n = n + 1
double n = n*2
square n = n^2

ifEvenInc = ifEven inc
ifEvenDouble = ifEven double
ifEvenSquare = ifEven square
```

Q5-2：

```
binaryPartialApplication binaryFunc arg = (\x -> binaryFunc arg x)
```

例：

```
takeFromFour = binaryPartialApplication (-) 4
```

● レッスン6

Q6-1：

```
repeat n = cycle [n]
```

Q6-2：

```
subseq start end myList = take difference (drop start myList)
  where difference = end - start
```

Q6-3：

```
inFirstHalf val myList = val `elem` firstHalf
  where midpoint = (length myList) `div` 2
        firstHalf = take midpoint myList
```

● レッスン7

Q7-1：

```
myTail [] = []
myTail (_:xs) = xs
```

Q7-2：

```
myGCD a 0 = a
myGCD a b = myGCD b (a `mod` b)
```

576 | 付録 B　練習問題の解答

● レッスン 8

Q8-1：

```
myReverse [] = []
myReverse (x:[]) = [x]
myReverse (x:xs) = (myReverse xs) ++ [x]
```

Q8-2：

```
fastFib _ _ 0 = 0
fastFib _ _ 1 = 1
fastFib _ _ 2 = 1
fastFib x y 3 = x + y
fastFib x y c = fastFib (x + y) x (c - 1)
```

関数を使用すれば常に 1 1 から始めることを隠蔽できることに注意。

```
fib n = fastFib 1 1 n
```

● レッスン 9

Q9-1：

```
myElem val myList = (length filteredList) /= 0
  where filteredList = filter (== val) myList
```

Q9-2：

```
isPalindrome text = processedText == reverse processedText
  where noSpaces = filter (/= ' ') text
        processedText = map toLower noSpaces
```

Q9-3：

```
harmonic n = sum (take n seriesValues)
  where seriesPairs = zip (cycle [1.0]) [1.0,2.0 .. ]
        seriesValues = map
                          (\pair -> (fst pair)/(snd pair))
                          seriesPairs
```

ユニット 2

● レッスン 11

Q11-1：

```
filter :: (a -> Bool) -> [a] -> [a]
```

map を調べてみると、2 つの違いがあることがわかります。

```
map :: (a -> b) -> [a] -> [b]
```

1 つ目の違いは、filter に渡される関数が Bool を返さなければならないことです。2 つ目の違いは、map がリストの型を変換できるのに対し、filter が変換できないことです。

Q11-2：tail では、リストが空の場合に空のリストを返すことができます。

```
safeTail :: [a] -> [a]
safeTail [] = []
safeTail (x:xs) = xs
```

このことは head には当てはまりません。なぜなら、要素の正式なデフォルト値がないからです。空のリストを返せないのは、空のリストとリストの要素が同じ型ではないためです。詳細については、レッスン 37 を参照してください。

Q11-3：

```
myFoldl :: (a -> b -> a) -> a -> [b] -> a
myFoldl f init [] = init
myFoldl f init (x:xs) = myFoldl f newInit xs
  where newInit = f init x
```

● レッスン 12

Q12-1：canDonateTo を再び利用すると簡単です。

```
donorFor :: Patient -> Patient -> Bool
donorFor p1 p2 = canDonateTo (bloodType p1) (bloodType p2)
```

Q12-2：性別を表示するヘルパー関数を追加します。

```
showSex Male = "Male"
showSex Female = "Female"

patientSummary :: Patient -> String
patientSummary patient = "*************\n" ++
                        "Sex: " ++ showSex (sex patient) ++ "\n" ++
                        "Age: " ++ show (age patient) ++ "\n" ++
                        "Height: " ++ show (height patient) ++ " in.\n" ++
                        "Weight: " ++ show (weight patient) ++ " lbs.\n" ++
                        "Blood Type: " ++ showBloodType (bloodType patient) ++
                        "\n*************\n"
```

578 | 付録 B　練習問題の解答

● レッスン 13

Q13-1：相互に属する関係にある型クラスを調べてみると、答えが何となくわかってきます。
Word の場合は次のとおりです。

```
instance Bounded Word
instance Enum Word
instance Eq Word
instance Integral Word
instance Num Word
instance Ord Word
instance Read Word
instance Real Word
instance Show Word
```

Int の場合は次のとおりです。

```
instance Bounded Int
instance Enum Int
instance Eq Int
instance Integral Int
instance Num Int
instance Ord Int
instance Read Int
instance Real Int
instance Show Int
```

Word と Int に共通する型クラスがあることがわかります。もっとも有力なのは、Word と Int の
上限と下限が異なることです。maxBound を調べてみると、Word が Int よりも大きいことがわか
ります。

```
Prelude> maxBound :: Word
18446744073709551615
Prelude> maxBound :: Int
9223372036854775807
```

しかし、Word の minBound が 0 であるのに対し、Int の minBound はずっと小さい値になります。

```
Prelude> minBound :: Word
0
Prelude> minBound :: Int
-9223372036854775808
```

もう察しがついているように、Int の正の値だけをとるのが Word です。基本的には、符号なしの
Int です。

Q13-2：Int の maxBound で inc と succ を試してみれば、違いがわかるはずです。

```
Prelude> inc maxBound :: Int
-9223372036854775808
Prelude> succ maxBound :: Int
*** Exception: Prelude.Enum.succ{Int}: tried to take 'succ' of maxBound
```

Bounded には、実際には succ は存在しないため、succ はエラーとなります。inc は単に先頭に折り返すだけです。

Q13-3：

```
cycleSucc :: (Bounded a, Enum a, Eq a) => a -> a
cycleSucc n = if n == maxBound
  then minBound
  else succ n
```

● レッスン 14

Q14-1：次のような型があるとしましょう。

```
data Number = One | Two | Three deriving Enum
```

この型を Int に変換するには、fromEnum を使用できます。このため、Ord と Eq を簡単に実装できます。

```
instance Eq Number where
  (==) num1 num2 = (fromEnum num1) == (fromEnum num2)

instance Ord Number where
  compare num1 num2 = compare (fromEnum num1) (fromEnum num2)
```

Q14-2：

```
data FiveSidedDie = Side1 | Side2 | Side3 | Side4 | Side5 deriving (Enum, Eq, Show)

class (Eq a, Enum a) => Die a where
  roll :: Int -> a

instance Die FiveSidedDie where
  roll n = toEnum (n 'mod' 5)
```

580 | 付録 B　練習問題の解答

ユニット3

● レッスン16

Q16-1：

```
data Pamphlet = Pamphlet {
  pamphletTitle :: String,
  description :: String,
  contact :: String
}

data StoreItem = BookItem Book
               | RecordItem VinylRecord
               | ToyItem CollectibleToy
               | PamphletItem Pamphlet
```

さらに、price に新しいパターンを追加する必要もあります。

```
price :: StoreItem -> Double
price (BookItem book) = bookPrice book
price (RecordItem record) = recordPrice record
price (ToyItem toy) = toyPrice toy
price (PamphletItem _) = 0.0
```

Q16-2：

```
type Radius = Double
type Height = Double
type Width = Double

data Shape = Circle Radius | Square Height | Rectangle Height Width deriving Show
perimeter :: Shape -> Double
perimeter (Circle r) = 2*pi*r
perimeter (Square h) = 4*h
perimeter (Rectangle h w) = 2*h + 2*w
area :: Shape -> Double
area (Circle r) = pi*r^2
area (Square h) = h^2
area (Rectangle h w) = h*w
```

● レッスン 17

Q17-1：

```
data Color = Red | Yellow | Blue | Green | Purple | Orange |
             Brown | Clear deriving (Show,Eq)

instance Semigroup Color where
  (<>) Clear any = any
  (<>) any Clear = any
  (<>) Red Blue = Purple
  (<>) Blue Red = Purple
  (<>) Yellow Blue = Green
  (<>) Blue Yellow = Green
  (<>) Yellow Red = Orange
  (<>) Red Yellow = Orange
  (<>) a b | a == b = a
           | all (`elem` [Red,Blue,Purple]) [a,b] = Purple
           | all (`elem` [Blue,Yellow,Green]) [a,b] = Green
           | all (`elem` [Red,Yellow,Orange]) [a,b] = Orange
           | otherwise = Brown

instance Monoid Color where
  mempty = Clear
  mappend col1 col2 = col1 <> col2
```

Q17-2：

```
data Events = Events [String]
data Probs = Probs [Double]

combineEvents :: Events -> Events -> Events
combineEvents (Events e1) (Events e2) = Events (cartCombine combiner e1 e2)
  where combiner = (\x y -> mconcat [x,"-",y])

instance Semigroup Events where
  (<>) = combineEvents

instance Monoid Events where
  mappend = (<>)
  mempty = Events []

combineProbs :: Probs -> Probs -> Probs
combineProbs (Probs p1) (Probs p2) = Probs (cartCombine (*) p1 p2)

instance Semigroup Probs where
  (<>) = combineProbs

instance Monoid Probs where
  mappend = (<>)
  mempty = Probs []
```

582 | 付録 B　練習問題の解答

● レッスン 18

Q18-1：

```
boxMap :: (a -> b) -> Box a -> Box b
boxMap func (Box val) = Box (func val)

tripleMap :: (a -> b) -> Triple a -> Triple b
tripleMap func (Triple v1 v2 v3) = Triple (func v1) (func v2) (func v3)
```

Q18-2：Organ を Map のキーとして使用するには、Ord 型クラスのインスタンスにする必要があります。すべてのパーツからなるリストの構築は、Enum を追加すれば簡単です。

```
data Organ = Heart | Brain | Kidney | Spleen deriving (Show, Eq, Ord, Enum)

values :: [Organ]
values = map snd (Map.toList organCatalog)
```

次に、すべてのパーツからなるリストを定義します。

```
allOrgans :: [Organ]
allOrgans = [Heart .. Spleen]
```

そして、これらのパーツの数を数えます。

```
organCounts :: [Int]
organCounts = map countOrgan allOrgans
  where countOrgan = (\organ ->
                        (length . filter (== organ)) values)
```

最後に、パーツのインベントリを構築します。

```
organInventory :: Map.Map Organ Int
organInventory = Map.fromList (zip allOrgans organCounts)
```

● レッスン 19

Q19-1：

```
import Data.Maybe

data Organ = Heart | Brain | Kidney | Spleen deriving (Show, Eq)

sampleResults :: [Maybe Organ]
sampleResults = [(Just Brain),Nothing,Nothing,(Just Spleen)]
```

```
emptyDrawers :: [Maybe Organ] -> Int
emptyDrawers contents = (length . filter isNothing) contents
```

Q19-2：

```
maybeMap :: (a -> b) -> Maybe a -> Maybe b
maybeMap func Nothing = Nothing
maybeMap func (Just val) = Just (func val)
```

ユニット4

● レッスン21

Q21-1：

```
import qualified Data.Map as Map

helloPerson :: String -> String
helloPerson name = "Hello" ++ " " ++ name ++ "!"

sampleMap :: Map.Map Int String
sampleMap = Map.fromList [(1,"Will")]

mainMaybe :: Maybe String
mainMaybe = do
  name <- Map.lookup 1 sampleMap
  let statement = helloPerson name
  return statement
```

Q21-2：

```
fib 0 = 0
fib 1 = 1
fib 2 = 1
fib n = fib (n-1) + fib (n - 2)

main :: IO ()
main = do
  putStrLn "enter a number"
  number <- getLine
  let value = fib (read number)
  putStrLn (show value)
```

● レッスン22

Q22-1： 遅延 I/O により、入力をリストとして扱えることを思い出してください。

```
sampleInput :: [String]
sampleInput = ["21","+","123"]
```

584 | 付録 B　練習問題の解答

この関数は完璧なものではなく、遅延 I/O に慣れるためのものです。

```
calc :: [String] -> Int
calc (val1:"+":val2:rest) = read val1 + read val2
calc (val1:"*":val2:rest) = read val1 * read val2

main :: IO ()
main = do
  userInput <- getContents
  let values = lines userInput
  print (calc values)
```

Q22-2：

```
quotes :: [String]
quotes = ["quote 1","quote 2","quote 3","quote 4","quote 5"]

lookupQuote :: [String] -> [String]
lookupQuote [] = []
lookupQuote ("n":xs) = []
lookupQuote (x:xs) = quote : (lookupQuote xs)
  where quote = quotes !! (read x - 1)

main :: IO ()
main = do
  userInput <- getContents
  mapM_ putStrLn (lookupQuote (lines userInput))
```

● レッスン 23

Q23-1：

```
{-# LANGUAGE OverloadedStrings #-}
import qualified Data.Text as T
import qualified Data.Text.IO as TIO

helloPerson :: T.Text -> T.Text
helloPerson name = mconcat [ "Hello ",name,"!"]

main :: IO ()
main = do
  TIO.putStrLn "Hello! What's your name?"
  name <- TIO.getLine
  let statement = helloPerson name
  TIO.putStrLn statement
```

Q23-2：

```
import qualified Data.Text.Lazy as T
import qualified Data.Text.Lazy.IO as TIO

toInts :: T.Text -> [Int]
toInts = map (read . T.unpack) . T.lines

main :: IO ()
main = do
  userInput <- TIO.getContents
  let numbers = toInts userInput
  TIO.putStrLn ((T.pack . show . sum) numbers)
```

● レッスン 24

Q24-1：

```
import System.IO
import System.Environment
import qualified Data.Text as T
import qualified Data.Text.IO as TI

main :: IO ()
main = do
  args <- getArgs
  let source = args !! 0
  let dest = args !! 1
  input <- TI.readFile source
  TI.writeFile dest input
```

Q24-2：

```
import System.IO
import System.Environment
import qualified Data.Text as T
import qualified Data.Text.IO as TI

main :: IO ()
main = do
  args <- getArgs
  let fileName = head args
  input <- TI.readFile fileName
  TI.writeFile fileName (T.toUpper input)
```

586 | 付録 B　練習問題の解答

● レッスン 25

Q25-1：

```
import System.IO
import System.Environment
import qualified Data.Text as T
import qualified Data.ByteString as B
import qualified Data.Text.Encoding as E

main :: IO ()
main = do
  args <- getArgs
  let source = args !! 0
  input <- B.readFile source
  putStrLn "Bytes:"
  print (B.length input)
  putStrLn "Characters:"
  print ((T.length . E.decodeUtf8) input)
```

Q25-2：

```
reverseSection :: Int -> Int -> BC.ByteString -> BC.ByteString
reverseSection start size bytes = mconcat [before,changed,after]
   where (before,rest) = BC.splitAt start bytes
         (target,after) = BC.splitAt size rest
         changed = BC.reverse target

randomReverseBytes :: BC.ByteString -> IO BC.ByteString
randomReverseBytes bytes = do
  let sectionSize = 25
  let bytesLength = BC.length bytes
  start <- randomRIO (0,(bytesLength - sectionSize))
  return (reverseSection start sectionSize bytes)
```

ユニット 5

● レッスン 27

Q27-1：

```
data Box a = Box a deriving Show

instance Functor Box where
  fmap func (Box val) = Box (func val)

morePresents :: Int -> Box a -> Box [a]
morePresents count present = fmap (nCopies count) present
  where nCopies count item = (take count . repeat) item
```

Q27-2：

```haskell
myBox :: Box Int
myBox = Box 1

unwrap :: Box a -> a
unwrap (Box val) = val
```

Q27-3：

```haskell
printCost :: Maybe Double -> IO()
printCost Nothing = putStrLn "item not found"
printCost (Just cost) = print cost

main :: IO ()
main = do
  putStrLn "enter a part number"
  partNo <- getLine
  let part = Map.lookup (read partNo) partsDB
  printCost (cost <$> part)
```

● レッスン 28

Q28-1： haversineMaybe とは異なり、<*>を使用しない場合は、おなじみの do 表記を使用しなければなりません。

```haskell
haversineIO :: IO LatLong -> IO LatLong -> IO Double
haversineIO ioVal1 ioVal2 = do
  val1 <- ioVal1
  val2 <- ioVal2
  let dist = haversine val1 val2
  return dist
```

Q28-2：

```haskell
haversineIO :: IO LatLong -> IO LatLong -> IO Double
haversineIO ioVal1 ioVal2 = haversine <$> ioVal1 <*> ioVal2
```

Q28-3：

```haskell
printCost :: Maybe Double -> IO()
printCost Nothing = putStrLn "missing item"
printCost (Just cost)= print cost

main :: IO ()
main = do
  putStrLn "enter a part number 1"
  partNo1 <- getLine
  putStrLn "enter a part number 2"
```

588 | 付録 B 練習問題の解答

```
partNo2 <- getLine
let part1 = Map.lookup (read partNo1) partsDB
let part2 = Map.lookup (read partNo2) partsDB
let cheapest = min <$> (cost <$> part1) <*> (cost <$> part2)
printCost cheapest
```

● レッスン 29

Q29-1 :

```
allFmap :: Applicative f => (a -> b) -> f a -> f b
allFmap func app = (pure func) <*> app
```

Q29-2 :

```
example :: Int
example = (*) ((+) 2 4) 6

exampleMaybe :: Maybe Int
exampleMaybe = pure (*) <*> (pure (+) <*> pure 2 <*> pure 4) <*> pure 6
```

Q29-3 :

```
startingBeer :: [Int]
startingBeer = [6,12]

remainingBeer :: [Int]
remainingBeer = (\count -> count - 4) <$> startingBeer

guests :: [Int]
guests = [2,3]

totalPeople :: [Int]
totalPeople = (+ 2) <$> guests

beersPerGuest :: [Int]
beersPerGuest = [3,4]

totalBeersNeeded :: [Int]
totalBeersNeeded = (pure (*)) <*> beersPerGuest <*> totalPeople

beersToPurchase :: [Int]
beersToPurchase = (pure (-)) <*> totalBeersNeeded <*> remainingBeer
```

● レッスン 30

Q30-1 :

```
allFmapM :: Monad m => (a -> b) -> m a -> m b
allFmapM func val = val >>= (\x -> return (func x))
```

Q30-2：

```
allApp :: Monad m => m (a -> b) -> m a -> m b
allApp func val = func >>= (\f -> val >>= (\x -> return (f x)) )
```

Q30-3：

```
bind :: Maybe a -> (a -> Maybe b) -> Maybe b
bind Nothing _ = Nothing
bind (Just val) func = func val
```

● レッスン 31

Q31-1：ここでもう一度実践しておけば、do 表記がいかに有益であるかを忘れることは二度とないでしょう。

```
main :: IO ()
main = putStrLn "What is the size of pizza 1" >>
       getLine >>=
       (\size1 ->
         putStrLn "What is the cost of pizza 1" >>
         getLine >>=
         (\cost1 ->
           putStrLn "What is the size of pizza 2" >>
           getLine >>=
           (\size2 ->
             putStrLn "What is the cost of pizza 2" >>
             getLine >>=
             (\cost2 ->
               (\pizza1 ->
                 (\pizza2 ->
                   (\betterPizza ->
                     putStrLn (describePizza betterPizza)
                   ) (comparePizzas pizza1 pizza2)
                 ) (read size2,read cost2)
               ) (read size1, read cost1)
             ))))
```

Q31-2：

```
listMain :: [String]
listMain = do
  size1 <- [10,12,17]
  cost1 <- [12.0,15.0,20.0]
  size2 <- [10,11,18]
  cost2 <- [13.0,14.0,21.0]
  let pizza1 = (size1,cost1)
  let pizza2 = (size2,cost2)
  let betterPizza = comparePizzas pizza1 pizza2
  return (describePizza betterPizza)
```

590 | 付録 B　練習問題の解答

Q31-3：

```
monadMain :: Monad m => m Double -> m Double -> m Double -> m Double -> m String
monadMain s1 c1 s2 c2 = do
  size1 <- s1
  cost1 <- c1
  size2 <- s2
  cost2 <- c2
  let pizza1 = (size1,cost1)
  let pizza2 = (size2,cost2)
  let betterPizza = comparePizzas pizza1 pizza2
  return (describePizza betterPizza)
```

● レッスン 32

Q32-1：

```
monthEnds :: [Int]
monthEnds = [31,28,31,30,31,30,31,31,30,31,30,31]

dates :: [Int] -> [Int]
dates ends = [date | end <- ends, date <- [1 .. end]]
```

Q32-2：

```
datesDo :: [Int] -> [Int]
datesDo ends = do
  end <- ends
  date <- [1 .. end]
  return date

datesMonad :: [Int] -> [Int]
datesMonad ends = ends >>= (\end -> [1 .. end] >>= (\date -> return date))
```

ユニット 6

ユニット 6 の練習問題は、コードを複数のファイルに分割するリファクタリングで構成されています。これらのコードを掲載するには多くのページが必要です。これらの練習問題は、各レッスンの手順を実際に追っていけば解けるようになっています。

ユニット7

● レッスン 38

Q38-1：ここでは、ヘルパー関数 allDigits を作成しています。

```
import Data.Char

allDigits :: String -> Bool
allDigits val = all (== True) (map isDigit val)

addStrInts :: String -> String -> Either Int String
addStrInts val1 val2 | allDigits val1 && allDigits val2
    = Left (read val1 + read val2)
  | not (allDigits val1 || allDigits val2) = Right "both args invalid"
  | not (allDigits val1) = Right "first arg invalid"
  | otherwise = Right "second arg invalid"
```

Q38-2：

```
safeSucc :: (Enum a, Bounded a, Eq a) => a -> Maybe a
safeSucc n = if n == maxBound
             then Nothing
             else Just (succ n)

safeTail :: [a] -> [a]
safeTail [] = []
safeTail (x:xs) = xs

safeLast :: [a] -> Either a String
safeLast [] = Right "empty list"
safeLast xs = safeLast' 10000 xs
```

次の関数を呼び出すのは safeLast だけであり、この関数は空のリストをすでにチェックしています。

```
safeLast' :: Int -> [a] -> Either a String
safeLast' 0 _ = Right "List exceeds safe bound"
safeLast' _ (x:[]) = Left x
safeLast' n (x:xs) = safeLast' (n - 1) xs
```

592 | 付録 B　練習問題の解答

● レッスン 39

Q39-1：

```
buildRequestNOSSL :: BC.ByteString -> BC.ByteString
  -> BC.ByteString -> BC.ByteString -> Request

buildRequestNOSSL token host method path = setRequestMethod method
                                         $ setRequestHost host
                                         $ setRequestHeader "token" [myToken]
                                         $ setRequestSecure False
                                         $ setRequestPort 80
                                         $ setRequestPath path
                                         $ defaultRequest
```

Q39-2： http-lesson.cabal ファイルの build-depends セクションに http-types を追加する必要があります。

```
import Network.HTTP.Types.Status
...
main :: IO ()
main = do
  response <- httpLBS request
  let status = getResponseStatusCode response
  if status == 200
  then do
    print "saving request to file"
    let jsonBody = getResponseBody response
    L.writeFile "data.json" jsonBody
  else print $ statusMessage $ getResponseStatus response
```

● レッスン 40

Q40-1：

```
instance ToJSON NOAAResult where
  toJSON (NOAAResult uid mindate maxdate name datacoverage resultId) =
    object [ "uid" .= uid
           , "mindate" .= mindate
           , "maxdate" .= maxdate
           , "name" .= name
           , "datacoverage" .= datacoverage
           , "id" .= resultId ]

instance ToJSON Resultset

instance ToJSON Metadata

instance ToJSON NOAAResponse
```

Q40-2：

```
data IntList = EmptyList | Cons Int IntList deriving (Show,Generic)

instance ToJSON IntList
instance FromJSON IntList
```

● レッスン 41

Q41-1：

```
addTool :: String -> String -> IO ()
addTool toolName toolDesc = withConn "tools.db" $ \conn -> do
  execute conn (mconcat [ "INSERT INTO tools"
                        , "(name,description,lastReturned,timesBorrowed)"
                        , "VALUES (?,?,?,?)" ])
                        (toolName,toolDesc,("2017-01-01" :: String),(0 :: Int))
  print "tool added"
```

Q41-2：

```
promptAndAddTool :: IO ()
promptAndAddTool = do
  print "Enter tool name"
  toolName <- getLine
  print "Enter tool description"
  toolDesc <- getLine
  addTool toolName toolDesc

performCommand :: String -> IO ()
performCommand command
  | command == "users" = printUsers >> main
  | command == "tools" = printTools >> main
  | command == "adduser" = promptAndAddUser >> main
  | command == "checkout" = promptAndCheckout >> main
  | command == "checkin" = promptAndCheckin >> main
  | command == "in" = printAvailable >> main
  | command == "out" = printCheckedout >> main
  | command == "quit" = print "bye!"
  | command == "addtool" = promptAndAddTool >> main
  | otherwise = print "Sorry command not found" >> main
```

594 | 付録 B　練習問題の解答

● レッスン 42

Q42-1：

```
crossOver :: (UArray Int Int ,UArray Int Int) -> Int -> UArray Int Int
crossOver (a1,a2) crossOverPt = runSTUArray $ do
  st1 <- thaw a1
  let end = (snd . bounds) a1
  forM_ [crossOverPt .. end] $ ı -> do
    writeArray st1 i $ a2 ! i
  return st1
```

Q42-2：

```
replaceZeros :: UArray Int Int -> UArray Int Int
replaceZeros array = runSTUArray $ do
  starray <- thaw array
  let end = (snd . bounds) array
  let count = 0
  forM_ [0 .. end] $ ı -> do
    val <- readArray starray i
    when (val == 0) $ do
      writeArray starray i (-1)
  return starray
```

索 引

■記号・数字

!	551
!!	60, 551
'	174
()	257
(!!)	558
(+)	354
(.:)	523
(.=)	525
(//)	555
(/=)	144
(==)	144
(?)	537
(Object v)	523
*	53
+	53
++	40, 58, 283
-	53
–help	4
-error	492
-o	4
-Wall	491
-X	280
/	53
:	57, 215
:info	141
:kind	217
:l	5
:load	5
:q	4, 462
:r	462
:t	140, 220
:type	140
<*>	355, 365
<-	260, 407, 508
<>	198, 239
<$>	339, 507
>>	387, 388, 544
>>=	383, 384
[]	56
$	509
_	269
―	130
0要素のタプル	257
2要素のタプル関数	367

■A

ABO式血液型	131
accum	555
Aeson	516
AND	185
Andrew W. K.	191
appendFile	292
Applicative	335, 355, 360, 364, 377
appフォルダ	451
Arbitrary	469
Array	552

■B

bind	378
Bool	130, 185
Bounded	145
bounds	562
Box	212, 367
ByteString	301, 505, 511
bytestring	505

■C

cartCombine	206
Char8	303, 505
Clojure	570
CLOS	99
collatz	83
Common Lisp	570
Common Lisp Object System	99
Cons	215
Control.Applicative	426

Control.Monad	270, 410, 528
counter	33
createTS	237
cycle	64, 80

■D

Data.Array.Unboxed	553
Data.ByteString	505
Data.ByteString.Char8	303
Data.ByteString.Lazy	505
Data.List	39, 64
Data.List.Split	274
Data.Map	218, 367
Data.Maybe	228
Data.Semigroup	198
Data.Text	278, 552
Data.Text.Encoding	311
Data.Text.IO	285, 311
Data.Time	535
data	130, 161
Day	535
decode	516
DeriveGeneric	519
deriving	152, 158
dharma	284
diff	246
div	118
do	260, 378, 393, 394
drop	63, 77

■E

echo	382
Either	489, 496, 518, 557
eitherDecode	518
elem	62
Elliott Smith	188
Elm	571
Empty	215
empty	411
encode	516, 518
Enum	158
EOF	292

Eq	144, 227
crror	73, 489
even	23
execute	537, 543

■F

F#	571
fail	385
False	185
filter	91
flip	53
fmap	339, 340, 353
foldl	91, 568
foldl'	95
foldr	93, 568
forM_	528
forループ	558
fromIntegral	117
FromJSON	516, 522
fromList	220
fst	38, 102
Functor	335, 337, 339, 353, 364
Functorのインスタンス	341
Functorの制限	349
Functorのメンバ	341

■G

Generic	519
getArgs	268
getLine	256, 291
GHC	1
GHCi	1, 4
Glasgow Haskell Compiler	1
guard	410, 412, 421, 426

■H

H. P. Lovecraft	191
Hackage	156
Handle	291
Haskell Platform	2
hClose	291
head	56, 73, 489

hGetContents 294
hGetLine 291
HINQ 417, 426
hIsEOF 292
Hoogle 156
hPutStrLn 291
Hspec 461
http-conduit 505
httpLBS 506

■I

I/O 251
I/Oアクション 258
I/Oストリーム 267
identity 202
Idris 568
IIFE 31
inc 23
Int 111
Integer 114
intercalate 229, 283
IO 256, 413, 557
IO String 260
isJust 228
isNothing 228

■J

JOIN 420
Just 224, 496, 521

■L

LANGUAGEプラグマ 280
LC.writeFile 511
Left 496
length 31, 61, 79
let 5, 22, 29, 260
lines 274
Liquid Haskell 568, 569
List 115, 215, 368, 413, 557
LoC 330

■M

main 3, 7

Map 218, 224
map 88
Map.lookup, 380
mappend 202, 203
MARCレコード 315
Maybe ... 223, 224, 226, 367, 479, 494, 518, 557
mconcat 203, 237
mempty 202, 203, 411
messyMain 6
mod 23
Monad 264, 377
Monad 336, 396, 402
Monad型クラスの定義 385
Monoid 202

■N

NA 237
Network.HTTP.Simple 505, 506
new 448
newArray 561
newtypeキーワード 162
Nothing 224, 227
null 223, 225
Num 141, 247

■O

Only 537
openFile 290
OR 185, 189, 190
Ord 144
OverloadedStrings 280
OverloadedStrings拡張 505, 532

■P

pack 278
Prelude 60, 278
preprocess 440
print 269
pure 365
PureScript 571
putStrLn 291

■Q

query	539
query_	539
Query	539
QuickCheckライブラリ	466

■R

Racket	570
randomRIO	258, 306
range	59
rcons	92
read	118
readArray	561
readFile	292
Real	243
realToFrac	243
replicateM	270
respond	62
return	386
reverse	61
Right	496

■S

Scala	571
SELECT	419
Semigroup	198, 237
setup	454
show	118
Show	145, 152
simple	212
snd	38, 102
sort	38
sortBy	39
splitOn	274, 282
sqlite-simpleパッケージ	532
sqlite-simpleライブラリ	531
square	23
srcフォルダ	451
ST	556
stack	433, 447
stackビルドシステム	568
STDINストリーム	267

■String

String	111
stripPunctuation	440
stripWhiteSpace	440
STUArray	550, 556, 557, 561
System.Environment	268
System.IO	290
System.Random	258, 306

■T

tail	56, 74
take	62, 79
testフォルダ	451
Text	278
thaw	562
The Smiths	188
timeパッケージ	532
ToJSON	516
toLowerCase	440
Triple	213
True	185
TS型	237
Tuple	116
Typeclassopedia	567
TypeScript	571
typeキーワード	129

■U

UArray	551, 553
unboxed	551
unlines	282
unpack	278
unwords	282, 293
update	448

■W

when	563
WHERE	419
where	21, 27, 29
words	281
wreq	508
writeArray	561
writeFile	292

■X

XOR 172

■Z

zip 63, 220

■あ

アクション 258
アッカーマン関数 81
アブストラクトナンセンス 218
アペンド 292
アラン・チューリング 17
アロンゾ・チャーチ 17
暗号 165
アンダースコア 269

■い

イテレーション 68, 89
イテレーション問題 67
移動平均 248
インタープリタ 2
インデックス 553
インプレース 550, 556, 557

■え

エラー 225
エラーをモデル化 498
エラトステネスのふるい 477

■お

置き換えるバイト 306
オブジェクト指向プログラミング 97

■か

ガード 200
カインド 217
書き込み 289
カスタムDSL 569
型 108, 111, 114, 185
型アノテーション 112
型クラス 139, 141
型クラスの定義 141
型クラスの法則 200

■か (続き)

型コンストラクタ 130
型シグネチャ 117, 122
型システム 2, 568
型シノニム 128, 321
型推論 108, 114, 430
型のカインド 217
型の型 217
型変換 117
型変数 121
型を作成 130
空のリスト 56
関数 15, 16, 114, 183, 333, 364
関数型プログラミング 13
関数型プログラミング言語 569
関数合成 198
関数を返す関数 46
関数を組み合わせる 198

■き

キャスト 117
キャプチャ 46
競合する関数 193

■く

組み合わせる 197
グリッチアート 301
クロージャ 45, 46, 98
グローバル変数 19
クロスオーバー 564
クロス結合 424

■け

継承 188
結合 244
結合律 200
欠損値 160, 223, 338, 413
言語拡張 280
検索演算子 551

■こ

高階関数 87, 89
交叉 564

合成可能性 …………………… 197
コードのテスト ………………… 461
コネクタ ………………………… 333
コラッツ予想 …………………… 82
コンシング ……………… 57, 215
コンス …………………………… 57
コンスデータコンストラクタ … 215
コンストラクタ ………………… 99
コンテキスト …………… 223, 366
コンテキストでの操作 ………… 413
コンテキストとしてのリスト … 369
コンテナ ………………… 211, 366
コンテナとしてのリスト ……… 369

■さ
再帰 ……………………………… 68
再帰的 …………………………… 56
最小値 …………………………… 244
最大公約数 ……………………… 70
最大値 …………………………… 244
再代入可能な変数 ……………… 21
差分 ……………………………… 246
サンク …………………………… 552
参照透過性 ………………… 17, 19
サンスクリット語 ……………… 284

■し
ジェネリック型 ………………… 212
ジェネリック関数 ……………… 244
ジェネリックプログラミング … 519
時系列データ用の基本的な型 … 237
シノニム ………………………… 339
修飾付きインポート …………… 218
終了条件がない ………………… 80
状態を扱う ……………………… 251
状態を変化 ……………………… 19
剰余関数 ………………………… 70
ジョン・バッカス ……………… 13
ジョン・フォン・ノイマン …… 13
シリアライズ …………………… 515

■す
推論 ……………………………… 112
スーパークラス ………… 155, 364
スコープ ………………………… 32
ステートフルなプログラミング … 557
ステートレス …………………… 251
スムージング …………………… 246

■せ
正格型 …………………… 297, 505
正格な言語 ……………………… 273
正格評価 ………………… 298, 551
整数 ……………………………… 111
静的な型システム ……………… 112
静的な型付け …………………… 112
セクション ……………………… 61
前置演算子 ……………………… 60

■そ
相対インデックス ……………… 237
ソート …………………………… 38
素数 ……………………………… 371

■た
ターゲットバイト ……………… 306
第一級関数 ……………………… 35
代数的データ型 ………………… 185
畳み込み関数 …………………… 95
タプル …………… 38, 102, 116, 216
ダルマ …………………………… 284
単位元 …………………………… 202

■ち
遅延型 …………………………… 505
遅延ではない配列型 …………… 550
遅延評価 ………… 59, 295, 428, 552
遅延評価の仕組み ……………… 552
遅延評価の欠点 ………………… 59
遅延リスト ……………………… 273
チャーチ＝チューリングのテーゼ … 18
中心化 …………………………… 248
中置演算子 ………… 53, 60, 523

チューリングマシン ……………………… 17
直積 …………………………… 206, 424
直積型 ………………………………… 185
直和型 ……………… 185, 189, 192

■つ
追加 ……………………………………… 292

■て
ディクショナリ ……………………… 219
ディレクトリ ………………………… 320
データコンストラクタ …………… 130, 224
データの季節性 ……………………… 248
デカルト積 …………………………… 206
テキストの結合 ……………………… 293
デシリアライズ ……………………… 515
テスト駆動開発 ……………………… 461
デバナーガリー文字 ………………… 284
デフォルト実装 ……………………… 155

■と
糖衣構文 ……………………………… 57
動的な型システム …………………… 111
動的な型付け ………………………… 111
独自のエラー型 ……………………… 498
匿名関数 ……………………………… 26
トリプル ……………………………… 122

■な
内部結合 ……………………………… 423
名前空間 ……………………………… 30
名前空間の作成 ……………………… 435

■の
ノイマン型アーキテクチャ …………… 13

■は
排他的論理和 ………………………… 172
配列型 ………………………………… 551
バガヴァッド・ギーター ……………… 284
派生可能 ……………………………… 158
ハッシュテーブル …………………… 219
パラメータ化された型 …………… 211, 366

半正矢関数 …………………………… 350

■ひ
比較関数 ……………………………… 244
比較関数の型シグネチャ …………… 244
引数 …………………………………… 117
引数の順序 …………………………… 48
非決定論的な計算 …………………… 368
左畳み込み …………………………… 93
非遅延型 ……………………………… 297
非遅延言語 …………………………… 273
非同期計算 …………………………… 567
非ボックス化 …………………… 551, 552
標準入力ストリーム ………………… 267
ビルドシステム ……………………… 433

■ふ
ファーストクラス関数 …… 35, 36, 88, 89, 98, 160
フィールド …………………………… 323
副作用 ………………………………… 19
複数の型パラメータ ………………… 216
複数の引数 …………………………… 119
部分関数 ……………………………… 493
部分適用 ……………… 45, 50, 354, 367
ふるい型 ……………………………… 569
プログラムが安全 …………………… 18
プロトタイプベースのオブジェクト指向プログラミング …………………………………… 103
プロパティテスト ………………… 461, 465

■へ
平均値 ………………………………… 243
平滑化 …………………………… 246, 248
並列／並行プログラミング ………… 567
ベースレコード ……………………… 320
変換 …………………………………… 183
変数 …………………………………… 20
変数の上書き ………………………… 29
変数の順序 …………………………… 21
変数の再代入 ………………………… 20

■ほ
ポリモーフィズム …………………… 154

ポリモーフィック ……………………… 118

■ま
マップ ……………………………… 219
マルチパラメータ型 ……………………… 216

■み
右畳み込み ………………………… 94
ミュータブル ……………………… 105
ミューテーション ………………… 550
ミラー＝ラビン素数判定法 ……………… 486

■む
無名関数 …………………………… 26

■め
メソッド …………………………… 152

■も
モジュールのインポート ……………… 39
文字列 ……………………………… 111
戻り値 ……………………………… 117

■ゆ
有界化 ……………………………… 114
ユークリッドの互除法 ………………… 70
ユニットテスト …………………… 461

■よ
要約統計量 ………………………… 243

読み取り …………………………… 289

■ら
ラムダ関数 ………………………… 25
ラムダ計算 ………………………… 17

■り
リーダー …………………………… 320
リスト ……………………………… 56
リスト型 …………………………… 215
リスト内包 ……………… 393, 408, 410
リストの構築 ………………………… 57
リストのつなぎ合わせ ……………… 240
リストの要素 ………………………… 58
リストモナド ……………………… 408
リストを変数に代入 ………………… 59
リテラル定義 ……………………… 142

■れ
レキシカルスコープ ………………… 32
レコード構文 ………………… 135, 187
列挙型 ……………………………… 190

■ろ
論理積 ……………………………… 185
論理和 ……………………………… 185

■わ
ワンタイムパッド …………………… 177

装丁　会津勝久

入門Haskellプログラミング

2019年07月31日　初版第1刷発行

著　者　Will Kurt（うぃる・かーと）
監　訳　株式会社クイープ
発行人　佐々木幹夫
発行所　株式会社翔泳社（https://www.shoeisha.co.jp/）
印刷・製本　株式会社加藤文明社印刷所

本書は著作権法上の保護を受けています。本書の一部または全部について（ソフトウェアおよびプログラムを含む）、株式会社翔泳社から文書による許諾を得ずに、いかなる方法においても無断で複写、複製することは禁じられています。

本書へのお問い合わせについては、iiページに記載の内容をお読みください。

落丁・乱丁はお取り替えいたします。03-5362-3705 までご連絡ください。

ISBN978-4-7981-5866-2　　　　　　　　　　　　　　Printed in Japan